主编 苏炳坤

图书在版编目（CIP）数据

见证：交通建设监理在中国/苏炳坤主编．—北京：人民交通出版社，2013.12
ISBN 978-7-114-10847-1

Ⅰ．①见… Ⅱ．①苏… Ⅲ．①交通监理－概况－中国
Ⅳ．①U491.4

中国版本图书馆CIP数据核字(2013)第195324号

书　　名：**见证——交通建设监理在中国**
著 作 者：苏炳坤
责任编辑：赵瑞琴　陈鹏
出版发行：人民交通出版社
地　　址：(100011) 北京市朝阳区安定门外外馆斜街3号
网　　址：http：//www. ccpress. com. cn
销售电话：010-64133209
总 经 销：人民交通出版社发行部
经　　销：各地新华书店
印　　刷：北京市凯鑫彩色印刷有限公司
开　　本：787×1092　1/16
印　　张：23
字　　数：478千
版　　次：2013年12月第1版
印　　次：2013年12月第1次印刷
书　　号：ISBN 978-7-114-10847-1
定　　价：108.00元

内 容 提 要

我国改革开放后交通工程建设的快速发展，催生了监理制度。25年来，广大交通建设监理人通过不断实践探索，开创了我国交通建设监理的辉煌历史。被誉为“工程质量安全卫士”的中国交通建设监理，对推动交通工程建设向专业化、社会化、现代化模式转变，保障交通建设持续快速发展，发挥了不可替代的重要作用。

本书通过对我国交通建设监理发展25年的全面回顾和总结，用30位亲历者的讲述，较为全面、准确、真实、生动地再现了交通监理的诞生与发展历程，内容厚重鲜活，可读性强，并具有较高的史料价值。

目录 Contents

序

绪论

第一篇 探索起步

第二篇 稳步推进

目录 Contents

第五篇 协作之路

附录

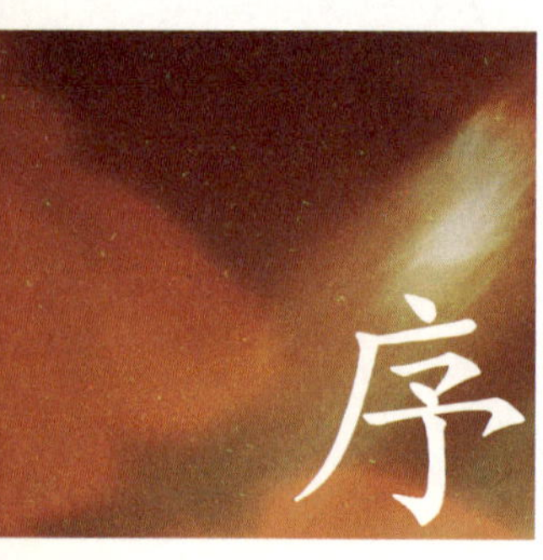

序

25年来，被誉为"工程质量安全卫士"的中国交通建设监理，对加强基础设施建设的质量、安全、投资和进度控制，推动项目管理向专业化、社会化、现代化模式转变，保障交通建设持续快速发展，发挥了不可替代的重要作用，取得了良好的经济效益和社会效益。

我非常高兴能在交通建设监理诞生25周年之际，看到《见证——交通建设监理在中国》一书的出版。这本书对交通建设监理走过的发展道路进行了全面的回顾与总结。通过监理各个发展阶段最具代表性的30位亲历者的讲述，将监理25年的历程真实立体地展现出来，每个人都有自己不同的视角和经历，每一段历史都很好地印证了监理人的足迹和贡献。应该说这是一次非常及时的总结与反思，不但将一个行业的发展历程用文字和图片保存了下来，也为监理进一步发展提供了参考和借鉴。

回顾我国交通建设监理所走过的道路，我们不难发现，中国交通建设监理的诞生并非偶然。是改革开放后交通工程建设加快发展的迫切需要，催生了监理制度，而广大交通监理人则是不断实践探索、攻坚克难的这段辉煌历史的主角之一。他们在时代赋予的这一广阔舞台上，施展了自己的才华，奉献了自己的青春，将FIDIC合同条款这个舶来之物与中国国情有机结合起来，建立并逐步完善了具有中国特色的交通建设工程项目监管体系，与此同时，也锻炼、壮大和发展了自己。

回顾以往，正是为了面向未来。总结交通建设监理的创新发展历程，正是为了促进监理在更高层次上、更大范围内的持续发展。

目前，随着交通基础设施建设规模的扩大和建设环境、条件的变化，特别是我国投融资体制改革带来的建设管理模式的多样化，主要依据FIDIC合同条款和改革开放初期项目管理实际建立起来的交通建设监理制度，呈现出一些不适应新形势的状况。监理行业发展面临瓶颈制约，形势比较严峻，我们应予以高度重视。

针对当前监理制度和监理队伍中存在的一些问题和薄弱环节，我们必须认真分析其产生的深层次原因，研究谋划新形势下促进监理制度更好发展的有效途径和措施。当前和今后一个时期，我国仍处在经济社会发展的重要战略机遇期，我们必须站在新的起点上，认真贯彻落实党的十八大精神，以科学发展观为统领，把握发展规律，提升发展质量，坚持创新驱动，加快企业转型，不断开拓进取，为交通建设监理上新台阶而继续努力。

新的时期，正等待着交通建设者们去挥洒浓墨重彩！我相信，监理的未来一定会更加美好！

交通运输部工程质量监督局局长：

继往开来的求索之路

——中国交通建设监理发展25年的亲历与思考

引 言

中国改革开放之初流行这样一句话："要想富，先修路"。如今，步入复兴之路的中国，腾飞的脚步依然离不开交通建设行业这块基石。

30多年的改革开放，中国交通建设事业成就非凡，硕果累累。今天，公路、桥梁、隧道、港口等交通设施覆盖全国，通达城乡。中国交通服务能力的飞速提升，助力国家经济的高速发展，满足了百姓的需求，促进了社会整体的文明进步，被誉为交通建设"工程质量安全卫士"，历经25年阳光雨露滋养的中国交通建设监理之树，也结出了累累硕果。

30多年前，随着我国改革开放的深入和经济建设的飞速发展，公路、水运运输量迅速增长，交通建设已经无法适应交通运输量的增长速度，这一日益突出的矛盾成为国民经济发展的"瓶颈"，因此，加快交通基础设施建设已成当务之急。要加快交通建设，关键是要解决资金问题。对此，邓小平同志当时指出，"对于交通问题，要想点办法，不解决不行。解决这些问题，可以吸收外资，这也是开放"。交通建设要利用外资，就要按照国际惯例和国际金融组织的有关贷款规定办事，其中重要一条就是要实行工程监理制度。自此，以FIDIC合同条款为基本模式的工程监理制度被引入中国，中国交通建设监理进入了发展的快车道。

党的十四大明确提出：我国经济体制改革的目标是要建立社会主义市场经济体制。在交通建设行业中，公路、水运工程的投资主体由单一的国家投资逐步向多方融资、有偿使用的方向发展；施工单位逐步与政府部门脱钩，成为自主经营、自负盈亏、自我约束、自我发展、具有独立法人地位的企业；基本建设项目的设计、施工，也由传统的指令性计划安排改革为通过竞争性招标来择优选用承包商。所有这些变化，必然要求我们改革传统的交通建设管理体制，使交通建设逐步纳入社会主义市场经济的轨道。而政府主管部门也要及时转变职能，通过制定相关政策法规，对市场进行宏观调控和引导。党的十四大所倡导的市场经济体制改革，为工程监理制度在中国交通建设领域的深化发展注入了持久动力。

回顾中国交通建设在实行工程监理制后这25年的发展历程，无论是从面上来看，还是就点上来说，都是成绩斐然。随着我国改革开放的不断深人和交通事业的持续、快速发展，工程监理制度已成为我国交通建设领域中的“四项基本制度”之一，工程监理已成为我国交通建设中的一个主要行业，为我国交通建设事业的发展作出了重要的贡献。通阡陌、达城乡的“五纵七横”网络化交通格局构建成型，一批诸如京津塘、沪蓉西、思小等高速公路，江阴长江大桥、润扬长江大桥、杭州湾大桥、苏通大桥等跨江、跨海大桥以及洋山深水港、长江口深水航道等世界级水平工程亮点纷呈，使国人自豪，令世人瞩目。所有这些成果的取得，无一不与交通建设监理人的勤奋付出和聪明才智息息相关。遍布祖国大江南北的一条条道路、一座座桥梁、一道道隧道、一个个港口的工地上，到处闪现着监理人忙碌的身影，一代代监理人在无数个项目上倾注着自己的智慧、心血和汗水。

我国著名经济学家胡鞍钢教授认为，改革开放以来的中国交通发展堪称“世界奇迹”，中国的“交通革命”和美国的两次“交通革命”虽有类似，但规模比美国更为壮观，成就更为显著。应该说，这当中工程监理制度及广大交通建设监理企业、人员功不可没。

过去的25年，中国交通建设监理行业历经了“试点探索”、“稳步推进”、“全面推行”、“深化发展”四个历史发展阶段。一路走来，披荆斩棘，既收获了成功，也接受了教训；既见证了荣耀，也饱尝了艰辛，描绘了一幅贯穿25年中国交通建设管理体制改革不断深化，交通建设监理人不懈奋斗的全景式画卷。

一、试点探索，初尝甜果

20世纪80年代，世界银行对中国基础设施建设的贷款，使得FIDIC条款进入了中国。从首次全面严格按照FIDIC国际标准监理下建设的京津塘高速公路开始，工程监理制度的星星之火逐渐形成燎原之势。正是在这个起步阶段，交通基本建设管理体

制得到了根本性转变。

(一) 中国交通建设监理诞生的历史背景

中国交通建设监理的诞生适逢改革开放初期，我国经济体制开始从计划经济向市场经济转轨的特殊历史时期，占尽了天时、地利、人和。

从天时来看，改革开放之前的30年，中国交通运输业是向苏联学习的以发展铁路为主的发展模式，其他运输方式，特别是公路运输未得到应有的重视，发展较为缓慢。新中国成立后的很长一段时期，基本建设领域一直实行"自筹、自建、自管"的传统工程管理模式，建设单位管理粗放，缺乏制约。"概算超估算、预算超概算、决算超预算"成了"顽疾"。改革开放后，交通与国民经济发展不相适应的问题日益突出。作为经济发展基础和先导的交通，由于长期观念陈旧、投入不足等原因，无论陆路交通，还是水运交通，其数量和质量都与经济发展极不适应，成为经济发展最大的"瓶颈"。而缺少建设资金，又成为交通基础设施建设发展的"瓶颈"。

为了尽快缓解交通运输对国民经济的制约，国家有关领导人及交通主管部门解放思想，积极探索各种融资渠道，深入调查研究，出主意、想办法、要政策。1984年12月国务院第54次常务会议上，讨论通过了交通部提出的征收车辆购置附加费、贷款修路收费还贷、提高养路费费率等几项加快公路发展的政策措施。至此，公路建设有了较为稳定的资金来源，有力地推动了我国公路建设近30年的蓬勃发展。此外，交通部还积极争取世界银行等国际金融组织贷款，帮助中国建设公路、水运工程。同时，推行"BOT"建设模式，充分挖掘和调动社会资源，引导社会资金投向交通基础设施建设。

钱有了，如何把来之不易的资金管理好、使用好，使其充分发挥效益，直接关系到建设能否可持续、健康地发展，这就需要对开放形势下交通建设工程进行有效的管理。

当时，交通主管部门也在积极思考一个问题：在计划经济转变为市场经济的条件下，交通行业的出路在哪里？以往中国学习苏联模式，设计单位出图，施工单位去干，没有什么第三方监管。时代进入了计划经济向市场经济转轨阶段，市场化状态下的工程，相关利益方矛盾太多，应该如何管理？

经过对一些工程项目的试点，学习国外先进的FIDIC管理模式被一致认为是可行的。FIDIC管理模式在我国市场经济条件下能够对交通建设项目进行有效的监管，符合时代的发展要求。

从地利来说，全球经济一体化、国际经济大循环理念推动下的世界经济形势，使地处东西方交通要冲，而又置身于全球经济大循环之外的中国内地经济发展再也难以"独善其身"。互通有无、合作共赢的发展之道越来越被各国有识之士所认同和采纳，中国的改革开放需要世界，世界的繁荣发展同样需要中国。这使得交通基础设施建设先行一步，率先与国际接轨，进而带动国民经济的整体发展。俗话说"一张白纸，最易绘出最美丽的图画"，工程监理制这一国际通行又符合中国自身发展要求的全新事物，能够使市场经济条件下的中国交通建设工程质量获得有力的保障。在这种“气候”、“土壤”培育下，工程监理制具备了落地生根、开花结果的充分条件。

从人和来讲，领导重视、企业奋力、国际支持共同推动了交通建设监理制度的出台。1984年9月，国务院颁发《关于改革建筑业和基本建设管理体制若干问题的暂行规定》（国发[1984]123号），明确提出了“对一般民用项目，在地方政府领导下，按城市建立有权威的工程质量监督机构，根据有关法规和技术标准，对本地区的工程质量进行监督检查”的要求。从此，我国对建设工程开始实行工程质量监督制度。1985年2月，时任国务院副总理的李鹏在全国建设管理体制改革会议上指出：“要使建设管理工作走上科学管理的道路，不发展专门从事组织管理工程建设的行业是不行的”，一语揭开了中国交通建设监理的诞生大幕。根据国务院领导指示精神，交通部从部领导到相关主管部门以及奋战在交通建设一线的管理者、技术人员积极探索，勇于实践，为工程监理制落户中国，准备了必要条件。与此同时，世界银行、亚洲银行等国际金融组织向我国提供建设贷款，并规定贷款项目必须实行国际招标和工程监理制度，也有力地推进了中国向市场经济转变的进程，使建设项目实行招标投标制和工程监理制成为我国建设管理体制的主旋律。对此，时任交通部副部长的王展义、公路局副局长杨盛福都非常支持，并且积极推进我国的交通工程建设人员学习国外工程管理先进经验，并明确提出了“贷一笔钱，建一批项目，培养一批人，创建一批制度”的指导思想。上下齐心、中外互动的“人和”，成为中国交通建设监理诞生的催化剂。

1988年3月1日，我国颁布实施的《中华人民共和国建筑法》首次以法律条文形式将推行建设工程监理制纳入到了法制化的轨道。

站在历史的角度上看，中国交通建设监理顺应“天时、地利、人和”，横空出世，登上中国改革开放的历史舞台是大势所趋，更是相关各级领导关心助力、第一代工程监理人风雨共担、拼搏奋斗的结果。

（二）中国交通建设监理融入世界FIDIC大家庭

借鉴国际通行的FIDIC条款推行工程监理制度，是对我国交通建设项目管理体制的重大改革。

所谓FIDIC，是国际咨询工程师联合会的法文缩写。它创始于1913年，是由法国、英国、意大利三个国家联合发起的民间咨询组织。FIDIC合同条款是发达国家土木工程建设和管理百余年来经验的总结。它把土木工程技术、管理、经济、法规有机地结合在一起，用合同的形式固定下来。FIDIC条款是大型复杂建设工程管理的国际规则，是在一定约束条件下（如工期、投资、地域特点等），建设工程项目招投标、工程咨询、工程项目管理和工程合同承包管理的重要依据，具有高标准、高水平的项目管理内涵。有人称其为国际承包工程的圣经。

FIDIC成立至今已有一百个年头了。它的成员已经由最初的三个国家发展到今天

遍布世界各大洲近百个国家。在FIDIC百年发展史中，出版了大量的文献、指南，为各国政府、投资人、咨询人、仲裁人、监理人等各个工程相关方提供了一个丰富的知识宝库。FIDIC的所有出版物都是由世界各地有丰富实践经验的专家、学者，通过长时间的研究和反复的实践，总结、提炼而成的专业知识体系，内容涵盖合同条件、协议范本、质量管理、廉洁管理、可持续管理、环境管理、实力建设、咨询服务选择、风险管理、争端解决等工程建设各个领域、环节的重要问题。FIDIC文件被许多国家和地区政府，以及很多国际金融机构所采用和推崇，被公认是工程管理领域应该普遍遵循的国际准则和通用惯例。

实行FIDIC条款有三个前提条件：一是要采用无限制招标办法选用承包商；二是要在合同履行中建立以工程师为核心的管理模式；三是施工承包合同要采用单价合同。FIDIC条款具有科学性、公正性、严谨性，在国际上得到广泛认可和应用。

按照FIDIC条款实施工程管理，在国外已有上百年的历史。但在当时的中国还是新生事物。特别是在私有制社会形态下形成的这套工程管理模式，在社会主义公有制的中国能否适用，不少人心存疑虑。再加上国内有关专家在这方面的知识有限，担忧顾虑很多，不敢盲动冒进。

1、公路工程的试点探索

为了解FIDIC条款关于工程监理制度的真容全貌，应世界银行之邀，1984年交通部委派当时的公路局副局长杨盛福带队，组织有关人员赴瑞典、法国，就公路工程项目管理做了为期46天的考察、培训。他们取得第一手经验后，回国即以世界银行贷款要求按照国际通用的FIDIC条款实施工程项目管理为契机，先在第一批世界银行贷款的公路建设项目中选择陕西西安至三原一级公路、山东晏城至高塘二级公路以及第二批世界银行贷款项目——京津塘高速公路项目进行了试点。

[西三与晏高公路工程]

为了探索经验，1984年的FIDIC条款培训班结束后，下半年交通部就确定了12个省16个公路项目作为世界银行第一批贷款项目。其中西三线就被选择为推行FIDIC条款的试点工程项目。

西安至三原一级公路是第一批世界银行贷款项目，是中国首次采用FIDIC条款组织公路工程施工的建设项目。按照FIDIC条款要求，施工项目首先要做的就是按照国际标准，制作竞争性招标文件。当时国内没人懂得FIDIC条款，找来的翻译也不懂专业。但就是这样，陕西省交通厅在交通部协调下，分别从交通部、陕西、山东抽调精干人员组成编制班子，参照国际咨询专家曾为尼日利亚、塞浦路斯、韩国等国编写过的英文本招标文件，在世界银行派遣的外国专家指导下，编写出了中国第一本符合国际标准的公路工程国际竞争性招标文件，并被世界银行确定为招标文件范本。在文件编制的同时，还首次绘制出了符合国际惯例的图纸，为后来的工程建设提供了范例。西三公路的实践，迈出了中国交通工程建设学习国外先进管理经验的第一步。

1986年11月，在世界银行外国咨询专家的帮助下，西三公路组建了中国第一个符合国际惯例的工程监理机构——总监理工程师办公室，由时任陕西省交通厅综合计划处副处长的胡希捷亲任西三公路建设指挥部办公室主任兼总监理工程师，时任陕西省公路设计院副院长的李培坤被任命为指挥部办公室副主任兼总监代表，全面负责西三公路的施工监理工作。

依据编制好的招标文件，西三公路严格按程序开展项目招标、预审、评标的工作，用时一年，按照FIDIC规定的流程走了一遍。施工过程中，西三公路工程项目管理严格按照FIDIC条款的规定要求，认认真真地按工程监理的标准执行，为日后国内工程项目的招投标工作和施工监理工作，树立了标杆和典范。

从1986年12月15日正式开工，到1989年12月30日竣工，西三公路工程建设用时整整3年。公路全长34.5公里，总投资1.47382亿元，其中使用世界银行贷款1365万美元。

西三公路工程按照FIDIC条款进行工程项目管理试点探索的意义在于：

一是充分证明了国家推行建设项目管理体制、建立监理工程师制度、强化工程监理的做法是切实可行的。西三公路良好的工程质量，是对试用FIDIC条款进行工程项目管理取得成功的最好注脚。

二是催生了一整套包括招标文件、招标方式、监理模式在内的工程管理样板、范本，为中国全面推行工程监理制度，积累了宝贵的经验。1989年，交通部委托陕西省交通厅编制的国内首套《世界银行贷款项目公路工程招标文件范本》，填补了国内空白。

三是培养出了中国工程管理第一代监理人才，为日后监理队伍的发展壮大打下了坚实基础。1986年7月，交通部在西安举办了为期30天的公路项目全国第一次监理工程师培训，学员有120人。

西三公路工程建设管理制度的试点探索，迈出了中国公路建设管理体制改革的第一步："第一个世界银行贷款建设的公路工程项目；第一个全面执行FIDIC条款进行工程管理的项目；第一个编写出符合国际标准招标文件的工程项目；第一个绘制出符合国际惯例图纸形式的工程项目；第一个实行招投标的工程项目；第一个组织起监理办公室的工程项目；第一个得到世界银行人员盛赞的工程项目"。这六个指标性示范案例，将永载中国工程管理史册！

同期，晏城—高塘公路也作为交通部第一批世界银行公路贷款项目，在时任山东省交通厅设计院副院长、山东省交通厅贷款项目办公室副主任兼任该项目总监理工程师的黄祥丰带领下，按照FIDIC条款要求试行了工程监理制度。其间他们正确处理业主、监理和承包商三方的责任及关系，寓严格监理于热情服务之中，寓过程监督于技术支持之中，帮助施工单位解决技术难题，使"洋"规则与中国国情在实践中进行了"无缝对接"，对FIDIC条款的中国化进行了初步的探索，使晏高公路建设项目成为实行工程监理制试点的又一成功范例。

[京津塘高速公路工程]

在总结西三一级公路推行公路工程监理试点经验基础上，交通部决定在第二批世界银行贷款项目——京津塘高速公路建设中，全面推行工程监理制度。

京津塘高速公路是经国务院于1987年批准立项，利用世界银行部分贷款建设的中国第一条跨省市高速公路，起于北京市朝阳区十八里店，与北京市东南四环路相接，途经河北省廊坊市、天津市，止于塘沽区河北路，全长142.69公里。是国内高速公路建设项目首次推行项目法人责任制、国际竞争性招标和工程监理制的试点项目。国务院领导要求，要把京津塘高速公路作为中国高速公路发展的试点工程来建设。交通部经过研究，明确提出了“五大目标”：一是要建成一条高标准、高质量的现代化高速公路；二是要学习、消化、引进国外先进的工程管理模式，探索适合国情的公路工程管理体制；三是要用现代化的筑路设备武装自己；四是要培养、锻炼一批高速公路设计、施工、监理和管理人才；五是要通过实践，创立一套中国高速公路建设规范。

为了确保工程项目的顺利实施，参与决策了以京津塘高速公路为代表的首批公路、水运建设项目试点工作，时任交通部副部长的王展义亲自兼任由交通部和两市一省主要基建领导组成的京津塘高速公路建设领导小组组长，负责工程项目建设中重大事件的决策。两市一省抽调干部，成立了京津塘高速公路联合公司，成为改革开放后交通行业首个完全独立的法人实体。

京津塘高速公路项目通过国际招标，选定丹麦金硕国际工程咨询公司、美国路易斯·伯杰国际工程咨询公司和中方人员共同监理。

为了全面推行工程监理制度，进一步探索监理工作经验，交通部直接参与并组织了京津塘高速公路的工程监理工作，指定杨盛福为总监理工程师。另外指派李大明为总监代表，具体负责项目施工进程中的协调和工程监理工作。并从交通部属设计单位及两省一市抽调100多名有工作经验的工程技术人员，会同外国监理人员共同组成了总监理工程师代表处和北京段、河北段、天津段3个高级驻地监理工程师办公室，常驻工地现场办公。

当时京津塘高速公路包括工程监理在内的所有建设者工作十分艰苦。他们长年累月住在条件十分简陋的工棚里，冬战严寒，夏斗酷暑。回忆当年，大家印象最深的是“四个最”：生活条件最苦，学习任务最重，任务压力最大，工作干劲最足。所有监理人员均有分工，责任在身，都有学习的目标。他们既向书本学，又向外国专家学。白天工作，晚上培训，十分紧张。他们在学中干，在干中学，与外国专家一起摸爬滚打在工地，得到了最为直接的熏陶和锻造。在京津塘高速公路建设过程中，通过理论和工程实践的培训，初步锻造出了一支高起点、高素质的监理人才队伍。为今后中国交通建设监理事业的发展打下了扎实的基础。如今，他们中的大部分人已成为当今中国公路工程监理行业的栋梁和中坚，活跃在大江南北公路建设项目的施工工地上。其中作为佼佼者的李良、马文翰、陈立群等后来都成为全国知名工程咨询公司的领导人。因此，京津塘高速公路被业界誉为中国交通建设监理人才的“黄埔军校”。

[西三一级公路工程]

西安—三原一级公路，全长34.5公里，总投资14738.2万元，其中使用世界银行贷款1365万美元。1986年12月15日正式开工，1989年12月30日竣工。西三公路工程建设迈出了中国公路建设管理体制改革的第一步：是第一个世界银行贷款建设的公路工程项目；第一个全面执行FIDIC条款进行工程管理的项目；第一个编写出符合国际标准招标文件的工程项目；第一个绘制出符合国际惯例图纸形式的工程项目；第一个实行招投标的工程项目；第一个组织起监理办公室的工程项目。

[京津塘高速公路工程]

京津塘高速公路是利用世界银行部分贷款建设的中国第一条跨省市高速公路。全长142.69公里，1987年12月23日正式开工，1993年9月全线建成通车。是国内高速公路建设项目首次推行项目法人责任制、国际竞争性招标和工程监理制的试点项目，为日后中国制订高速公路设计、施工和监理技术规范提供了充足的科学依据。

1989年4月30日，邹家华副总理视察京津塘高速公路建设工地，对施工建设全面推行工程监理体制试点探索给予了充分肯定。他勉励大家说："我们收获的绝不仅仅是一条高速公路。在人才、设备和管理方面都会有新的提高，比如国外的工程监理制度就比我们的好，严格监理，热情服务，前提是严格监理，质量上不能让步！"

从1987年12月23日正式开工，到1993年9月京津塘高速公路全线建成通车，用时5年9个月。经由国家计委、财政部、建设部、交通部、公安部、审计署、国家土地局、国家环保局、中国人民建设银行以及京津冀三省市的有关专家组成的国家验收委员会验收认定：京津塘高速公路的工程质量达到国内同类工程最高水平，工程造价和工期都控制在批准概算和合同工期之内，工程总体水平达到国内领先和当代国际先进水平。京津塘高速公路工程先后获得交通部授予的"改革开放以来全国十大公路工程"称号（1993年10月），建设部授予的改革开放以来对国内外有重大影响的"全国最佳工程设计特奖"（1994年4月）和交通部公路优质工程一等奖（1995年12月），并于1996年10月荣获全国优质工程最高奖——中国建筑工程鲁班奖，1999年10月还荣获了"中国土木工程（詹天佑）大奖"，创下了公路工程项目获奖最高、最多两项纪录。试点探索完全实现了交通部当初定下的"五大目标"，取得了中国交通建设监理发展史上的重大成果。

交通建设监理制度在京津塘高速公路建设中试点成功，意义在于：

一是标志着这一国际先进工程管理模式在中国大地上不但可行，而且已经成功落地生根，并为后来高速公路工程建设和管理树立了典范。

二是为中国交通建设监理培训了一批高素质人才，锻造出了一支合乎国际标准的监理队伍，为中国建设监理后来25年发展成为10万大军点燃了星星之火。

三是以无可辩驳的事实证明，中国公路行业按照国际FIDIC条款建立和发展服务于综合交通运输体系建设的公路工程建设监理体系不但可行，而且非常必要。

四是验证了项目法人在工程建设中的主导作用是任何其他机构无法替代的。实行项目法人负责制，充分依靠社会资源组织项目建设是符合中国国情的。

为了使中国的高速公路建设能有一套权威的技术执行规范，交通部先后组织19个科研单位、上千名技术人员对京津塘高速公路进行研究攻关，共完成75项大型生产性试验工程及16项科研课题，仅现场试验和检测的各种数据就多达200个，最终完成了一部包含项目管理、勘察设计、工程施工和工程监理四大板块内容和132篇专业技术论文及6部科技专著的《京津塘高速公路工程建设成套技术》，成为中国工程建筑史第一部赶超世界先进水平的超大型高速公路建设技术规范，荣获交通部科学技术进步特等奖和国家科学技术进步一等奖，填补了中国高速公路建设技术和管理方面的空白，为日后中国制订高速公路设计、施工和监理技术规范提供了充足的科学依据。

可以说是有了西三公路、晏高公路、京津塘高速公路初尝甜果的试点探索，才有了后来的中国交通建设监理制度。按照FIDIC条款要求的工程监理在京津塘高速公路建设中的成功实践，为中国后来监理制度的形成以及后续其他公路建设项目的监理树立了标杆和典范。包括现行的监理规范和模式很多都是源自西三、晏高公路以及京津塘高速公路工程监理的实践总结。其中由当时京津塘高速公路监理人员编写的《京津塘高速公路的监理》，更是成为中国交通建设监理行业的教科书。同时，西三公路、晏高公路、京津塘高速公路等世界银行贷款建设项目按照FIDIC条款进行的工程管理开展的公路工程的招投标运作，揭开了我国公路工程市场化的序幕，为随之而来的大规模交通建设管理做好了前期准备。西三、晏高、京津塘三个公路工程项目的试点，为我国交通建设工程项目管理实施法人负责制、工程监理制、招标投标制、合同管理制"四项基本制度"奠定了基础。

2、水运工程的试点探索

这一时期，作为中国基本建设管理体制改革先行者的交通部，除了在陆路交通工程建设试点监理制度外，还在一些引入世界银行、亚洲开发银行贷款的水运工程项目中试行建设监理制。

1986年以后，水运工程建设领域相继争取到一批世界银行、亚洲开发银行、日本协力基金等国际金融机构贷款建设的港口工程建设项目。作为贷款的附加条件，要由这些金融机构认可的"工程师"参与建设项目的工程管理。

[天津港新建东突堤工程]

中国第一个世界银行贷款水运工程是天津港新建东突堤工程，也是中国按照FIDIC条款实行土木工程国际招标和工程监理的第一个港口项目，于1987年9月开始

[天津港新建东突堤工程]
于1987年9月开始实施监理的天津港新建东突堤工程，国家投资8.5亿元，扩建工程的陆域软基加固工程在长达2100多米的岸线上兴建11个万吨级泊位。世界银行提供贷款1.3亿元，是中国第一个世界银行贷款水运工程，也是中国按照FIDIC条款实行土木工程国际招标和工程监理的第一个港口项目。

实施监理。整个工程国家投资8.5亿元，世界银行贷款1.3亿元。扩建工程的陆域软基加固工程在长达2100多米的岸线上兴建11个万吨级泊位，其中包括四个各为2.5万吨的木材泊位，一个万吨级矿石泊位和六个可停靠1.5万吨轮船的通用件杂货泊位。1991年投产后，增加港口吞吐能力424万吨。对该项目的管理，基本上按照工程监理制的试点要求进行。项目在实施阶段的管理呈现如下特点：

一是明确了项目单位的经济法人地位。天津港建设公司于1985年注册成立，根据世界银行要求的FIDIC条款完成了履行项目管理单位的法律程序。东突堤工程项目的管理完全纳入经济合同的范畴，而不是沿用以往指挥部行政命令式的管理体制。

二是项目严格按照FIDIC要求进行了工程国际招投标。从1985年7月开始，先后经过编制投标人资格预审文件、投标人资格审查、编制招标文件、发售招标文件、投标人现场考察及投标前会议、开标评标、投标文件的澄清会议、编制评标报告、报请国家评标委员会和世界银行审批等程序，最后由交通部第一航务工程局第一工程公司会同日本竹中土木株式会社、日本竹中工务店株式会社、日本丸红建设株式会社组成的联合体中标。

三是项目严格按照FIDIC工程监理标准进行了工程管理。由当时天津港务局下属单位抽调人员组成监理办，具体负责工程在质量、进度、预算方面的把控。

天津港东突堤码头工程项目荣获由中国土木工程学会、詹天佑土木工程基金颁发的第二届詹天佑土木工程大奖（国家科技创新工程 ），中国首次按照FIDIC条款组织施工水运工程的试点取得了成功。

[宁波北仑港工程]

改革开放，发展经济需要以大港口为依托，被誉为"东方大港"的北仑港应运而生。1987年启动的北仑港区二期工程第一阶段水工工程是全国首个水运监理工程，其工程规模为三个3万～5万吨级的深水泊位。其中一个为集装箱泊位，两个多用途泊位。三个泊位总长度为694米，宽47米。泊位与陆域用二条宽14米的栈桥联结，二条栈桥的总长度为888米。工程建设费用大部分来自世界银行贷款，监理在北仑港的建设过程中发挥了重要作用。

为使施工合同能按世界银行的要求和规定顺利进行，业主委托具有丰富实践经验和骄人业绩的建设工程管理机构——浙江北仑港建设指挥部，全权负责北仑二期水工工程建设和管理。

工程以国际竞争性招标及国际监理形式进行。承包商为交通部第三航务工程局，监理为浙江北仑港建设指挥部，同时聘请了美国柏诚公司的几位专家参加施工监理工作。监理合同于1988年12月13日在美国纽约签署，根据监理合同，柏诚公司委派具有丰富经验的工程、合同、财务、地质等专家，参与并领导监理小组的工作。

为了达到世界银行的要求，更有效地开展监理工作，北仑港建设指挥部成立的施工监理组制定了详细的工程监理制度，如建立各种必要的会议制度，包括每周与承包商的工作例会，核实每周实际完成工程量，检查季度计划，分月规定计划执行情

[宁波北仑港工程]

1987年启动的北仑港区二期工程第一阶段水工工程是全国首个水运监理工程，其工程规模为3个3万~5万吨级的深水泊位。其中一个集装箱泊位，两个多用途泊位。工程建设费用大部分来自世界银行贷款，采用国际竞争性招标及国际监理形式进行监理。

[大连港大窑湾新港区一期前四个泊位工程]

1992年完工的大连港大窑湾新港区一期前四个泊位工程位于辽东半岛南端大窑湾南岸琉璃坨子至乱柴沟之间，系国家"七五"和"八五"期间重点大中型建设项目，大窑湾港被国家列为我国四个国际深水中转港之一，也是世界银行提供部分贷款，工程管理按照FIDIC条款要求的水运工程试点项目。大窑湾一期前四个泊位工程聘请国际监理机构担任顾问，工程在建设管理过程中实行了概算总承包、业主负责制、招投标制和施工监理制。

况，提出当前应注意的施工质量存在的问题和研究解决问题的办法；每一至两个月举行由业主、工程师、承包商参加的高级工作例会，检查一个月来的工程进展情况，存在的问题和采取的措施，协调双方意见，决定下一步的工作目标。此外还不定期召开内部例会，讨论研究施工过程和监理工作中出现的问题，并建立了文件档案和一系列书面报告制度，包括建立原始记录台账，详细记录每日完成的工程量，建立每周、月、季工作报告制度等。

在工程的计划管理、工程质量管理方面，也建立了专职的工程质量检查组和每日施工检查报告制度，以及工程完成量档案和各工序的检查、验收制度。施工监理要求承包商的预制厂、现场工地配置专职的检查员，逐项检查每道工序施工情况。

施工监理组、财务小组的人员在常驻工程师的监督下执行合同管理，主要工作包括：督察施工进展是否和工程计划一致；审查承包商的施工计划、网络图及工作程序；核算完工工程数量及现场材料；审查承包商的支付请求并准备支付凭证；准备更改令，包括：工程周进展报告、工程月进度报告、给世界银行的工程季进度报告、准备定期报告、保存工程来往信件记录等。

专业而严格的监理使北仑港工程获得了交通部水运工程质量奖，得到了各级行业主管部门的认可。浙江省北仑港建港指挥部也通过该工程学习了国外先进的施工监理经验，为今后的监理工作打下了坚实的基础。

[大连港大窑湾新港区一期前四个泊位工程]

大连港大窑湾新港区一期前四个泊位工程，位于辽东半岛南端大窑湾南岸琉璃坨子至乱柴沟之间，系国家"七五"和"八五"期重点大中型建设项目，大窑湾港被国家列为我国四个国际深水中转港之一，也是世界银行提供部分贷款，工程管理按照FIDIC条款要求的水运工程监理试点项目。大窑湾一期前四个泊位工程，第一次聘请国际监理机构担任顾问，工程在建设管理过程中实行了概算总承包、业主负责制、招投标制和施工监理制。

大窑湾一期前四个泊位总体工程于1992年底完工，获交通部1995年度水运工程质量奖，1996年度建设部颁发的中国建筑工程鲁班奖及国家优质工程奖；工程设计获1995年交通部水运工程设计一等奖和第七届全国优秀工程设计金质奖，彰显了中国按照FIDIC条款组织施工水运工程的试点探索，又一次取得了成功。

此外，还有广州港黄埔新沙一期工程，同样通过国际招标联合组建了由国内长期从事港口工程建设管理的工程技术人员及国际知名工程咨询公司构成的监理机构，其间严格按照世界银行要求的建设管理有关规范、标准、设计文件、管理程序，对工程建设的质量、费用、进度等实行全过程监管，取得了良好成效，为水运工程的监理做了有益的探索。

（三）成功经验在八市二部推广

交通部在京津塘高速公路实行工程监理制度的试点，不仅在业内影响巨大，也受到国务院领导和国内有关部门的关注和肯定。1988年7月，时任总理李鹏圈阅同意建设部干志坚副部长关于《建立有中国特色的建设监理制度》的报告。1988年8月1日，《人民日报》头版刊登标题为《迈向社会主义商品经济新秩序的关键一步——我国将按国际惯例建设监理制度》的文章。1988年11月，建设部颁布了《关于开展建设监理试点工作若干意见》，列明北京、上海、天津、南京、宁波、沈阳、哈尔滨、深圳八市以及能源、交通二部的水电与公路系统为建设工程监理试点单位。1990年12月，建设部又在天津召开了京津塘高速公路建设监理经验交流现场会，会上介绍了公路工程监理经验，并要求在全国建筑行业推广。1991年12月16日，邹家华在全国建设工作会议上强调："京津塘高速公路实施监理制度的做法和经验，需要我们在建设工作中进行探索和推广。"

形势大发展，功到自然成。自西三公路、晏高公路、京津塘高速公路及天津东突堤、大连大窑湾一期、广州港等几个水运工程开始实行工程监理制度试点后，交通部为了全面推行这一制度，相关制度、规定也相继配合出台，一些专业的监理企业也陆续审批成立。

1989年4月24日，交通部发布《公路工程施工监理暂行办法》，标志着工程监理制度正式引入到了中国公路建设当中，从而在制度上建立起了比较科学的制约机制，使工程管理从单纯依靠行政手段逐步向重合同、守秩序、讲科学的依法管理方向过渡。

1989年6月21日，交通部发布《公路工程施工监理试点工作意见》，确定济青、南九、开洛、沈大、312国道（安徽段）、高集海峡大桥等9个项目为监理试点项目，进一步扩大了试点探索的范围，将工程监理制度的推行引向深入。

1987年3月，中国第一家监理公司——天津市道路桥梁工程监理公司（现为天津市华盾工程监理咨询有限公司）成立。1989年，交通部批准第一批5家监理企业具有水运工程监理资质，即天津中北港湾建设监理事务所、武汉华通港湾建设监理所、上海东华港湾工程监理事务所、南华监理所、南京港湾工程监理事务所。

（四）交通部工程质量监督机构的成立

随着交通建设监理制度的试点、推广，监理市场逐步发展，客观要求要有代表政府的组织机构，统一对交通建设工程质量进行宏观管理，对监理单位的资质和监理工程师资格进行监督管理，对监理工程师与承包商之间的争端进行协调处理。

1987年，交通部根据国务院国发〔1984〕123号《关于改革建筑业和基本建设管理体制若干问题的暂行规定》和国家计委、中国人民建设银行计施〔1986〕307号《关于工程质量监督机构监督范围和取费标准的通知》等有关文件规定，并结合交通系统基本建设管理的实际，以（87）交基字762号文，决定成立交通部基本建设工程质量监督总站。其主要职责是在部水运和公路建设主管部门领导下，负责交通系统基本建设工程及其配套、辅助和附属工程质量的监督管理，其人员由部基建局和公路局的干部兼任。1989年6月交通部又按照建设部（88）建字366号《关于开展建

设监理试点工作的若干意见》的规定，考虑到交通部公路系统列为全国开展建设监理工作的试点单位之一的实际情况，经研究，决定在部成立的"交通部基本建设工程质量监督总站"基础上，以(89)交人劳字316号文，组建交通部工程建设监理总站，归口部工程管理司管理，同年12月25日正式挂牌成立。其主要任务是，行使政府建设监理管理机构的职能，对交通行业建设监理组织实行监督管理和工程建设质量进行监督，拟定监理法规，指导与管理全国交通行业建设监理工作。后又经交通部考核批准，各省(区、市)交通厅(局)也相继设立了工程质量监督机构。随着工程质量监督工作的逐步开展和监理工作的试行，对质量监督和建设监理的本质属性的认识和了解也逐步深入。为进一步完善基建管理体制，理顺管理关系，部又决定将以前所组建的两个"总站"进行调整，将其统一定名为交通部基本建设质量监督总站(以下简称"部总站")，并以交人劳发〔1994〕1277号文，明确为部机关直属事业单位，由部基建司归口管理，业务工作分别为基建司和公路司领导，部质监总站的主要职责、内设机构、人员编制等问题也进一步做了规定。

部总站成立以来，工作主要围绕四个方面，即质量监督、工程监理、教育培训、省站考核开展，采取了一系列举措：

1、抓质量监督

部总站从一开始就明确定位质量监督是超脱于项目本身的政府执法行为。为了规范全国交通质监系统执法行为，部总站发布了交工发〔1992〕443号《公路工程质量监督暂行规定》，强调了公路工程实行"政府监督、社会监理、企业自检"的质量保证体系，以及公路工程质量监督部门是政府对公路工程质量进行监督管理的专职机构，建设、设计、施工、监理单位在工程实施阶段都应接受质量监督部门的监督，并对各级质监部门的机构、人员、工作程序给予了详细规定，凸显了质量监督工作的重要性。

2、抓工程监理

部总站是从建立规章制度入手来推动工程监理制度落实的。部总站组织编写了《公路工程施工监理规范》，为监理人员有效开展工作提供了依据。该规范既符合国际惯例，又合乎中国国情，实施以来受到各方好评，并获得了交通科技进步奖。在规范中正式提出了"政府监督、社会监理、企业自检"的三级质量保证体系思想。对监理工作重申了"严格监理、热情服务、秉公办事、一丝不苟"的原则，详细规定了施工准备阶段、施工过程的监理及缺陷责任任期监理规范，提出了质量控制、进度控制、费用控制、合同管理的"三控一管"监理工作重点。

3、抓教育培训

从1990年开始，部总站陆续委托部分大专院校代部进行公路、水运工程监理业务培训，并组织编写了不少监理培训教材，普及推广监理知识。为了确保对监理人员的培训质量，部总站专门对组织公路、水运培训的院校、授课老师进行严格审定，先后组织多批次人员到西安公路学院、重庆交通学院、长沙交通学院、大连工学院等院校参加监理培训。按照当时制定的监理工程师资格管理办法，监理人员的从业资格是经培训合格后，通过由部总站具体组织的评审委员会考核评审获得的，并由交通部颁发监理工程师、专业监理工程师证书，实行持证上岗制。对监理单位同样实行资质管理，制定了监理单位资质管理规定，实行规范化管理。

4、抓省站考核

为了保证质监工作有章可循，部总站制定了《公路水运工程监督质量管理条例》，帮助各省市区成立、完善省级和地市级质监机构，并以交通部工程管理司（91）工监字214号《关于印发〈交通系统工程建设质量监督机构和人员考核实施细则〉的通知》要求，对各省（市区）交通厅（局）的质监机构站进行严格考核、评审，颁发验收合格证书；对工程质量监督人员进行业务培训、考核，实行持证上岗。此外，还对经考核合格的部管质量监督机构及其人员每3年进行一次复查。为了调动各级质监机构、人员提高自身业务管理水平的主观能动性，总站还开展了创先评优活动，对优秀质监站和质监人员进行表彰，有力推动了省（区市）质监站的规范化建设。

（五）交通建设监理规范相继出台

交通部质监机构的成立，进一步推动了一大批与交通建设监理相关政策法规的密集出台：

1992年1月25日，《公路、水运工程监理工程师注册办法》出台，标志着我国公路、水运工程监理人员考核认定及注册制度的建立。

1992年5月16日，交通部发布《公路工程施工监理办法》。

此外，交通部还相继出台了一批与施工监理招投标管理、合同规范、质量检验、验收等相关的规章制度。后来，全国各省（区、市）交通厅（局）也结合当地实际，制订了一些地方性监理法规。

这些措施的密集出台，为中国交通建设工程管理体系的建立打好了基础，也使得交通建设监理市场最终得以形成。

当时，交通部为了推动工程监理制度的建立，引导监理事业有序发展，先后出台和采取了一系列政策和措施。一是加强宣传。总结宣传以京津塘高速公路为代表的一批监理试点项目所取得的成功经验，鼓励各建设项目积极探索，勇于改革，为全面推行工程监理制度广造舆论氛围；二是明确大中型交通建设项目和重要的小型工程项目必须实行工程监理制，把监理制度的执行纳入到基本建设程序，作为工程验收的一个重要环节，同时也鼓励其他项目实行工程监理制，使工程监理制在行业内得以确立；三是通过发布《公路、水运工程监理单位监理资格审批暂行规定》和《公

路、水运监理工程师注册办法》，明确了监理从业企业和从业人员的入门基本条件，保证了监理队伍的基本素质；四是根据交通行业特点，通过发布《公路工程施工监理办法》和《水运工程施工监理规定》，明确了监理工作的程序、范围、职责深度及行为准则，成为开展监理工作的基本依据；五是开展了大规模监理业务知识普及培训，除对监理人员培训外，也对业主、设计、施工单位人员进行培训，使建设各方都了解监理，认识监理，支持监理，正确看待和把握这种科学的管理方法，以提升交通行业工程建设管理水平。

交通部审时度势，把握时机，采用积极稳妥的工作方式，使工程监理制度在交通建设行业内得以迅速推广。

二、稳步推进，由点及面

交通建设监理制度试点的成功，使得建设者们尝到了甜头，更加确定了"发展是硬道理"的信心，而发展的过程一定是由探索、跌倒、爬起、前行所构成的。中国交通建设监理事业的发展也必然如此。改变观念，竭尽全力推进交通监理事业的稳步发展成为当务之急。

（一）FIDIC条款的中国化

引进FIDIC条款在我国交通建设领域内引起了一场深刻的变革，对转变传统工程建设管理理念，提高建设水平和建设效率有着非常重大的意义。但是，作为舶来品的FIDIC在中国的推广不可能是一帆风顺的，来自习惯势力和既得利益者的强大阻力时时困扰着改革者。FIDIC要适应中国这方水土，必然要经历一番痛苦的蜕变。

1、FIDIC带来的变革与碰撞

FIDIC条款引入中国，给原有交通工程建设相关各方带来了巨大冲击，对交通工程建设原有的陈旧传统观念、粗放的管理体制形成了"冲击"。主要表现在：一是对投资体制带来了冲击。列入监理试点的三批利用世界银行贷款的工程，不同于传统的基础设施建设；二是以国际公开招标的方式确定施工单位和监理单位，对计划经济条件下指令性分配任务的管理体制带来了冲击；三是对传统的施工生产方式带来了冲击。世界银行贷款项目是"业主、监理、承包商"三权分立，合同管理，调动了大家的积极性和创造性，做到了"高效率、低成本、高质量"；四是冲击了国有企业内部组织结构。世界银行项目是项目部上前线，对工程项目负全责，责权明确，强调了由行政管理转向合同管理；五是冲击了原有国有企业形态，促使国有大型企业由劳务密集型转向技术密集型，向项目管理转变，提高其在国际市场中的竞争力。

在京津塘高速公路全面推行工程监理制试点过程中，种种因观念相左、体制相悖造成的"碰撞"时时不断、屡屡发生。归纳原因主要在于：

一是思想上的"碰撞"。从计划经济转到市场经济，人们过去的思维惯性还很

强，由以往设计院拿图纸，交通厅下面公路局派人去施工，到现在一下子变成了招标，一时想不通。不光是在单个工程项目上想不通，而是在全国范围上的想不通。交通部推行力度那么大，全国上下行动上是有了，但思想上还是跟不上趟。

二是技术上的"碰撞"。外国专家讲求技术指标的规范，我们讲的是管理规章的规范，角度不同，精细化程度不同。最终各项施工要素是否达到技术指标，国外都需通过现场检测、试验，用数据说话，监理签字认可，试验频率是多少，实验强度有多大，所有这些都在规范里明列条文，跟我们过去的规范完全是两回事儿。

三是管理上的"碰撞"。按照FIDIC条款规定要求，在工地上除了监理，谁说话都不算数，监理的权力体现得非常充分。而我国以前都是领导说了算，但现在一个小小监理说一个指标不够，承包商就得返工。

当时身兼京津塘高速公路工程建设项目总监理工程师的杨盛福回忆说："京津塘高速公路工程开工建设初期，在工程实践中最突出的两个问题一直困扰着我们：一是观念的"碰撞"，存在不少传统工程管理观念与FIDIC管理模式的激烈'碰撞'；二是权益的博弈，比较突出的矛盾就是业主、承包商、监理三方利益冲突形成的矛盾。由于FIDIC管理模式与传统的工程管理做法不同，实施起来更是矛盾重重。但是，无论发生什么情况，都丝毫没有动摇交通部推行工程监理制度的决心"

为了更好地推广FIDIC条款，在交通部的领导下，交通建设监理的先行者们做出了积极的探索和艰苦的努力。

2、FIDIC条款招标文件的中国化

按照交通部的统一部署，1989年在杭州召开了第一次监理交流会议。会上决定要在西三公路、京津塘高速公路推行FIDIC条款试点经验基础上，写一本中国自己的招标文件范本，确定由陕西省交通厅撰写国际招标范本，由云南、四川交通厅撰写国内招标范本。

在陕西省相关部门的重视与推动下，由曾任西三公路总监代表的李培坤主持，经过一些有过参与世界银行贷款项目经验的相关人员的共同努力，用时两年，在查阅大量外文资料、对FIDIC文件条款进行仔细体会、认真消化的基础上，结合中国国情，编写出了200万字、共五卷的中国交通工程国际招标文件范本——《世界银行贷款公路项目招标文件范本》，于1991年出版。此举得到了交通部和世界银行专家的肯定和好评，并成为日后交通部《公路工程招标文件范本》编写的重要依据资料。

1993年国内招标文件范本（灰皮本）——《国内公路工程施工监理招标文件范本》的出版，被业界誉为FIDIC条款招标文件正式中国化。

3、FIDIC条款监理过程的中国化

如果说西三公路、京津塘高速公路在施工建设中严格按FIDIC条款要求实行工程监理制是"照猫画虎"的话，那么，晏高公路的工程建设监理则是"FIDIC条款+中国国情"的土洋结合产物，是FIDIC条款中国化的雏形。到了1990年7月，部分利用世

界银行贷款的济南至青岛高速公路开工兴建，中国化的FIDIC条款，开始在济青高速公路工程建设监理实践中初步成型。

济青高速公路横贯山东半岛，连接20条国道、省道，全长318公里，是继京津塘高速公路之后中国又一条全面按照FIDIC条款要求实行工程监理制的高速公路项目。

因在晏高公路项目的监理工作中表现出色，济青高速公路的监理工作依然由晏高公路总监理工程师黄祥丰负责。世界银行派遣几名外籍监理工程师以顾问身份配合中方监理人员工作，客观上为探索中国化的FIDIC条款提供了便利条件。

黄祥丰总监根据在晏高公路项目监理过程中摸索出的"FIDIC条款+中国国情"成功经验，在济青高速公路项目监理过程中，独创"一丝不苟、科学公正、严格监理、监帮结合"的监理工作指导思想，使该工程项目建设管理井然有序，达到整体质量优良，使FIDIC条款的中国化进程又向前推进了一步，得到了国内外领导、专家的肯定和好评。

济青高速公路的监理在FIDIC条款与中国实践对接中创造了"监承共建"、"监帮结合"的新经验，一方面勾勒出了监理代建制的初始样本，另一方面深化了对在晏高公路建设中创出的"FIDIC条款+中国国情"监理模式的探索，为后来"严格监理、热情服务、秉公办事、一丝不苟"的中国交通建设监理工作原则的确立打下了基础。

济青高速公路的成功建设是中国特色的交通建设监理制度从试点探索阶段，成功转向稳步推进阶段的重要标志。

1992年9月18日，国家物价局、建设部联合发布《工程建设监理费有关规定》，为监理取费出台了规范标准。1994年8月30日，交通部发布了《水运工程施工监理规定（试行）》，进一步表明中国交通工程建设监理制度已经进入到了稳步推进的历史阶段。

（二）中国交通建设监理制度的建立

1994年12月14日，李鹏总理在长江三峡工程开工典礼大会上明确指示："要按照社会主义市场经济的原则和现代企业制度进行工程管理，实行项目法人责任制、招标投标制、工程监理制和合同管理制。"

遵照指示，交通部积极行动起来。为了加强对工程监理制度贯彻落实的监督，1994年，"交通部工程建设监理总站"更名为"交通部基本建设质量监督总站"，强化了监管手段，为"四制"的全面推行做好了组织准备。

在交通部稳步推进工程监理制的实践过程中，"政府监督、社会监理、企业自检"三级工程质量保证体系逐步成型。1995年4月，交通部发布了《公路工程施工监理规范》，确立"严格监理、热情服务、秉公办事、一丝不苟"的监理工作原则，一套具有中国特色的交通建设监理制度初步形成。

"严格监理"是FIDIC条款的本质属性，而"热情服务"则是适应中国国情的需要。监理不仅要站在承包商对立面上，监督承包商严格执行标准和程序，而且也有义务针对工程中出现的矛盾和问题，提出意见和建议，帮助承包商完善施工组织和工艺，使建设各方形成合力，最终共同完成工程建设目标。所以说，监理与承包商不单单是一对矛盾体，而是矛盾统一体。正所谓："监理监理，二位一体。顾名思义，既监还理。"这些思路构成了中国交通建设监理制度的框架，形成了具有中国特色的工程监理制度。此外，在后来探索中还完善了"进度控制、质量控制、费用控制、安全控制、环境控制、合同管理、信息管理和组织协调"（"五控二管一协调"）的工程监理要点。

中国交通建设监理制度与项目法人责任制、工程招标投标制、工程监理制和合同管理制四项基本制度，是FIDIC条款与中国工程管理具体实际相结合的产物，是中国化了的FIDIC，对中国交通建设事业的飞速发展起到了保驾护航的作用。

（三）交通建设监理市场初步形成

为了稳步推进工程监理制向市场化迈进，交通部狠抓政策、法规建设，以加强监管，规范监理企业行为。1995年5月18日，交通部发布了《公路水运工程监理单位资质管理规定》，积极引导中国交通建设监理行业逐步向建立起较完善的法规体系迈进。同时，鼓励、扶持具有独立法人资质的工程监理咨询公司的建立和发展，促使监理市场形成开放、竞争的格局。这一时期，国内交通工程咨询公司如雨后春笋般相继出现。西安方舟工程咨询有限责任公司、北京高速公路监理有限公司、陕西高速公路工程咨询有限公司、山东交通工程监理咨询公司、大连港口建设监理咨询有限公司、江苏华宁交通工程咨询监理公司、广州港水运工程监理公司、厦门港湾咨询监理有限公司、云南公路工程监理咨询公司、山西省交通建设工程监理总公司等一大批交通工程监理公司纷纷成立。

纵观这一时期的监理公司，不难发现各自都有着不同的背景、不同的创办原因、不同的人员组成，以及市场和技术优势等。同时，作为参与市场竞争的企业，也都经受了艰苦创业的市场洗礼。

从公司成立背景看，有从交通主管部门直接切分出来，为推动监理制度的推行而成立的，例如：成立于1992年的中国公路工程咨询监理总公司，是交通部直属企业；成立于1992年的陕西省高速公路工程咨询有限公司，前身是陕西省交通厅基本建设监督站；成立于1993年的山西省交通建设工程监理总公司，是隶属于省交通厅的国有企业等。

有直接脱胎于高速公路项目建设的，例如：从1987年直接通过实施京津塘高速公路北京段工程监理而开始实体运转的北京市高速公路监理公司；前身为济青高速公路工程监理处的山东省交通工程监理咨询公司等。这些公司在监理制的推行过程中发挥了引领作用。

有隶属于交通部属设计科研院的，例如：成立于1990年，隶属于中交第一航务工程勘察设计院的天津中北港湾工程建设监理事务所；成立于1992年，隶属于中交水运规划设计院的北京京华工程建设监理事务所；成立于1994年的交通部第一公

路勘察设计院的西安方舟工程咨询有限责任公司等。

有隶属于大学、科研单位的，例如：成立于1990年的东北林业大学工程监理部；成立于1993年，主管单位是东南大学的江苏华宁交通工程咨询监理公司等。这些公司在发挥人才优势，培训监理人才方面发挥了自己的作用。

还有来自港务局政企分开改制而成的。国家推行政企分开，使一些具有政府职能的大型企业加大了改革力度，特别是当时各港务管理局纷纷进行企业内部改革，撤销或瘦身规模庞大的指挥部，成立监理公司，专职负责港口建设监理工作，例如成立于1993年的大连港口建设监理咨询有限公司等。

从企业组织形式看，这一时期成立的监理公司，由于尚未进行股份制改造，基本属于国有企业性质。

从人员构成来看，有来自公路局管理机关的，有来自公路、水运勘察设计院的，有来自于属地交通系统的以及专业院校的等等。

从公司成功发展的轨迹看，均是凭借原有的母体优势进入市场，逐步形成公司自己的特点和优势。

西安方舟工程咨询有限责任公司成立之初，白手起家，走过了初创阶段的艰辛和困苦。主要技术和管理人员大都经过京津塘工程历练，不仅有着丰富的勘察设计经验，而且都是FIDIC条款在我国的首批应用实践者、探路人，公司初创起点较高。

北京逸群工程咨询有限公司成立之初，不仅仅满足于从事单一的监理业务，而是把咨询作为公司"主打"服务产品，确立了走高端、多领域、全方位的发展理念，明确向"工程咨询公司"目标迈进。发展方式上"先搭台，后唱戏"，先有相应资质，再来招徕业务，先做品牌，再做企业，正确的思路注定了北京逸群日后的茁壮成长。

江苏华宁工程咨询监理有限公司成立时的人员，主要来自交通部监理培训教师。他们利用早期在江苏、上海、东北监理培训的机会，向其他学员推介华宁。我国第一座水下软基沉管隧道——宁波甬江水底隧道工程，就是业主听课之后邀请华宁去做的监理。1994年，华宁公司出版了250万字的《工程监理使用手册》，很多人正是通过这部手册，了解了华宁，接受了华宁。华宁人也依靠他们专业的技术和良好的信誉，打开了市场，赢得了自身的发展。

总之，每个监理公司的初创起步都经历了同样的艰辛和曲折，正是在各级主管领导的支持下，靠着一批对中国交通建设监理事业全情投入、不倦追求的监理人的艰苦努力，一个充满希望和生机的交通建设监理市场才得以初步形成。

（四）监理开始在工程建设中发挥重要作用

政策法规的制度保障，交通部质监总站的组织推动，使工程监理制在交通系统稳步发展，对于加强交通工程建设项目的科学管理，提高工程质量和投资综合效益发挥了重要作用。这一时期，以"规范建设市场准入，严把设计质量关，落实三级质量保证体系"为目标，先后建设了以沪宁高速公路、沈本高速公路、万县长江大桥和虎门珠江大桥等为代表的一批路桥工程，依靠科技进步和科学管理，把工程建设质量提高到了新的水平。

[沈本高速公路的监理]

由辽宁第一交通工程监理事务所承担监理任务的沈阳至本溪高速公路国际段项目全长26公里（路基25.4公里、支线1.75公里），设计标准双向四车道，有大桥4566米/16座、中桥338.4米/6座、小桥100.32米/11座、涵洞56道、互通立交2处、隧道2座（其中大峪隧道为特长隧道长度3100米），工程投资3.06亿元，项目于1993年5月动工，1995年10月通车运行。

沈本高速国际段是辽宁省首个亚洲银行贷款并采用FIDIC条款的高速公路项目，采用两级监理机构，设置一个总监办四个监理驻地办。工程实施过程中美国路易斯·伯杰公司派驻现场的监理人员，对施工过程进行了全程监控，按照FIDIC条款规定，对项目的质量管理、进度控制、计量支付严格控制，并指导和监督现场中方监理的工作。由于是首次与外国监理合作，辽宁第一交通工程监理事务所选派了一批业务骨干到国外参加集中的业务培训，全面了解FIDIC条款，对国外先进的监理理念和管理方法有了更加深刻的理解。

项目位于辽宁省东部，属山岭重丘地形，地质条件复杂，构造物多，隧道、高桥墩结构施工难度大。项目参建施工单位来自不同行业（铁路、水利），很多队伍首次进入辽宁高速公路建设市场，对辽宁工程项目管理程序不清楚、不了解。基层监理人员构成主要是来自科研、设计专业的技术骨干，但部分人员没有项目管理经历，尤其是采用FIDIC条款的国际工程项目管理经验。当时工程监理仍属于新兴行业，很多行业规范和标准仍处于探索和总结阶段，没有形成固定的监理工作程序。为此，项

[沈本高速公路工程]

沈阳至本溪高速公路国际段项目，全长26公里，工程投资3.06亿元，项目于1993年5月动工，1995年10月通车运行。在沈本项目中，监理月报制度得到了推广和应用，首次大规模引入了影像记录的档案管理模式，取得良好的效果，并沿用至今。

目总监办一方面派人员外出学习，一方面积极组织项目业务培训，聘请专家对施工监理要点进行讲解。每月组织包含承包人的在内的所有技术、管理人员进行座谈和交流，通过项目内的沟通统一了思想，确立了以质量控制为核心，严格执行监理工作程序的管理方式，坚持单项工程开工审批手续，坚持合理工序和转序手续，抓重点部位和抓薄弱环节；运用检测、试验数据控制工程质量，抓好工程质量的评定验收工作；利用微机对监理的工程进行质量评定，并分别对分项工程、分部工程、单位工程做出总体评定和等级评定；加强施工监理计划进度管理，严格执行合同，使用微机对已完工程进行结算，使工程进度与支付同步；建立健全各种统计报表，定期报告，每月向建设单位以监理月报的形式汇报监理工作。在沈本项目中，监理月报制度得到了推广和应用，还首次大规模引入了影像记录的档案管理模式，取得良好的效果，并沿用至今。

[江阴长江公路大桥的监理]

依靠科技进步和科学管理，江阴长江公路大桥成为这一时期世界级工程水平的代表。

于1994年11月22日开工兴建的江阴长江公路大桥，是一跨过江的大跨径桥，主跨1385米，门式钢筋混凝土塔柱，索塔高达197米，是当时中国首座跨径超千米、位居世界第四的特大型钢箱梁悬索桥。到目前为止都是排名世界第六，中国第三的公路特大型钢箱梁悬索桥。

江阴长江公路大桥的建设，是中国自改革开放以来首次挑战超大跨径桥梁的工程项目，是现代科技进步与科学管理相结合的产物。其中桥梁建设工程的科技创新就达37项之多，而桥梁建设工程的科学管理主要体现在中国化的FIDIC条款——交通建设监理制度在施工建设中的严格执行。

大桥建设工程监理以FIDIC条款和江阴长江公路大桥技术规范为主要合同文件，由监理工程师实施施工监理。总监由时任江苏省交通厅副厅长、项目副总指挥的周世忠兼任，下设总监理办公室。为了加强对大桥建设的技术指导和管理咨询，交通部专门抽调、选派了由2名工程院院士、14名教授级高工及资深专家组成交通部江阴长江公路大桥专家顾问组亲临指导。在项目实施过程中，工程监理严格按照中国交通建设监理制度办事，各个标段分别通过招投标，选择有相关资质、信誉良好的监理单位中标，任命了具有丰富经验的专家担任总监代表，全面把控工程建设的质量、进度和计量支付等监理工作。在项目施工建

[江阴长江公路大桥工程]
于1994年11月22日开工兴建的江阴长江公路大桥，是一跨过江的大跨径桥，主跨1385米，是当时中国首座跨径超千米、位居世界第四的特大型钢箱梁悬索桥。大桥建设监理以FIDIC条款和江阴长江公路大桥技术规范为主要合同文件，由监理工程师实施施工监理，充分体现了FIDIC条款中国化执行中的“严格监理、热情服务、秉公办事、一丝不苟”的工作原则。

设中，工程监理充分体现了FIDIC条款中国化执行中的“监帮促”特点，把中国交通建设监理“严格监理、热情服务、秉公办事、一丝不苟”的工作原则体现得非常充分。特别是在“严格监理”方面，让业主和承包商印象尤为深刻。例如在一次抽查监测中，监理发现一座塔身在浇筑时外加剂未搅匀，造成混凝土强度增加缓慢，监理人员二话不说，当即限令承包方凿除返工，重新灌注，即便返工工程量巨大，也在所不惜。此类事例不胜枚举，以至于让大家有了“比洋监理还要严格”的感叹！

江阴长江公路大桥建造技术创新颇多，工程监理通过采选“新做法”、“新办法”、“新制度”、“新技术”的创新手段，最终交出了一份满意的答卷：江阴长江公路大桥以优异的工程建设质量，一举荣获英国建筑协会2000年度优质工程奖，2001年江苏省“扬子杯”优质工程奖，2001年江苏省科技进步一等奖，第十六届匹兹堡国际桥梁协会会议尤金·菲戈金奖，2002年度鲁班奖及詹天佑土木工程奖等诸多大奖。可以自豪地说，所有这些奖项都少不了工程监理的功劳！

在这个时期成功建设的许多高质量的公路、桥梁、隧道、港口工程，都洒下了交通建设监理的辛勤汗水，更是中国交通建设监理制度稳步推进的重要收获。

三、全面推行，纵深发展

时至20世纪90年代中后期，随着“小路小富，大路大富，高速路快富”思潮的风行，以及“贷款修路，收费还贷”政策的全面铺开，交通建设事业的发展形成了以市场为基础的多元化投资格局，交通基础设施建设呈现出一派大干快上的景象。大小交通建设项目在全国各地全面展开，交通建设监理制度也进入全面推行时期。

（一）直面挑战，不断推进并完善交通建设监理制度

在渐已成型的中国交通建设管理四大基本制度中，工程监理制度相对其他三大制度的贯彻落实，有着更高的标准和要求。它不仅需要创建完善的制度体系，更需要一支过硬的、高素质的监理人员队伍和一种新型的监理企业来支撑。起步不久的监理行业突遇基本建设爆炸式发展，中国交通建设监理这株“幼苗”所承受的压力之大，非常人所能想象。压力主要来自以下三方面：

一是工程项目数量突飞猛进，监理人员无论在数量还是素质上一时难以“与时俱进”。20世纪末，公路水运建设社会总投资额突破了4000亿元，大规模城市建设在全国遍地开花，而当时公路水运监理企业总共才249家，监理工程师只有11400多名。相对于建设监理市场的巨大需求量，且不说交通建设监理素质高低，单就数量来说就如同杯水车薪。监理人员数量跟不上项目发展需要的局面，造成监理从业人员门槛越来越低，素质也相应下降，监理技术水准降低。与此同时，业主、承包商的素质也普遍下降，给监理带来更大的压力。

二是采取以市场为基础的多元化投资模式后，大量交通建设项目不再需要世界银行的贷款。纯粹采用国内社会资金的交通工程建设项目，完全失去了FIDIC条款的外部制约。再加上有些业主对监理的认识不到位，传统粗放式管理体制不是“暗流涌动”，就是干脆“故态复萌”。有不搞工程监理的，有用工程指挥部替代监理的，有业主擅自成立总监办的，有不予授权的，有假授权真不放手的，形形色色，不一而足。其实，追根究底都是“权”和“利”在作怪。如此一来，监理势微位失，作用难以发挥，对工程的投资、工期、进度、质量的管控力越来越弱。甚至发生项目法人强行压价，使原本就不高的监理取费被一降再降，有些还被无故拖欠。还有许多监理单位本身就是从原来的工程管理部门“切割”出来的，与主管部门有着千丝万缕的“血脉”联系，剪不断，理还乱，主管部门搞点“例外”亦属“情难却，理应当”。因此造成了监理市场的不平等竞争，出现了部分监理投机取巧，弃中国交通建设管理制度中“独立、公正、竞争、服务”的监理操守于不顾的恶例。更有甚者，监理干脆被“特色”为伙同业主集体捞钱的“御用工具”。这类现象的出现，其实就是某些不守规矩的项目法人乱了项目法人负责制的政。于是有人惊呼：交通建设监理“变味儿”了，中国交通建设监理制度被“特色”了！

面对种种乱局，主管部门判断：问题不是出在监理制度本身，而是出在观念的陈旧和体制的桎梏，必须旗帜鲜明地坚持全面推广中国交通建设监理制度不动摇，

以遏制乱象的蔓延。为了严守大规模项目建设工程质量整体水准不下降，交通部采取了两大举措：

一是建立专家咨询机制。1994年，交通部成立了工程技术专家委员会（2000年后改为专家委员会），实行聘任制，明确职责为通过开展工程技术咨询，在技术层面总体控制交通工程建设项目大干快上带来的施工风险。全国各省（区、市）纷纷按照交通部要求相继成立了专家委员会，包括多名院士在内的国内一大批有经验的、有突出贡献的、有一定声望的工程技术专家，以专家咨询的形式，为全国和区域性重大公路、水运工程建设项目进行了从建设规划、可行性研究、初步设计到关键性工程技术的把关和技术指导。此举客观上保证了全国范围重大工程建设质量水平。

二是建立"强制监理"制度，目的在于依靠行政力量强制全面推行工程监理制度，尽最大可能遏制种种废弃工程监理的乱象发生。1996年主管部门做出了对计划内交通建设项目实行强制监理的决定，规定从当年起，全国交通系统所有新开工的列入交通基本建设计划的公路水运工程必须实行工程监理制，没有落实监理单位的项目不准开工建设；监理的范围要以施工质量监理为主，根据具体情况逐步拓展到有关方面，实行施工阶段全方位的监理；监理工程师的责、权应落实到位，充分发挥监理人员的作用；工程监理的覆盖面要扩展到所有大中型公路水运工程项目和重要的小型项目。"强制监理"制度的执行，在一定程度上遏制了"大业主、小监理"、"有业主，无监理"势头的蔓延。

1996年7月1日，全国交通基本建设质量监督工程监理工作会议在吉林召开。会议在总结"八五"期间质量监督和工程监理工作的基础上，提出了"九五"期间进一步搞好质量监督、工程监理工作的目标和要求及实施措施。关键时期召开的关键会议，擂响了坚定不移地全面推行交通建设监理制度的战鼓。

客观来说，跨越式发展不是一种正常的发展形态，引发供需矛盾是必然的，特别是人才供给和管理经验不能满足建设规模的需要也是在所难免。但是，凡事皆有两面性，正是由于交通建设跨越式发展，客观助推了工程监理制度的全面推行和纵深发展。正是交通部审时度势，借势着力于工程监理制的推行，才从根本上有效解决了工程管理人才的需求供给，总体上保持了与业主、施工单位的管理能力相匹配的需求平衡。一位业界人士说：没有监理，在交通建设的高速发展期肯定会出现更多、更大的质量安全问题。应该说，交通基础设施建设呈现出超常规的跨越式发展，超出了每一个人的想象，监理制的推行，对大规模的基础设施建设，特别是重大工程的建设起到了保驾护航的作用，监理功不可没是不争的事实！

（二）加强制度建设，健全交通建设管理体系

中国特色的交通建设工程管理体系的建立，首先是在20世纪90年代前后出台一批基本制度，奠定了交通建设管理制度基础，到了20世纪90年代中期，通过对首批制度重新修订，再密集出台一批新制度而来的内容全、覆盖广、涉及交通建设工程监理领域的各项规章制度，连同"四制"，共同构成了中国特色的交通建设管理体系。

1995年8月1日，交通部发文确定，在编制水运工程总估算和总概算时，"工程监理费"和"工程质量监督费"从"建设单位管理费"中单独计列。

1996年6月，发布《水运工程施工监理合同范本》。

1997年7月17日，发布《公路工程试验检测机构资质管理暂行办法》。

1997年9月15日，发布《公路工程施工监理合同范本》。

1997年12月10日，发布《水运工程试验检测暂行规定》。

1998年12月28日，发布《公路工程施工监理招标投标管理办法》。

1999年1月5日，发布《水运工程施工监理招标投标管理办法（试行）》。

2000年2月13日，发布《水运工程质量监督规定》。

2000年12月，发布《水运工程施工监理规范》等规章制度，以及《公路水运工程试验检测管理办法》、《水运工程试验检测机构资质管理办法》、《公路建设市场管理办法》、《公路建设监督管理办法》、《公路工程设计变更管理办法》、《公路工程竣（交）工验收办法》、《港口建设管理规定》、《港口工程竣工验收办法》、《航道工程竣工验收管理办法》和《公路水运安全生产监督管理办法》等措施办法。

制度体系建设涉及监理招标投标管理、施工监理规范、工程试验检测标准、设计变更管理、工程竣工验收和安全生产监督等各方面，首次明确地将工程施工过程中对环境的保护和对安全生产的监督，纳入到了工程建设管理体系当中。对于落实"政府监督、社会监理、企业自检"三级质量保证体系，构建交通建设监理市场开放、竞争格局，建立交通建设监理信用体系，建设环境友好、资源节约、安全生产的交通工程，实现"总体规划设计合理，建设工程结构耐久，社会效益可持续"的目标，起到了必要、全面的推动作用。

对于中国交通建设管理体系建立过程中每一部政策法规的出台，交通部质量监督总站都不遗余力、不失时机地做了大量扎实的宣传和贯彻落实的推动工作。他们先后组织多批专家和资深监理工程师，多次到全国各地进行了集中"宣贯"。

"全面推行"是一项十分庞杂的系统工程，涉及面广、头绪多、任务重、难度大，要求既要有清晰的思路，又要有坚韧的耐力，更需要有扎扎实实开展工作的态度。交通部正是长期以这种工作状态，用自身的不懈努力，把交通建设监理制度的推行引向全面和深入。

（三）全面规范、提高监理人员综合素质

FIDIC条款在中国的成功推广，派生出了一个全新的职业——监理工程师。中国交通建设监理制度的全面推行，又使这一历史角色得到了迅速的成长和壮大。

所谓监理工程师，就是对工程项目实施过程进行监督管理的人员。一般来说，监理工程师受雇于项目业主，要从项目实施开始，直到项目竣工结束，全过程为业主提供全方位高智能技术咨询服务。

由于交通建设监理是一种集约型、高智能型的综合监管工作，知识密集，技术密集，对从业人员的技术水平、业务能力、敬业精神、职业道德等综合素质要求高，非高素质的复合型技术人才难以胜任其职。

如前所述，中国的交通建设监理人员最初主要来源于工程管理、工程技术等岗位，以后逐步聘用了大批具有相关专业学历的大学生及研究生。到了全面推行工程监理制阶段，相对于中国交通建设的快速发展，以及工程施工技术日新月异的进步提高，监理队伍无论从数量上、素质上、技术水平上，都难以跟得上发展需求，高水平、高素质的人才更是匮乏。

交通部深刻认识到监理工程师自身素质的提高，不仅事关建设项目的工程质量，而且关乎监理队伍的整体素质，更是关乎"监理"这一新兴行业的生死存亡。早在1986年8月，交通部在西安首次举办了由世界银行派出的培训专家主讲的监理工程师培训班，培训出了中国交通建设第一代监理工程师。此后不久，又选派包括李培坤在内的多批次高素质技术人才赴国外培训、学习FIDIC条款。试点阶段，借京津塘高速公路建设东风，集中培训一批监理人才之后，1992年，交通部专门制定了公路水运工程监理业务培训管理规定，使监理培训工作走上了制度化、正常化的轨道。这是一种带有"强制性"的培训制度，培训教材由交通部专门组织专家编写，培训单位和授课老师由交通部审定相关院校确定。此外，交通部还实行了严格的培训管理监督检查制度。

为了确保培训质量和效果，交通部质监总站负责宏观监督管理，具体组编培训教材、审定培训院校和教师，审定培训计划，核发培训结业证书，由各省（区、市）质监站具体负责组织实施。1992年以来，举办各种公路、水运、机电设备等专业监理业务培训班，年年如此，从未间断。据统计，全面推行阶段，交通部先后培训监理人员约15万名，其中公路工程监理人员约14万名，水运工程监理人员约1万名。当时，在岗监理人员100%接受过专业培训，不少人员还不止一次。

除了培训在岗监理人员，提高监理队伍整体业务水平之外，交通部在1996年1月4日发布《公路、水运工程监理工程师资质管理办法》，规定交通部成立监理工程师评审委员会负责监理工程师的资格审定工作，通过规范监理工程师入门门槛，保证了监理从业队伍整体素质的提升。

除外部加压，"强制性"提升监理从业人员职业技能之外，交通部还通过建立表彰激励机制，激发监理从业人员自我提升的积极性。1996年交通部出台了《交通系统先进监理单位、优秀监理工程师评选办法》，并经各地区、各单位组织推荐，于同年6月5日，交通部发布《关于表彰交通系统先进监理单位及优秀监理工程师的通知》，首次有包括北京市高速公路监理公司、天津中北港湾工程建设监理事务所等23个先进监理单位及陈立群等97名监理工程师受到表彰。榜样的力量是无穷的，此举在全国基本建设领域产生了积极影响，极大地激发了监理从业人员的"比、学、赶、帮、超"的势头，激发了监理人员提高自身职业水准的热情，收效良好。

为了吸引人才、留住人才，献身监理工程师事业，交通部还根据市场上监理工程师取费偏低的问题，适当调高了监理取费标准。1996年，交通部发布《公路基本建设工程概算、预算编制办法》，将公路监理取费率定为1.6%。

培训考试制度与表彰激励机制的双管齐下，对于监理工程师队伍整体素质的提高，对监理诚信建设的加强发挥了关键作用，意义重大，影响深远。

此外，交通部还多次组织各种形式的经验交流活动。1997年12月11日，全国公路、水运工程监理经验交流会议在广西北海召开，这是交通部推行监理制10余年来召开的规模最大的一次经验交流会议，对于监理人员队伍整体素质的提升，也起到了积极的作用。

这一时期，正是交通部的殚精竭虑和艰苦努力，才有效保证了监理人才队伍的整体水平没有大的下滑，保障了交通建设工程质量的整体水准。

（四）全面推行，中国交通建设监理成果累累

从1996年到2000年，短短5年的时间，我国基本建设领域呈现出跨越式发展态势，交通建设监理制度也有了长足的发展。在交通部的大力推广下，在全国范围内，交通建设工程项目在哪里，工程监理制度就推行到了哪里，有交通建设的地方，就有监理工程师们留下的足迹，监理成了建设项目推行科学化管理的代名词。

这一时期，我国交通建设监理市场已成型，工程监理制的执行正朝规范化方向深化发展。长江口深水航道一期工程、润扬长江公路大桥工程的出色监理就是这一时期的代表。

1、长江口深水航道治理一期航道整治工程的监理

长江口深水航道治理一期航道整治工程项目在河口建设双向导堤，全长51.77公里，疏浚土方量4000多万立方米。这样的河口整治规模和强度、难度，不仅在我国水运建设史上前所未有，在世界上也是从未遇到的重大难题，是技术极为复杂的水运工程。而这项工程带给监理人员的不仅是技术上的难度，更是监理分散于100多公里江面上的诸多施工点的难度，可谓难上加难！

一期工程于1998年1月27日正式开工。为了确保工程质量，有效监管施工，业主通过招投标方式，优选了天津中北港湾工程建设监理事务所、广州南华建设监理事务所等10多家国内具备相应资质和经验的监理企业，分标段成立数个项目监理部，通过“信息通报，集中处理”制度，促使各监理部相互配合，业主、监理、施工单位相互配合，形成团队协同作战态势。

各监理单位严格实行总监负责制，在整治建筑物和疏浚水道过程中，150多名监理全方位、全过程奋战在100多公里的江面施工点上，确保监理旁站、抽检验收、平行检测、见证取样、巡视检查等监理工作要求落到实处。其中，监理工作难度最大之处在于整治建筑物的水下隐蔽工程，那里极易发生“盲点”漏监现象。为了有效解决这一问题，各监理单位特别制定了《旁站监理实施细则》，加大“扫盲”旁站监理力度，确保全过程旁站不留“死角”。此外，为了彻底解决水下隐蔽工程难于监理检查问题，有关监理单位调配了专业潜水员，下水独立收集监理数据，有效地防止了工程隐患的发生。有意思的是：这一工程项目有道独特的“景观”，每位分散于江面施

工现场的监理，统一配发一个GPS背包，一方面保证了信息交流的通畅，另一方面保证了现场监理100%的实际到位率，实现了现场监理对工程项目的全方位、全过程旁站，总监对现场监理的全方位、全过程跟踪，从而确保了工程质量的优异。

排除万难的艰苦努力，终于换得了工程项目在2000年6月30日通过交通部竣工验收。至此，长江口北槽航道结束了只有7米水深的历史，8.5米水深的航道全线开通。一期工程以优异的工程质量，荣获第四届詹天佑土木工程奖和国家优质工程金质奖。与工程建设同步完成的《长江口深水航道治理工程成套技术》一书，达到国际同类工程技术领先水平，荣获国家科技进步一等奖，成为世界上治理巨型河口航道工程的成功样板。

2、润扬长江公路大桥工程的监理

润扬大桥是中国第一座由悬索桥和斜拉桥构成的组合型特大桥，完全由中国人自行设计、自行施工、自行监理，建筑材料及施工设备绝大部分也是中国制造。大桥于2000年10月20日开工建设，2005年4月30日提前半年建成通车。时任交通部总工程师、润扬大桥技术专家组副组长的凤懋润说："润扬大桥作为'世界第三、中国第一'悬索桥而被载入世界桥梁的史册，润扬大桥工程创下的八项'国内第一'，代表了当时我国桥梁建设的最高水平。"

润扬大桥的建设不光规模大、难度高、技术性强，工程监理同样也代表了当时中国交通建设监理的最高水平，首创了现代工程质量管理的"无缝隙"理念。其内容包括：建立严格的质量控制体系，从设计源头抓起，实行全员质量责任制；严格的招投标管理，优选一流建设队伍；实行总监领导下的二级监理负责制；推进材料物资采购准入制度；通过中心实验室、测量中心的信息化建设，实现工程监理的全方位监督和电子监控。更大的亮点是把施工过程的监理，上溯到了设计阶段，成为高端化的工程监理，引领了这一时期监理市场的发展方向。

润扬大桥由总监及其办公室全面负责项目的监理，领导、组织、协调整个工程的建设计划、施工组织计划，审查重大技术方案和施工工艺；按标段设立总监代表及其办公室，在总监领导下负责各自标段的施工监理。通过这种总监领导下的二级监理负责制，有效地将宏观管理与具体监理有机结合，消除了监督上的盲点，有利于对工程质量、进度及费用进行全方位、全过程的立体管控。此举是中国交通建设监理管理水平又一次跃升的显著标志。

为了确保工程质量，总监办公室制定了润扬大桥专用的《施工监理试行办法》、《监理基本表格表例及用表说明》，明确了监理职责，细化了监理内容。同时，对工程各事项的上报流程都做了详细规定，避免了职责不明、人为失误、不透明化操作等问题的发生。在监理实施过程中，监理人员对质量和安全重点部位实行重点检查，对隐蔽工程实行突击检查和夜间巡查。发现问题，坚决按"三不放过"原则限令整改。同时，切实加强抽检力度，始终按不低于20%的频率进行独立试验和平行抽检。

正是这样一整套近乎完备的监理模式的施行，确保了润扬大桥的建造能够荣膺

“全国十大建设科技成就奖”和“詹天佑土木工程奖”两项大奖。

3、厦门海沧大桥的监理

海沧大桥是厦门岛继厦门大桥之后的第二条对外通道，是我国第一座三跨连续漂浮体系钢箱梁悬索桥。海沧大桥西起海沧经济开发区石塘村，向东跨西航道至火烧屿岛，再跨东航道与东渡港相连，然后经牛头山、跨疏港路与仙岳路相连，主线全长5927.4米。其中，东航道桥1108米，主跨为648米三跨连续漂浮体系钢箱梁悬索桥，西航道桥380米，为5跨连续刚构桥，引桥1918.4米，引道工程2787.4米，互通立交两座。

海沧大桥是国家“八五”重点工程建设项目，具有建设标准高、技术含量高、施工难度大、工期较短、工程标段多等特点，常规的监理管理方法已不能满足海沧大桥的建设要求，为此，海沧大桥采用了二级社会监理模式，这在我国公路系统里尚属首次。同时，为加强对该项目的管理，应省、市两级交通管理部门的要求，交通部还首次专门组建了由部、省、市三级质量监督机构派员组成的厦门海沧大桥现场监督办公室，常驻现场，监督、协调、仲裁工程建设中发生的质量问题和争端。

海沧大桥监理机构由总监办和6个驻地办组成，由中国公路工程咨询监理总公司(2006年更名为“中国公路工程咨询集团有限公司”，以下简称“中咨集团”)、广东省公路工程监理站等单位组成的总监办于1997年初进驻现场。总监办结合工程实际情况编制了《厦门海沧大桥施工监理工作大纲》和《厦门海沧大桥监理工作程序》，并于1997年8月报送指挥部讨论审查后做了进一步修订和完善。各驻地办按照总监办“监理工作大纲”的基本原则和要求，结合所辖标段的工程内容，编制了驻地办“监理工作实施细则”，此外还对重要分部工程或工序具体制定了分项工程施工监理大纲和细则。监理工作大纲明确了总监办和各个驻地办的职责范围、相互配合原则和程序，促使海沧大桥的监理工作走上法制化、标准化、规范化、程序化轨道，为工程的顺利开展奠定了坚实基础。

总监办作为监理工作的管理单位，在人员编制上配备了曾参与汕头海湾大桥、虎门大桥和西陵长江大桥的设计、施工、监理工作的专家与技术骨干。总监办组织了专职力量研究处理施工技术、计划、质量、进度以及合同管理问题，此外还设置了专家顾问组，在施工关键阶段或遇到技术难题时组织专家组深入施工现场，召开专题研讨会，帮助解决工程技术难题，为海沧大桥工程的顺利推进提供了有力保障。

为了全面实现“质量创‘精品’工程、工期不突破、投资不增加”的“三大控制”目标，总监办在审批施工组织设计和下达开工令时，遵循“在保证质量的前提下，质量工期两手抓，两手都要硬”的原则，除了着重审查承包人提出的技术方案是否科学合理，质保体系是否完善，机械设备和技术人员、管理人员是否符合要求外，同时也严格审查承包人的工期目标是否合理、科学。

海沧大桥是我国自行设计和施工的第一座三跨连续漂浮体系钢箱梁悬索桥，在设计和施工中都碰到了许多重大技术问题，对于技术性很强的课题，总监办受指挥

[长江口深水航道治理一期航道整治工程]
长江口深水航道治理一期航道整治工程项目在河口建设双向导堤，全长51.77公里，疏浚土方量4000多万立方米。1998年1月27日正式开工，2000年6月30日通过交通部竣工验收。工程以优异的质量，荣获第四届詹天佑土木工程奖和国家优质工程金质奖，成为世界上治理巨型河口航道工程的成功样板。与工程建设同步完成的包括监理技术在内的《长江口深水航道治理工程成套技术》一书，达到国际同类工程技术领先水平，荣获国家科技进步一等奖。

[润扬长江公路大桥工程]
于2000年10月20日开工建设，2005年4月30日提前半年建成通车的润扬大桥是完全由中国人自行设计、自行施工、自行监理的第一座悬索桥和斜拉桥构成的组合型特大桥，建筑材料及施工设备绝大部分是中国制造。作为"世界第三、中国第一"悬索桥，润扬大桥工程代表了当时我国桥梁建设的最高水平。润扬大桥的工程监理首创了现代工程质量管理的"无缝隙"理念，把施工过程的监理，上溯到了设计阶段，成为高端化的工程监理，引领了这一时期监理市场的发展方向。

部委托进行技术方案审查和开展技术论证，确保问题得到快速有效的解决。总监办除了完成监理服务合同规定的任务之外，还结合工程实施情况，向现场指挥部提出了包括掀起海沧大桥四季度施工高潮、桥面铺装关键技术与实施、主缆缠丝拉力计算和确保缠丝质量关键技术以及东引桥边坡抗滑稳定性验算等在内的30余项重大合理化建议，以便科学合理地解决海沧大桥建设过程中遇到的重大技术问题，确保"三大控制"目标的全面实现。

2000年1月1日，历时两年半的工程全面优质完成，海沧大桥正式通车，创造了我国悬索桥建设周期最短的奇迹，并获得了第七届中国土木工程詹天佑奖。海沧大桥建设过程中，在中咨集团等单位组成的总监办的有效管理下，各监理单位相互配合，严格执行监理规范和监理工作大纲、监理工作程序，在三大控制和合同管理方面均取得良好的效果。海沧大桥监理管理模式是一种特定情况下的社会监理模式，由于各方共同努力、密切配合、团结协作，在总体上是成功的，也为完善我国社会监理制度积累了宝贵经验。

4、湖北省黄（石）至黄（梅）段机电工程项目监理

2000年开工的沪蓉国道主干线湖北省黄（石）至黄（梅）段机电工程项目既是全国第一个土建主体工程与机电工程同时完工的高速公路建设项目，也是湖北省第一个安装机电设备的高速公路建设项目，由北京兴通工程咨询有限公司承担监理。

在黄黄高速之前，我国交通工程建设中机电监理的概念还没有得到推广，机电只是作为交通工程监理的一个组成部分，全国只有4家交通部批准的交通工程监理甲级资质的单位能够做机电监理。

在做黄黄高速机电监理的同时，北京兴通工程咨询有限公司还承担着深汕西、泉厦高速的机电监理。但这两条高速公路都是由世界银行贷款修建的，是按照FIDIC条款必须要进行机电监理的，而黄黄高速则是我国自己投资修建高速公路中最早开展机电监理的。这在机电监理的发展过程中具有非常重要的意义。

黄黄高速项目路线全长140公里，机电工程总价为2460万元。项目包括通信、收费、供配电及交通监控系统。

在监理过程中，北京兴通工程咨询有限公司秉承"严格监理、热情服务、秉公办事、一丝不苟"的原则开展监理工作。由于当时还没有全国统一的高速公路机电工程监理规范，在监理的过程中监理只能借鉴邮电、电力、铁道等行业的标准。因此，北京兴通工程咨询有限公司根据FIDIC条款和国内高速公路机电施工监理工作经验，编制了监理工作大纲和统一的施工监理表格，并结合黄黄高速公路机电施工的特点，编制了监理实施规划及实施细则，形成了一套完善的高速公路机电工程项目监理工作制度、程序、流程和表格。

为了保证机电工程与土建主体工程同时完工，在机电工程建设期间，时任黄黄高速公路建设指挥长的林志惠两次召开机电工程专题会议，解决工程进程中的实际问题，使一些机电工程建设人员很难解决的问题，得到及时解决，使各专业、各单位

[厦门海沧大桥工程]

1997年开工，2000年1月1日胜利建成的厦门海沧大桥是我国第一座3跨连续漂浮体系钢箱梁悬索桥，主线全长5927.4米，是国家"八五"重点工程建设项目。海沧大桥在我国公路系统里首次采用了二级社会监理模式，在三大控制和合同管理方面取得良好的效果。

[黄黄高速公路机电工程]

2000年开工的沪蓉国道主干线湖北省黄（石）至黄（梅）段全长140公里，机电工程总价为2460万元。项目包括通信、收费、供配电及交通监控系统，是我国自己投资修建高速公路中最早使用机电监理，也是全国第一个土建主体工程与机电工程同时完工的高速公路建设项目。

之间的平行、交叉施工平稳进行，保证了机电工程建设顺利进行。

通过各方的不懈努力，黄黄项目达到了合同要求的建设目标，受到项目建设单位的好评；为项目建设单位培养了多名高速公路机电工程建设管理人才，当年大部分参加该项目的业主代表现今已成为湖北省交通厅高速公路机电建设管理的主要负责人。同时监理工程师在项目实施过程中的经验和建议为项目设计单位提供了很好的借鉴经验，促进了各参建单位的共同成长和进步。

（五）培育市场，营造健康有序的发展环境

随着交通基础建设工程规模、数量的不断扩大，监理市场的不断发育，新注册开业的监理公司越来越多，随之而来的许多与建设良好有序、良性竞争市场发展环境的目标相违背的新问题也日益凸显出来。一些监理公司管理不到位，设备不到位，行为不规范，人员无序流动，队伍建设良莠不齐，不但降低了监理效果，而且搅乱了监理市场。

市场出现的问题引起了交通部的高度重视。20世纪90年代，交通部先后召开过三次全国性工程监理工作会议。无论是1993年的昆明会议，还是1996年的兰州会议、1998年的北海会议，都是围绕“三个建设”主题，针对不同时期所面临的新情况、新问题，明确努力方向，提出解决方案，全面推行交通建设监理制度向纵深发展。

在监理队伍建设和监理市场规范上，交通部采取了许多强制性措施。因为建设不等人，时间不等人。企业靠什么赢得项目法人授权，靠什么扩大市场占有率，说到底还是要靠队伍的素质和水平，要靠丰富的工程监理经验，要靠严格、公正的监理精神和工作作风。要让社会认可，项目法人放心，承包商服气，自己必须首先强大起来，打铁还需自身硬！

2001年，交通部质量监督总站经过充分调研，找到问题症结所在，确定了整治重点，开展了一场专项治理整顿监理市场的行动。

交通部质监总站用了3年时间，像过“梳篦”一样，把所有公路、水运工程监理企业“篦”了一遍。整顿从资质核查入手，对照资质条件挨个“过堂”。核查内容包括：核查监理人员劳动关系，督促企业与从业人员之间签订劳动合同，强化企业用工法律保障，敦促企业为监理从业人员办理“三险一金”；核查试验检测设备实物、采购发票、资产归属证明等资料，引导企业保证硬件的投入和装备，以保障设备检测能力的正常、真实发挥；核查监理企业和监理人员的工作业绩、市场行为和廉洁自律方面的情况。

通过治理整顿，清除了一批管理不善，资质能力达不到要求的监理企业；开展现场监理工作的检查评价活动，进行量化评价排名，引导监理企业不断改进工作，提高监理水平。一些项目还结合工程本身特点，对监理人员进行应知应会测试，使上岗人员的能力、水平能够真正满足工程监理的需要。

通过这些措施，逐步建立和完善了“政府规范市场，市场引导企业，企业自律发展”的交通建设监理市场新格局，充分发挥了市场机制与政府调控的双重作用，并且找到了二者发挥作用的平衡点，净化了监理市场环境，初步培育出一种健康有序、良性竞争的市场氛围，使监理制度对保障交通基础设施建设又好又快地发展发挥了重要作用。

四、深化发展，由粗至精

随着工程监理制的全面推行，监理覆盖面也在逐步扩大，所有大中型项目和重要的小型工程项目也都实施了工程监理。广度、深度有了，工程监理开始向施工前期拓展，开始向回归高端化、精细化管理方向发展。2004年8月28日，《中华人民共和国公路法》颁布实施，其中第二十三条规定："公路建设项目应当按照国家有关规定实行法人负责制度、招标投标制度和工程监理制度。"这意味着中国交通建设监理制度为国家大法所认，也是步入深化发展由粗至精历史阶段的显著标志之一。

（一）成立中国交通建设监理协会

中国交通建设监理协会的成立，基于两大历史背景：一是中国经济建设的高速发展以及我国社会主义市场经济体制的不断完善，从客观上要求政府要改变以往一把抓的局面，政府职能要从"全能政府"向"有限政府"转变，由"管制政府"向"服务政府"转变，解决政企不分、政事不分的固有顽疾，让企业真正成为市场的主人。进入新世纪后，国家加速推进了这项改革。交通部积极行动，着手自身职能的转变。对于监理市场"看不见的手"能解决的问题，尽量交由市场去解决。而对于监理市场"看不见的手"解决不了的，属于企业之间沟通、协调即能解决，无涉政策和原则的问题，则需要在政府与企业之间搭建一座桥梁，建立一个非官方的民间组织，协助政府解决这方面问题。二是交通建设监理企业的快速发展，监理企业数量的激增，各种非政策性的矛盾激增，客观上也需要有本行业的自律性组织来出面协调、解决、反映企业的诉求和困难。同时，对于监理行业发展过程中遇到的共性问题，也需要有集中下情上达的机构，帮助企业为行业的发展向主管机关建言献策。

2002年4月13日，中国交通建设监理协会（以下简称"协会"）在北京成立。协会是交通系统从事公路、水运交通建设监理单位和试验检测机构自愿组成的跨地区、跨行业、非营利的全国性组织，是经民政部批准，注册登记为具有法人资格的社会团体。协会下设办事机构、分支机构（包括公路工程、水运工程、机电工程、交通工程、试验检测五个专业委员会）、专家咨询委员会（非常设机构），协作完成会员代表大会、理事会、常务理事会及政府主管部门委托的任务。

协会自成立以来，作为监理企业之家，团结组织全体会员单位，及时反映企业诉求，大力维护会员单位合法权益，在发挥"指导，服务，自律，协调，监督"等方面发挥了重要作用，促进了监理企业间的"相互交流，加强合作，优势互补，强强联合"，积极引导行业沿健康发展轨道前进。

10年来，协会在高度重视加强行业自律、推进诚信经营的同时，迎难而上，主动作为：

1、深入调研，反映诉求

2002年和2003年，协会用了两年时间对“交通建设监理企业生存和发展环境”进行了专项系统调研，写出了《交通建设监理工作调研报告》和《关于中国交通建设监理工作有关问题的建议》，积极建言献策，引起了主管部门的高度重视。

2004年，协会围绕“交通建设监理企业改革改制”问题，开展了深入细致的调查，在做到“心中有数”的基础上，组织召开了“交通建设监理企业改革改制经验交流座谈会”，撰写了《关于交通建设监理企业改制的调研报告》，对交通部稳步推进监理企业改制发挥了重要作用。

特别值得一提的是：为了改变以往责、权、利不对等，及监理取费多年偏低的不合理状况，2003年，针对监理取费标准偏低制约监理事业发展这个突出问题，协会选择30家监理企业和51家公路水运工程项目进行了监理取费收支测算，提出了调整监理取费标准的建议。2004年，又配合交通部质监总站及公路工程定额站，建议交通部在完善公路工程概预算编制办法时，对工程监理费率做调整，同时呈报给国家发改委主管司局。2005年，协会再次选择20家监理企业、60个监理项目进行费用测算，并且草拟了《交通建设工程监理与相关服务收费标准方案（草案）》及修订说明，上报到国家发改委和建设部。后来，协会又派人直接参与了拟定国家监理收费方案的相关工作。国家发改委和建设部于2007年5月1日，联合发布了新的《建设工程监理与相关服务收费管理规定》和《建设工程监理与相关服务收费标准》。新规定对施工监理服务收费标准进行了调整，其中质量控制和安全生产监督管理服务收费不低于施工监理服务收费额的70%，收费标准平均涨幅在50%~100%左右；设备监理首次纳入计费范畴。

协会做的这些调研工作，为中国交通建设监理事业的科学、有序、健康发展发挥了积极地推动作用。

2、维权行业，警醒同仁

协会刚刚成立不久，2001年9月发生在京福国道福建三明际口至福州兰圃公路三明接线梅列互通A匝道工程施工模板支架坍塌的重大安全事故，引起了协会的高度关注。为了警醒监理行业同仁，协会据此在全行业开展了一次安全监理大讨论，引导会员单位和监理人员增强责任意识、风险意识，强调“宁可做恶人，不能当罪人”。2007年8月，湖南省凤凰堤溪沱江大桥垮塌事故发生后，协会一直密切关注对监理人员的定罪量刑情况，多次召开专家座谈会，时任协会理事长的凤懋润亲往了解案情，探望获罪人员。协会还先后向湖南省交通厅和吉首市法院提出书面意见，维护监理人员在事故中的合法权益。此外，协会还接受有关单位委托，参与有关法律纠纷案件的咨询，为行业合法权益的维护尽心尽力，往来奔走，得到了有关方面的充分肯定和好评。

3、规范行为，强化自律

为营造行业自律的良好氛围，协会早在成立大会上就向全国交通建设监理单位发出了以行业自律为主要内容，树企业形象的《倡议书》，通过了会员守则。之后，又陆续制定了《交通建设监理行业从业自律公约》，积极倡导和参与行业诚信体系建设工作。此外，协会还组织开展了交通建设优秀监理企业和优秀监理工程师评选活动。截止2010年底，共有5批、709人次被授予"交通建设优秀监理工程师"荣誉称号，共有4批、111家监理企业（含重复获奖）被授予"交通建设优秀监理企业"荣誉称号。通过自律和评优，引导监理从业人员及企业规范自身行为，收效良好。

4、培训人员，提高素质

为了提高监理队伍的综合素质，协会先后组织了7期培训班，一批监理企业负责人及中高级业务管理人员参加了学习研讨。从2008年起，协会组织了监理人员的安全环保监理知识培训。到2012年底，共培训监理人员41087人（其中公路37833人，水运3254人），共有37800人（其中公路34806人，水运2994人）参加考试。

5、转变行风，树立行品

2008年，为了总结监理20年发展经验，协会组织开展了"监理发展20周年系列活动"，评选出了"中国交通建设监理十大突出贡献人物和50名优秀人物"；举办了监理发展论坛，总结回顾了中国交通建设监理发展20年辉煌历程，展望了发展前景和未来。

为了深入开展"监理企业树品牌，监理人员讲责任"行业新风建设活动，协会还积极配合交通部总体部署，积极参与行规制定、信息收集及总结表彰等工作。2011年5月，9家监理单位荣膺"中国交通建设优秀品牌监理企业"称号。2012年5月，为期3年的行业新风建设总结表彰会在贵阳举行，交通部冯正霖副部长为10家"优秀总监（办）"颁奖。协会对于此次行业新风建设活动的成功举办，起到了很好的协同和推进作用。

6、国际交流，取长补短

为了学习、借鉴外国工程管理先进经验，掌握国际交通建设监理市场脉动，取长补短，促使中国交通建设监理实现学习、追赶、超越世界先进水平，协会还积极组织走出去、请进来的国际交流活动。2008年4月，协会与韩国建设监理协会在北京签署了交流合作备忘录，确定双方将就交通建设监理技术展开合作交流。此外，协会先后组织了20批、167人次监理负责人和业务骨干到欧美，加拿大、澳大利亚、新西兰、巴西、智利、韩国、日本等地区和国家进行业务交流和考察。

2002年协会成立之初，会员单位只有231家。近年来，随着会员认同归属感日益

强烈，每年不断有新的监理企业成为会员。截至目前协会会员已达560余家，覆盖90%以上的交通部公路、水运工程监理企业和试验检测单位。

在上级主管部门、会员单位及各有关方面的支持下，协会积极进取、奋发有为，在民政部组织的全国行业协会、商会评比中，获评“4A”等级。2010年1月，又被民政部授予“全国先进社会组织”荣誉称号。

实践表明，中国交通建设监理协会是工程管理制度深入发展的产物，它的产生、发展是历史的必然，作为主管部门与企业之间沟通、连结的纽带，角色不可或缺，作用不可替代。协会为规范中国交通建设监理市场，提高企业监理水平，促进监理事业健康有序发展，促进国家优质高效地实现现代化交通建设目标发挥了重要的作用。

（二）法规、制度的进一步完善

进入21世纪以来，交通部在20世纪90年代初“创立制度”时出台的一批基本制度和20世纪90年代中期“建立体系”时修订、增补一批新制度的基础上，对前两批制度进行了全面的修订，使之更加完善、科学和规范，并以“交通部令”这一部委最高规格发布，以增强执行力。

2002年6月19日和6月26日，交通部先后发布《水运工程施工监理招投标管理办法》和《水运工程试验检测机构资质管理办法》。

2005年2月6日和4月5日，交通部先后发布《公路水运工程监理工程师资质管理办法》和《公路水运工程监理工程师岗位登记制度》。

2006年7月1日，交通部发布了《公路工程施工监理招标投标管理办法》。

2011年10月10日，为加强公路水运工程监理工程师从业管理，促进监理市场有序发展，交通运输部制定印发了《公路水运工程监理工程师登记管理办法》。

25年来，交通运输部一直致力于中国交通建设监理制度的不断改进和完善。在制度创建、修订、完善过程中，始终坚持科学的态度，以实践为检验标准，持之以恒，与时俱进。在制度建设的同时，交通运输部还制订了相应的执行办法、操作规程。据了解，这些制度配套办法的初稿，足足可以堆满一个房间。

与此同时，一些地方性法规作为交通运输部对国家政策的重要补充也不断出台。其中较为系统完善的有北京市建委2001年公布的《建设工程监理规程》、河南省人民政府2009年公布的《河南省建设工程监理管理规定》、上海市人民政府2011年公布的《上海市建设工程监管理理办法》、青海省人民政府2012年公布国内首个地方性环境监理标准《建设项目施工期环境监理导则》等等。

陆续出台的国家政策、地方法规共同构成了一整套系统完备的监理制度规范，为中国交通建设监理胜利走过25周年建立了坚实的保障基础！

（三）改革使监理企业焕发活力

政府职能转变，其中一个主要目的就是让企业真正成为市场的主人。而企业要真正成为市场的主人，就必须按照市场运行的规则来行事，按照现代企业制度来运营。原先的监理公司，由于产权基本属于国有，需要通过现代企业制度改革成为具有独立法人资格的市场主体，要在产权明晰的基础上，建立起新的法人治理结构，同步进行人事、劳资分配配套制度改革。

监理企业改制的目的在于通过改制增强企业的活力，增强企业经营决策的科学性和独立性，增强企业的市场竞争力，从而赢得并占领更大的市场，更好地促进企业发展，创建出一批有公信力的品牌监理企业，从而带动整个监理队伍素质和水平的整体提高。

监理企业的改制工作在2003年前后展开，根据国务院颁发的《企业国有资产监督管理暂行条例》等文件和地方政府相应的政策、规定来实施完成。主要方式是通过将国有产权协议转让给改制企业内部员工，按照《中华人民共和国公司法》重组有限责任公司的方式来完成对国有监理企业的改制。

经过改制后的监理企业，焕发了事业发展的"第二春"。经营自主权充分落实，自主经营、自负盈亏、自我约束、自我发展，企业真正成为市场的主人。对于有能力、有抱负的企业带头人，可谓是"海阔凭鱼跃，天高任鸟飞"。员工参股做主人，又为企业发展注入了无限活力。

进入21世纪深化发展阶段，特别是经过现代企业制度改制后，一批交通建设工程咨询公司开始做大做强、做精做专，品牌意识越来越强。

1、品牌建设领风骚

2008年10月至2011年10月，交通部开展了为期三年的"监理企业树品牌，监理人员讲责任"行业新风建设活动，初步形成一批品牌监理企业和稳定的、高素质的监理骨干队伍，进一步规范交通建设监理市场秩序，促进监理事业健康有序发展，对各工程咨询公司的品牌建设是一次绝佳的组织推动和自我提升机会。不少工程咨询企业乘势而上，积极行动，外树品牌，内讲责任，规范企业行为，狠抓员工操守，企业管理水平上了一个新的平台。例如中交水规院京华工程监理有限公司明确以战略打品牌，以精神树形象，提出了"三个层面的战略管理"、"瘦身监理"、"监测工程"和"全、深、新服务"等监理理念，以自律和自强为突破口，以科研提升核心竞争力，打造了中国水运工程监理首屈一指的优质品牌；广西八桂工程监理咨询有限公司通过"廉洁的形象"、"能干事的形象"、"高效率的形象"三个形象工程建设，树立了公司信誉，以信誉赢天下，被评为中国交通建设优秀品牌监理企业；重庆市交通工程监理咨询有限责任公司，把项目管理当作树立企业品牌的抓手，全面实行目标管理和财务预算管理，力推"全员经营、全员绩效、全风险管理"，促使经营管理更为科学、更趋合理，"内于心，化于行"，通过练好内功，以严谨的质量管理体系打造了优质服务于客户的自身品牌。

2、企业文化具特色

处于深入发展阶段的中国交通建设监理行业成熟的一个显著特点是企业更加

注重内涵修炼。

一些知名的监理公司经过多年发展，形成了自己员工所认同的、遵守法律、合乎社会公德的公司价值观，这就是企业文化，从而为各自公司的未来注入了可持续发展的精神动力。一个企业必须要有内涵，内涵越深厚，外延就越强大。企业文化是个精神磁化器，能够磁化人心，理顺每个公司员工思想中的正负极，润物细无声，最终形成有利于公司和个人发展的正能量，从而形成合力，上下一股绳，干事一条心。这样的公司才能长久生存，良性发展。

监理企业是知识服务型企业，企业员工属知识型员工。知识型企业和员工的特性，决定了企业应当着力营造一种以人为本、知识共享、团队协作的企业文化，通过建立共同目标、统一价值观，构建开放、包容、合作、交流、共享的良好氛围，从而形成"对内向心，对外奋力"的具有凝聚力、战斗力的监理团队。

从技术干部转行管理人员，做了将近20年企业的西安方舟工程咨询有限责任公司总经理李良，对企业管理颇有心得："一个企业要想长久发展下去，做到一定程度，一定要做出自己的文化。我在'方舟'大力推行感恩文化，并不是针对某个个人感恩，而是公司和员工两个层面的双向感恩，片面强调某一方面，都要出问题。公司和个人都要感恩我们监理这个行当，感恩我们的客户，感恩所有关心、支持我们的人。"感恩文化是西安方舟企业文化的核心内涵，已经成为了公司上下员工的思想共识，为公司长远发展注入了持久动力。

北京逸群工程咨询有限公司秉持"烹小鲜如治大国"司训，多年来逐步形成了"诚信、尊重、慎独、求同"为特色的企业文化，引导、凝聚了公司员工的思想和智慧，上下同心，共为公司事业的发展出力献策。

厦门路桥咨询监理有限公司以优质的精品工程为依托，全面树立良好的业界口碑；以鲜明的企业形象为介质，致力打造一流的国内品牌。2009年，公司导入企业品牌策划，系统地从企业理念识别系统、视觉识别系统、行为识别系统等方面，通过企业形象识别系统建设，提炼企业核心文化和价值观，从而规范企业及员工行为，形成了独具特色的企业文化，树立了良好的企业形象，促进了公司事业的发展。

3、走出国门拓眼界

众所周知，工程咨询服务是投入少、风险小、效益高的知识密集型行业，国际上经济发达国家都有专门从事工程咨询服务的公司或机构，承担大型工程的咨询监理工作。目前，我国的工程监理与国际惯用的工程咨询还存在很大的差距。随着我国工程咨询业的不断发展，势必也要走向国际市场，参与国际竞争，这也要求工程咨询监理公司必须熟悉符合国际惯例的工程管理制度和有关条款规定，积极做好人才方面的储备。

目前，业界佼佼者开始把眼光投射到了工程建设监理国际市场，开始凭借自身的技术实力、良好的品牌信誉，尝试走出国门，参与到国际交通建设监理市场的竞争当中。西安方舟工程咨询有限公司在泰国、老挝承接的工程监理项目，泰克华诚的

DONG TRU大桥土建监理项目，中咨总公司的巴基斯坦喀喇昆仑公路改扩建项目（雷科特至红其拉甫段）都令当地政府、业主刮目相看；天津中北港湾工程建设监理有限公司以科学、严谨的工作作风，保证了中国援建巴基斯坦瓜达尔港一期工程以良好的工程质量顺利竣工。特别是在发生2004年5月3日上午，载着12名监理工程师的班车突遭汽车炸弹袭击一事后，幸存的中北监理人员临危不乱，表现出坚强的意志品质和良好的心理素质。为了确保项目优质高效地按期完工，他们在国内增援暂不能到位的困难情况下，一个人担负起3个人的工作，使航道疏浚、港池作业和码头混凝土浇筑等关键工程一刻都没有停工。瓜达尔港一期工程于2004年年底提前4个月竣工，单位工程优良率达到100%。中北监理人员的出色表现，受到了巴基斯坦总统穆沙拉夫和当地人民的热情赞扬，谱写了一曲中国交通建设监理走向世界过程中悲壮而又令国人自豪的赞歌。

进入深化发展期的众多工程咨询公司，有着各自不同的精彩，规模实力雄厚的企业在做大做强的同时，开始向回归高端化方向发展。中小企业则根据自身市场定位，在做精做专上下足了功夫。在加大改制力度的同时，逐步发展成为非国有经济占主导的中小型专业化监理企业，形成了独具特色、规模适度、专业性强、机制灵活并充满生机和活力的新型监理企业。通过行业组织结构的调整，最终建立起了大、中、小型监理企业相对稳定、协调发展的行业组织结构体系。

（四）培训考核提升监理整体素质

随着交通建设工程新技术和工程管理新方式的不断涌现，监理的专业技术含量日益提高，管理协调难度也越来越大，对现有监理人员队伍的知识更新，对新入行人员的素质要求越来越高。在此背景之下，交通部紧跟时代步伐，对人员培训、考评采取了更为科学、严密、有效的措施，通过狠抓监理人员个体素质的提升，推动了行业整体水平的提高。

2003年，交通部在辽宁、山东、湖南、四川4省实施了公路水运工程监理工程师执业资格试点考试。

2004年5月14日，交通运输部发布《公路水运工程监理工程师执业资格考试管理暂行办法》。同年10月，举行全国第一次公路水运工程监理工程师执业资格考试。

2007年6月，交通运输部安全生产、环境保护监理培训试点阶段工作在北京启动。

2007年11月19日，交通部决定开展公路水运工程监理企业和监理人员信用信息收录工作。

2012年2月27日至28日，交通运输部工程质量监督局在京举办了公路水运工程监理工程师登记管理办法宣贯培训暨监理工作交流会。

在这一时期，交通运输部除了继续加强对现有监理工程师队伍的培训提高外，为了严把监理从业人员入门门槛，保证整体队伍专业水准，自2004年开始采用"以考代评"方式来确定监理工程师执业资格的取得，此举不但最大限度"屏蔽"了人

情、关系作怪的不公平现象，而且最大限度地保证了监理从业人员门槛高度的恒定，选拔了人才，客观上对整体交通工程建设水平的提高起到了很大的促进作用。同时，监理工程师执业资格也纳入了监理单位管理序列，由企业向质监局申报监理工程师的注册资格，有了注册资格才有资格进入市场，既提高了监理从业人员个体素质，也提高了企业对技术人才的保有，从而增强了企业的竞争实力，保持了市场竞争的有序。

多年持续不断的培训交流、资格考试和业务实践锻炼，造就了一批高素质、重责任、守合同、有担当的优秀监理工程师。多个世界级大工程的历练，也造就了中国一批世界级水平的监理人才。2008年5月中国交通建设监理20周年庆典时评出的陈立群、朱立岩、刘凤鸣、黄培元等"十大突出贡献人物"和"50名优秀人物"，成为全行业监理工程师中的翘楚。

（五）走向高端的中国交通建设监理

在我国交通建设监理深化发展的过程中，监理参与了许多世界级工程项目的建设。这些需要高水平、严要求的大型建设项目，也使得监理无论在技术水平还是管理水平上都达到了一个新的高度。

1、菜园坝长江大桥工程的监理

2003年2月5日正式开工，2007年10月29日通车的重庆菜园坝长江大桥，是特大型公路、轻轨两用组合桥梁，是创造了"钢箱拱梁跨距最长"、"首座公路轻轨两用"、"首座采用缆索吊机安装"三项世界第一的建设工程。中国船级社实业公司承担主桥、北引桥施工监理以及轻轨三号线—菜园坝长江大桥同步建设工程项目的设计与施工监理任务。此外，他们还承担了Y构与桁梁施工支架系统、缆索吊机系统、施工监控系统的设计与施工专项监理工作。

大桥结构形式在国内外尚无可借鉴的先例。技术要求高、施工难度大。大桥施工规模宏大，采用了大量新技术、新结构，对试验、检测和监控的要求不同于常规大桥。结合大桥特点，监理人员制定了有效的试验和监测措施，以保证施工中构件质量、整桥线性等达到设计文件、规范、标准的要求，确保工程施工整体质量达到设计水平。

菜园坝大桥建设工程的施工监理，没有按若干专业标段分头进行，而是作为一个监理标段整体进行招标。这样做无论是对业主，还是对监理单位，都有较大的风险。对监理单位来说，需要具备很强的技术能力、组织协调能力、人员队伍素质、专家队伍支持等综合能力方能胜任。菜园坝大桥建设工程的监理，技术难点和重点非常多，所涉及的专业范围十分广泛，对监理单位提出很高要求。尤其是这一工程采用的天吊系统（临时主塔高达164米，最大吊重达420多吨，这在国内外都没有先例可供借鉴）对中国船级社实业公司来说，尚没有这方面的成功经验，如何做好天吊系统的设计和施工监理，是一个世界难题。除此技术难题外，由于本项目"特定的BT模式"，导致在工程管理过程中产生了许多意想不到的矛盾和问题。传统的工程管理模式遭到新挑战、面临新考验，监理的组织管理工作遇到了许多新情况、新问题。如何理顺"项目业主-BT项目公司-监理单位"之间的工作关系，又是一个管理难题。

中国船级社实业公司在充分研究基础上，确定了菜园坝大桥建设工程监理项目的组织管理模式，严格按照中国交通建设监理制度，建立了以总监为首的监理决策系统，实行总监负责制；明确总监办公室是监理项目部的项目管理职能机构，监督监理制度的执行，并协助总监做好合同管理、信息管理和内外协调工作。同时，按专业划分组建了若干个监理组，并进行了适度和较充分的授权；建立了较为完善的信息收集、处理、传递、反馈等信息管理体系。监理项目部依据菜园坝大桥监理项目的管理特点，编制了《重庆菜园坝长江大桥建设工程监理组织管理手册》，并提出了"团结、求是、真诚、严谨、高效、廉洁"的职业道德准则。此外，监理项目部组织编制了一系列与大桥建设配套的指导性文件、实施细则和监理技术规范，为解决监理技术难题提供了充分保障。同时，正确理解"企业自检、社会监理、政府监督"三级保障体系之间的关系；正确把握质量控制、进度控制、投资控制三者之间的关系，努力维护好业主、监理、施工方三方之间的关系，妥善处理监理项目部与监理合作单位的相互关系，解决了管理难题。

2、思小高速公路工程的监理

思小高速公路是思茅至小勐养高速公路，全长97.7公里，2003年6月20日开工兴建。作为中国目前唯一一条穿越热带雨林的高速公路，全线有37.21公里小勐养自然保护区边缘次生林带穿过，其中18公里穿过自然保护区的试验区，使沿线生态保护成为思小高速公路建设工程监理的重中之重。中国监理工程师们再次遇到了前所未有的挑战。

在施工监理过程中，思小高速公路建设指挥部按照云南省委、省政府和省交通厅提出的"建设一条人与自然和谐发展的生态环保高速公路"的总体方向和"保护自然、回归自然、融入自然、享受自然"的工作思路，引进了精细化无缝隙管理理念，常思"小"处，从细节做起，从小处做起，确保了工程质量。

思小路首次将把环境管理纳入项目建设管理体系，实行环境工程监理制度，形成了一个"事前"环境影响评价、"事中"环境监理和"事后"竣工环保验收的制度链条。环保工程和土木工程、安全生产一起监理，实行总监质量负责制，下设总监办公室、中心试验室、高级驻地监理工程师办公室，形成了总监理工程师、高级驻地监理工程师、专业监理工程师和监理员齐抓共管的局面。

为能真正做到全过程监控建设中的环境问题，在缺乏相应的环境监理标准、规范的情况下，思小路项目采取了专职的环境监理模式，确保环境监理处于与主体工程一样的地位，并对环境监理人员进行专门培训。他们狠抓现场管理，坚决杜绝随挖随倒、乱砍树木、挤占河道等不文明施工行为发生，同时督促施工单位将损坏的地貌及时修复，使原始地貌损失达到最小程度。由于严格控制公路建设过程中对林

木的砍伐，加大水保、环保监理力度，加强水保工作检查和及时进行生态恢复，有效地保护了原有的生态环境，全线生物防护工作完成率达到100%。

2006年4月6日，思小高速公路建成通车。沿线热带雨林风光掩映现代化高速公路，汽车路上奔跑，大象桥下吃草，人与自然和谐相处的动人画卷尽收眼底，为西双版纳平添几分秀色。堪称资源与环境、开发与保护并重的世界级"杰作"。

3、洋山深水港工程的监理

洋山深水港工程是建设上海国际航运中心的核心项目，是世界上唯一建在外海微小岛屿上的离岸式集装箱码头，也是中国港口建设史上规模最大、建设周期最长的工程。自2002年至2020年分三期实施，工程总投资超过700亿元。到2012年，洋山港已拥有30个深水泊位，年吞吐能力达1500万标箱，使上海港的吞吐能力增加了一倍。

由于洋山港工程复杂、建设周期超长、工期偏紧、技术含量高、作业分散、施工条件艰苦，工程监理面临一次全新的挑战。工程指挥部迎难而上，从实际出发，独创了一套适应洋山港工程建设要求的监理工作规范和制度，被称作"工程建设监理管理部模式"。

通过公开招标，业主择优选择了上海远东水运工程建设监理咨询公司、天津中北港湾工程建设监理咨询公司等9家实力较强、港口工程监理经验丰富的单位协同作战，委托上海国际港口工程咨询公司牵头，组成了"洋山港区一期工程建设监理管理部"，具体负责18个现场管理部的管理与协调，强化对各监理部和监理人员的考核，着力抓监理旁站工作到位和监理规范流程的严格执行，集中质量检测设备资源，强化监理平行检测手段的落实。

值得一提的是：洋山深水港一期工程是国家13个环境监理试点项目中唯一一个水运项目。为此，工程指挥部专门委托天津天科工程监理咨询事务所进行了环境监理方面的探索，成立了既隶属工程建设监理管理部，又相对能够独立开展工作的环境监理总部，下设港区、东海大桥、物流园区三个分部。现场派驻具有丰富工程监理和港口工程环保管理实践经验，全部参加过交通部环保办公室举办的环境监理岗前培训班的18名监理工程师实施施工监理。通过探索，他们编制了环境监理规划和环境监理细则，明确了工作范围和程序，建立了工程环保管理体系。扎实细致的工作，确保了工程施工期间对环境的污染降到最低。环境监测表明工程施工至今尚未对施工海域水质、沉积物、水生生物有明显的不利影响。洋山深水港一期工程的环保工作，获得了国家环保总局的高度认可，表明环境监理的试点在水运工程项目中获得首战成功。

2008年12月10日，洋山深水港区三期工程第二阶段竣工并开港投用，历时6年半，监理工程师们用辛勤汗水再次为世人铸就了一个傲世精品。

4、曹妃甸工程的监理

曹妃甸工程共分三期，第一期（2010年前105万平方公里）、第二期（2015年前

[菜园坝长江大桥工程]

2003年2月5日正式开工，2007年10月29日通车的菜园坝长江大桥是特大型公路、轻轨两用组合桥梁，是创造了“钢箱拱梁跨距最长”、“首座公路轻轨两用”、“首座采用缆索吊机安装”三项世界第一的建设工程。大桥施工规模宏大，采用了大量新技术、新结构，对试验、检测和监控的要求不同于常规大桥。结合大桥特点，监理人员制定了有效的试验和监测措施，以保证施工中构件质量、整桥线性等达到设计文件、规范、标准的要求，确保工程施工整体质量达到设计水平。

[思小高速公路工程]

思茅至小勐养高速公路全长97.7公里，2003年6月20日开工，2006年4月6日建成通车。作为中国目前唯一一条穿越热带雨林的高速公路，全线有37.21公里从小勐养自然保护区边缘次生林带穿过，其中18公里穿过自然保护区的试验区，使沿线生态保护成为思小高速公路建设工程监理遇到的前所未有的挑战。思小路首次将把环境管理纳入项目建设管理体系，实行环境工程监理制度，形成了一个“事前”环境影响评价、“事中”环境监理和“事后”竣工环保验收的制度链条，有效地保护了原有的生态环境。

200万平方公里）和第三期（2030年前310万平方公里）分阶段实施。曹妃甸填海工程是用围海吹沙的方式新填出来的陆地，平均填海深度达4.6米。按照规划，曹妃甸需填海建设的总面积达310平方公里，这也是我国规模最大的填海造地工程。工程由首钢集团、秦皇岛港、唐山市共同出资建设，由中交水运规划设计院设计。

曹妃甸工程监理单位有中交水规院京华工程监理有限公司、天津中北港湾工程建设监理咨询公司、厦门港湾咨询监理有限公司曹妃甸工业区分公司等几家企业，其中尤以京华工程监理公司以独特的"监理部文化"武装的现场监理工程师团队，团结协作，严守监理独立性、科学性、公正性原则，为工程提供全过程优质服务，成为京华监理公司赢得各方尊重的制胜法宝。京华监理公司严谨负责的工作态度、监帮结合的工作方法，得到了业主得高度认可。在京华监理公司的带动下，其他监理单位也不甘落后，购置检测设备，严格监理程序，带动了整个港口监理水平的提高。

交通运输部质监局副局长黄勇赞扬道："曹妃甸监理部的经验让我们依稀看到了'职业监理人'的影子。"这是对曹妃甸工程监理的最好评价。

5、秦岭终南山隧道工程的监理

秦岭终南山隧道工程于2002年3月开工，2007年1月正式通车。它是第一座由我国自行设计、自行施工、自行监理、自行管理的特长高速公路隧道，也是世界建设规模最大、综合水平最高的双洞高速公路隧道，全长18.02公里，其中通风竖井是目前世界直径最大、深度最大的竖井通风工程。工程的规模、难度、科技化水平也是世界第一，前所未有。

终南山隧道的工程管理采用了"小业主，大咨询"的先进管理模式，工程监理由西安方舟工程咨询有限责任公司和山西省交通建设工程监理总公司等单位担任。监理人员定岗定编，各负其责，施工中监理权责体现充分、到位。例如中标施工单位需要认真编制施工组织设计方案，呈报监理工程师审查，批准后，方可进场开工；施工人员进场后，立即请设计单位进行控制桩、水准点交接和技术交底，组织测量人员用GPS定位系统复测，结果上报监理工程师，审批后方可建立导线控制网。施工期间始终坚持一般工序巡回检查，重要工序跟班检查，并按照不少于20%的频率独立完成抽检检测，严格质量监控。发现质量问题必须暂停施工，查找原因，认真整改；构成质量事故的要按照质量事故报告和处理程序及时报告处理。对质量明显存在问题，不报告，不整改，放任继续施工的，追究自检人员和施工单位的责任。同时发挥监理中心实验室作用，层层设防，确保了超长工期工程质量的万无一失。

2007年1月20日，秦岭终南山特长公路隧道建成通车。终南山隧道工程建设创造了5年建设期间"零死亡"、通车4年保持安全运营"零死亡"的记录。作为中国交通建设史上又一杰作，中国交通建设监理又在世界同行面前，以自身过硬的专业技术、素质、能力，谱写了新的乐章，也为中国交通建设监理制度深化发展成就再添新篇。

事实证明，中国交通建设监理已经开始赶超世界先进水平！

[洋山深水港工程]
洋山深水港工程是建设上海国际航运中心的核心项目，自2002年至2020年分三期实施，工程总投资超过700亿元，是世界上唯一建在外海微小岛屿上的离岸式集装箱码头，是中国港口建设史上规模最大、建设周期最长的工程，也是国家13个环境监理试点项目中唯一一个水运项目。监理从实际出发，独创了一套适应洋山港工程建设要求的监理工作规范和制度，被称作"工程建设监理管理部模式"。

（六）勇于承担社会责任的中国交通建设监理

中国是一个人口众多、幅员辽阔的国家，复杂的自然地理环境，导致地质灾害频繁发生，给交通工程建设带来了较大的影响。在重特大自然灾害工程抢险的现场，广大监理人义不容辞地扛起了应该承担的社会责任。

2008年5月12日，四川汶川发生了8.0级大地震，给人民群众生命财产和交通基础设施带来了重大毁坏。为了全面恢复灾区人民的正常生产生活，维护民族地区的安定团结，恢复灾区旅游产业和工农业经济建设，同时提高震后公路网通行能力和营运安全，进一步加强阿坝州各地（包括著名旅游景区九寨沟、黄龙）与成都市等地的经济、文化联系，四川省省委、省政府以及交通运输部等相关部门要求尽快启动重建规划。

重建规划中的都江堰–汶川高速公路映秀–汶川段工程是西部大通道国道213线（兰州–磨憨）和国道317线（成都–那曲）的公用段，是内地通往西藏的主要通道之一，是甘肃南部、青海至成都的必经之路。四川正信工程监理咨询有限公司承接的映汶高速YJ1监理合同段为映汶高速公路的控制性先期工程，于2009年5月9日开工建设。其中位于"5·12"特大地震极重灾区映秀镇的全长5314米的映秀特长隧道是该合同段最重要，也是最艰巨的工程，地质条件恶劣，泥石流、山体垮塌等次生灾害频发，安全隐患点多面广，是抢险救灾中和震后重建过程中社会关注度极高，政治影响非常大的工程。为了保证工程质量和施工安全，在历时3年的建设过程中，四川正信工程监理咨询有限公司在业主及各级领导支持下，组成特别小组，投入公司的优秀攻坚力量，积极实施地质灾害防灾预案和演练，健全落实安全生产长效机

制，推进应急管理体系建设，坚决抑制重特大事故发生，确保安全生产形势持续稳定。在经历了"8·14"和"7·03"特大泥石流自然灾害，以及随时发生的余震和山体滑坡等各种困难之后，安全贯通了地处震中的映秀特长隧道，如期完成了映秀南互通及连接线工程的施工任务，期间没有发生一起安全责任事故。

"5·12"特大地震后，浙江公路水运工程监理有限公司受命承担了四川省青川县剑（阁）—青（川）公路（以下简称"剑青公路"）灾后修复工程和省道105线井田坝大桥（以下简称"井田坝大桥"）灾后恢复重建工程。剑青公路灾后修复工程关系到青川灾后重建甚至经济复苏，对实现"一年安置，三年重建，五年跨越"的战略目标有着举足轻重的作用，被称为青川县的生命线。公路总长64.735 公里，是地震后进入青川县的唯一通道，是大量救援人员和物资进入青川的必经之路。为了做好援建项目，浙江公路水运工程监理有限公司领导带队实地考察，拟定了合理的监理方案，并火速选定优秀人员进入灾区，组建项目监理机构，快速启动援建工作。援建监理人员克服了余震不断、交通不便、信息不畅、水土不服等困难，在确保安全的前提下，保质、保量、按时的完成了浙江省援建指挥部下达的"春节前缺口抢修、抢险保通、保障春运，尽快打通青川生命线"的监理任务，向灾区人民交上了一份满意的答卷。

在"5·12"大地震中，进出松潘的"生命线"，全长44公里的川黄公路遭到极大破坏。2009年4月，安徽省高等级公路工程监理有限公司中标安徽省对口援建川黄公路项目后，要求公司监理人员要不畏艰苦、努力拼博，克服高海拔地区恶劣环境，优质、安全、环保地完成川黄公路改建监理任务，再建一条川黄路。他们说到做到，用行动实现了自己的诺言。

山东省交通工程监理咨询公司在汶川地震后派出优秀监理工程师奔赴四川省阿坝州，参加由交通运输部组织的为期一年半的灾后援建工作，为震后重建贡献了自己的力量。

除此之外，在支援边疆、捐资助学、无偿献血等公益活动中也都活跃着监理人的身影。危难关头，如何自持，是考量一个企业、一个行业社会责任感的关键时刻。广大监理人不惧艰险、不为荣誉、勇于承担社会责任的主人翁精神，表现了监理行业从业者的正能量，这也是监理行业未来健康成长的精神基石。

五、开拓进取，继往开来

历经试点探索、稳步推进、全面推行、深化发展四个历史发展阶段的中国交通建设监理制度经过25年的探索、创新与发展，已经逐步走向了规范化。从引进国外"监理"的概念，到适合国情的逐步融合，从拿来就用的初级阶段，到结合国情的不断发展，中国交通建设监理已经走出了一条"中国特色"之路。实现了对"洋规则"的学习与追赶、提高与紧跟基础上的创新。以项目法人责任制、招标投标制、工程监理制、合同管理制共同构成的中国公路、水运工程建设的"四项基本制度"为核心，中国交通建设工程管理体系已经深入人心。

[曹妃甸工程]

曹妃甸工程是我国规模最大的填海造地工程，规划填海建设的总面积达310平方公里，平均填海深度达4.6米。工程共分三期，第一期（2010年前105万平方公里）、第二期（2015年前200万平方公里）和第三期（2030年前310万平方公里）分阶段实施。参加工程的监理企业严守监理独立性、科学性、公正性原则，为工程提供了全过程优质服务。

[秦岭终南山隧道工程]

秦岭终南山隧道是世界建设规模最大、综合水平最高的双洞高速公路隧道，全长18.02公里，于2002年3月开工，2007年1月正式通车。它是第一座由我国自行设计、自行施工、自行监理、自行管理的特长高速公路隧道，工程的规模、难度、科技化水平也是前所未有。工程采用了"小业主，大咨询"的先进管理模式，确保了超长工期的工程质量，创造了5年建设期间"零死亡"、通车4年保持安全运营"零死亡"的记录。

(一)25年发展成果丰硕

中国交通建设监理25年的发展成果丰硕：25年间，中国公路网的一半里程和全部高速公路铺设在中华大地上，几百座特大跨径桥梁拔地而起，江阴长江公路大桥、润扬长江公路大桥、苏通长江公路大桥、南京长江三桥、秦岭终南山公路隧道、雁门关公路隧道、洋山深水港码头、宁波深水港码头、长江口深水航道等等世界级的大工程不断落户中国，这是工程技术和建设管理的不断创新，也包含着交通建设监理事业的长足进步。目前，工程监理不仅覆盖了所有大中型公路水运工程项目和重点小型工程项目，而且已经延伸到了农村公路重点项目的建设。

25年间，公路工程实行政府监督、社会监理、企业自检的质量保证体系在全国公路建设中得到广泛实施。省级质监机构全部建立，85%以上的地市也建立了质监机构，质量监督网络基本形成并逐步完善。质量监督机构对国道主干线和国省道建设项目的监督覆盖面达到了100%，对县乡公路建设的覆盖面逐步扩大。随着工程监理制的全面推行，监理覆盖面也在逐步扩大，并开始向施工前期拓展，监理的深度和力度也逐步得到加强。

25年间，交通建设监理队伍从无到有，从小到大，从弱到强，有了长足发展。25年来，这支队伍在规模大、任务重、时间紧、要求高的交通基础设施建设中，常年驻守工地、尽职尽责、艰苦奋斗、任劳任怨、开拓进取、默默奉献，经受了锻炼，提高了素质，已经逐步形成一支老中青相结合的、专业结构基本配套的、以技术人员为主的专业队伍。一批世界级、高技术含量的桥梁、隧道、公路、港口、航道等特大型工程项目的顺利建成，锻炼了中国监理队伍，练就了一批掌握前沿技术、善于组织协调、了解国际规则的复合型监理人才。截止2012年底，全国公路工程共有甲、乙级监理企业500多家，全国获得监理工程师执业资格人员总量约6.1万人，上岗登记从业监理工程师3.9万人。另有13万人通过监理业务培训，成为监理员、实验员。星火燎原成为数十万之众。

25年间，我国交通建设监理行业已经建立起较完善的法规体系，监理市场已形成开放、竞争的格局。监理组织形式从起步阶段由中外联合组建的临时监理机构，至今已经发展成为具有法人资格、独立经营、自负盈亏、自我发展、自我完善的咨询监理公司。工程监理制在交通系统的推行，取得了良好效果，对于加强建设项目的科学管理，提高工程质量和投资综合效益，发挥了重要作用，有力地促进了交通建设事业的发展，得到了中央和各级领导的充分肯定和社会的普遍认可。

中国交通建设监理协会第一任理事长凤懋润感叹道："现代化的交通工程，不仅需要现代化的工程技术来支撑，而且需要按照现代化的工程管理模式来组织实施，需要现代化的工程管理制度体系来保障落实。工程监理制由交通部率先引进，率先创新，率先推行，功在当代，利在千秋。"

25年的实践证明：监理作为第三方，对于控制工程质量、节约工程造价、保证工程工期，促进我国交通建设事业的持续快速发展发挥了无可替代的重要作用。

(二)总结经验，为发展聚集“正能量”

总结我国交通建设监理制度发展25年的成功经验，组织推动居功至伟：

一是上级领导重视。各级领导和行业主管部门的高度重视和全力支持，是推行工程监理制和交通建设工程管理体系建立发展的根本保证。工程监理制度推行以来，国务院多位领导，多次批示，多次讲话强调，多次视察项目工程现场，凸显了实施工程监理制的重要性和必要性。交通运输部历任领导及有关部门都对交通系统推行工程监理制提出过有关要求，先后制定了一系列相关制度、法规，不断完善交通建设监理法规体系，并且适时开展了专项治理整顿，规范交通建设监理市场，为在交通建设领域全面推行工程监理制和促进交通建设监理的发展，提供了条件和发展空间。各地交通建设主管部门，也制定了不少相应的制度、法规，并且不断采取措施，规范交通建设监理企业和人员行为，合力促进了监理事业的成功发展。

二是行业自身努力。监理企业遵守法规，恪守职业道德，艰苦创业，开拓创新，是推行工程监理制的关键所在。大多数交通建设监理企业在工程监理制的推行和企业的发展过程中，都能够把严格遵纪守法、坚守职业道德、认真履行合同、努力为业主和工程建设服务，作为自身的生存和发展之道，并且在创业和发展过程中，克服人员、资金不足等困难，艰苦奋斗，不断总结经验，深入进行以提高员工综合素质、提高企业效益、搞活用人机制、激励机制为主的企业管理体制和机制改革，不断进行理念、技术及管理创新，积极参与交通建设项目管理体制的改革实践，努力促进工程监理制的全面推行和交通建设工程管理体系的完善。

中国交通建设监理制度发展25年的成功经验，概括起来说就是在“一心一意谋发展”的基础上内外因素共同作用的结果。在继续深化发展的道路上，仍需努力营造这种内和外顺、上下齐心的发展氛围。

(三)汲取教训，为发展削减“负作用”

纵观我国交通建设监理制度发展25年的教训，最痛心的莫过于福建三明梅列互通A匝道连接线工程施工模板支架坍塌、湖南凤凰桥塌桥这两起血的教训事件：

2001年9月25日上午9:10时左右，位于京福国道主干线福建三明际口至福州兰圃公路三明连接线的SLA5梅列互通A匝道桥模板支架在加载预压时发生坍塌，造成6人死亡、20人受伤的重大事故。事故原因经调查为施工单位违反有关程序的规定在施工方案变更未得到监理批准的情况下擅自施工，负责该匝道桥的现场监理素质不高，明知该工程施工方案未经批准而施工，未能及时制止，也未向上一级监理汇报，对支架存在的问题未能及时发现并指出，未能履行监理应尽的职责。福建省三明市梅列区人民法院对该项目现场监理人员判处有期徒刑一年，缓刑一年，并处罚金人民两万元的刑事附带民事惩罚。这在交通建设监理发展史上尚属首例，引发了业内人士的广泛关注和对监理职能合理定位的重新认识和深入思考，给监理人员履行职责问题敲响了警钟。

2007年8月13日下午4时40分左右，湖南湘西土家族自治州凤凰县正在建设中的堤溪沱江大桥发生垮塌重大事故，当场造成64人死亡，22人受伤，直接经济损失3974.7万元。这是新中国成立以来建桥史上第一次整体倒塌事故，受到了社会公众的广泛关注，引起了强烈反响。经调查认定，这是一起严重的责任事故。其中涉及监理的主要问题是"监理单位发现问题后，未能及时向上级工程质量监督管理部门反映，未能制止施工单位擅自变更的施工方案，在工程主拱圈砌筑完成但强度资料尚未测出取得的情况下签字验收合格"，造成了64人死亡，22人受伤，5名监理人员被判刑或行政处分。这再一次引发业内广泛的议论和思考：因为这是一个典型的被恶意异化了的"中国特色"的"国情"下，上演的一幕"献礼政绩工程"丑剧，是一出典型的"豆腐渣"工程腐败窝案。整体垮塌的不光是凤凰桥，也是整个涉及建桥的方方面面集体垮塌，更是在不当得利前人性、良心、道德的垮塌。事故虽然已过去几年，至今却仍然是包括监理在内的所有交通建设者的心中之痛，痛在64人因此丧生，痛在包括5名监理人员在内的建设者受到处罚，更痛在监理人员前后下达了20次"整改"和"停工"的"监理工作指令"，却仍要为搞献礼将最关键的主拱圈施工由3个月压缩成1个半月造成的惨剧承担责任。凤凰桥事故再次作为一个警钟，让所有监理工作者深深铭记："监理"就等于责任，从事监理工作就是把责任背在了身上。因此，监理要坚决履行工作职责，要宁当恶人，不当罪人。

两起事件的发生表明：在一些特殊环境下，监理要坚持原则和规矩的确很难。但是，监理素质不高、责任心不强也是在工程建设过程中不容忽视且必须下大力气加以解决的根本问题。否则，类似悲剧还会不断上演！

（四）客观看待发展过程中出现的问题

我们应该承认，在全面推行和深化发展交通建设工程监理制度的过程中，监理工作及从业人员自身还是存在着不少问题和不足。主要表现在：

一是监理行业角色定位不准确，监理权责体现难以充分。《公路工程施工监理规范》规定："监理单位应依据有关法律、法规、文件，按照监理合同约定的职责和权限，对工程实施监督管理"。按上述规定监理单位与业主是合同关系，监理单位受业主委托向业主提供监理服务，既非1987年版FIDIC《施工合同条件》强调的监理工程师属于独立的一方，也非1999年版FIDIC《施工合同条件》规定的监理工程师为业主的雇员，行业角色定位不清，导致权责不明。由此而来，业主越来越多的"越权"行为致使监理正当行使权力受阻，监理职责难以落实到位，影响了监理作用的发挥。具体表现在一些业主对监理授权有限，仍然习惯于直接进行具体管理，没能有效发挥监理机制的作用。一些业主的工作人员干扰监理授权范围的工作，不但降低了监理工程师的权威，而且使得监理无所适从，没有实权，成为业主的附庸。究其原因，除上述监理自身定位不清、权责不明外，目前建设市场中业主处于强势主导地位，没人能对业主的不规范做法干预、制约也是客观事实。另外，业主普遍存在追求政绩而盲目赶工思想，使得一些不符合科学规律的决定和做法大行其道。再有就是某些业主谋求不法私利，故意为之。结果造成目前普遍存在的监理工作范围内的质量、费用、进度、安全、环保五大职责中，对费用、进度的掌控有责无权；对环保的掌控有责无利；对安全的掌控权小责大。特别是在采用BOT+EPC或代建制等非传统模式的建设项目上，监理的工作环境变得更为复杂，按照传统管理模式履行职责变得更加困难，容易造成监理人员产生消极应对的不良心理。由于角色定位不准，不少监理企业对自身认识模糊不清，常常发生一些看似矛盾实则必然的怪相：既对业主强势不满，又想借助业主的强势迫使施工单位规矩做事；既希望按规范要求控制好施工质量，又害怕与施工单位搞僵关系；既希望从制度上取消旁站，又担心会因此出现问题而承担责任；既痛恨厌恶行业内的不诚信行为，又迫于压力降低自身的诚信标准。凡此等等，不一而足，皆因定位不准使然。

二是监理工作方式定位有失偏颇，监理技术权威地位缺失。《建设工程质量管理条例》第三十八条规定："监理工程师应当按照监理规范的要求，采取旁站、巡视和平行检验等形式，对建设工程实施监理。"这直接导致监理工作方式常被片面解读为"旁站"、"巡视"和"平行检验"。而《公路工程施工监理规范》赋予监理的工作方式更包括：调查、检查、审查、核算、开会、旁站、巡视、抽检、验收、审批、确认、评定、签认、签发等等，与企业内部自检手段大量重复，导致现实中部分工程已演化为一切工序、部位均需旁站，监理人员几乎演变成承包商的"班组长"、"质检员"、"监工"，监理工作的技术含量被大打折扣，监理的权威、地位被大打折扣。监理工作性质已经由技术密集型转化为劳动密集型，偏离了国际工程监理（咨询）定位的高智能技术咨询服务方向。

三是监理队伍整体素质不高，影响了技术水平的发挥。巨大的交通建设市场产生了巨大的监理人才需求，目前的监理队伍规模虽然很大、人数众多，但是相对于市场的需求，无论从质上说还是从量上看，都显单薄不足。综合素质匹配工程项目要求的监理人才相对匮乏，影响了监理技术水平的发挥。因为高素质监理人才的培养、锻造，客观需要有个过程，绝非一蹴而就，亦非一日之功。因而，使得监理人才队伍的培养，滞后于高速发展的交通建设需要。此外，由于监理取费偏低，监理行业对于高端人才尚缺乏吸引力也是不争的事实。另外，监理队伍在年龄、学历、专业、技术职称、执业资格等诸多方面，存在着结构性缺陷，导致整体素质不高。

四是监理手段不足，不能及时有效地发现问题、分析问题、解决问题。具体表现在监理的信息化管理水平较低，监理的控制流程缺乏规范、严密，监理的检测手段较弱，而且缺乏相关的专业人员，监理的有效投入不足。

五是监理的诚信度有待提高。目前监理的诚信水平与客观、公正、权威的监理定位尚有差距。监理人员履约率较低，工作中审查把关不严，"变通"时有发生；挂靠监理、虚假证明、虚假证书现象时有出现，严重影响了社会对监理队伍和工作的整体评价，降低了监理的诚信度。一些监理企业诚信意识淡漠，一些监理人员责任心不强，甚至存在吃、拿、卡、要等不廉洁行为，严重损害了监理的权威和声誉。

六是监理市场竞争不规范，压价竞标普遍，监理取费较低，直接影响了监理工作本来应当的正常投入，致使企业发展后劲乏力。监理收费偏低，制约了监理行业的健康发展，后果十分严重：一是监理企业盈利空间减小，难以做大做强；二是监理人员薪酬标准低，监理企业难以聘请、留住高素质人才，监理人员入行门槛下降、技术水平下降、工作能力下降、执业权威下降、从业热情下降，直接导致业主、社会对监理的信任度、认可度随之下降。加之监理责任大、风险高，且长年工作在工程第一线，工作条件艰苦，工作强度大，社会评价、认同度不高，使得监理行业非但缺乏吸引力，人才流失现象也十分严重。

随着交通基础设施建设规模的扩大和建设环境、条件的变化，特别是我国投融资体制改革带来的建设管理模式多样化，如设计施工总承包、施工总承包，使主要依靠FIDIC合同条款和改革开放初期项目管理实际所建立的交通建设监理制度呈现出一些不适应新形势的问题，主要表现为项目建设单位对监理职责和管理作用认识上的不一致，加之监理制度在执行过程中由于费用、外部环境、自我监督机制不健全等因素，使得监理人员权威和技术优势开始逐渐萎缩，监理事业发展面临瓶颈，以至于在少数人中出现了"监理制度要不要再执行"的疑惑和信任危机。

客观上来讲，监理工作中存在的这些问题，都是监理制度发展过程中暴露出来的问题，有着深刻的社会和市场及行业背景，应该以发展的眼光来看待和解决，而绝不应一言以蔽其善、一棍子打死。

（五）正确认识FIDIC条款在中国的应用

经验、教训的印证，让我们不得不承认按FIDIC条款要求严格执行下的工程监理对于工程质量保障的科学性、严密性的确不容置疑。现在回过头再看当时推行FIDIC条款所发生的"碰撞"、"矛盾"，实属正常。而且正是因为当时有这些问题存在，才映衬出了FIDIC条款的科学和严谨。

正是认真、严肃地执行FIDIC条款， 坚持全过程、全方位、全天候的监理，坚守FIDIC管理方法"严格、严密、公正、科学"的原则，基于监理与业主、承包商共同努力，才终于建成了一条条高标准的现代化公路、一座座高质量的世界级桥梁和一个个设施先进、功能齐全的港口码头。

综合业界有关人士的看法，概括起来有以下几点：

一是FIDIC条款要求实行的工程监理制在中国交通系统的逐步推广，对于加强建设项目的科学管理，提高工程质量和投资综合效益，发挥了重要作用。吸收、消化外来经验后，中国工程监理整体管理水平有了质的提升，而且既紧跟世界潮流，符合国情，又不完全与世界规则雷同。正是实行了具有中国特色的"项目法人责任制、招标投标制、工程监理制和合同管理制"这四项基本制度，才保证了工程品质享誉中外的世界级超大型工程能够傲立于世。

二是交通建设监理制度是我国交通基本建设管理体制改革的一项重要内容，是加快公路水运建设步伐、扩大对外开放、适应社会主义市场经济发展需要的重要举措。各级监理人员严格按照FIDIC条款开展工作，在工程实践中不断探索与磨合，使大家对FIDIC条款由不理解到理解，由不适应到适应，理顺了监理与业主、监理与承包商之间的关系。工程质量、施工进度、项目造价才得到了有效的控制和保证。

三是FIDIC理念的引进、应用和发展，对中国交通建设从适应单一计划经济的管理模式逐步过渡到适应市场经济的管理模式，从行政命令式管理逐步转变到行业自律性管理，从业主自身管理逐步转向委托专业化公司进行管理，起到了重要作用。

四是FIDIC条款的引进，是我国交通基本建设领域的一场改革。而中国特色的工程监理制的创立，体现了交通主管部门的胆识和高瞻远瞩。

五是按照FIDIC条款推行的工程监理制，加快了交通建设项目管理体制改革的步伐，使传统的自筹、自建、自管的小生产管理模式，逐步向现代化、专业化、社会化的管理模式转变，较好地实现了生产关系的重大调整，促进了生产力的解放和发展。同时，通过具有专业知识和实践经验监理工程师的严格监理，加大了现场监管力度，增加了施工管理的预见性和科学性，减少了随意性和主观性，使工程建设始终处于受控状态，从而提高了工程建设管理水平，促进了交通建设事业持续快速的发展。

六是FIDIC条款构建了"项目业主——监理工程师——承包商"的契约关系。它以合同条款为各方行为准则，以监理工程师为项目管理核心，实现各负其责，相互制约，彻底打破了基建项目由政府部门一手包办干到底的"土围子"，搭建起市场经济条件下基建项目管理的基本框架，奠定了基本建设行业实现现代化的基础。这是FIDIC条款的核心价值，从根本上确定了我国公路建设行业乃至国家基建项目管理体制改革的方向，意义重大而深远。

七是FIDIC条款规定的工程监理具有'严格、严密、公正、科学'四大特点。"严格"体现在严格按合同办事、严格按技术规范和设计文件办事、严格按照程序办事；"严密"体现在合同文件严密、监理程序严密、工作方法严密、文件传递和管理严密；"公正"体现在确保监理独立行使职权、严格按合同规定办事、维护合同双方的合法利益；"科学"体现在完善的设施、有效的方法、第一手数据的监理手段上。

八是按照FIDIC条款进行的京津塘工程，质量控制是最严的，可以讲京津塘的工程质量到目前都是最好的。如果现在的工程照那样做，质量绝对不会有问题。

上述八点最具代表性的认识，基本勾勒出了FIDIC条款在中国推行中所有亲历者的切身感受。也许有人会问：按FIDIC条款要求进行工程监理这一套好的经验、办法，拿过来用不就结了？但是，看似简单的事情，拿到了中国来运用和发展，简单事情都会变得复杂。复杂表象下，原因其实又很简单，除了思想上、技术上、管理上，大家需要有个从不理解到理解再到高度认同、主动推行的过程外，再有就是利益问题，引进新事物会存在"动了谁的奶酪"问题；已经引进正在推广时，也会存在"动了谁的奶酪"问题；具体到工程项目中执行时，还会存在"动了谁的奶酪"问题。

（六）认清当前行业中两种错误思潮

在我国交通监理从试点到推进再到全面发展的过程中，总是伴随着各种不和

谐的"杂音"。这些错误思潮，在某种程度上影响了交通建设监理的正常有序发展，必须予以厘清。

1、监理无用论

在试点探索阶段时是京津塘的观念碰撞、权利博弈；在全面推行阶段是"监理变味儿了"的论调；进入新世纪深化发展阶段，一直不绝于耳的是"监理过时了"的杂音。这些声音与工程监理制在中国的脚步声相伴，如影随形，并且随着工程监理制在中国推行阶段的不同，呈现出不同的特点：从试点探索阶段京津塘的低调抵制，到全面推广阶段的升调异化，再到深化发展阶段堂而皇之的高调抛弃，"与时俱进"，不断升级。与此同时，工程监理的实际地位也在随着阶段的不同而弱化，从京津塘的强势高调，到不断被挤压、被排斥，到现阶段的弱势低调，"与时俱退"，甚至要被"监理无用论"所毙。

相当长一段时间内，很大一部分监理人员苦闷、憋气、彷徨，深为社会"大环境"的恶化下交通建设工程监理的发展前途而担忧。

那么，监理真的"过时了"，真的"没用了"？其实，当今监理市场发生的种种乱象，究其根源和实质，不外是一些不守规则搞乱市场、搞乱人心、搅浑清水的人，把造成乱象的责任推给了治乱的监理，最后自己闷声发大财，反让监理背锅挨刀。

针对"监理无用"论而衍生出来的"当今监理已经走进死胡同"、"监理已经走不下去了"、"监理过时论"、"监理应该撤销"等言论，中国交通建设监理协会原理事长凤懋润给予了铿锵有力、掷地有声的批驳："我认为大家应该撇开这个话题，从正面来看待和把握工程监理的发展未来。我说监理的成绩，就是要说历史性的贡献，就是要说这些世界级的大工程。就是要说世界级大桥里面前10位排名，两孔拱桥、斜拉桥、悬索桥，中国人建的占到了一半。这些桥的建设，监理的贡献就在里面。应该说，越是技术含量高、施工难度大的工程，监理发挥的作用越大，如在厦门翔安隧道、陕西秦岭终南山公路隧道、上海长江隧桥这样具有国际影响力的工程建设中，监理的表现都可圈可点。现在对工程质量又增加了耐久性的要求，安全工作也提到了前所未有的高度，监理工作者大有可为。至于说'走不下去了'，那都是一些杂七杂八的不规范工程导致的监理缺位所致。"

我们应该这样看待这个问题：发展中出现的问题，还是要依靠发展来解决，绝不是走不下去的问题，而是面对新形势应该怎么发展的问题。二三十年前干的是半现代化的跨江大桥，而现在一个港珠澳大桥，动辄就是50公里跨海工程，北到渤海湾、南到琼州海峡，现在研究的问题是怎么应对这样技术级别高，要求严的工程监理。说"监理走不下去了"，是指监理的素质跟不上时代发展要求的问题，而绝不是指高、精、尖、难、大工程中不需要监理。虽然监理当前存在这样、那样的问题，但看问题还要看主流，我国交通建设监理的主流是好的，发展是对的。非但不存在走不下去问题，而且是要如何大发展以适应时代要求的问题。

2、把市场乱象归咎于“中国特色”、“中国国情”

还有一种思潮，就是把监理市场发生的一切乱象归因于“中国特色”。认为一被冠以“中国特色”、“中国国情”，各种“潜规则”、“灵活性”、“长官意志”类破坏监理规范化的东西就全都正常化了。其实，在有着五千年文明发展史的中国，“中国特色”、“中国国情”是客观存在且不容回避的现实。“中国特色”、“中国国情”应该被看做是中性字眼儿，既有优秀方面的“正能量”，也有糟粕之处的“负作用”，是把双刃剑。毕竟那是养鱼之水、植根之土，水土不服，生存难继。提“中国特色”、“中国国情”正是历史唯物地看待问题，正视问题，进而有效地解决问题。即便说现行体制存在问题，那也是发展过程中需要完善的问题。目前中国交通建设工程监理制度在推行过程中遇到的排斥、异化，正是这种大的社会背景、环境下的衍生产物。

上述两种不良思潮，需要广大交通建设监理从业人员看清实质，认清危害，在工作中自觉抵制，主动维护交通建设监理行业建康发展的良好态势。

（七）正本清源　重树行业信心

在25年的实践中，交通建设监理制度的实施，在加强基础设施建设工程质量安全、投资和进度控制，推动项目管理向专业化、社会化、现代化模式转变，保障交通运输基础设施建设持续快速发展方面发挥了显著的作用。因此，尽管当下众说纷纭，但重树行业信心依然是众心所向，不可阻挡。

1、正本清源，感悟真谛

就在大家对交通建设监理制度何去何从、如何发展众说纷纭的关键时刻，交通运输部公路局和部质监局正在调研并认真分析制约监理制度长远发展的深层原因。2012年5月23日，交通建设监理行业新风建设总结会在贵阳召开。交通运输部冯正霖副部长针对交通建设监理发展未来的职能定位明确指出：“要以确保工程质量安全为基本要求，以加强现代工程管理、提高工程管理水平为总体目标，继续坚持交通建设监理制度，不断完善法律法规，规范市场经营行为，强化技术创新、诚信履约和人才培养，提高监理队伍核心竞争力和监理工作水平；要逐步构建起与不同项目管理模式相适应的交通建设监理监督体系。按照责、权、利相统一的原则，明确界定监理在各种模式中的工作职责，赋予监理履行职责的有效手段，提高监理的法定地位，使监理属性逐步回归到高端（高智商、高智能）技术咨询服务，加大力度、加速推进监理工作的职业化进程。”

对于交通建设监理发展未来的市场定位问题，冯正霖副部长明确指出：“要根据企业的实际情况，找准市场定位，制定相应的企业发展战略。鼓励具有一定实力和规模的监理企业，通过改制、重组、合作、联合等方式，适当扩大规模、拓展业务范围，逐步建设成人才资源雄厚、技术优势明显、管理水平较高、适应我国交通建设发展、能承担工程管理项目、竞争力较强的综合性咨询监理企业。需要强调的是，随着中国“走出去”战略的实施，中国标准已经走出去了，下一步要积极引导和推动

工程监理咨询企业走出去，努力开拓海外市场、提高企业的核心竞争力。”

对于中国交通建设监理企业的未来发展问题，冯正霖副部长强调：“监理企业应向规范化、标准化、规模化、品牌化、科学化的高智能服务方向发展。”

对交通建设监理人员的未来成长问题。他指出：“要以继续教育制度为保障，使得监理人员有职业的自豪感，也有一种职业的事业心和责任感。要充分发挥企业文化的引领作用，营造良好的干事氛围，让真正懂技术、会管理、敢说话、责任心强的监理人员获得尊严、赢得赞誉、取得地位、发挥优势。”

冯副部长的讲话，像黑夜中的一盏明灯，为中国工程监理指明了前进的方向，是一场久旱之后的甘霖，化解了所有监理人心头的焦渴，驱散了所有监理人心头的疑云，为中国交通建设监理制度的发展定位指出了明确方向。争论已久的话题终于有了答案，那就是坚定改革发展的决心不动摇，将交通建设监理制度进行到底！

冯正霖副部长在这次讲话中，对20多年来监理制度给予了高度评价：“交通建设监理制度的实施，对于加强基础设施建设工程质量安全、投资和进度控制，推动项目管理向专业化、社会化、现代化模式转变，保障交通运输基础设施建设持续快速发展，发挥了重要作用，并取得良好经济效益和社会效益。广大监理企业及监理从业人员，遵循‘严格监理、优质服务、公正科学、廉洁自律’的执业准则，埋头苦干，扎实工作，形成了一支专业和知识结构基本合理、基本满足交通运输建设需求、以技术骨干为主的交通建设监理队伍。”

中国交通建设监理制度在中国25年的成功实践，恰恰也不容置疑地证明：只有把西方发达国家的管理制度与“中国特色”有机地结合，才是适合中国推动交通建设飞速发展的真正动力和源泉所在。

亲历才有切身感悟。业界多位亲历者用25年的切身实践，已感悟出了一个真谛：FIDIC条款不仅是西方发达国家对于工程建设项目进行有效控制、科学管理的百年经验总结，也是经过中国和其他发展中国家的广泛引用和多年实践已经证明是工程建设生产活动中应该共同遵守的人文法则。中国25年的实践表明，FIDIC条款与中国国情有机结合下诞生的中国交通建设工程管理体系，符合中国特色社会主义改革的正确发展方向，成就斐然，生命力强大，已成不可逆转之势。任何怀着不良动机，对这一管理体系进行的异化、排斥，也都已经被工程建设实践证明是倒退、落后和失败的。中国交通建设管理体系不仅对以往30多年中国经济的腾飞功不可没，还将会为“十八大”后习近平总书记提出的“中国梦”的实现再立新功。

2、重树信心，再铸辉煌

冯正霖副部长的重要讲话，给中国交通建设监理的发展指明了方向。原交通部质量监督总站副站长、中国公路工程咨询集团有限公司副总经理李明华认为：“部领导有这样的愿望和决心，应是我们从事监理工作者的福音，对在左右徘徊、举步维艰的监理从业者和监理企业来说，无疑是一支‘强心针’、‘兴奋剂’。作为中国交通建设监理发展历史的见证者，今天，我再一次见证了交通运输部领导对中国交通建设执行建设监理制度的决心和理念。这种决心和理念必将对交通建设监理制度的发展起到拨乱反正、明确方向、坚定信心和令人鼓舞的积极作用。”

围绕冯副部长的重要讲话，监理从业者倍感鼓舞，引发了大家对监理发展未来美好的憧憬和积极的思考，最具代表性的意见主要有以下几个方面：

一是要解决深层次矛盾问题。深层次矛盾主要表现在：第一是建设的大环境不健康；第二是长官意志+业主行为不规范；第三是监理队伍素质不高，监理企业和人员水平参差不齐。

二是要转变发展方式。也就是监理职能的前后延伸问题，监理的未来发展应该走咨询之路。国外只有咨询的概念，监理是包含在咨询之内的。中国交通建设监理发展这25年，的确培养出一批拿到世界上都不差的顶尖监理人才。譬如光一个江苏省，就有那么多世界级工程，指挥部里没有世界水平的监理，这些工程是干不出来的。但是非常遗憾的是这批精英每当修完一座桥，就各自散去了。这批人不光是能干监理，而且最适合干咨询。

三是要加强行业宣传。应该利用媒体、各种会议等多种形式广为宣传，为监理的健康发展大造应造之势。监理的发展虽经25年，关键时刻还需领导的关心扶助，自身也需要懂得借力壮大。

四是要拓宽企业成长渠道。冯副部长的讲话，使大家的战略目标更加明晰，通过各自的探索和实践，通过不断增加成长中的价值含量来夯实基础，促使企业向大型化、集团化、全方位发展，要成为未来企业成长的主渠道。在法律法规允许范围内，探索业务协同、低成本、高效益的发展模式，向全方位的工程项目管理拓展；横向延伸，拓宽监理业务范围；纵向拓展，涉足设计、施工上下游；高端迈进，突破行业局限，代建管理，夯实转型基础；资本运作，全方位项目管理转型；有条件的企业要积累国际工程经验，加快步伐“走出去”，谋求更加宽广的发展空间。

五是要提高监理人员素质。在新形势下，交通“又好又快”发展对工程建设提出了更高的要求。工程质量要追求“高品质，全寿命（有效服务），人性化”；工程安全要结构安全、生产安全、使用安全；生态文明要实现“资源节约、环境友好”等等。因此，提高监理队伍的综合素质是第一要务。要认真学习先进企业的管理经验，要从血的警示中吸取教训，在“严、细、实”（严格、精细、落实）上下功夫。只有高素质的监理队伍，才能胜任建设国际一流工程的责任。

六是监理要走出国门。走出去，到国际工程管理咨询市场摔打，已成监理企业未来发展趋势的业界共识。关键在于如何走出去？走什么路径出去？走出去后的落脚点在哪里？走出去了，能否成功地再走回来？一系列的问题，都将是摆在相关决策者面前的战略抉择。虽然诸多问题尚有争论，未达成一致性、可行性共识，但可喜的是：毕竟已经开始提到议事议程，毕竟已经有个别企业先尝先试，小有经验可以借鉴。因为，思想离行动、理想与现实也就一步之遥！

思想火花被点燃，群情振奋向未来。25年量变积累的中国交通建设监理已经到了该发生质变提升、再铸辉煌的历史关头。

3、正视现实，认清发展环境

落实冯副部长重要讲话精神，首先需要正视中国交通建设监理当前存在的问题，有的放矢地加以解决。有病还需根上治，监理问题的核心实质就是两条：一是监理自身问题，二是外部环境问题。

从监理自身问题看，监理的法律定位亟须界定明确，监理职责应明确为"依据中华人民共和国有关法律、法规，以及相关技术标准、设计文件和工程承包合同，对工程建设承包单位在工程质量、施工安全、环境保护、建设工期、建设资金使用及合同管理等方面，代表委托方实施监督，并为工程建设单位提供项目管理和技术咨询服务。"同时，明确划分业主、监理和工程建设承包单位的责任界面，详细规定监理的职责与要求，特别是在安全、环保监理方面，更需严格界定，防止过分追究监理责任的现象发生。在工作方式上，在不影响工程质量前提下，尽量弱化事中监理的"贴身盯防"，对旁站、巡视、抽检的部位和频率等合理减少数量要求，调整按项目等级、投资等配备监理人员的数量要求，研究、制定、推行全国通用的监理表格范本，规范监理表格的类型、样式、数量，把监理从繁重而琐碎的具体事务中解脱出来，把时间、精力更多地花在更能体现知识密集及高智能的技术咨询服务上来。

从外部环境来看，管理体制滞后于中国经济及建设发展需要，也突出体现在中国交通建设监理制度的推进发展进程中。由于社会上特权意识、有法不依现象频现，不可避免地影响和冲击到交通建设监理市场。意识形态与政府行政，并不一定相互矛盾、水火难容。相反，运筹得当，甚至会相得益彰。因此，意识形态决定立法，治国必须依法，执法必须严格，违法必须追究，才能营造一个有利于国民经济，也有利于交通建设监理发展的法治环境，使大家在法治的游戏规则里行事，监理面临的生存、发展外部环境才能根本得以改善。

具体到对监理的依法管理，就必须先弄清楚一个合格的行业主管部门依法应该管什么，不应该管什么。必须先厘清自身，找准位置，才能定位、到位、不越位。

因此，在当前市场大环境下，只有为政者自身身正行直，树立"全心全意为人民服务"执政理念，树立"大市场，小政府"为政意识，做合格的秩序维护者、方向引导者、为民服务者，依法行政，热情服务，全面创新管理体制，构建法治社会下的法监理模式，并使之适应中国经济建设的高速发展，才能真正营造一个适合中国交通建设工程咨询业发展的良好环境。

4、脚踏实地，探索创新发展之路

交通建设监理行业要在新的历史时期健康发展，最重要的就是要脚踏实地，在认真借鉴学习国外先进工程管理理念的基础上，建立一套符合中国国情的工程管理规范和制度，将监理的工作范围、工作方式、公司职能、发展路径、技术手段、人才培养、薪酬分配等方面纳入健全的法制管理体系，从而全面推进交通建设工程监理行业的服务水平和服务能力，使其真正发挥交通建设质量安全卫士的重要作用。

要达到以上目的，并不是一件轻而易举、一蹴而就的事情，需要大家解放思想端正态度，在耐心解决好当下众多问题的基础上，逐步打造良好的环境，让交通建设监理能够可持续发展。

在规范监理市场方面，国家各主管部门要制定出一套更加符合实际的、有效的监理资质审批方法和合理的、符合中国国情的监理取费标准。对采取不正当竞争的监理企业要加大管理和处罚力度，还要运用市场调节手段，用完善的准入退出机制使之"弃恶向善"。

监理行业自身也要在加快监理人才的培养，防止人才流失，扩大业务范围，进行行业内的资源整合以及建立监理企业的品牌化战略等方面动脑子、想办法，力争在激烈的市场竞争中，充分利用价格、人才、品牌这三驾马车所能产生的巨大"能量"，使企业业蒸蒸日上，行业健康发展。

总之，对于今天的交通监理企业来说，实事求是、脚踏实地、探索创新是生存发展之路，也是开创未来的必经之路。

六、结　语

"十一五"期间，我国高速公路新建里程达2.4万公里以上，总里程已达到6.5万公里。"十二五"开局，交通宏图不断扩展，到2012年底，我国高速公路总里程已达到9.6万公里，超越美国雄居世界第一。基本形成国家高速公路网骨架，"五纵七横"国道主干线和西部开发省际通道全部建成。其中，东部地区基本形成高速公路网；长江三角洲、珠江三角洲和京津冀地区形成较完善的城际高速公路网；中部地区承东启西、连南接北的高速公路通道贯通。根据《国家高速公路网规划》，我国将用30年时间建设包括7条首都放射线、9条南北纵向线和18条东西横向线共8.5万公里的国家高速公路网，一批桥梁、隧道如同颗颗璀璨明珠点缀其间。水运工程方面，随着近年来一批港口码头、内河航道等水运交通基础设施的建成投入使用，我国港口吞吐量持续增长，内河航运量持续增加。仅2001年～2010年期间，我国港口集装箱吞吐量从0.27亿标箱增长到1.46亿标箱，年复合增长率达20.63%；货物吞吐量从24亿吨增长至89亿吨，年复合增长率达15.72%，其中沿海港口吞吐量从15亿吨增长至56亿吨，年复合增长率达16.30%，内河港口吞吐量从10亿吨增长至33亿吨，年复合增长率达14.79%。

所有这一切成就的取得，都与25年来交通建设监理制度的深化发展息息相关，都与广大中国交通建设监理从业人员的默默奉献息息相关。

25年来，我们走出了一条中国交通建设监理继往开来的求索之路。25年的发展历程，对中国交通建设监理行业来说，只能算是起步，今后的道路还很长，需要创造行业公平健康的市场环境来呵护其成长，需要全体交通建设监理同仁们以百倍的信心、坚定的信念，积极进取，不懈努力，在不断探索中继续开辟中国交通建设监理事业的新天地，不断铸就中国交通建设事业的新辉煌！

第一篇 探索起步

历史进入20世纪80年代，改革开放的快车正在中国大地疾驰。然而，落后的道路交通越来越无法承载经济高速发展带来的压力。如何构建新的交通运输模式，成为举国上下激烈讨论的话题。最终，在中央的支持下，由过去以铁路为主的交通运输模式向发展综合运输体系模式转变的基本共识得到确立，大量利用外来资金修建高速公路的做法也得到肯定。20世纪80年代，随着世界银行对中国贷款的恢复，FIDIC条款也进入了中国。交通运输行业作为最早开展工程监理制度试点的行业之一，先后在陕西省西安至三原一级公路、京津塘高速公路等交通基础设施建设项目中，按照国际通行的FIDIC条款要求，实行了国际招标和工程监理，并取得了成功经验。

正是在这个起步探索阶段，杨盛福、熊哲清、李培坤、黄祥丰和李大明作为最早接触FIDIC的人，通过自己的努力学习和辛勤实践，为FIDIC这一国际先进工程管理模式走进中国做出了贡献，成为了中国交通建设监理制度落地的接生人、见证者和践行者。

一直从事公路交通发展战略研究和公路建设管理工作的杨盛福认为，工程监理制度在京津塘高速公路的成功运用，以无可辩驳的事实证明，中国公路行业按照国际FIDIC条款，建立和发展服务于综合交通运输体系建设的公路工程监理体系不但可行，而且非常必要。

作为我国工程监理规范的制定者，熊哲清当时是交通部世界银行项目办公室负责人。为了做好这件前无古人的开拓性事业，他率领一班人深入研究了世界银行贷款的一系列“游戏规则”，并把世行贷款的运作程序和国内的基建程序做了仔细的对比分析，深入系统研究了欧美等发达国家的合同管理监理制度，在汲取、总结国内第一手资料的基础上，六易其稿，最终完成了《公路工程施工监理规范》一书，填补了中国在这一领域的空白。他认为，监理是知识密集型行业的集大成者，必须技高一筹，必须科学办事，必须凭数据说话，必须依照合同规定的职责开展权威性工作。监理企业在转型过程中，要有自己的长项，也就是有自己的核心竞争力，这样才能永立于不败之地。

曾主持编写了中国第一部国际竞争性招标文件的老监理人李培坤，深感现在的监理无论是对合同条款的理解，还是专业技术能力、综合素质，都急需加强和提高。

在李大明看来，把20世纪80年代开始的公路监理工作称为“起步阶段”可能更为恰当。20世纪80年代，改革开放，朝气蓬勃，国家各项建设事业飞速发展，英雄辈出，也为开展工程监理实践提供了最直接、最重要的契机。

这些先行者以自己的亲身经历告诉我们：放眼世界历史，凡是国家虚怀若谷、对外开放、海纳百川的年代，都是发展进步迅速、经济繁荣昌盛的时期。相反，骄傲自大和固步自封，到头来都会导致停滞不前和落后挨打。一个行业的发展也是如此。

杨盛福

1937年出生。公路与桥梁工程专家，教授级高工。1959年毕业于成都工学院土木工程系，毕业后分配到中国科学院综合运输研究所从事科研工作。1972年调交通部公路局，历任交通部公路局副局长、局长，工程管理司司长，交通部总工程师，全国科协第五、第六届全委会委员，中国公路学会副理事长，中国交通运输协会副会长，中国公路勘察设计协会理事长。

1987年在京津塘高速公路项目中任总监理工程师，率先在我国工程建设项目中推行招投标制度、工程监理制度以及项目业主负责制，使该工程成为我国公路管理体制改革和高速公路建设的样板工程，并获得国家科技进步一等奖、中国建设工程鲁班奖等多项奖励。

50多年来，一直从事公路交通发展战略研究和公路建设管理工作，积极推动我国高速公路发展和公路行业在长江下游及沿海地区修建跨江跨海大桥。近20年来，经历了我国高速公路从无到有的跨越式发展，先后参与了数十座大跨径桥梁的设计审查和建设咨询工作，对推进我国公路建设、特别是高速公路和大跨径桥梁的发展，做出了突出贡献。

“中国交通建设监理这25年的发展道路曲折，成果丰硕。回顾过去，肯定成绩，正视现实，找出差距。今后的路还很长，监理行业的从业者应该积极进取，不断努力，开辟监理事业的新天地。”

杨盛福：
我国交通建设监理开山纪

对于中国交通建设监理，我可以说从一开始就参与其中。中国交通建设监理走过的25年历程，是我亲历和见证的过程。

转变观念谋发展

改革开放之前的30年，我国交通运输发展是以铁路为主，其他运输方式特别是公路运输未得到应有的重视，发展缓慢。到改革开放初期，公路运输与国民经济发展不适应的问题日益突出，主要集中在以下几个方面：一是连接沿海主要对外贸易港口的公路标准低，不能满足货物集散的需要，进出口物资积压严重；二是大中城市出入口道路狭窄，车辆进出困难，交通拥堵严重；三是当时全国煤炭供不应求，而山西省又有大量煤炭积压，因道路不畅，煤炭运不出来；四是农村公路少，不少山村还不通公路，运输还靠人背肩扛，制约了农村经济的发展；五是通往名胜古迹和风景旅游区的公路质量差，影响旅游事业的发展。因此，加快公路建设已是当务之急。

“要想富，先修路”的呼声，充分说明了广大人民群众对路的需求，也引起社会各界的关注。1980年初，由国家科委、计委、经委、建委联合主持召开了一次“交通

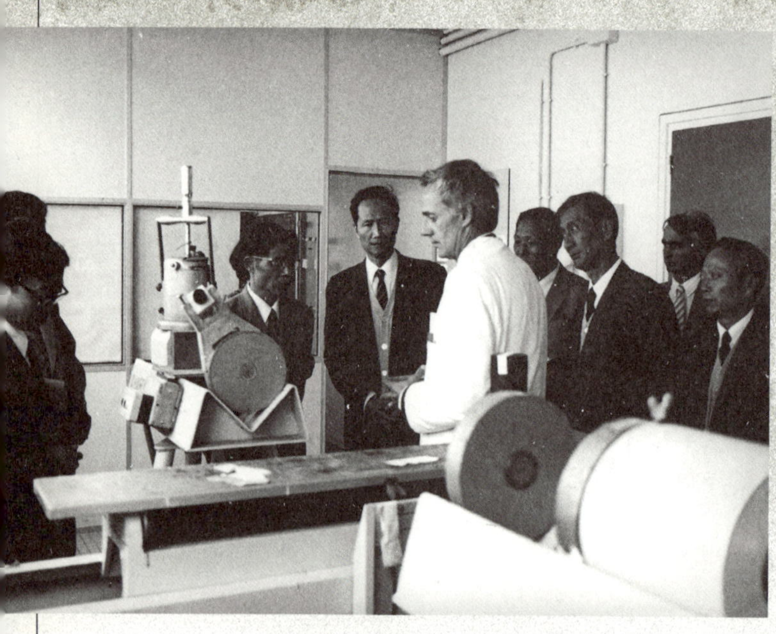

杨盛福（左四）在法国巴黎某公司实验室进行现场考察（1984年10月）

运输技术改造政策研讨会”，就在改革开放新形势下如何缓解交通运输紧张状况和发展我国交通运输进行研讨。会上两种观点争论激烈，一种意见主张以发展铁路为主来推动我国交通运输的发展；另一种意见是要以各种运输方式统筹规划、协调发展，建立起中国的综合运输体系。当时我作为公路专业的代表参与了讨论并在会上作了《公路在综合运输网中应有恰当的位置》的发言。对世界一些国家交通运输发展的历程对比分析后提出：苏联一直是以发展铁路为主的交通运输发展模式，搞了60多年，交通运输与国民经济发展不相适应的问题仍然十分突出。我国学习苏联，也是走以发展铁路为主的路子，搞了30年，交通运输紧张状况不仅没能缓解，反而越来越严重。而西欧、美国、日本等工业发达国家采用的是各种运输方式统筹规划，协调发展模式，交通运输基本能适应社会经济发展的需要。因此，要解决我国交通运输与国民经济发展不相适应的问题，必须转变发展观念，走后一种发展模式的路子。后来我又发表了《要重视公路运输事业的发展》，《调整产业政策，发展公路运输》，《充分发挥公路运输在综合运输体系中的作用》等文章，呼吁重视公路运输的发展，还与综合运输研究所等单位合作，组织公路运输发展问题研讨会，开展《2000年中国公路运输发展战略》课题研究，为公路运输发展献计献策。经过几年多个回合的反复论证，逐步达成了要加快公路运输发展，交通运输业应由以发展铁路运输为主，转向发展综合运输体系的基本共识。近30年交通运输发展的实践证明，这一转变是符合国情的。

修路是要资金投入的，钱从哪里来就成了关键问题。改革开放初期，各行各业加快发展都需要资金支持，都伸手向国家计委要钱。当时，我们面对公路建设长时间资金不能落实的情况，转变观念，借鉴农村改革试点的成功经验，要不到钱就“要政策”，政策就是钱嘛！从思想上打破单纯依靠国家投资的老框框，动员各方面的力量，从各种渠道来解决建设资金的问题。在调研的基础上提出征收燃油税、车辆购置税、轮胎税、牌照税等税种；提出允许贷款修路，收费还贷的政策，还建议增加养路费的征收比例等加快公路发展的政策措施。经由国家计委多次开会协调，征收燃油税的办法由于与会的铁路、水运、航空、电力、农机等部门认为他们所用的汽油、柴油与公路无关，收他们的汽柴油税来修路不合理，表示反对。而买车一定要上路，征收车辆购置附加费来修公路比较合理。路修好了，省油，减少车辆损耗，对购车者也有一定补偿。再加上当时国家正在实施限制社会集团购车的政策，征收车辆购置附加费对限购也有好处。这是一举多得的事情，各方面都能接受。

1984年12月国务院第54次常务会议，讨论通过了交通部提出的征收车辆购置附加费，贷款修路收费还贷，增加养路费费率等几项加快公路发展的政策措施。从此，公路建设才有了稳定的资金来源，有力地推动了我国公路建设近30年的蓬勃发展，具有重大的里程碑意义。

改革创新结硕果

钱有了，如何把来之不易的有限资金管好，用好，充分发挥其效益，直接关系到公路建设能否持续健康地发展。这就要求我们在工程管理上有所突破和创新，用科学的精细化管理取代传统的粗放型管理。1984年世界银行组织我们赴瑞典、法国考察、学习公路工程项目管理45天。回国后，我就大胆提出要学习国外先进的工程管理模式，按国际通用的FIDIC条款来管理工程。按照FIDIC条款实施工程管理，在国外已有100多年的历史，但当时在我国还是新生事物，特别是对在资本主义私有制下形成的这套工程管理模式，在社会主义公有制的中国能否实用，不少人心存疑虑。再加上我们在这方面的知识有限，也不敢轻举妄动。但要解决公路工程存在的管理粗放的问题，又不得不为。为稳妥起见，我们以世界银行贷款要求按照国际通用的FIDIC条款实施工程项目管理为契机，先在第一批世界银行贷款项目中，选择陕西西安至三原一级公路和山东晏城高塘二级公路项目上进行试点。为搞好试点，在当时公路局下设立了“世界银行项目贷款办公室”，负责世界银行贷款和项目实施的协调及管理工作。还邀请国外的工程咨询公司，为试点项目做顾问，帮助我们按照国际标准编制标书，进行招投标及推行监理制度。当时尽管大家对这套管理模式还不太熟悉，但还是坚持从头到尾，按照国际规范的流程操作。结果是按照这种管理模式实施项目管理，的确能够达到提高工程施工质量，降低造价的目的。在“西三”公路建设管理中积累的宝贵经验，为日后中国交通监理体制的建立和全面开花结果，打下了良好基础。

在总结“西三”一级公路推行公路工程监理试点经验的基础上，交通部决定在第二批世界银行贷款项目——京津塘高速公路建设中，全面推行工程监理制度，这使我国公路工程管理体制改革又向前迈出了坚实的一步。

京津塘高速公路是经国务院批准立项，利用世界银行部分贷款建设的第一条跨省市高速公路，是国内公路建设项目首次推行项目法人责任制、国际竞争性招标和工程监理制的试点项目。建设起点高，施工要求严。在讨论立项时，国务院领导就明确要求，要把京津塘高速公路建设作为中国高速公路发展的试点工程来抓。交通部要求将京津塘高速公路建设成为中国高速公路的样板工程。世界银行要求，按照国际通用的FIDIC项目管理模式组织实施。因此，在1987年底土建工程开工时，交通部就对所有参建人员提出了明确的奋斗目标和要求：一是要向国家交出一条高标准、高质量的现代化高速公路；二是要引进国外先进经营管理模式，探索适合中国国情的公路工程管理体制；三是要引进国外先进筑路技术和设备，提高工程质量和筑路水平；四是要培训和建立一批符合高速公路建设要求的设计、施工、监理等方面管理人才队伍；五是要总结一套适合中国高速公路建设的经验。

为了确保工程项目的顺利实施，由交通部和两省一市主管基建的领导组成领导小组（原交通部副部长王展意任组长），负责工程项目建设中重大事件的决策。两省一市抽调干部，组建京津塘高速公路联合公司。这是改革开放后交通行业首个完全独立的法人实体，由公司全权负责贷款、工程建设、营运收费还贷。公司上市后，更名为华北高速公路股份有限公司。

为了全面推行工程监理制度，进一步探索监理工作经验，交通部直接参与并组织了京津塘高速公路的工程监理工作，指定我为总监理工程师，另外指派李大明为

杨盛福（中）与丹麦金硕咨询公司总裁合影（1988年4月）

总监代表，具体负责项目施工进程中的协调和监理工作。并从交通部属设计单位及两省一市抽调100多名有经验的工程技术人员，会同外国监理人员共同组成了总监办和3个驻地办，常驻工地现场，实施工程监理。

京津塘高速公路工程开工建设初期，尽管对业主、承包商和监理人员进行了工程监理的培训，但在工程实践中，仍然存在不少传统工程管理观念与FIDIC管理模式的激烈"碰撞"。过去我们的工程管理模式大都是交通部下任务到省市交通部门，当地交通厅组织实施。工程大都是指令性计划，任务派遣式的项目，完全是按行政命令来操作，一切由政府说了算。因此，在京津塘项目实施过程中，首先碰到的矛盾就是权益的博弈。由于世界银行规定项目建设的业主方和承包商是合同关系，中间第三方，也就是监理按合同监督实施，既要对业主负责，也要对承包商负责。业主认为推行工程监理排斥了行政管理职能，业主的权利被侵夺了，有"大权旁落"之感。承包商则视为多了一个"婆婆"，不服管，不买监理的账。再加上FIDIC管理模式和方法与传统的工程管理做法不同，实施起来相当困难。不认真履行合同，对监理指令拒不执行，违规操作也时有发生，甚至发展到有个别合同被世界银行暂停支付的地步。1989年4月30日邹家华副总理视察京津塘高速公路，在听取了京津塘高速公路施工情况汇报后明确指出："我们利用世界银行贷款，工作就要符合他们的要求，尤其是坚持程序和通过监理这两条。"这是对我们坚持不懈地开展监理工作的极大支持。各级监理人员严格按照FIDIC条款开展工作，在工程实践中不断探索与磨合，使

杨盛福（左三）与丹麦金硕咨询公司代表谈京津塘工程监理合作协议（1988年4月）

大家对FIDIC条款由不理解到理解，由不适应到逐步适应，理顺了监理与业主、监理与承包商之间的关系，使工程质量、施工进度、项目造价得到了有效的控制。

1993年9月，京津塘高速公路全线建成通车。经国家验收委员会认定：京津塘高速公路建设达到国内领先，国际先进水平。同时，还获得了"国家科技进步一等奖"、"中国建筑工程鲁班奖"、"全国最佳工程设计特等奖"等多项殊荣。在当时，创下了公路工程项目获奖最高、最多两项纪录。

工程监理制度在京津塘高速公路建设中的成功实践意义重大，标志着这一国际先进工程管理模式在中国大地上不但能够、而且已经成功落地生根，并为后来公路工程建设和管理树立了样板。不仅在业内影响巨大，也受到国内有关各部门的关注。1989年经交通部批准，正式成立了工程建设监理总站，各省、市、自治区交通部门相继设立了工程管理质量监督站，代表政府对公路工程质量进行宏观管理，对监理单位的监理工程师的工作进行监督检查，协调处理监理工程师与承包商之间的争端，在实践过程中，逐步形成了"政府监督、工程监理、企业自查"三层质量保证体系。交通部要求在"八五"期间，所有大中型公路项目都要实行工程监理制度。至此，工程监理制度的推广工作全面展开，为我国交通工程监理体制的建立、发展和完善，奠定了良好的基础。1988年，建设部把交通部公路工程列为八市二部监理试点单位之一。1990年12月，建设部又在天津召开了京津塘高速公路建设监理经验交流现场会，会上介绍了公路工程监理经验，并要求在全国建筑行业推广。

工程监理制度在京津塘高速公路建设中的成功运用，还为中国交通工程监理培训了一批高素质人才，铸造出了一支合乎国际标准的监理队伍。为了办好监理这个事情，当时从我们部属的一院、二院抽调了很多的技术干部，再加上两市一省的技术人员，组织了100多名工程师，基本上一公里一个，来负责项目监理工作的实施。开工前，我们把业主、监理、承包召集在一起，组织培训，请外国专家来讲课，具体介绍业主、监理、承包商在工程实施中应该承担的职责和应有的权利。在推广这套制度的过程中，外国专家具体指导，实际操作，对顺利实施工程监理发挥了重要作用。我们还组织交通行业主管基本建设的人员现场考察学习，为第二、三、四批进行世界银行贷款项目严格执行工程监理制度提供了示范。京津塘高速公路建设过程中，通过理论和工程实践的培训，造就了一批监理人才。其中不少人已成为当今中国公路工程监理行业的栋梁和中坚，活跃在大江南北公路工程施工工地上。

铸就辉煌待后生

屈指算来，中国公路工程监理不觉已经走过25年风雨路程。这25年来，公路工程监理从无到有，发展成为今天拥有百万大军的从业队伍，真可谓道路曲折，成果丰硕。我们在回顾过去，肯定成绩的同时也要正视现实，面向未来。对于公路工程监理制度未来的发展我充满信心和期待。为使工程监理更快、更好地发展，我认为首先要加快发展。随着我国公路建设的迅猛发展，工程监理事业发展相对滞后，承担

杨盛福（左）与江阴长江公路大桥总指挥、江苏省交通厅副厅长周世忠合影（1999年）

不了每年公路工程投资对监理的需求，不少工程缺乏有效的工程监理，工程质量、工期、造价难以控制，甚至发生严重的质量和安全事故，造成不应有的经济损失。还有一些工程项目没有监理，影响了公路事业的健康发展。因此，加快公路工程监理事业发展，以适应公路建设发展的需要，已是势在必行。其次要加强领导，理顺关系。各级主管领导和有关部门必须要从思想上真正重视这项工作，要把推行工程监理制度的工作提高到基本建设管理体制改革、确保工程质量、提高投资效益的高度来认识。切实转变职能，改变过去"事无巨细、大包大揽"的传统做法，认真抓好宏观管理与协调服务工作。同时，要积极支持监理人员的工作，为他们创造必要的生活条件和工作环境。要研究监理人员薪酬与所担负责任、权利之间的对应关系，使责、权、利关系明晰，让监理人员有责有权，报酬对等，从而调动监理人员投入工作的热情和坚定献身监理职业的决心，使监理人员能够认真履行合同赋予的权利和义务，真正发挥监理工程师在项目管理中的核心作用。第三要强化监管。在大力培育监理市场的同时，健全市场监管机制、加强市场监管，规范市场行为，营造良性竞争、健康发展的外部环境。第四要培训。工程监理是知识密集型事业，对从业人员的技术水平、业务能力、敬业精神、职业道德等综合素质要求高。通过25年的不断培训和工程实践锻炼，已经涌现出了一批能够适应我国公路建设监理工作需要的监理咨询公司和监理人员，但整体素质还有待进一步提高，还需要我们花大力气，加大培训力度，造就和培养一批懂管理、懂法律、懂财务、懂技术、会协调的复合型人才。

25年的监理经历，对公路工程监理来说，只能算是刚起步，今后的路还很长，还要靠监理同仁们更加积极进取、改革创新，在不懈探索中开辟监理事业的新天地，铸就监理工作的新辉煌。

编后语 AFTER WORD

作为中国交通建设监理的接生人和见证者，作为监理行业成长史的亲历者，他见证了辉煌，收获了硕果，至今仍关注着监理行业的健康成长。正所谓"爱之深，责之切"，对于中国交通建设监理发展的现状，他有着恨铁不成钢的无奈和忧虑，对于工程监理制度发展的未来，他充满期待。

熊哲清

1930年出生。1951年毕业于武昌中华大学土木工程专业，教授级高级工程师。从事公路建设事业50多年，是我国公路行业资深专家，是国际金融组织贷款的开拓者，是我国工程质量监督与监理行业的奠基人之一。

历任交通部公路局世界银行贷款项目办负责人、交通部工程建设监理总站站长。1994年任中国公路学会秘书长，系国家工程建设标准委员会委员、国家注册监理工程师考试委员会委员、国家优秀设计评委会评委、国家优质工程评委会评委、国家优秀咨询成果评委会评委、詹天佑土木工程大奖评审专家、中国公路学会专家委员会副主任及部内评委、顾问、专家等。

监理是知识密集型的集大成者，必须技高一筹，必须科学办事，必须凭数据说话，必须依照合同规定的职责开展权威性工作。

熊哲清：路是人走出来的

作为一名交通工程建设者，我参加了许多公路和桥梁等重大项目的建设，参与了从预可、工可、初步设计、技术设计到调整概算等几乎全部的过程。担任交通部工程建设监理总站站长之后，我的工作与交通建设行业联系得更为紧密。通过不断实践，我们摸索出了一条中国式的质量管理之路。

投身基层，把“根”扎进泥土

1951年，刚刚迈出校门的我被分配到中南区军政委员会交通部公路局。半个月后，又被派到广东省公路修筑委员会第十五工程队，去山里修路架桥。我没有经过任何实习阶段，便带领一帮人开始了公路建设的“摸爬滚打”。

因为技术人员少，什么事情都得自己干。工程设计、施工管理、工程质量等全靠一个人。这对刚参加工作的我来说，既是一种考验，又是一种锻炼。正是那段经历，使我的工作能力得到了多方面的提升。

1953年，我被调到华南公路工程指挥部工作，参加了修建海口至榆林的公路建设。在中南区、华南区搞公路建设的那5年，我更有沉甸甸的收获。

首先坚定了我“报效祖国、服务人民”的理想和信念，特别是对“要想富先修路”有了更深的理解，养成了不怕吃苦的习惯。干工程是一件苦差事，怕苦怕累肯定干不了。我平时与工人农民同吃同住同劳动，大雨中经常光着膀子一起干活。社会是个大课堂，蕴藏着真知灼见，在身边的工人农民身上，我学到了很多书本上没有的东西。

再是学会了工程管理，为以后成为路桥专家和担任领导工作打下了一层坚实的“路基”。从木工师傅身上，我学会了精细管理；从石工师傅身上，我学会了协调哲学和成本管理；从工区长身上，我学会了综合管理和系统管理。特别是曾有一位工区长的“平衡管理方法”，让我受益匪浅。这种管理对工程建设做到了“管得严，不等于管得死；大的管住了，小的放开了，即管严不管死，管大不管小。”

再次是增强了实践经验，提高了专业技术能力。在海南岛公路建设中，我完成了普南溪大桥的设计和施工，做到了书本知识和实际工作的紧密结合，对自己专业技能的提高是一个极大的帮助。

青年人要积极投身工程一线，把知识的“根”深深地扎到泥土中，才能更好地成长。这是我通过实践得出的宝贵经验。

1955年，我调到北京工作，被安排到民航总局设计处，同前苏联专家一起参加首都机场和机场路的设计工作。机场路是采用水泥混凝土路面设计的“国门第一路”，政治影响非常大。我严格按规范要求去施工，认真把好每一道质量关。当时许多人认为，水泥混凝土路面使用寿命不长，能用上10年就不错了。我认为，只要设计方案正确，严格按操作规程施工，保证施工质量，就会取得意想不到的好效果。结果这条老机场路，从20世纪50年代末一直用到20世纪90年代末期，使用寿命长达40多年。

在施工一线的锻炼，使我很快地成长起来。刚满25岁，我就被破格晋升为工程师，成为当时我国公路界最年轻的工程师之一。

改革开放让FIDIC走进中国

1978年12月，党的十一届三中全会胜利召开，掀开了历史的新篇章。“改革开放”和“以经济建设为中心”成为当时使用频率最高的词汇。从此，我国公路建设事业大发展的闸门被打开了。

1981年，作为改革开放前沿阵地的广东省，采用了集资修路的新模式。他们首次向外商借款1.5亿元，修建了广州至珠海公路上的4座大桥，又集资1亿元改造了广州深圳的公路，以收取车辆通行费的方式偿还贷款。这一举措引起了各方面的强烈反响。交通部表扬了这一做法，特别给广东省交通厅颁发了“桥梁建设的创举”的锦旗。

1984年12月，国务院做出三项决定：提高养路费征收标准；开征车辆购置附加费；允许贷款或集资修建的高等级公路、大型桥梁、隧道收取车辆通行费。广东的做法有了政策和法律保障！

当时，我作为交通部世界银行项目办公室负责人，具体承办利用世界银行贷款修建公路这件大事。世界银行贷款修路工作是一项“前无古人”的开拓性事业，为此我首先把世界银行贷款的一系列“游戏规则”搞清楚、弄明白，然后又把世界银行贷款的运作程序和国内的基建程序做了对比，找出了两者之间的不同之处，进行了仔细研究和分析，从项目选定、项目准备、项目评估到谈判签约、项目实施、全面评价，每一个过程，都不敢马虎，全身心地投入，终于成功地完成了多项世界银行贷款公路项目的相关工作。

从1984年起，原交通部公路局贷款办开始经办利用世界银行贷款修建的公路项目，主要有三批：第一批世界银行贷款为7260万美元，加上国内配套资金共约5亿元人民币，修建农村公路1372公里，国道断头路226公里，其中有国际招标的陕西省西（安）三（原）一级公路，山东省晏（城）高（塘）二级公路。特别是西三路，是我国采用监理制修建的第一路；第二批世界银行贷款1.5亿美元，加上国内配套资金共约9.4亿元人民币，修建京津塘高速公路主干线142公里。这是我国引进世界银行贷款、按照FIDIC条款模式修建的第一条高速公路；第三批世界银行贷款3.16亿美元，其中成渝公路，全长342公里，贷款1.25亿美元，加上国内配套资金共约11.4亿元人民币；三（原）铜（川）公路，全长65公里，贷款0.5亿美元，加上国内配套资金共约2.756亿元人民币；南（昌）九（江）公路，全长113公里，贷款0.31亿美元，加上国内配套资金共约1.92亿元人民币；济（南）青（岛）公路，全长318公里，贷款1.1亿美元，加上国内配套资金共约11亿元人民币。

熊哲清（左五）主持京津塘高速公路开标会议（1987年）

熊哲清（右三）与京津塘外国监理一起庆祝国庆（1987年）

这些项目的实施，在我国公路发展史上，有着前无古人的地位和引进新观念的开创作用：

一是高速公路的出现，是我国交通史、经济史上的一件大事。高速公路是一个国家、一个民族、一个地区经济实力的象征。高速公路不仅是社会生活、经济生活的组成部分，更是一种文化、一种精神，可以当成是国家与国家的竞争之要，也可以看成是事业发达、国家强盛的象征。它为我国经济的快速发展打下了坚实的基础，插上了腾飞的翅膀。

二是FIDIC条款与中国特色相结合。FIDIC条款有三个主要“人物”，即业主，它负责项目立项、筹集资金、征地拆迁、外部建设环境等；工程师（引进后我们称之为监理工程师）负责三控一管；承包商负责按合同完成施工任务。但FIDIC条款是国际通行的市场经济运作建设管理模式，在执行中与我国计划经济下的习惯思维发生了许多“碰撞”。特别是工程监理制的推行，并不是一帆风顺，在建京津塘公路时就有人说：“把美元给我们，我一年就能完成这一条路，还用什么工程监理？”他们认为是“花钱请了一个‘婆婆’管我们（业主）”。

三是FIDIC条款的作用巨大，给中国的公路建设管理方式带来了变革，使中国与国际惯例接轨，培养了一大批技术和管理人才，支撑了中国高速公路建设的跨越式

熊哲清（中）在京津塘工程期间与李良（右一）等国内主要监理人员合影（1987年）

发展。特别是京津塘高速公路的成功实践，使我国高速公路的发展站在了三个高起点上：一是工程质量，二是工程技术，三是工程管理。从此，FIDIC条款在中国由一个“匆匆过客”变成了一个“合法居民”，而且孕出了一个“新人”——“监理工程师”。

四是FIDIC条款带来了巨大冲击，形成了“冲击波”。首先是对投资体制带来了冲击。三批项目都是我国利用世界银行贷款的工程，不同于传统的基础设施建设，只讲投入；其次是以国际公开招标的方式确定施工单位和监理单位，对计划经济条件下指令性分配任务的管理体制带来了冲击；第三是冲击了传统的施工生产方式。原来的施工队伍接到任务后，“拖家带口一起上，坛坛罐罐一块搬”。而世界银行贷款项目是“业主、监理、承包商”三方，合同管理，调动了大家的积极性和创造性，做到了“高效率、低成本、高质量”；第四是冲击了国有企业内部组织结构。过去的国有企业建制是局、处、施工队，不论多大工程，都是几个处对一个项目，最后谁说了算，还得上级来协调。而世界银行项目是项目部上前线，对工程项目负全责，责权明确；第五是冲击了原来国有企业形态，促使国有大型企业由劳务密集型转向技术密集型，向上游发展，提高了其在国际市场中的竞争力；第六是改变了多年来我国公路工程建设中存在的“管理粗放、质量不高、工期拖延、投资一再超概算”的状况，并逐步发展成为我国工程项目建设管理的四项基本制度；第七是开始普及监理工作程序和工作方法，使当时监理制度实施的环境比较好，能够严格按FIDIC条款的模式运作。国家花大本钱培养人才，组织人员分批去丹麦、德国、美国等国家接受监理培训，并取得了结业证书。同时，还把外国监理请到国内授课，在国内参加培训的监理人数更多。

我在交通部世界银行项目办任负责人期间，经过实践认为：作为工程建设人员，必须养成严谨的工作作风，不盲从，不武断，不迷信，一切从实际出发，凭数据说话；必须及时掌握世界最前沿的科学技术发展动态，做科技创新的引领者；必须有开放的心态，国际化的视野，要以世界性眼光分析问题，判断问题，反对闭关自守和因循守旧；必须善于学习，勇于挑战，敢于创新。

认准方向，做敢闯敢干的勇士

改革开放初期，社会上有人认为，高速公路不适合我国国情，是高消费、自由化的象征，反对修建高速公路，甚至连"高速公路"这个词在当时也没有人敢讲，很怕招惹政治麻烦。认为中国不应该建设高速公路。建与不建高速公路成为当时让人们最头疼的问题。

在高速公路要不要修建的关键时刻，时任国务院副总理的李鹏起了至关重要的作用。他批示说"作为试点，我们可以先在南边建一条广深高速公路，在北边建一条京津塘高速公路。如果效果好，我们再扩大。"李鹏的批示，让酝酿了近20年的广深高速公路和京津塘高速公路的建设付诸实施。

上世纪80年代，熊哲清（中）在施工现场与工作人员一起做实验

在高速公路设计标准、线路布置和占地等有关问题上，李鹏总理也做过重要指示，他曾提出"靠城不进城"的设计理念。这一理念即使对今天的设计者来说，仍然应该严格遵循。针对高速公路太宽、占地太多等言论，李鹏说："26米不算宽，也不算低。在国外看到人家的高速公路标准更高"。

1989年7月在沈阳召开的全国高等级公路建设会议为我国高速公路的发展奠定了基调。时任国务院副总理的邹家华指出："高速公路不是要不要发展的问题，而是必须发展。"这次会议统一了思想，明确了我国必须修建高速公路的发展方向，被称为我国高速公路发展史上的"遵义会议"。

今天的成就来之不易，一定要坚持改革开放的政策不动摇。认准的事情就要大胆地

熊哲清（左二）在监理工程师培训结业式上为学员颁发证书（1991年）

闯，大胆地干，不要怕别人说三道四，更不要患得患失。青年人一定要有百折不挠的精神，咬定青山不放松。

迎接挑战，创建中国式工程监理

1989年，我离开贷款办担任交通部工程建设监理总站站长，迎接新的挑战。

交通部成立监理总站的初衷，是因FIDIC条款的引进引发中国交通基本建设领域的一场改革，而中国国情也造成中国特色工程监理制的不少问题，需要一个机构总体管理。

就当时的情况来看，一是规章制度不统一，不利于监理行业健康发展。由于监理规范在我国还是空白，各省（市区）有关部门在实施工程监理制度时无章可循，基本上参考国外的FIDIC条款。既不符合我国国情，又不能满足监理工作及自身管理与发展的需要，造成了各地、各项目管理秩序的混乱，妨碍了监理行业的深入发展。

二是权力分散，不利于行业管理。初期，质量管理部门的职能设在交通部几个

司局的多个处室，随着建设规模越来越大，工程建设质量问题越来越多，要实行质量监督，必须把各司局处室有关质量监督权力单独列出来，成立质量监督部门。为适应发展的大趋势，早在1987年，交通部就成立了"交通部基本建设质量监督总站"，但由于未任命专职干部，工作职能由交通部基建局和公路局的有关处室兼办。1988年，我抓住交通部机构改革的机遇，建议成立"交通部工程建设监理总站"。后经部领导批准，于1989年正式下达文件，决定成立"交通部工程建设监理总站"。我被任命为第一任监理总站站长。

面对领导的信任和重托，面对人生中又一个全新的领域，我深感责任重大，又给自己上紧发条，像年轻人和时间赛跑。

首先是抽调人员，组成强有力的工作团队。我对人选的条件提出了三个要求：年轻、智慧和有上进心。时任部公路科学研究所团总支副书记的李明华、有基层施工经验的黄勇等被推荐并借调到部质监总站创建筹备小组。于是，我、李明华、黄勇和负责财务管理的刘景懿，从购买桌椅、安置电话等入手，在一间夏热冬冷的二层板房里，踏上了我国工程质量监督和工程监理管理工作的征程。

再是确定总站的工作重点，全力抓好、抓实、抓出成效。工作中，我们始终坚持两大重点，即质量监督与工程监理。通过一系列措施，质量监督及监理工作取得了显著成效：

一是抓质量监督，把好"三关"。针对对质量监督与工程监理的模糊认识，《交通部公路工程质量监督工作暂行规定》中明确规定：质量监督是超脱于项目的政府执行法规的行为。强调质量监督要把好"三关"：首先是开工关，即开工前检查监督项目，是必须完成的基建程序，如用地审批、资金到位等必备条件，经质监部门检查合格后，方可由有关部门下达开工令；第二是施工中有别于监理单位的抽查；第三是工程完工后，负责交工验收质量检测、评价工作。为了摸索经验，监理总站还直接对交通部汽车实验场工程进行了质量监督，我们亲自去"解剖麻雀"，了解质量监督工作做什么，这对后来制定、修改有关规章制度和培养干部起到了积极作用。

二是抓工程监理，建立规章制度。期间，我主持编写了交通部《公路工程施工监理规范》，该《规范》作为行业标准于1995年10月1日起颁布施行，为工程监理人员开展工作提供了依据。该规范既符合国际惯例，又切合我国实际情况，实施以来受到了各方面的好评，并获得交通部科技进步奖。在《规范》中正式提出了"政府监督、社会监理、施工自检"的质量保证体系。对监理工作提出了"严格监理、热情服务、秉公办事、一丝不苟"的要求。提出了质量控制、进度控制、成本控制、合同管理的"三控一管"的监理工作要点。

三是编写教材，做好人才培训。我们主持编写的监理人员培训教材，实际应用于监理工程师的培训，组织人员到西安公路学院、重庆交通学院、长沙交通学院参加监理培训。当时，监理资格是通过评审获得的，监理总站给通过培训并经过考评合格者颁发了监理工程师、专业监理工程师和监理员证书，推行持证上岗制。同时，还对监理单位实行了资质管理，制定了监理单位申请条件和评审程序，将监理人员作为监理公司申请资质的必要条件之一。

四是指导完善省级质量监督站建设。为保证质监工作有章可循，我们制定了《公路水运工程质量监督管理条例》及《交通部基建工程质量监督单位资质管理办法》，帮助各省成立、完善省级质量监督站，如福建、黑龙江、辽宁、四川、广东等省成立省级质监站较早。总站负责给省站进行验收并颁发资质证书，对质量监督工程师、质检员进行培训、考核并颁发证书，实行持证上岗，还评选了优秀质监站和质监工程师。

历史的车轮滚滚向前，"十二五"以后，高速公路网、地方干线网、农村道路网的建设都在谋篇布局，整个公路建设网处在跨越式构成的阶段。完善公路网的建设，交通建设监理工作者们任重而道远。

跨越式发展对监理工作提出了更高的要求，这是时代给监理的机遇。在跨越式发展模式下，监理工作需要抓质量、抓安全，要节约、要政绩。合理工期和合理工序有时是有矛盾的，进度和质量也常常"掐架"，这些矛盾体很难处理好，监理的难度可以说与日俱增。

20多年来，随着交通基础设施建设规模的扩大和建设环境的变化，我国交通建设监理制度呈现出一些不适应新形势的特点，变成一道悬浮的风景，看起来很美，却很虚幻。因此，当前处于夹缝中的监理行业，同时也需要一股清新的气息，监理企业及从业人员要对新形势下自身职责定位、强化品牌意识、提升队伍整体素质等问题应有更加清晰地认识。监理企业在转型过程中，要有自己的长项，这样才能立于不败之地。监理行业要齐心协力，共同战胜风雨，携手努力向前！

编后语 AFTER WORD

他是我国知名的路桥专家和工程监理规范的制定者，是我国利用世界银行贷款修路架桥的负责人。他用5年时间深入系统研究了欧美等发达国家合同管理监理制度，在汲取、总结国内第一手资料的基础上，率领大家六易其稿，最终完成了《公路工程施工监理规范》，填补了中国在这一领域的空白。

李培坤

1939年出生。高级工程师，国务院有突出贡献的特殊津贴专家。1964年毕业于长安大学（原西安公路学院）公路与城市道路专业，分配到陕西省公路设计院工作，先后任项目负责人、设计室（队）副主任、主任、副院长等职。曾担任陕西5条贷款公路项目的总监理工程师。1986年至1990年在兼任西三公路施工监理办公室办副主任、总监理工程师代表期间，负责组建了中国第一个符合国际惯例的施工监理机构。曾兼任陕西省公路工程质量监督站站长、陕西省高速公路管理局副局长。1991年被交通部聘为咨询专家。

1984年主持编写了中国第一部国际竞争性招标文件。先后参加了交通部、财政部多部法规性文件的编写、审查工作。主笔起草了1991年版《世界银行贷款公路项目招标文件范本》，先后参与讨论、审定、编写了1993版和1999版《国内公路工程施工监理招标文件范本》、1993版《公路工程施工监理培训教材（5本）》、1994年版《公路建设项目管理学》、1995年版《公路工程施工监理规范》、1997年版财政部《土建工程国际竞争性招标文件》及1997年版财政部《咨询人员聘用指南》等多部文献。

概括我的14年监理生涯，感觉是：开始参与有点糊里糊涂，越干越觉得有滋有味，即将离开时，对施工监理这个行业才有点‘大彻大悟’之感，退休了，还颇有些难以割舍的依恋之情。

李培坤：FIDIC条款走进中国

西安至三原一级公路是第一批世界银行贷款项目。交通部在1984年召集16个省的公路工程技术人员进行集中培训，学习项目管理，这是我国最早培训的一批人员。世界银行派来一位路易斯·伯杰公司的副总裁来讲FIDIC条款。当时国内没人懂得那一套，找来个翻译也不懂专业。但就是这样，还是迈出了中国交通工程建设学习国外先进管理经验的第一步。

实践出真知

引进、推行FIDIC条款的目的，不单单在于FIDIC条款本身，而是为了把国外一整套科学且行之有效的管理制度学到手，是为了创新研究，洋为中用。为中国的市场经济改革和国家建设献出力量。

1984年的FIDIC条款培训班结束后，下半年交通部就确定了12个省16个公路项目作为世行第一批贷款项目。其中西三公路就被选择为推行FIDIC条款的试点工程项目，也是其中公路等级最高的一条。

我清楚记得当时的工作过程。

首先是招标文件的制作。按照世界银行的要求，施工项目首先要做的就是按照国际标准，制作竞争性招标文件。当时，所有人都没见过招标文件，怎么做完全不清楚，非常茫然。国内也找不到完整的资料可供参考。1984年8月，为了制作招标文件，交通部和陕西省交通厅分别从交通部规划院、陕西、山东抽调一些精干人员组成编制班子，到西安临潼联合办公3个月，专门制作西三公路的招标文件。当时，我作为西三公路项目办副主任，具体负责招标文件的编制和招标工作。世界银行留下了一批由国际咨询专家为尼日利亚、塞浦路斯、韩国等国编写过的英文本招标文件。我们把

这些英文本翻译成中文，经过充分理解、消化、吸收后，再结合中国公路工程的规范和实践，编写了第一本交通工程项目招标文件，并翻译成英文本。

初稿编制完成以后，同年11月世行又派一位来自香港、会讲中文的专家来审查，与中方招标文件编制组成员一条一条地讨论修改。1985年5月，世界银行又从瑞典一家咨询公司聘请了3名专家，一个搞合同的、一个搞技术规范的、一个搞设计图的，再次会同编制组成员封闭讨论了3个月，又是逐条讨论、逐条修改。这个过程下来，大家逐渐从对FIDIC条款不理解到觉得有道理，直到最后完全吃透，融会贯通。

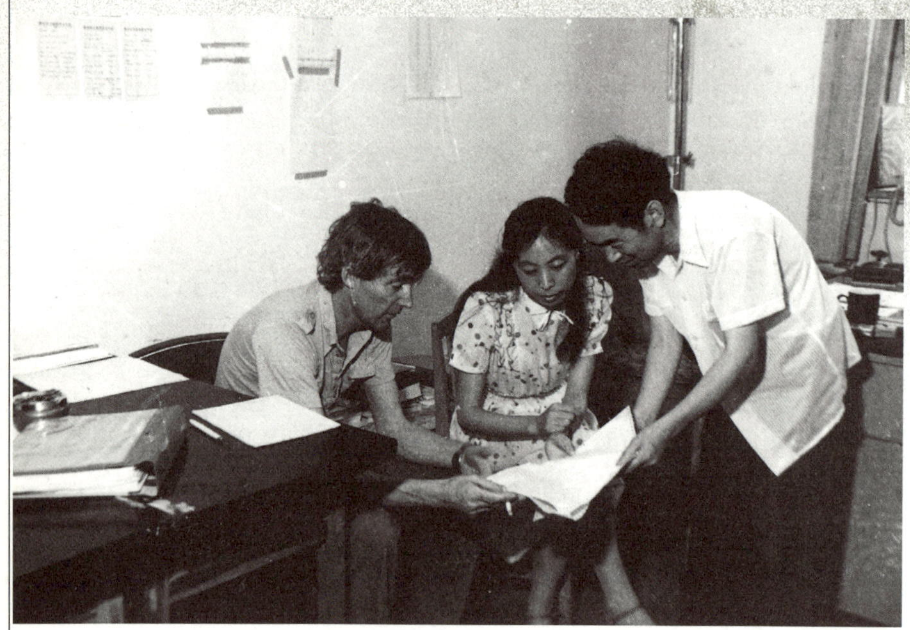

李培坤（右）向瑞典专家咨询西三公路招标文件（1985年）

1986年，经世行批准，西三公路招标文件真正成为符合国际标准的公路工程国际竞争性招标文件，并被世界银行认为可以作为中国公路项目建设招标文件范本。

其次是招投标工作的开展。从1985年开始，我依据世行批准的招标文件，开始了按程序做项目招标、资格预审、评标的工作，几乎整整用了一年，严格按照FIDIC规定的流程走了一遍，为日后国内工程项目的招投标工作，树立了标杆和典范。为了做好西三公路的招标工作，当年我从正月十五到北京，一直到"五一"才回了一趟家。上午刚回来，下午又得赶回北京。由于是国际公开招标，国内外施工单位均可以参加投标，而且来的外国公司很多，一直持续到1986年的8月份。经过严格的资格审查、评标，中国路桥以价格优势、技术优势、上下一体的本地资源优势中标。

第三是工程建设中的监理。1986年8月，我参加了交通部在西安举办的，由世行派培训专家主讲的监理工程师培训班，随后又被点名推荐参加了交通部在国外进行的第一个监理工程师培训班的学习。

所谓工程监理，就是对工程项目执行过程的管理。从项目实施开始，到项目竣工结束，全过程以监理为主推进项目管理。

1986年11月，在世行外国咨询专家的帮助下，我组建了中国第一个符合国际惯例的工程监理机构——西三一级公路总监理工程师办公室，被任命为总监代表，全面负责西三公路的施工监理工作。招标结束后，就转入到了项目执行阶段。我一开始是被抽出来做项目管理的，从项目培训一直到招投标结束。进入项目实施阶段，监理需要人，又把我调去做监理，由业主单位代表角色，糊里糊涂变身成了业主、施工单位之间的第三方——施工监理工程师。而且虽然身为监理，但仍是工程指挥部的副主任。当时西三公路的工程总监是交通厅副厅长，我是总监代表兼第一副总监，另一个副总监是一个外国咨询专家。

1986年12月15日，西三一级公路工程正式开工，1989年12月30日竣工，历时整整3年。在当时计划经济体制刚刚开始往市场经济体制转轨形态下，从国外引进的监理制度要在国内实施，存在很大的难度，最直接的表现就是观念的碰撞。一个典型的例子是，我和当时的施工单位的一位领导私交不错，但因为工作关系经常在工地上吵架。经过很长时间以后，我们在工作中才逐步统一了思想，培养出了合作意识。这类事情当时在项目执行过程中比比皆是。

归纳原因，我认为主要存在三个方面的问题：

一是思想上转不过弯来。从计划经济转到市场经济，人们过去的思维惯性还很强，由以往设计院拿图纸，交通厅下面施工单位派人去施工，大家都是主人，到现在一下子变成你是业主，我是承包商，还要来一个监理管我们，一时想不通。

二是技术上转不过弯来。1985年在北京跟世界银行谈判，世界银行的专家说“你们没有符合招投标要求的技术规范，要按照国际通行的方法重新编制技术规范。”当时交通部公路局一位负责人很不服气，跟人家吵架：“我们就有规范，而且比你们的还齐。”随后拿出一大叠我国以往的路面、路基等设计规范、施工规范、检测规范，去跟人家理论。实际上，外国专家说的技术规范，与我们讲的技术规范，角度不同，表述方法也不同。他们所说的是项目建设专用技术规范，是将项目建设具体的技术要求详细表述，并写入规范。业主、承包人、监理在项目管理的责任、义务、工作方式，还要写入合格工程的计量支付方式、审批权限等内容；要用什么仪器来做试验，试验频率是多少，实验强度有多大，所有这些都在人家所说的规范里明列条文，跟我们过去的规范完全是两回事儿，就像麦当劳和中餐，差别很大。现在回过头来看，大家全明白，人家的技术规范确实科学、实用、翔实、具体，可操作性非常强，很少扯皮，不行就推倒重来。一个简单的路基轧实问题，就有一整套的规范，一座桥就更多了，诸如砂子怎么试验、水泥怎么试验、频率是多少、试验怎么做、在哪儿做、谁来做，都有明确规定。交通部1993版的第一部《公路工程国内招标文件范本》，就是参照FIDIC条款的规范标准制订而成。

三是管理上转不过弯来。按照FIDIC条款规定要求，在工地上除了监理，谁说话都不算数，监理的权力体现得非常充分、权威。而我国以前是领导说了算，现在一个小小监理往那儿一站，一个点压实不够，就得返工，旁人谁说话都没用，不管你是哪一级领导。一开始，大家想不通，推行起来难度很大。所幸的是交通部坚定支持，再不那么做，世界银行不给贷款。当时没办法，想不通也得通，生吞活剥吃下去，最后越嚼还越觉得有滋有味。当时的大环境和小环境确实比较好，从上到下都在支持，比现在状况好得多。

西三公路工程实行的是总监、总监代表、驻地监理三级监理模式。仅有一个外方监理是副代表。这个外方监理曾在给世行提交的半年工作报告中说：目前的监理机构已经完全能够满足项目有效管理，完全符合世界银行的基本要求。陕西省交通厅的评估报告对此也给予了充分肯定：西三公路的监理工作，充分证明了国家推行建设项目管理体制、建立监理工程师制度、强化工程监理的做法是切实可行的。

西三公路良好的工程质量，是对试用FIDIC条款进行工程项目管理取得成功的最好证明，具有重大的历史意义。

西三公路工程试行FIDIC条款进行工程项目管理，开创了公路建设工程管理的先河，是世界银行认定的中国第一个完全按照国际规范执行全过程的工程项目，具有标志性意义，为以后的世行贷款公路建设积累了宝贵的经验。

交通部后来组织了大量的学习交流活动，我先后30多次在交通部、建设部、铁道部、国家计委等部委组织的全国各种学习班、讲座、研讨会上传授经验。

西三公路工程试行FIDIC条款进行工程项目管理，还催生了交通部一整套包括招标文件、招标方式、监理模式在内的工程管理样板、范本，为中国全面推行工程监理制度做了成功的探索。西三公路对FIDIC条款的尝试，成为中国全面推行工程监理制度的奠基石。FIDIC条款作为一种制度，在中国的工程项目管理中已经根深叶茂、不可逆转。

按照交通部的统一部署，1989年在杭州召开了第一次监理交流会议。会上决定要在西三公路、京津塘高速公路等推行FIDIC条款试点经验基础上，写一本中国自己的招标文件范本，确定由陕西撰写国际招标范本，由云南、四川撰写国内招标范本。在我的主持下，用时两年，于1991年出版了《中国交通工程国际招标文件范本》，1993年出版了《国内招标文件范本》。1997年和1998年，交通部又先后两次组织全国会议讨论，总结1993版招标文件的经验教训，1999年出版了更符合中国国情的新版国内招标文件范本。到了2003版时，部里又花了很大力气，邀请多所大学参加，我作为审定委员会成员，也参加了修订讨论。修订时争论很激烈，最终出台了比较完备的2003版范本。实践表明，这一版本在执行中还是比较顺畅的。2007年九部委联合发文公布了有关工程监理制度的国家标准文件，标志着这一制度从那时起已经推广全国。而且不单单是交通部，包括铁道部、建设部在内所有的工程项目管理都在贯彻执行。中国的建设工程标准已经与国际接轨。

此外，西三公路工程试行FIDIC条款进行工程项目管理，培养出了中国工程管理第一代监理人才，为日后监理队伍的发展壮大打下了坚实基础。中国使用世界银行贷款建设的工程项目最早始于云南省的鲁布革水电站，但它的监理是瑞典人，施工是日本人。当时20多个瑞典人组成了一个监理团队，水电部也组织了很大一个班子，但基本上插不进去手，瞪眼看着学不到东西。而交通部搞西三公路，则是以自家人员为主，旨在培养自己的监理人才。而对外方，交通部则有政策限制，只给了两个名额。

西三公路完工后，交通部以后陆续又建设了世行第二批项目，如京津塘高速公路，第三批项目如陕西三原到铜川公路、济南到青岛高速公路、重庆到成都高速公路等等，每次都把我们这些从西三线出来的监理人员派到这些项目上去，以交通部顾问身份来指导监理工作。就这样老传新、新带新，当初西三公路监理人员的星星之火，已经成为了25年后10万之众监理大军的燎原之势。

总的来说，西三公路试点推行FIDIC条款规定的工程管理制度，达到了交通部当初定下利用世行贷款指导思想所要达到的目的，为中国工程项目管理制度的建立和发展留下了浓墨重彩的一笔，具有里程碑性的历史意义。

西三公路工程注定将带着"第一个世行贷款建设的公路工程项目，第一个全面执行FIDIC条款进行工程管理的项目，第一个编写出符合国际标准招标文件的工程项目，第一个绘制出符合国际惯例图纸形式的工程项目，第一个实行招投标的工程项目，第一个组织起监理办公室的工程项目，第一个得到世行人员盛赞的工程项目"等耀眼的光环，载入中国工程管理史册。

李培坤（左二）在法国进行培训（1988年））

思考向未来

时光荏苒，25年弹指一挥间。如今我虽已从监理行业退下来，但依然十分关心中国监理事业的发展。交通部在前几批世界银行贷款项目上，抓得比较紧，比较严，每年要开两次全国性监理工作会议，一次是外籍监理会议，一次是中国监理工作会议。不少规章制度，会后就直接推下去了。收效相当好，具体项目监理执行得也比较顺利。当初交通部对监理的人员配备也是相当到位，头几批世行贷款工程，人员都是从全国设计、科研、施工、管理单位选抽的最优秀的人，素质很高，都是精英，陕西也是如此。后来这批人员大都成为中国监理战线的栋梁之材。2000年后，全国大规模建设开始，大干快上，项目一个接一个，工程监理制度的执行也开始渐渐变味，发展到项目需要监理工程师的时候没有人，来不及培训，滥竽充数。

近年来业主逐渐强大起来，监理慢慢弱势下去。此消彼长，监理内在功能退化，外在权责异化，话语权被边缘化。此外，监理取费太低，造成优秀人才的流失，也是监理功能弱化的一大诱因。真正好的监理，对综合素质的要求比设计人员还要高。设计有几个带头人就能带起来。而监理在工作岗位上，工程有无问题，现场得马上表态，客观上要有丰富的实践经验、雄厚的理论基础，要有果断的判断行事能力，还要有充分的协调能力。这么高的岗位要求，工资收入却很低，还要承担巨大的责任，责、权、利三者关系被严重扭曲。例如凤凰桥事件。当时的监理曾经发过20多个通知，业主就是不听，一出问题，倒把监理抓起来了。如此一来，实在难为了监理这个职业，导致的恶果是：谁还愿意干监理，谁又敢再干监理呢？归根结底，关键还是

李培坤在渭潼高速公路开工典礼上讲话（1996年12月）

体制问题。体制不改，问题最终还是很难解决，而且有进一步恶化的可能。

除了体制问题之外，我认为现在最大的问题还是管理上的恣意妄为。想要做到原来FIDIC条款的排他性根本不可能，交通部的招标文件范本，谁都可以改，改完了也没人管就招标。以前还有一条规定，就是不符合国家规定的东西不能作为招标条件。现在大量的不规范条文竟然堂而皇之条陈于各类招标文件之中。前些年我曾经亲手审查修改过不少招标文件，提出一大堆修改意见。结果，再拿回来的文件还那样，再改，还是那样。现在特别是一些地方项目，地市一级的工程招标，只把他们的意见写进招标文件，罚款条款多达几十条。不论什么原因，总监离开一天要罚多少钱，监理离开一天要罚多少钱，离开两天要罚多少钱，甚至换人都要罚钱。如此一来，范本的排他性被他人排除了，范本成了残本。

针对当下普遍的"强业主、弱监理"的不良现状，结合自己做监理时的个人经历，我认为：关于强业主，弱监理的情形，搞西三公路项目时，我是指挥副主任兼西三公路工程总监，有体制优势，是个很强势的监理，倒是从没有过"强业主、弱监理"的事情发生。从1986年组建中国第一个监理办公室开始，到2000年我退休，一直在做总监。后来成立高速公路管理局，我是副局长。我前后做了陕西世行项目、亚行、科威特等国际大额贷款项目，一直干到退休。

2000年以后我们陕西的其他项目就不一样了，也是项目大干快上过多之故，再加业主人员构成不少来自行政部门，监理又来不及培养。当监理的自身素质就不高，也硬气不起来，逐步形成了这种不良态势。事虽如此，监理却不能自怨自艾、自暴自弃，还要坚守一份责任，坚守一颗良心。

对于监理未来的出路和发展方向，我主张走监理代建项目的道路，实行监理代建制。如此一来，监理作为职业项目执行人，更加专业化。监理有责有权有利，使监理的职能有一个升级提高，有利于摆脱强业主的束缚，真正能够让监理的作用得以充分发挥。

对于现今艰苦奋战在施工工地上的年轻监理人，我希望他们能沉下心来，好好学习、多多积累。现在的监理，无论是对合同条款的理解，还是专业技术能力、综合素质，都需要加强和提高。打铁还需自身硬，只有把自身的基础打扎实，方能成得大器。

编后语 AFTER WORD

要想全面展现中国交通工程监理25年的发展历程，无论如何都不能不提及西安至三原一级公路，更不能不提到时任西三线原公路工程项目建设执行办副主任、总监理工程师代表的李培坤。可以说，在我国交通建设监理行业，他就是那个真正意义上的第一个吃螃蟹的人。他的经验和反思，对于交通建设监理的发展有着极为宝贵的意义。他对监理事业的执著和追求更是值得新一代监理人好好学习。

黄祥丰

1939年出生。1961年毕业于天津大学水利系水港专业，后投身于交通工程建设事业，历任山东省交通规划院副院长、交通厅贷款项目办公室副主任、山东省公路局总工程师、济青高速公路监理处副处长、山东省交通工程监理咨询公司总经理、中国公路学会道路委员会副主任、山东省建设监理协会常务理事等职。先后从事港口、码头、公路、桥梁的勘察设计、施工、监理等工作。

1985年开始从事交通工程监理工作，是我国最早的监理工程师之一。他提出了以"FIDIC条款+中国国情"为指导思想的工程施工监理模式雏形，主持编写的英文版招标文件成为当时交通部《公路工程招标文件范本》编写的重要依据资料，并担任了多个重大项目的监理负责人。

1994年获中华归侨联合会授予爱国奉献奖、全国侨联先进个人，1996年获山东省总工会富民兴鲁劳动奖章，2000年获中国建设监理协会优秀总监理工程师，2008年获"中国交通建设监理十大突出贡献人物"称号。

"FIDIC管理模式的引进从根本上奠定了我国监理制度的实践和理论基础，在FIDIC条款原则精神的基础上，以"FIDIC条款+中国国情"为指导思想的工程施工监理模式，使我国建设监理制度得以大力推行，这同时也意味着FIDIC管理模式在中国的应用取得了成功，且具备了更强大的生命力。"

黄祥丰：
探索“FIDIC条款+中国国情”的监理模式

作为一名交通工程建设者，我一直坚持奋战在第一线，先后从事过港口、码头、公路、桥梁的勘察设计、施工、监理等方面的工作。作为第一代监理人，我亲历了监理制度在我国落地推行的风风雨雨。在监理过程中，我在工程招评标、组织实施监理、解决技术难题等方面始终保持科学严谨的态度，为我国交通建设监理制度的形成付出了自己的努力。

亲历“中国式FIDIC条款”的诞生

1956年，我从印尼回到了中国，那年我还不满17岁。1961年，我从天津大学毕业后先后从事港口、码头、公路、桥梁的勘察设计、施工等方面的技术工作。

20世纪80年代中期，随着改革开放的不断深入，我国进入了由计划经济向市场经济转轨的阶段。当时我国交通建设依然沿用前苏联模式，由设计单位出图，施工单位去干，缺乏第三方监管，导致市场化状态下的工程相关利益方矛盾太多，管理乏力。当时我国开展大规模的基本建设，缺乏资金，世界银行看好中国的快速发展前景，有意提供贷款以推进中国向市场经济转变的进程。但接受世界银行贷款的前提是项目管理必须实行FIDIC条款。

FIDIC是国际咨询工程联合会的法文缩写。该会创始于1913年，是由法国、英国、意大利三个国家联合发起的民间咨询组织。当时是以英国的一个工程管理条款作为蓝本，修改后成为第一个FIDIC条款。 FIDIC条款是这些发达国家土木工程建设和管理百余年来经验的总结，它把土木工程技术、管理、经济、法规有机地结合在一起，用合同的形式固定下来。FIDIC条款是大型复杂建设工程管理的国际规则，是在一定约束条件下（如工期、投资、地域特点等），建设工程项目招投标、工程咨询、工程项目管理和工程合同承包管理的重要依据，具有高标准、高水平的项目管理内涵。20

黄祥丰（右）在交通监理20年突出贡献人物奖颁奖典礼上（2008年）

世纪60年代，中东国家因油暴富，建设工程项目暴增，工程管理需要技术，因而FIDIC条款组织乘势而上，成员国迅速壮大到10多个国家。

在此背景下，1984年交通部首批世界银行公路贷款项目出炉，山东有两条路。世界银行规定，引进FIDIC条款要选择一级路、二级路各一条进行国际招标，山东的晏高公路即是其中被选的二级路。

晏高公路应该说是我与FIDIC条款的初步接触。山东省晏高公路被列为交通部第一批世界银行公路贷款项目。根据世界银行要求和国际惯例，该项目的建设必须实行国际通用FIDIC管理模式，即工程建设监理制度。这在山东省乃至全国公路建设史上也是首次尝试。招标就要编写标书，就要与国外监理工程师打交道。当时我是山东省交通厅设计院副院长，厅领导经过慎重研究，认为我懂外语，有优势，便调任我为山东省交通厅贷款项目办公室副主任，担任该项目的总监理工程师，主持引进和消化这种全新的管理模式，且付诸实践。

这一年，我的监理工作生涯正式开始。

当时，FIDIC管理模式在我国还是空白，我迫不及待地投入到了这项富有探索性和创造性的工作中，通过查阅大量的外文资料，对FIDIC文件条款进行仔细体会、认真消化后，综合我国国情，主持编写了200万字、共5卷招标文件（英文），得到了交通部和世界银行专家的肯定和好评，并成为后来交通部《公路工程招标文件范本》编写的重要依据。

晏高公路工程线长、点多、工期紧、投入大。作为我国首次铺筑的高等级黑色路面，技术标准高，施工难度大。工程进展期间，由于项目管理生疏，实施工程监理的初始阶段，国内各主管部门和企业对FIDIC条款难以立即接受。监理过程中，因线路穿越平原农田灌溉区，问题涉及千家万户，施工干扰迭起。一个涵渠的设置不合某户意愿，老大娘就会在现场一坐，阻挠材料供应运输，施工方就得停工。根据FIDIC条款的相关规定，如果施工单位受干扰太大，很可能引起索赔，同时合同条文中还有一些不合实际的问题，我就及时反映给业主。结果业主火了，说："你们监理和承包商怎么能穿一条裤子！"

替承包商说话，就等于和承包商穿一条裤子，业主的意思很明显，"你老替承包商说话干什么，应该卡他！"一个"卡"字，不长的重音，使业主对承包商的偏见暴露无遗。当年的情形就是如此。本来，承包商与业主是平起平坐的，双方必须按照合同条款办事，监理作为第三方充当"法官"角色，要尽量平衡业主和承包商的风险，监督业主和承包商执行合同。而在中国，传统的观点是，业主花了钱，他觉得你就得听他的。业主历来给人强势的印象，如果雇个婆婆（监理），花了银子不说，还要受"管"，心里自然不舒服。即便今天，部分业主的这种错误认识，也在很大程度上制约了监理作用的有效发挥。

面对当时的情况，我一直在思考：作为第三方，监理如何监督？经过摸索推测，我认为在晏高公路项目中实施工程监理还需要一个理解与接受的过程，如果强行采用FIDIC条款处理所有事项，会比较困难。因此，针对实际情况，我在晏高公路项目监理中提出了"在监督中体现支持、在支持中实施监督"的监理工作指导方针，正确处理质量和进度的矛盾关系。我们始终都坚持质量和进度"两手都要抓，两手都要硬"的工作方式，有效地实施了工程监理的职能，为工程建设的顺利完成发挥了重要作用。

我当时的观点是，监督不代表高高在上指手画脚，而要体现帮助和支持。一次施工单位在施工中将桩基放错了方向，导致前后受力差别较大，按照规定肯定是要返工的，施工方决定在外围补一排桩，把基础做大，但这样也会使工程量相应加大，必然延误工期。当时情况紧急，我根据自己在设计院多年的工作经验，针对工程现状，经过详细的计算，提出了一个技术变更，使桩基受力比原来更合理。施工单位将这个变更反馈给业主，业主经过审核，认为这样的改动是合理的，得到批准，避免了工程返工，确保了工期，施工单位也因此避免了近10万元的损失。在监理工作过程中，类似的重要技术问题我们都十分重视，因为我深知只有如此，才能真正保证工程的质量和进度。

正是本着确保工程顺利进行，保证工程质量的原则，业主与施工单位很快认同了我的监理工作，对FIDIC条款也有了正确的认识。也正是因为我们全体监理人员坚持认真学习并广泛宣传FIDIC合同条款，明确业主、监理和承包商三方的责任及关系，融严格监理于热情服务中，帮助施工单位解决技术难题，才使得工程得以顺利竣工，受到世界银行专家和中方同事的广泛好评，出色地完成了晏高公路的监理任务。FIDIC条款在中国的初次尝试也获得了成功与肯定。

济青高速公路可以说是我们在工作中理论与实践的完美结合。20世纪80年代，齐鲁大地处于向开放经济转变的关键时期，当时山东境内交通基础设施建设却很滞后，原济青公路全长308.5公里，又是二级公路和三级公路混合，穿越许多村庄，通行能力较差，严重制约地方经济的发展。

晏高公路等交通部第一批世界银行公路贷款项目的成功，使管理部门看到了公路建设行业的发展方向与曙光。鉴于我在晏高公路项目中的出色表现，领导决定继续执行FIDIC文件条款管理的山东济青高速公路的监理工作仍由我担任！

济青高速公路是山东省修建的第一条高速公路，也是我国较早修建的高速公路，以优良的质量闻名遐迩。其质量保证的最大原因，我认为就在于“认真”二字，这也是我多年来认定的死理。这“认真”二字也正是严格执行FIDIC文件条款的必然要求。

济青高速公路建设期间，我与世界银行派驻的外方监理工程师、各级监理单位需要密切合作，对于这种形式的合作，不少中国监理工程师想不通。理由是外籍监理顾问拿的钱比国内工作人员多得多，业主给外籍监理公司每月1万美元，让外籍监理顾问住高级宾馆，每天还有伙食补贴50多元，显得太浪费。但我认为，中国以前没搞过FIDIC条款，国外专家来中国指导是必须的，这对质量控制会起到一定的作用。外籍监理顾问的弱点是没有搞过灰土工程，但很细心，还向中国监理工程师虚心学习相关技术问题，令人钦佩。

我要求中国的工作人员尊重外籍监理的顾问的同时，要充分学习对方的优点，不断汲取以提高自己的能力。济青高速公路监理过程中，中外监理曾对沥青路面的试验数据有过激烈争论。五六个外国监理工程师在这方面很有经验，他们坚持要根据试验结果定数据，只认试验结果。当试验结果出来后，的确与国内规范有差距。例如在沥青配合比上，规定沥青含量为4.6%，试验结果4.8%是最好的比例，而国内规范的中值也要5.2%。

我经常与外籍监理顾问一起视察工地，时刻提醒自己，中国人不能在外国人面前丢脸，不行就不行，该返工就返工。济青高速公路淄博段摊铺沥青路面时，我发现沥青配合比不行，赶巧又下雨，压实度不够，四五车料都得倒掉。为了确保质量，即便舍不得，我也要严格遵守FIDIC条款进行把关。

济青高速公路建设期间，我还将建设监理理论与实践相结合，对一些常见的技术难题大胆攻关，通过采用改善材料和工艺，取得了突破，一是提出了用无土半刚性结构基层取代原设计含土颗粒较多的路面基层结构，大大提高了工程的设计质量，加快了工程进度，为国家节约费用近50万元；二是提出了“石灰土回填台背”及“加强伸缩缝型钢，采用后开槽法安装”的伸缩缝施工工艺。据通车多年的观测表明，一直困扰公路界多年的台背路基沉降导致“桥头跳车”问题基本得以解决，该项工艺在以后的高等级公路建设中被广泛采用；三是作为技术负责人，我主持了济青高速公路面层沥青混合料的研究和设计优化，以试验数据为依据，使得混合料更均匀、离析机率减少，大大提高了路面质量。

在组织实施监理过程中，我坚持合同工程的管理方式，严格监理程序。在质量控制方面，强化对承包商施工现场质量自检体系的监督和管理，完善对设备人员的管理，建立健全现场试验室机构，积极宣传贯彻质量第一，以检测数据结果评定质量的工作理念。

就这样，在实践中我们以"一丝不苟、科学公正、严格监理、监帮结合"作为监理工作指导思想，积极向国际标准靠拢，使工程建设整体质量良好，管理井然有序。对此，外国专家也深表赞赏。

晏高公路、济青高速公路相继竣工后，我先后担任了济德、潍莱、济南黄河第二大桥、济南绕城路西、北环线、济南市纬六路跨铁路特大斜拉桥工程等总造价达70

黄祥丰在青岛海湾大桥施工现场（2009年）

亿元的省内重点交通工程建设项目的总监理工程师。通过实践，"一丝不苟、科学公正、严格监理、监帮结合"的监理指导思想，在晏高公路、济青高速公路以及山东省其他重点工程项目的建设监理工作中得以成功验证。通过不断地总结和创新，规范了监理程序、监理表格，使监理工作逐步走上了规范化、程序化的道路。

应该说FIDIC管理模式的引进从根本上奠定了我国监理制度的实践和理论基础，在FIDIC条款原则精神的基础上，我结合中国国情，创立了以"FIDIC条款+中国国情"为指导思想的工程施工监理模式雏形，并不断加以改进和完善，使我国建设监理制度得以大力推行，这同时也意味着FIDIC管理模式在中国的应用取得了成功，且具备了更强大的生命力。

以"严"著称的监理

1993年，济青高速公路正式开通。这种全新的"安全、高速、全封闭"交通方式，第一次向山东人民展示了它的优越性，带动了工业、农业、旅游业等各行各业的显著发展。短短几年，济青高速公路沿线迅速形成了一个知识技术密集型的产业带。高速公路全面改善了投资环境，吸引了外资的大量涌入，仅青岛胶州市引资的总额从1990年的5000万元，猛增到1999年的70．5亿元。

FIDIC条款的应用使得山东高速公路建设跨越了一个历史阶段，使得我们的交通建设管理向国际水平迈进。山东省交通工程监理咨询公司的发展崛起更是见证了这一历史。

继1993年国务院在山东召开全国公路建设会议后，1994年，山东省政府召开了全省的公路建设工作会议，决定实施以建设高速公路为主的战略转移。1994年8月，山东省交通工程监理咨询公司正式注册成立，成为国有独资企业。组织上任命我出任总经理。

作为山东省交通工程监理咨询公司总经理及资深监理工程师，我在实践中深深体会到FIDIC条款的重要性：FIDIC条款第一次明确了监理在整个工程施工过程中的地位。在引进FIDEC条款以前，公路建设领域几乎没有监理制度，全部都是实行包办，工程质量根本无法得到保证。而山东省交通工程监理咨询公司正是在市场化需求下应运而生的。

根据高速公路建设的特点，我们呼吁高速公路建设全面推行项目法人责任制、招标投标制、工程监理制和合同管理制。1994年底，山东省交通厅专门制定了《山东省公路工程建设管理暂行规定》和《山东省公路工程项目业主负责制实施办法》，招投标结束后，合同一经签字，业主、监理、承包商三者之间的关系便以合同的形式固定下来，三者均以合同为依据，既要维护自己的权益，又要按合同履行义务。该举措的实施大大推动了监理市场的发展，使监理工作的开展得到进一步推进。此后，工程监理工作得到了进一步的重视，监理职能得到进一步扩大。原来施工单位的支付权由建设单位行使，现在转为由工程监理单位行使。如果建设工程被监理单位确定

黄祥丰（左）在工地与同事交流（2009年）

为不达标或不合格，施工单位将无权获得支付。

为了确保所监工程的质量，我们公司的监理工作以“严”著称。在项目工地上，监理人员一般每天工作的时间在18个小时以上，即使有片刻休息，也是和衣而卧，一旦出现需要处理的问题，可以爬起来就走。特别在驻地监理处，监理人员“连轴转”是常有的事。1994年，因监理工作开展不久，实施济德高速公路项目时，存在地方政府对工程监理制不理解的问题。我强调济德高速公路是合同工程，要照合同办事。但为了带动当地经济发展，业主组织当地百姓来供料、运输，给工程建设带来很大困扰。有的百姓拉来材料，质量不过关，我就坚决不用。业主非常恼怒。对此，我们通过耐心说服，使业主理解了我们的工作，较好地解决了问题。

我们各级监理人员按照“严格监理、热情服务、秉公办事、一丝不苟”的原则开展监理工作。首要的一条就是“严”，为此总监理代表处明文规定：凡招标文件中的技术规范与国家规范有不一致之处时，按严者执行。对于某些关键部位，在内部质量控制中超标准要求，同时，严格控制结构物的外观质量。由于各施工路段和单位都深知我们公司的铁面无私，大家都自觉地把工程质量当成头等大事来抓，不存任何侥幸心理。

市场化操作为监理工作既提供了机遇，又提出了挑战。山东省交通工程监理咨询公司先后承担了济青高速公路、京福高速公路山东段、潍莱高速公路、京杭运河续建工程山东段、济南第一黄河大桥换索工程、曲菏高速公路、萧山机场路、江苏锡宜高速公路等20多个省内外重点公路及水运港口工程的施工监理任务。1996年5月，山东省京杭运河续建工程上马，当时省内水运工程的监理尚无先例，监理人员都是长期从事公路工程的，没有这方面经验。为适应建设需要，我和公司一班人参照公路工程的施工监理经验，制定了一套水运工程监理办法。公司监理的京杭运河万年闸枢纽、韩庄枢纽以及138公里航道工程被评为优良工程。

在组织实施承监项目过程中，我要求公司监理人员严格遵循"严格监理，优质服务、公正科学，廉洁自律"的职业准则，始终坚持"诚信敬业、科学严谨、规范公正、确保一流"的质量方针，以为业主提供满意服务为宗旨，认真总结工程建设监理的工作经验，形成了一套较为完善的工程监理的管理体系，培养了一批高级的监理人才和一支优良的职业队伍。经营规模随着队伍的不断壮大、员工素质的不断增强而扩大。

在我和同事们的努力拼搏下，山东省交通工程监理咨询公司很快成为全省工程监理的主力军。我们借鉴FIDIC模式，克服传统观念的重重阻碍，编制了符合我国国情的全国第一套公路工程招标文件，开创了公路工程建设招标的先河。圆满完成了济聊路、京福高速公路山东段、济南第二黄河大桥、潍莱高速公路、沪杭高速公路第七合同段、巴基斯坦N55B12项目、高密华达立交桥（BOT项目）、济南绕城高速公路西、北环线、浙江省萧山机场路等工程的监理任务。

监理是我终生的事业

从"中国式FIDIC条款"的诞生，到中国监理行业的发展，在20多年的工程监理实践中，我先后参与了《工程监理培训教材》、《公路工程施工监理规范》、《公路工程施工监理招标资格预审及评标办法》等图书的编写和审订工作。

作为一名老监理人，针对我国监理行业目前的发展现状，我认为还有许多问题亟须改进。比如：为了确保项目中业主与施工方的双方利益，合同签订一定要越详细越好，目前的很多问题往往是由于合同条款不够详细，出现了很多扯皮现象；业主要明白"质量、工期、造价"三者之间是相辅相成的关系，而不能只看工期与造价；对于监理的职责，要有清楚的认识，国内虽然引进了FIDIC条款，但中国的监理人员往往只是做简单的工程管理，其实一个项目的开展，从可行性研究报告到设计、科研、施工的整个过程，监理都应全方位参与其中，以确保从始至终进行质量把关；目前很多大的施工单位都有实验室，而监理也应该建立同等规模的实验室；还有监理费用偏低，监理企业难以承受等等。

要想成为一名优秀的监理工程师，我认为：首先要敢于承担责任。监理工程师必须掌握第一手资料，出了问题不要怕得罪人。本来不合格你说合格，肯定要出麻烦。有些业主不放心监理工程师，也有实际原因，监理工程师的整体水平有待提高。现在工程规模这么大，有不少监理工程师是现聘过来的，缺少经验，投标时是这个

退休后的黄祥丰生活丰富多彩

人，中标换了另外的人，违反合同，工程质量让业主不放心。作为担任过多项大型工程建设项目总监理工程师的经验之谈，我认为监理工程师，既要懂设计，也要懂施工，才能做好监理工作，确保工程的质量安全。懂不是精通，但要掌握。国外的监理工程师一般是在设计、施工单位都干过，才能当监理。工程建设是需要大量实践经验的，如果把这一环节抓好了，中国监理水平的提高就大有希望。比如说试验工程师，我国没有形成一定培训体系。在丹麦，试验工程师是要从试验员开始培养，一直到试验工程师。国内不是这样，大学生分配来的就可以做试验工程师，甚至高中生就去当试验员。

如今，退休后的生活清闲了许多，但我仍然关注着监理行业的发展。因为割舍不下自己钟爱的监理工作，我又先后出任多个重大项目的监理顾问，在考察现场、开展调研、核对数据、审查图纸方面，一如既往地以认真、严谨的态度来完成工作。我想，既然选择了监理，就应该把它做好，因为它已经成为了我终生的事业。

编后语 AFTER WORD

他是我国推行工程监理制度以来最早的监理工程师之一。在多年的职业生涯中，他情系监理，矢志不渝，不论是工作，还是为人，他都保持着严谨朴素、谦虚和蔼的作风，他高尚的职业道德，认真负责的工作态度，精湛的监理技术和丰富的工作经验，受到建设单位和施工单位的一致好评。

李大明

1957年出生。1982年毕业于重庆建筑工程学院道路桥梁工程系，1985年公派赴英国伯明翰大学留学，1986年12月获工程管理硕士学位。回国后曾担任京津塘高速公路总监理工程师代表、交通部世界银行公路贷款项目协调办公室负责人，参与世界银行公路贷款项目的建设管理。先后主编出版《京津塘高速公路工程监理》、《高等级公路建设管理》等论著，荣获国家科技进步一等奖、交通部科技进步特等奖、国家计委和团中央“共和国重点工程青年功臣”等奖励。

2005年起加入英国科进顾问集团（WSP Group），现任科进大中华区董事，兼任中国交通基建总经理和深圳公司总经理。同时担任国家发改委综合运输研究所客座研究员、中国公路桥梁工程学会理事、中国高速公路运营管理学会理事。

“回顾历史，凡是国家虚怀若谷、对外开放、海纳百川的年代，都是发展进步迅速、经济繁荣昌盛的时期。相反，骄傲自大和固步自封，到头来都是停滞不前和落后挨打。一个行业的发展也是如此。”

李大明：走过京津塘

我至今依然觉得，参加京津塘高速公路监理的那几年，是我全神贯注投入事业的时期，也是我在业务方面学到东西最多和工作能力进步最大的时期。在那里结交的很多志趣相投的师长和朋友，是我最有意义的人生收获。最令我怀念不已的，还有整个京津塘高速公路建设团队那朝气蓬勃、专心致志、严肃认真、单纯俭朴的工作氛围和敬业精神。这正是构成那一代监理工程师工作作风最重要的组成部分，这种精神把来自不同省市和部门的建设者们团结在一起，形成了京津塘高速公路的项目文化。时至今日，凡是参加建设的人们尤其是监理工程师们，只要一提起“京津塘”，一种发自内心的自豪感和亲切感就会油然而生，一种家人般温暖的感情就会涌上心头。正是在京津塘高速，我成为中国交通监理事业试点阶段的见证人，见证了监理制进入我国工程建设的全过程。

起步：直面争论质疑

20世纪80年代是公路监理工作的“起步阶段”，那时的中国，百废待兴，正处在解放思想，改革开放的年代。国家各项建设事业飞速发展，各行各业人才辈出，朝气蓬勃。而交通监理事业正是在这个背景之下应运而生，没有试点，不可以失败，不能走回头路。

在京津塘高速公路之前，陕西西三线（西安至三原公路）已经在试点监理，而且做得很好，很正规。当时陕西交通厅的熊秋水厅长和李培坤站长他们对监理制度和

FIDIC条款的理解掌握具有很高水平，他们是第一个吃"梨子"的人，为后来交通建设监理制度的创建奠定了扎实的基础。再往远一点说，当时还有国务院领导关注和支持的鲁布革水电站的改革经验，也是对传统水电基建体制改革的探索。而中央下决心利用世界银行贷款修建京津塘高速公路，更是开展工程监理实践最直接最重要的契机，为我国交通建设行业在技术标准、设计理念、工程规范、管理制度、施工装备、科学研究等各个方面与国际水平和国际惯例接轨打开了大门。这个阶段的探索为此后迅速确立交通建设监理制度乃至交通基本建设管理体制打下了良好的基础。

我是从英国回来直接参加京津塘高速公路建设的。1986年，我正在伯明翰大学攻读工程管理硕士学位，意外接到交通部公路局李劲总工程师的跨洋来信，告诉我国家要利用世界银行贷款建设高速公路，需要既懂业务又能使用英文的干部，还说已跟王展意副部长和杨盛福局长商量过，希望我学成后回国参加京津塘高速公路建设。当时通信条件远没有今天这样方便，中国也不像今天这样被世界关注，在海外没有多少渠道了解国内情况。接到李总来信后，我除了感动其实也没有更多想法，就是服从组织安排。这在当时不用下多大决心，是情理之中，顺理成章的事。尽管20多年前的中国与国外相比各方面都十分落后，但自己是国家教委公选公派出国的，学成之后理当回去报效国家。更何况是德高望重的李劲总工亲自写信邀请，更让我感到义不容辞。于是1986年底我通过毕业论文答辩以全班第三名的总成绩获伯明翰大

世界银行肯尼迪和雷甘比检查现场，杨盛福（右一）、李大明（左二）、Wagge在会场（1989年）

学理学硕士学位后，1987年1月便回到北京。

在杨盛福局长的领导下，我开始从参加世界银行贷款前期准备工作的熊哲清、陈森、罗世学、周庆桐、王唐生等老同志那里，了解熟悉京津塘高速公路的贷款文件，系统研究世界银行贷款程序和FIDIC条款，实地考察陕西西三线的监理工作，向熊秋水厅长和李培坤站长等前辈学习请教。当在英国学到的那些生涩而遥远的工程管理理论，真正与世界银行贷款的具体条款和国内实践相互碰撞时，我有一种心领神会豁然开朗的感觉，就这样全身心投入了京津塘高速公路的工程监理工作。

当时，中国的经济刚刚开始复苏，国家和地方财力都相当薄弱，因此建设京津塘高速公路必须要利用世界银行贷款。用了人家的钱，就要按照贷款条件和贷款协议确定的规矩办事，不接受是不行的。这样就把国际上那一套很成熟的市场经济条件下的基建管理理念、方法和制度带了进来。在当时看来，采用FIDIC条款、建立监理制度似乎是被逼无奈的权宜之计，谁也没有想到这个举动却有可能从根本上改革直至颠覆几十年计划经济所形成的固有的管理体制，让中国的交通建设与国际接轨，走上真正的现代化道路。

对于监理这一新生事物，当时从交通部到京津冀两市一省主管部门都有很多不同的意见甚至争论。到底是否应该按照世界银行贷款协议的要求实行监理制度？实行什么样的监理制度？能不能找出一个既符合世界银行的要求，又延续传统管理体制的办法？如何界定外国监理工程师的权力和责任范围？实行监理制度后各级主管

京津塘高速公路北京段通车前夕，李大明与外国专家组长Wagge先生合影留念（1990年）

部门的管理职责和权限如何保证等。可以说京津塘高速公路建设的探索实践，一直伴随着这些争论和质疑。

对此，交通部领导始终坚定不移地支持他们严格按照国际惯例办事。时任交通部钱永昌部长、王展意副部长和部公路局杨盛福局长的态度自始至终都非常明确，就是要弘扬解放思想和改革开放的精神，虚心学习借鉴国外先进经验，严格执行世界银行贷款协议，严格按照贷款条件办事，与国际惯例接轨，在京津塘高速公路上全面贯彻监理制度，并以此为契机，推动公路基建体制的改革进步。他们为京津塘高速公路制定了一个很高的目标，要求在京津塘高速公路的建设过程中，不仅要建成一条高标准的高速公路，还要积累一套成熟的工程管理经验，培养一支熟悉国际惯例的管理队伍，装备一批现代化的施工机械设备。交通部领导的这个"建成一条、积累一套、培养一支、装备一批"的建设目标陆续成为后来其他公路建设项目乃至全国各行业基建项目的一个"标准口号"。这可以算是京津塘高速公路对我国基本建设事业的一大贡献。

在京津塘高速公路的建设过程中，邹家华副总理多次对监理制度予以积极肯定，国家计委、财政部、建设部、外国专家局等部门领导也纷纷赞扬京津塘高速公路监理制度的改革和突破。

就这样，在质疑、议论、赞扬和鼓励中，京津塘高速公路的监理工作严格按照世界银行贷款协议的FIDIC条款，勇敢起步，奋然前行了。

推进：挑战转变观念

当时京津塘高速公路的整个监理队伍——两市一省驻地办和总监办的每个监理工程师，人人都怀着强烈的责任感和使命感，专心致志，心无旁骛，满腔热情地边学边干。没有家长里短的闲话扯淡，没有吃喝玩乐的怠懈逍遥，无论是开会碰面还是行车走路，大家满脑子监理，人人言必谈监理，讨论争论经常面红耳赤，通宵达旦，切磋协商往往绞尽脑汁，夜以继日。我在总监办驻天津工作3年多，连著名的狗不理包子铺都没有进过。由于总监办的技术人员经常到两市一省参加会议或检查现场，交通部副部长亲自批准了每天一块钱的工地补助。每天一块钱的工地补助还要交通部主管副部长批准，放在今天是不可想象的。

作为我国首次全面推行监理制度的京津塘高速公路建设总监理工程师代表，我在工作中遇到最大的难点就是转变观念。那时，中国改革开放浪潮初起，基建行业的管理体制完全是计划经济的"土围子"，没有市场的概念，没有企业的概念。设计、施工和质量管理单位无非都是政府主管机关里的一个处室科股而已，一家人自说自唱，右手掏钱，左手花钱，自己管自己。

但是，FIDIC条款构建了"项目业主——监理工程师——承包商"的契约关系，以合同条款为各方行为准则，以监理工程师为项目管理核心，实现三权分立，各负其责，相互制约。这样，就打破了基建项目由政府部门一手包办干到底的"土围子"，搭

钱永昌部长（左三）视察京津塘工程现场，杨盛福（左一）、从士杰（左二）、王天麟（左四）、田凝寿（左五）、李大明（右二）等陪同（1990年）

建起了市场经济条件下的基建项目管理的基本框架，奠定了基本建设行业实现现代化的基础。这是FIDIC条款的核心价值，从根本上确定了我国公路行业乃至国家基建项目管理体制改革的方向，意义深远。

FIDIC条款带来的"业主、承包商、监理"三权分立的基建管理理念和市场经济体制，对历来直接领导下属单位人员财物的主管部门和长期作为政府一个部门的施工单位来说都是巨大的冲击！而对于来自两市一省公路主管部门各个下属单位的技术人员来说，第一次作为独立的监理工程师，既要依照技术规范对原本是一个部门的施工单位进行监理，又要依照合同条款对原本是上级领导的主管部门进行监理，这需要顶住多大的压力！有的施工单位领导对合同条款中"承包商"的提法很反感，拒绝接受监理的监督管理，甚至说："我们是社会主义施工企业，不是承包商，不用你们管！"

京津塘高速公路开工后的一段时间内，FIDIC条款企图确立的项目管理体制并没有被普遍认同和接受。过去公路局直接管着下属施工队，现在是业主、监理和承包商三足鼎立相互制约；过去技术和财务领导说了算，现在是监理工程师按合同条款办事；过去凭经验花钱，向上级要钱，给多少钱办多少事，现在是按完成工程量和合同单价逐项计量支付；过去按月、按季度写个总结给领导报喜不报忧，现在每周一次工地会议事无巨细白纸黑字形成会议纪要，作为付款依据等等。这些日常工作细节的重大改变，给传统基建管理体制的观念带来了天翻地覆的变化和震动。这也是京津塘高速公路实行监理制度遇到的最大挑战。

由于各个建设单位和施工单位大都不知道FIDIC条款为何物，不把合同条款和技术规范当回事，不理解也不服从监理对项目的监督管理，仍旧沿袭传统内部施工的做法，结果在项目组织、工程质量、施工进度和管理流程等方面出现大量问题，工

程一度无法继续进行下去，直至接到了世界银行停止整个项目支付的通知。我作为监理工程师深感压力巨大。

如何才能破解困局？我和同事们认识到，仅仅依靠一纸公文、几项制度、每周例会不可能转变根深蒂固的行业观念，单纯依靠监理也不可能全面履行FIDIC条款。监理工程师除了带头执行合同条款和技术规范外，还要身体力行从每件具体工作做起，言传身教，手把手地传帮带，把FIDIC条款的精神融入每个参建单位、每个管理人员和整个建设过程，一起尽快熟悉掌握合同条款和技术规范。

我带领监理团队针对现场实际情况，跳出FIDIC条款规定的责任局限，提出了“严格监理，热情服务”的指导方针。监理不再单纯依靠“事后查验”一票否决，而是以更加积极正面的合作姿态，放下身段，在严格监理的同时，热情主动地帮助所有参建单位，按照合同条款和技术规范的要求，宣讲新观念，建立新制度，搭建新班子，制订新流程，起草新文件，设计新表格，用实际行动去带动整个项目走上FIDIC条款管理的正轨。

观念对了，事情做起来自然也就顺了。在全线参建单位的共同努力下，“严格监理，热情服务”的监理指导方针很快见到成效。1989年，我陪同钱永昌部长向国务院汇报京津塘高速公路建设工作，邹家华副总理表扬说：“‘严格监理，热情服务’这个提法很好，监理本身就是服务。”从此，京津塘高速公路提出的“严格监理，热情服务”，就成为全国建设监理行业一项重要的工作方针。

强化：树立监理权威

在我看来，在中国实践FIDIC条款，不仅是建立监理制度，更重要的是搭建了基建行业体制改革的大框架，构筑了“业主——监理——承包商”三方的契约关系。这种契约关系，颠覆了行政领导和行政管理的传统计划经济体制，是基本建设行业按照市场经济规律办事的运转核心。反过来说，如果没有这种契约关系，FIDIC条款及监理制度就不可能存在和运行。

因此，“合同管理”成为京津塘高速公路监理工作的重中之重。对于当时的交通建设行业来说，合同条款、合同观念、合同义务、合同地位、合同履行、合同违约等等，完全是全新的概念，更没有保证合同履行的有效机制，这是监理队伍面临的最关键和最紧迫的工作，也是在京津塘高速公路监理工作中印象最深的问题。

首先，我们组建了一个合同管理核心团队，用骨干力量强力推动合同管理的执行。当时，外国专家组长的工作重点就是合同管理，我作为总监代表，也把主要精力放在合同管理上。总监办合约工程师李良、北京段副高监董平如、天津段副高监高拥民形成了一个著名的“合同管理铁三角”，专门负责合同管理，紧密配合，互相支持。强有力的合同管理核心团队带领两市一省监理队伍，很快建立全线合同管理制度和工作流程，公正合理地处理了不少棘手的合同难题，迅速在全线上下树立了合同条款的权威，保证了监理工作和合同履行的正常进行。

其次，各级监理办公室努力推动合同理念的宣传普及，开会必宣讲合同，遇事必对照规范，发言必引用条款。总监办利用不定期的《监理工作简报》，向全线各参建单位和主管部门及时通报监理工作情况，使合同条款和监理制度的概念潜移默化深入人心。施工单位负责人说，原来遇到问题就请示领导，现在知道要先看看合同条款和规范了。为了合同规范某个条款的解释或某个工程问题的处理，总监办经常组织专题会议，业主、监理和承包商各抒己见，集思广益，尽管争论得面红耳赤，通宵达旦，有时还要请外国专家作为权威斡旋裁决，但是"一切以合同规范为准绳"的理念，就这样在京津塘高速公路建设中生根结果，深入人心。

此外，坚定不移地忠实履行合同条款，是推动和保证FIDIC条款在京津塘高速公路全面贯彻的核心。监理团队顶住各方面的压力，严肃认真地履行监理职责，执行FIDIC合同条款和技术规范，不放弃，不退缩，不妥协。监理过程中，抓住违反合同和规范的典型案例，充分利用计量支付等合同管理手段，果断处理，"杀一儆百"，并通报全线。同时，针对参建单位普遍不熟悉合同规范的实际情况，监理选择重要的合同条款和关键技术规范为重点，指导各单位事先部署，提前准备，严格要求贯彻执行，一旦出现问题，处理绝不手软。通过对各类违约案例的严肃处理，真正树立了合同规范的权威。

京津塘高速公路的建设距今已近30年。回顾京津塘高速公路成功推行监理制度的过程，我认为从大的方面可以归纳出以下三条特点：

一是良好的建设环境和氛围。京津塘高速公路是我国第一次按照国际标准设计建设的高速公路。第一次利用世界银行贷款修建高速公路，第一次采用国际通行的FIDIC条款，在当时是一件特别重要、特别新鲜的大事情。从国务院和交通部领导，到两市一省政府和主管部门、建设单位、设计科研院所、监理团队，再到所有参建的施工单位，大家都是第一次接触高速公路和世界银行，因此层层高度重视，人人虚心好学，凡事严肃认真。"京津塘无小事"，从上到下到处都洋溢着建设中国第一条高速公路的创业激情和钻研精神，充满了与国际惯例接轨，为国争光的新鲜感和使命感。这样一个良好的建设环境和氛围，为监理制度能够在京津塘高速公路顺利实施，提供了最基本的条件。

二是解放思想，虚心学习，充分发挥外国专家的作用。京津塘高速公路从规划设计开始就打开了国门，由澳大利亚专家与国内设计科研院所共同完成了京津塘高速公路的设计。随后，来自丹麦和美国的国际监理专家组，分别担任总监代表处和各驻地高监办的主要监理负责人。他们有着高速公路建设的丰富经验，熟悉FIDIC条款，在交通部和两市一省主管部门的支持下，有职有权，不仅代表业主起草向世界银行提交的月度工程报告，还被授予签署监理文件、工程质量验收和计量支付报表的最终审批权，对违反合同条款和技术规范的行为从不讲情面。国际监理专家的严格把关，给京津塘高速公路原汁原味地带来了FIDIC条款和工程监理制度的精髓，带给我们与国际惯例接轨的最好机会。真诚地解放思想，虚心地向世界学习，充分发挥外国专家作用，是京津塘高速公路成功实践监理制度的关键。

三是领导放手放权，监理有职有权。在交通部公路局杨盛福局长的统筹领导和世界银行的支持下，两市一省主管部门和建设单位充分放权，京津塘高速公路监理有地位、有职权、有手段、有支撑。合同条款和技术规范的解释权、工程计量和财务支付的审批权、现场技术和工程事故的处置权等都掌握在监理手中，在遇到技术难题或合同问题时，参加京津塘高速公路科研设计的部属院所和专家就是监理团队最有力的技术支撑。因此，京津塘高速公路的监理有能力忠实按照FIDIC条款的要求，全面履行监理职责，从而能够控制、监督和协调整个项目管理过程，协助业主实现建设目标，这是京津塘高速公路监理制度能够行之有效的根本保证。

京津塘高速公路的影响还不止于此，它还为中国交通建设行业培养锻炼了一大批宝贵的骨干人才，被誉为监理人员的“黄埔军校”。在项目建设过程中产生了一大批后来走上监理岗位的骨干，其中不乏交通监理行业的领军人物。比如交通部质监总站的首任站长熊哲清和副站长李明华，他们都参加过京津塘高速公路建设。

京津塘高速公路给中国交通建设积累了丰富的实践经验，从科学研究、勘察设计、工程监理、工程施工、机械装备，到世界银行贷款、招标投标、国际监理、标准规范、管理法规、运营管理、收费还贷等各个方面，奠定了我国高速公路建设全面开花和突飞猛进的坚实基础。正是在这个意义上，京津塘高速公路建设的成套技术作为一项软科学研究成果在1997年荣获国家科学技术进步一等奖，就是表彰其为国家基础设施建设事业作出的重要贡献和广泛而深远的影响。而工程监理制度的建立和完善，正是高速公路建设高潮的前提和保证。

正是在那之后，世界银行在评估肯定京津塘高速公路推行FIDIC合同条款的经验和做法的基础上，在我国继续投入高速公路建设，成渝高速、济青高速、昌九高速、杭甬高速、深汕高速等一批重要的高速公路项目相继开工建设，掀起了我国高速公路建设的第一个高潮。

发展：坚持开放学习

20多年过去了，今天的交通监理制度已经日趋成熟完善，与京津塘高速公路监理的艰难起步相比，当时推行FIDIC条款的所有外部条件，如今早已发生了根本改变。时代在飞速进步。只有立足于新的历史条件和新的建设环境，才能面对和解决今天的问题。

当年，设计院还从来没有过高速公路的设计经验，工程师们还没有读过更没有编写过高速公路技术规范；施工单位都没有见过更没有建设过高速公路；各级主管领导也不懂得世界银行的贷款要求和FIDIC条款；整个交通基建行业还没有“业主”、“承包商”、“监理工程师”、“合同条款”这些今天看来是最最基本的概念和建制。没有招标投标、没有承包合同、没有计量支付、不讲效益利润、缺失第三方监督，也没有专业施工机械设备、没有电脑办公自动化、没有便捷的通信和交通条件，每个驻地监理办只有一部半块砖头大的摩托罗拉大哥大，很多监理人员是骑着自行车在工地工作。

正是在那样的条件下，25年前世界银行把FIDIC条款带进中国，使京津塘高速公路的监理实践，深深刻下了那个时代的烙印，进而诞生了我国自己的交通建设监理制度。翻开现行的监理规范和基建管理制度，还能看到25年前建设监理制度初创时期简陋落后的建设条件和艰难摸索的创业历程，就连“监理工程师”、“旁站监理”这些基本概念的命名，也是在世界银行贷款启动初期，经过当时交通部公路局和陕西省交通厅前辈们的反复研究，借鉴创造出来的中国特色。

如今，我国交通建设行业已经具备了现代化的生产力水平、丰厚的经济技术实力和充分的市场化基础，所以，基建管理体制这个规范生产关系的上层建筑必须与时俱进，脱胎换骨，才能跟上时代和行业的发展步伐。因此，只有甩掉历史包袱，跳出既有框框，进一步解放思想，进一步扩大开放，实事求是，大胆创新，交通基建管理体制才能迈出新的步伐。

我始终认为，京津塘高速公路正是因为坚持改革开放的指导思想，坚持与国际惯例接轨，坚持严格履行舶来之物——FIDIC条款，才开创了交通建设监理和基建行业改革的新天地。回顾历史，凡是国家虚怀若谷、对外开放、海纳百川的年代，都是发展进步迅速、经济繁荣昌盛的时期。相反，骄傲自大和固步自封，到头来都是停滞不前和落后挨打。一个行业的发展也是如此。

实际上国际建设行业的体制创新一直没有停止，FIDIC条款本身也在不断修订和完善。现行条款与京津塘高速公路采用的版本相比较，已经有了较大变化，不仅监理工程师职责不尽相同，管理体制框架也引入了新概念。一些区域性或国际组织陆续发布新的合同条件范本汲取了FIDIC条款在全世界实践中的经验教训，具有更清晰合理的合同管理架构、新颖实用的合同理念和简洁易懂的合同语言，适用于国际各类建设项目。此外，一些具有发达市场经济和健全法制体系的国家（如：美国、德国、日本），它们独具特色的建设管理机制和合同合约条款也值得我国监理拿来学习和借鉴。习近平总书记最近在与来华外国专家座谈时就指出“我们的事业是向世界开放学习的事业，关起门来搞建设不可能成功。要坚持对外开放的基本国策不动摇，不封闭、不僵化，打开大门搞建设、办事业。”

我相信，弘扬20世纪80年代解放思想和改革开放的精神，结合当前国情和行业发展水平，再一次虚心面对世界，再一次勇敢解放思想，再一次打开大门热情向世界学习，交通建设管理就能在科学化、制度化、市场化、国际化、现代化的道路上继续迈出新步伐，再创辉煌。

编后语 AFTER WORD

走过京津塘的李大明，作为中国交通监理事业试点阶段的见证人，见证了监理制进入我国工程建设的全过程。他对于中国交通工程建设应该再一次“对外开放、海纳百川”，虚心面对世界，勇敢解放思想的期许，可以代表广大交通建设者的想法，也是行业未来发展的必经之路。

第二篇 稳步推进

引进FIDIC条款推行工程监理制，使我国交通建设项目管理体制逐步由传统的自筹、自建、自管的管理模式，向社会化、专业化、现代化的管理模式转变，这是交通建设领域的一场深刻变革。交通部在京津塘高速公路建设推行工程监理制试点过程中，既承受了“第一个吃螃蟹者”的社会心理重压，又经受了观念冲击、体制碰撞带来的阵痛。然而，发展是硬道理，在创造中，可敬的探索者们勇敢地改变着自己和他人固有的观念，逐渐建立起市场经济条件下的以法制为基础的监理理念，为中国的交通监理行业开拓宽广的未来。

经过近6年的试点，工程监理进入稳步发展阶段。在此期间，全国列入计划的大中型工程项目大多实行了监理制度。据不完全统计，“八五”期间全国公路水运工程建设受监工程项目有436个，投资额达1462亿元。

工程监理制在交通建设中逐步推行，形成了以项目业主、监理工程师和承包商为主体的建设市场格局。通过建立相互制约、相互协作、相互促进的新的工程项目管理运行机制，提高了工程项目的管理水平，改善了投资环境，促进了我国交通建设队伍较好地适应国际惯例与市场机制，在此阶段，初步形成了一支专业齐全、素质较高、经验较丰富、思想作风较好的监理队伍；初步形成了比较规范的监理工作程序；初步建立了交通建设监理法规体系。

多年的质量监督管理生涯，令黄勇有诸多感慨：一是监督与监理的责任压力不断加大，几乎令人难以承受；二是改革难，特别是涉及体制、机制方面的改革更难。我国建立交通建设监理制度所参照的“模板”是FIDIC条款，是高层次、专业化、权威性、专家式监理的项目管理架构。但由于认识不同、利益诉求不同、市场不成熟等原因，现在的情况与引入监理制时的初衷相距甚远。还有因跨越式发展导致的人才供给和管理经验不能满足建设规模的需要等问题，都是在推行监理制过程中所遭遇的一个又一个拦路虎。但是不能否认，监理制在中国交通建设跨越式发展进程中起到了不可替代的作用，功不可没。

马文翰则认为，作为监理工程师，必须要有事业心、责任心，在工作当中要虚心，要有合同意识和质量意识，还要有“慎独”精神。不同阶段事物都在变化，技术都在发展，监理工作要坚持原则，也要与时俱进，紧跟时代步伐。

作为一名成功的监理企业负责人，李良认为监理企业想要发展，就要做高端技术咨询服务，要做到让真正懂技术、会管理、敢说话、责任心强的监理人获得尊严、获得赞誉、取得地位、发挥优势，要把总监责任制真正落到实处。

还有黄培元、杨振寰、熊广忠……他们忧国忧民之心依然，热忱之情依然，为监理的发展建言献策。他们希望：

打造监理诚信体系。通过全面、客观的信用评价，建立监理企业和从业人员信用档案，夯实监理发展的基础，使诚信真正成为监理市场的主旋律。

规范监理招投标活动。采取各种有效措施，制止低价抢标的恶性竞争，纠正业主单位违反国家价格政策的招标行为，维护监理市场有序竞争。

落实监理职权。发挥监理作用，必须按照法规要求，采取各种方式纠正侵夺监理职权的违规行为，维护监理履行职责的权威。

推进监理职业化进程。重点抓好“三个关键人”——项目法人、项目经理、项目总监。监理制度的发展需要一支把监理作为事业追求，爱岗敬业的稳定的监理队伍，因此，推行总监负责制，就是要从抓好高素质的总监队伍入手，形成一支骨干力量，进而逐步推进监理职业化进程。

完善监理法规。以建立监理诚信体系、完善监理责任制、落实监理职权、规范监理从业行为、促进监理行业发展为重点，对现行的监理法规制度进行梳理和完善，规范监理市场，营造鼓励监理企业争创品牌的外部环境，提高交通监理行业的整体水平。

黄勇 1959年生。1982年毕业于华东水利学院水港系军港建筑专业。1982年~1989年在交通部第一航务工程局任技术员、工程师。1989年至今，在交通运输部工程质量监督局任高级工程师、副处长、处长、副局长。

> “监理制度提出的科学化、专业化、社会化建设项目管理的思路，符合现代社会发展的必然趋势。随着我国经济结构的调整和发展，市场的成熟和完善，人才与技术的供需趋于平衡，监理必将回归高层次、专业化、权威性的本质。”

黄勇：
探索创新是监理发展的主旋律

20世纪80年代，我国固定资产投资基本上是由国家统一安排计划，由国家统一财政拨款。一般建设工程，由建设单位自己组成筹建机构，自行管理；重大建设工程，从相关单位抽调人员组成工程建设指挥部进行管理，投资"三超"、工期延长的现象较为普遍。改革开放后，由于体制改革和工程建设实际的需要，国务院决定在基本建设和建筑业领域采取一些重大的改革措施。监理制就在这样的背景下走上了历史舞台。25年来，中国的工程监理走过了一条充满曲折的探索创新的发展之路。这是充满了理想、激情、彷徨、骚动、无奈的25年。作为亲历者和见证者，我付出了艰辛和努力，也品尝了成就和快乐。

开创与成就

20世纪80年代初期，我国的工程建设中还没有出现"监理"这个词。为了推动建筑业和基本建设管理体制的改革，1984年9月国务院下发了《关于改革建筑业和基本建设管理体制若干问题的暂行规定》（国发〔1984〕123号），决定在基本建设和建筑业领域进行改革，例如，投资有偿使用（即"拨改贷"）、投资包干责任制、投资主体多元化、工程招标投标制等。

1984年，我国首次利用世界银行贷款，首次按照国际惯例对水电系统的工程实行国际招标建成了鲁布革水电站。鲁布革工程全面引入了竞争机制，其先进高效的建设实践对当时我国工程建设在管理体制、劳动生产率和报酬分配等方面产生了重大影响，促进了中国水电建设管理体制改革，被称为"鲁布革冲击"。建设过程中，原水利电力部还实行了国际通行的工程监理制和项目法人负责制等管理办法，取得了投资省、工期短、质量好的经济效果。1986年，时任国务院副总理的李鹏视察鲁布

革水电站工地时感叹："看来同大成（注：日本大成建设集团）的差距，原因不在工人，而在于管理，中国工人可以出高效率。"1987年6月，他在国务院召开的全国施工工作会议上提出全面推广鲁布革经验，要求国家有关部门对鲁布革管理经验进行全面总结，在建筑行业推广鲁布革经验。我国水电建设率先实行了业主负责、招标承包和建设监理制度，推广项目法施工经验。这也是"监理"一词第一次出现在我国工程建设领域。

1986年开始，天津东突堤工程、大连港大窑湾起步工程、广州黄埔港新沙港区一期工程、宁波港北仑二期工程、厦门港东渡港区二期工程等一批使用国际金融机构贷款的港口建设项目都陆续引进了监理。可以说，交通水运建设的监理当时是走在了前头。

到了1987年，使用世界银行第二批公路贷款修建的京津塘高速公路完全按照世界银行的要求，严格推行了工程监理模式。1988年原建设部发布了《关于开展建设监理工作的通知》，明确提出要建立建设监理制度。建设工程监理制于1988年开始试点。

因为监理还是一个新生事物，在社会上接受度不高，那时主要还是靠政府的主导推动着向前走。同时业内对政府监督和工程监理的关系也处在探讨争论中。一种观点认为监督和监理是一回事，均是对工程建设项目的监督管理，监理可以由政府直接实施，也可以由社会监理机构实施，或由建设单位内部组织实施，因此一些省交通厅成立了监理站（如黑龙江、福建）直接实施工程监理；一些建设单位以内部的技术管理人员为主实施监理工作，或聘请一些国际咨询公司的专家参与工程项目监理。真正由社会监理机构独立承担工程项目监理的模式则较少。另一种观点认为，

交通部工程建设监理总站召开第一次监督工作会议（1993年4月）

我们要推行的监理制度是由社会化、专业化的监理机构独立承担工程项目监理，代替传统意义上的指挥部实施专业化的项目管理。同时，为指导规范评价监理工作的开展，政府要加强对项目的监督，包括监督监理工作开展情况、制订相关从业标准和工作要求、规范监理人员行为等，这些内容称之为"政府监理"。政府监理的核心就是政府监督、指导。为承担"政府监理"职责，建设部设立了工程监理司，交通部设立了工程建设监理总站。

交通部的专职质监机构"交通部建设监理总站"成立于1989年，时任交通部工程管理司司长的杨盛福兼任京津塘高速公路总监办总监。1989年底，我进入交通部质监总站工作。当时，质监机构的主要任务有几项：一是推动交通行业各省交通主管部门、各双重领导港务局建立完善工程质量专职质监机构，建立规章制度，对达到标准的省级质监机构进行考核认定，构建交通行业的质量监督体系；二是开展宣传，鼓励推行工程监理，构建交通行业的监理体系；三是组织开展行业工程质量抽查，组织部优工程的评选，参加重大项目竣工验收，逐步确立质量监督的地位和作用。这个时期正是交通行业构建质量监督体制和监理体制的重要时间。

通过宣传和实践，交通行业逐步对监督、监理的问题统一了认识。质量监督和工程监理是两个领域。质量监督代表国家利益、公共利益，是一种强制性的监督管理，其监督的对象包括涉及工程建设质量相关从业单位和人员质量行为的监管，当然也包括监理单位。对涉及公共利益，政府投资的工程项目实施政府质量监督，是政府应尽的职责。而监理是一种社会服务，是接受业主委托并为之提供技术咨询管理服务。毫无疑问，监理必须最大限度地维护好业主的合法权益，认真履行好对项目监督管理的职责。

同时，应当指出的是，监理制度对于建设领域管理体制改革最重要的作用是推进建设项目管理的科学化、专业化水平，在一定程度上制约业主单位的不规范行为。监理对象均是涉及公众利益的交通基础设施工程，因此监理必须承担相应的社会责任，要严格按照国家法律、法规、技术标准开展监理工作，保障工程必须达到合格标准，不能随意降低标准。

监理的属性是提供专业化、专家型的技术管理服务。监理的作用有两个方向，从市场的角度讲，监理是根据业主个性化的需求，发挥自己的特长，提供专业化技术管理服务；从社会管理的角度讲，政府在涉及公共利益和国有投资为主的建设项目中强制推行监理制度，是通过第三方的约束，保证国家法律法规、强制性技术标准的落实。由于监理是全过程、全方位的监督管理，也可以说监理是以社会力量监督形态出现的，是政府对建设项目宏观监督的延伸，监理具有一定社会责任属性。从这个意义看，监理具有社会监督的成分，虽然监理受雇于业主，但监理行为是有底线的，这个底线就是国家利益、公众利益。

监督与监理是监督与被监督的关系，监督监理单位正确履行职责。同时，政府监督是一种宏观监管，工作方式是质量抽查；监理是全过程微观监督，全方位检查、验收把关。因此，监理是政府监督的补充，是对项目的促进（从政府监督延伸到社会监督）。也就是说，从管理关系上是对立的，从工作职责上某些成分则是重合的。当时提出的质量保证体系是“政府监督、社会监理、企业自检”。社会监理并不是从监理的属性方面去定义在质量保证体系中的作用，而是从推动社会化监理的角度，强调监理的独立性，倡导独立于建设单位以外的第三方机构从事监理业务。

有了这些认识，我和同事们不遗余力地全面推行监理制度。

当时，全国八市二部监理试点单位和京津塘高速公路建设成功的监理实践经验，引起了全国普遍的关注和反响。交通部及时总结经验，顺势引导，参照FIDIC条款的精神和要求，对监理工作、监理企业和人员的管理，以及监理规范和标准进行了规定，建立起交通行业监理制度的法规体系，使监理工作尽快做到制度化、规范化、标准化，扎扎实实地推进了监理制度在全行业展开。

在这个过程中，我们也不断根据实际情况对一些制度和措施进行合理的改造和调整，以适应我国工程建设的实际需求。因为监理应该具备较高的综合素质、具有比较全面的工作能力，所以早期天津港、宁波港、广州港的监理都必须到国外接受培训，或者经过国外专家的培训。部监理总站于1991年左右开始组织培训，第一届培训在西安举办，由国内的老师授课，定位为监理知识普及培训。初期，我们把培训时间定为三个月，认为这样才能达到培训的目的。但是后来大家都反映三个月时间太长，因为当时监理工程师本来就不多，工程上的需求又很急，先培训后上岗有点等不及。因此，后来就把培训时间缩短为两个月，再后来又缩短为一个月。为了让大家重视培训，我们将培训作为监理工程师资格评审参评的主要条件之一。

在这之前，1991年交通部已经评出了第一批监理工程师共90人，他们的素质都是非常高的，其中包括李培坤、谢世楞等。当时谢世楞院士还是天津中北监理所的所长。

1990年，水运系统成立了第一批5家监理所，包括一、二、三、四航务设计院，加上南京港务局所属的中北监理所、南华监理所、东华监理所、华通监理所和南京港湾监理所。在监理机构的名称选择上，我们认为监理应该是一个客观、公正的咨询机构，而公司则更像一个生产经营性企业，监理企业叫事务所更为贴切，意味着要承担社会责任，带有事业单位的性质。可以说质监总站对于监理的定位还是很高的。

当时，很多东西都是在摸索之中，尽管也有很多来自外部的压力，但我们仍然坚持了实事求是的原则，在很多标准的制定上都兼顾了推行监理制的需要和工程建设的实际情况。

经过不懈努力，交通行业全面推行监理制度取得了以下几方面的成就：一是经过多年的监理工作实践，建立了基本符合交通建设实际情况的监理制度体系，包括出台了公路水运工程监理工作规定、公路水运施工监理规范、公路水运监理企业资质管理办法、公路水运监理工程师管理办法，建立了监理工程师考试制度，建立了监理企业和从业人员的信用评价、岗位登记、业绩登记、项目监理评价等动态管理制度，建立了有关监理招标投标管理制度，为我国推行监理制度做出了重要的探索

黄勇（前排左二）在秦皇岛港指挥部检查工程质量（1993年）

和实践。二是保证了交通基础设施建设项目的顺利实施。对大规模的基础设施建设，特别是重大工程的建设起到了保驾护航作用。三是推动了市场经济的完善和建设项目管理制度的改革。项目建设形成了相互制约的科学运作机制，过去臃肿庞大的建设单位被大大瘦身，项目管理机构更具灵活性，专业技术人员得到了合理配置，促进了人才的流动、锻炼和发展。一些设计单位的老同志转入了监理行业，他们丰富的经验为监理工作有效开展奠定了基础；一些业主单位的专业人员转入监理行业，工程经验得到了迅速积累。因监理工作宽视角、多专业、社会化的特点，一些新毕业的大学生步入监理行业后得到全面的锻炼，培养出一批行业技术人才。同时，项目投资也得到了有效控制。推行监理制度前项目竣工决算超预算的情况比比皆是，几乎成为常态，推行监理制度后这种情况得到了根本改变。

问题与思考

在长期的质监工作实践中，我们不但看到了监理工作的成绩和重要性，也清醒地认识到监理面临的问题和挑战，以及今后改革发展的方向。目前监理工作中存在的许多问题都是监理在发展，探索中的问题，需要用发展改革的眼光去看待。

一是监督与监理的责任压力不断加大，有些超出了其能力承受的范围。监督的压力来源于社会对政府作为的期望值越来越高；监理的压力来源于建设市场的不规范，监理职权不断受到侵占，甚至沦为劳动密集型的低层次服务。而且目前监理队伍整体素质参差不齐，与监理在法规层面应当承担的责任之间形成反差。监理人员必须适应这种压力。

黄勇（前排右四）在曹妃甸项目视察（2010年）

二是改革难，特别是涉及体制、机制方面的改革更难。监理制度作为建设领域管理体制、机制的改革措施，我国参照的"模板"是FIDIC条款，是高层次、专业化、权威性、专家式监理的项目管理架构，但进入我国后基于认识不同、利益诉求不同、市场不成熟等原因，监理已走了样，与引入监理制时的初衷相距甚远。监理有时成为一块招牌，有时成为一块鸡肋，监理效果打了很大折扣。但监理制度提出的科学化、专业化、社会化建设项目管理的思路，符合现代社会发展的必然趋势。随着我国经济结构的调整和发展，市场的成熟和完善，人才与技术的供需趋于平衡，监理必将回归到它的本质。

三是监理在我国交通建设跨越式发展进程中起到了不可替代的作用，功不可没。跨越式发展不是一种正常的发展形态，必将引发供需矛盾极度不平衡，特别是人才的供给和管理经验不能满足建设规模的需要，监理制的推行，有效解决了工程管理人才的供给，总体是与业主、施工单位的管理能力相匹配的。没有监理，在高速发展期会出更多更大的质量安全问题。因此，监理制在交通建设中是不可或缺的。

对于当前监理工作存在的不足和困难，我认为之所以现在业主对监理队伍的素质和监理的效果不满意，监理企业对企业生存和发展的外部环境不满意，监理从业人员对监理的地位和监理应当发挥的作用不满意，主要是由以下几个方面的问题造成的：

首先，个别监理人员和企业诚信缺失、不讲信用、缺少职业道德、监理整体素质较低；其次，监理低价竞争的市场环境没有改变，监理企业合理利润不能得到保证，企业发展面临困难；其三，监理工作有效投入不足，不能严格执行监理规范，有的甚至不能及时发现和纠正工程中存在的问题；其四，监理职权受到侵占，不能全部落实到位，许多项目监理处于从属地位，不能独立、公正地发挥监理作用。这些问题如果得不到解决，不但影响社会对监理制度的评价，而且将使监理的发展形成恶性循环，与当初引进监理制度，建立一种高层次技术咨询服务，权威、严谨、高效的管理体制的初衷南辕北辙。

监理制度要想健康发展，最终必须要回归到我国引入监理时的初衷，即高智能的技术咨询管理服务上去。高智能技术咨询服务就是专业化、专家型的监理，是一种技术权威型的管理。

监理的基本职责应当更加明确。监理原有之意是监督管理，但更应侧重于监督，监理不是保姆，不能代替施工企业的主体责任，不能作为施工企业的技术水平和管理能力达不到项目建设要求的一种补充形式。

监理的核心工作是控制工程项目建设过程中的程序和标准，监理是裁判员，是工程各节点的验收员，也是关键工序的见证员。

为规范监理工作，引导监理制度健康发展，我和同事们做了以下几个方面的工作。

一是完善监理法规体系，完善交通行业法规体系，形成相互配套、相互联动的监理制度。呼吁国家出台工程建设监理条例，在国家制度层面对监理的定位、职责、监理模式以及基本监理手段予以明确。不断完善监理规范，合理确定监理的规定动作，使监理工作的程序、深度、标准，满足履行监理职责任的需要。

二是加强监理市场管理，加强资质管理，提高资质标准，严格市场准入，引导监理向人才密集型、技术密集型方向发展。加强监理招标投标管理，保证监理企业的合理利润，保证监理人才的合理收入，对压价招标，低价抢标等扰乱市场的行为均要严肃处理。

三是逐步建立监理企业和监理从业人员的社会评价体系，建立监理企业和人员的执业信息库。监理评价体系包括信用评价体系、能力（实力）评价体系等。社会对监理企业和人员的各方面评价结果是对资质管理的重要补充，是对监理实施动态管理的主要手段。

四是推行总监负责制，强化现场监理项目部的管理，落实监理责任，抓好监理关键人，实现监理人才管理。建立监理总监人才考核机制，建立总监人才库，提供总监人才信息。提高总监为核心的监理人才待遇，推进监理职业化。同时，逐步提高监理从业人员的准入标准，加强监理从业人员的继续教育和能力培养。

五是探索监理工程师执业风险保险制度的可行性。我国将在很长一个时期处于高速发展阶段，从质量终身制的角度看，监理是一个高风险的职业，建立监理职业风险保险制度，既是转移和控制职业风险，保持稳定，更重要的是引入市场机制，加强对监理从业人员的监督，预知监理责任造成的后果，使之既有行政处罚的约束，也有市场制裁的约束。

坚守与展望

目前，交通行业有甲、乙级监理公司560家，具有监理工程师资格的人员52277人，上岗登记从业监理工程师28778人，10万多人经过监理业务培训从事监理工作，广大监理人员已成为保证交通基础设施建设工程质量、进度以及建设费用控制的

一支不可缺少的管理队伍。

同时，作为现代化工业社会的产物，在现代化社会分工越来越细的今天，监理的专业技术含量越来越高，管理协调难度越来越大。任何一个大型项目，业主单位完全依靠自有人员完成项目建设管理难度越来越大，甚至是不可能的。同时，业主自营式的管理，无法达成资源的最佳配置，会造成很多弊端和浪费。因此，监理作为一种适应现代化社会分工的项目建设管理模式，在中国一定会有广阔的发展前景。

随着建设市场逐步开放完善，随着建设管理体制深化改革，各种投资主体，建设管理模式的出现，业主的个性化需求的不同，监理要适应市场发展变化的需要，表现形式可以多样化，但监理的基本特征不能变：一是专业化、专家型的技术管理服务。二是以第三方身份出现的，具有履行社会监督职能的属性。在这个前提下，监理的表现形式可以多样化，如传统的项目现场管理完全委托社会监理单位承担；以代建形式出现的监理模式；业主与社会监理单位联合成立项目管理机构；业主项目管理机制中涉及质量、安全等技术关键岗位聘请监理专家把关，类似于企业的独立董事。但无论哪种模式，监理作为市场所需要的专业技术人才，应当回归到高层次的技术管理，监理应具有权威性和较高的社会公众认可度。

展望未来，作为交通监理的主管部门，质监局要主动从管制型转向服务型，摆正管理的出发点，工作方法要体现出为企业服务，为市场服务。在这种主导思想下，重点抓好以下几项工作：

打造监理诚信体系。市场经济就是信用经济。不讲信用，不讲职业道德，监理不可能有发展，这已经成为行业的共识。监理在工程项目建设中处于特殊地位，直接面对承包商和业主，监理的权威和技术优势的发挥必须依靠信用作为保证。为此，交通部已经出台了《公路水运工程监理信用评价办法（试行）》，旨在培养监理企业和人员的诚信意识，建立监理行业诚信体系。通过全面、客观的信用评价，建立监理企业和从业人员信用档案，夯实监理发展的基础。同时，要注意合理地用好信用评价结果，让不讲信用不讲职业道德的监理企业和人员付出相应的代价，使诚信真正成为监理市场的主旋律。

规范监理招投标活动。低价竞争的市场环境是影响监理工作有效性的重要原因之一。一些业主把监理取费高低作为取舍监理单位的主要标准，甚至是唯一标准，完全忽视监理的价值在于提供优质、有效的技术服务，用简单劳动的人工费来衡量。监理单位迫于生存压力，低价恶性竞争，使监理企业发展进入两难境地。其结果是监理投入不足，人员、装备配备不能满足现场监理工作要求；监理不能吸引、留住高素质的人才，监理队伍素质参差不齐，监理行业发展受到很大影响。国家发改委按照技术服务类的平均收入水平，出台了新的监理取费标准，作为政府指导价，旨在促进监理行业的有序发展。我们要认真贯彻，加强检查指导，将国家的扶植政策落到实处。要采取各种有效措施，制止低价抢标的恶性竞争，纠正业主单位违反国家价格政策的招标行为，维护监理市场有序竞争。

落实监理职权。落实监理职权是项目科学管理的要求，是管理资源有效配置的体现。要发挥监理作用，就必须要按照法规要求，采取各种方式纠正侵占监理职权的违规行为，维护监理履行职责的权威。在当前交通建设大发展时期，解决这个问题尤为重要。同时，落实监理职权也是界定业主与监理责任的需要，是落实监理责任制的体现。监理企业必须树立责任意识，恪守职业道德，对那些不讲信誉、不讲承诺、以权谋私、违反职业道德的监理企业和人员必须严肃查处；对那些素质能力低，不能有效履行监理职责，不能发现问题，解决问题的监理人员，必须从监理岗位上撤换下来。要推进监理规范化管理，监理程序、监理指令、监理审查验收，以及监理项目部的建设要符合监理规范的要求。要重点抓好质量、安全的监理把关，坚持程序和标准，对于施工单位偷工减料、简化程序、降低标准的行为必须予以纠正。对于业主单位不合理的干预应当拒绝，必要时应当向监管部门反映。各级交通主管部门应当加强对监理工作的监督、检查和指导。

推进监理职业化进程。项目建设要重点抓好"三个关键人"：项目法人、项目经理、项目总监。抓好三个关键人，就是抓住了责任制的龙头。总监理工程师在监理工作中处于核心地位，总监的个人素质、管理协调能力、专业水平，决定了项目监理的效果。推行总监负责制，就是要建立项目总监负主要责任的项目监理体制，通过总监的有效组织和管理，形成规范高效的项目监理机构。要按照责、权、利统一的原则设计总监负责制，使总监成为能吸引高素质人才、有责有权的监理岗位。各地可根据具体情况积极开展总监负责制的试点工作，交通部将及时总结试点工作经验，出台指导意见，推动总监负责制的建立和完善。

监理制度的发展需要一支把监理作为事业追求、爱岗敬业的稳定的监理队伍，因此，必须要推进监理职业化进程。推行总监负责制，就是要从抓好高素质的总监队伍入手，形成一支骨干力量，进而逐步推进监理职业化进程。

完善监理法规。新形势新要求，监理制度也要在不断的完善创新中才能有发展。按照新风建设活动的总体要求，要以建立监理诚信体系、完善监理责任制、落实监理职权、规范监理从业行为、促进监理行业发展为重点，对现行的监理法规制度进行梳理和完善，规范监理市场，营造鼓励监理企业争创品牌的外部环境，提高交通监理行业的整体水平。

编后语 AFTER WORD

作为我国推行工程监理制的开路先锋和交通运输部基本建设质量监督局的主要领导之一，黄勇在监理制度的建立完善和推广过程中做了许多富有成效的开创性工作。他由衷地希望监理工作要适应社会发展的新形势，脚踏实地，努力探索，不断创新质量理念，创新监督方式，创新监管体制，使监理成为一个负责任，具有社会公信力的行业，一个充满朝气、吸引有志人才施展抱负的平台。他更殷切地期盼我国监理事业这艘大船在驶向国际海洋的航程上，能够乘风破浪，勇往直前，闯出一片广阔的前景。

黄培元

1936年出生，辽宁省海城市人，教授级高级工程师。1961年8月毕业于大连工学院（现大连理工大学）水利系水道与港口专业。曾任辽宁交通勘测设计院副总工程师、辽宁交通科学研究院副院长兼总工程师、辽宁省交通厅专家组成员、《东北公路》主编，当选中国土木工程学会桥梁与结构分会理事、辽宁省公路学会常务理事、辽宁省公路学会桥梁与结构专业委员会理事长、中国建设监理协会专家咨询委员会委员。

20世纪90年代进入监理行业，先后担任沈本和沈山高速公路国际标段总监理工程师代表及总监理工程师。2000年～2009年被辽宁第一交通工程监理事务所聘为总监顾问，先后参加了丹本、锦朝、丹庄、沈大改扩建、辽宁中部环线本辽、铁朝等高速公路项目的监理指导工作。

“未来的监理不但要扩大知识领域，打好技术基础，更要敢于面对各种各样的难题，锻炼好处理重大技术和质量问题的能力，这样才能为我国的交通建设保驾护航。”

黄培元：攻坚克难监理路

作为交通监理行业的一名老兵。我写过一首诗："改革开放先锋，交通建设尖兵，任务艰苦繁重，攻坚克难前冲，监理贡献力量，前途无限光明。"这既是表达自己对交通建设监理行业的深厚感情，也是对我国交通监理行业的总结和期许。

摸着石头过河

20世纪80年代末期，伴随着改革开放的深入，国际资本开始进入中国。在交通建设项目开始接受外国银行贷款的同时，作为和贷款相配套的必要措施，工程监理被提上了议事日程。在利用世界银行贷款修建的京津塘高速公路建设过程中，我国交通公路建设部门首次实行了监理制度，并取得了良好的效果。之后，交通部开始在全国公路建设项目推行监理试点工作。

我所在的辽宁省交通科学研究院积极参加了省厅组织的两座大桥的工程监理试点工作，并在全省率先成立了辽宁省第一交通工程监理事务所，参加了正式推行监理制度的沈阳绕城高速公路南环的监理工作。

1992年年末，负责高速公路建设的交通厅长到科研院检查监理工作，在听取了汇报后，提出要看监理规章制度等材料。但是，当时实际上根本没有动手编写材料，加之南环的监理工作也存在一些问题，路面已完工，工程竣工报告还没有编写，出现了相互推诿的情况。于是指挥部领导把院长和我叫去，责问施工单位都早已提交了竣工报告，监理单位为什么到现在还不交材料报告，将我们狠狠批评了一顿。当时科研院还要承担次年开工的沈本高速公路四个标段将近27公里的监理工作。在这种情况下，经院领导班子研究，决定由我负责监理工作，并出任沈阳至本溪高速公路

黄培元（中）检查沈本高速公路路面施工（1996年9月）

小堡至南芬国际标段总监理工程师代表。

这项工作让我很有压力。总监代表应该接受总监理工程师的委托，独立执行总监理工程师的职责。而当时监理工作的外部环境很差。我国改革开放以后，大规模开始兴建土木工程项目的是交通部门的高速公路建设。当时其他土建部门任务很少，交通项目多，自己的队伍不能满足高速公路建设的需求，大量的铁路、煤矿、水利建设等单位中标参加高速公路的建设。沈本高速国际段四个标段只有一个标段是公路部门的队伍，其他来自不同的行业部门，不熟悉，甚至连技术名词都不尽相同，这给监理工作带来很大的困难。此外，施工监理制度在我国刚刚推行，尽管是引进国外实行多年的成熟方法和制度，并经过小规模的试点，但对于大工程如何与我国实际情况相结合还是缺乏经验，只能是摸着石头过河，边干边总结经验。没有监理的规程规范，无章可循，又缺乏经验，各单位监理的办法、方法都不统一，这些也成为我工作中的一只只拦路虎。

同时，业主和施工单位计划经济的传统还没有完全改掉，执行合同的意识淡薄，缺乏照章办事的习惯。我们发现有与合同条文不符的事，就要商量研究，增加了不少工作负担，降低了工作效率。

还有，当时我手下有资质的监理工程师太少，都是来自各部门的普通工程技术人员，没有监理历练，还没有形成一支专业的监理队伍。

就在这样的环境下，我于1993年5月正式走上了监理工作岗位。面对现状，我深感责任重大，一点儿也不敢马虎，立刻组织力量，开始编制监理规则、规程及规章制度，并着手组建国际标段的监理机构，组织和配备人员、仪器设备、交通工具、通讯设施等。对于如何管理工程，我也很快理清了思路，决定重点抓住两大阶段实施监理。

一是施工准备阶段：由于当时普遍存在着一流队伍中标，二流队伍进场，三流队伍施工的现象，我狠抓了进场队伍的资质审查，重点检查是否存在分包、转包的情况，并对承包人的质量保证体系、进场工程技术人员的资质、工地试验室等进行检查与验收。

二是施工阶段：没有合理的工序就不会有合格的工程。因此现场的质量控制主要抓施工工艺工序的合理性，凡是为了方便而改变工序的一律禁止。狠抓转序的审批，凡是本道工序经监理检查合格并签字，方可转入到下一道工序施工，不合格就返工，确保本道工序一定合格，使得质量缺陷无法带到下一道工序。每道工序合格自然整个工程就合格。凡承包人未经批准自行转序的，无论什么原因一律要求返工。

此外对于日常工作的管理也做到了有的放矢。进度控制重点抓完成投资和计划完成投资的对比，S曲线可明显看出按完成投资工程是超出计划还是滞后计划，以便采取措施改进；中期支付严格按程序办理，主要检查完成的工程数量，质量验收单和监理批准转序手续，确认完整正确无误后，由监理制作支付证书，经总监理工程师签字，国际监理工程师认可签字，报业主审查批准后才能支付。对于合同管理则是以控制工程变更为重点。

当时摆在我和同事面前的最大困难是总的目标明确，具体的实施细则和办法没有，全靠自身的理解去执行，要自己摸索经验，创造办法。而最有效、最可靠的方法就是现场检查、现场监督。沈本高速公路施工时，我们天天到现场检查质量，即使疲惫不堪也绝不松懈。

当时无论承包人还是监理都是初次接触合同，对条款的理解存在一定分歧，在执行中会产生矛盾，特别是关乎切身利益的支付条款。为此我采取了监理下发文件，说明支付条款含义，解释执行原则，征求承包人意见的方法。如有不同理解请业主

黄培元（中）参加沈阳—四平高速公路通车典礼（1998年8月）

说明，取得统一意见，避免发生矛盾，公平合理正确地执行条款。

当时的工作重点一是抓质量，保证工程不能存在质量缺陷；二是抓进度，保证合同工期不能因为承包人的原因而延期；三是抓支付，保证工程不能多支、冒支、重复支付，确保支付的准确性；四是抓工程变更，不能因为承包人的习惯改变公路施工的传统工艺导致增加支付，坚决拒绝承包人意在增加支付的任何变更。

总监办工作人员很少，只有一个管支付的熟悉预算的专业技术人员，总监办主任为非本专业但有管理经验的工程技术人员。到现场检查工作、处理有关设计、施工的问题，包括总监办发的技术文件的起草，以及与国外监理的沟通等工作，全部由总监代表一人来完成，工作繁杂程度可见一斑。

经过艰苦的努力，监理工作终于初步走上了正轨。大家互相理解后，关系也变得十分融洽，有的标段主任向我"透露"：在我接手总监代表的时候，他们在等着看我的笑话呢，认为我会吃不了这苦干不了这项工作。为此，我更坚定了信心，心想推行新生事物虽是困难重重，但只要有基础、有能力、有决心，就一定会克服困难，最终得到大家的认可。

在工作实践中，我不断摸索方法，总结出不少经验。

首先要正视困难的复杂性。看上去监理规则很明确清楚地摆在那儿，只要坚决照办就行了，但是实际上很难办好。我手下有一个监理工程师工作非常努力，长期盯在现场，什么活都干，还帮助承包人搞测量，但承包人却说他影响工作，不欢迎他，建议把他调到别的标段去。我给双方做工作，教导有些灰心的手下，工作要有一定的技巧，要有合适的方式，不能闷头苦干，要有克服困难的决心，有一定的技术水平，才有条件做监理。在我协调下，双方握手言和，监理工作得以顺利进行。

黄培元（右二）和国际监理人员一同检查沈山高速公路施工现场（1999年）

其次要无私无畏。监理工作就是凭证据给承包人挑毛病，若是路基一层压实度不合格，令其返工，翻开重新洒水翻拌，再行压实至合格为止。这种返工材料也没有浪费，只损失一些机械台班费用,其数量不多，对承包人的损失也不大，返工不难。而对于那些局部不合格刚刚超过标准或出现缺陷未经监理批准立刻进行下一道工序而采取掩盖措施的情况，拆除会造成承包人的重大损失，往往会带来承包人的反抗，千方百计不拆，极其少数的分包人对监理人员还采取非法行动，有监理被打伤住院的，也有受到威胁的等等。出现这类问题时，作为总监代表要敢于坚持原则，对承包人项目经理要严厉批评，让他们写出检讨和保证书，并坚决向警方报案，让这种非法行为的始作俑者和执行者受到严厉的惩处。

第三要有知识的多面性。强化学习是监理人员的一大法宝。公路工程知识面极广，既涉及道路、桥梁、地质、材料、施工工艺等，又要懂得设计、施工、试验检测、合同管理和法律法规，真是面面俱到。

第四要以数据说话。一切以试验、检测数据说话，不能以人为感观来确定工程质量是否合格。如果对数据表示怀疑，任何一方都可以要求到更有权威的机构去检测，以数据说话是最科学、公平、合理的一种方法和制度。这也是我的工作原则。

第五要有方向性。通过实践，我真切感受到，监理制度以科学的方法全方位来监控工程，大大提高了交通建设工程的质量。技术含量越高的工程对监理越需要、作用越大、效果越好。同时监理制度是国际公认的工程质量管理方法，也是我国工程质量监督控制的发展方向。

钢铁是这样炼成的

我曾经和数位亚洲开发银行派来的外国监理共同工作过，他们有美国人、英国人和奥地利人，是亚洲开发银行派来对工程、质量、进度和贷款的支付进行控制和监督的，重点是贷款支付的数量及是否符合相应进度和工程量。他们由总监陪同或单独到工地进行检查，照相留存证据，每两个月要向亚洲开发银行提交一份有关工程的全面报告，每月在监理支付证书上签字，否则亚洲开发银行就不会支付已完成的相应比例工程款项。他们工作认真负责，为人和气礼貌，行事朴实的风格给我留下了深刻印象。因此，在工作中我向他们学习，严格要求自己，力争把自己锤炼成一名优秀的监理工程师。

沈本高速公路国际标段途经山岭重丘区，高山峻岭、沟壑交错，以桥梁、开山路基、隧道为主，条件艰苦。某一标段施工方为铁路建设系统某局下属的一个工程处，工程初期问题多进展缓慢，还出了一些工程事故。最严重的为隧道进洞施工自行改变支护结构而造成塌方。我虽多次检查批评，但效果不佳。当时的项目经理也很不得力，我心里非常着急，不断向上级反映。在承包人的上级领导到现场调研，召开的项目部各负责人及技术骨干会议上，我反映了存在的问题和改进的办法，引起了领导的重视，很快换了新的项目经理与我配合，使得各项工作有了很大改进。新经理非常严格，做事雷厉风行，并建立了一套相应的规章制度。这个标段很快由落后变成先进，获年终检查评比第一名，并被评为标兵单位。

1994年秋，交通部对辽宁的高速公路建设进行了检查，随机抽检了几个项目，沈本高速公路国内段及国际段等都在其中。检查伊始，其他几个项目都有不尽人意的地方，当最后来到国际标段时，对路基、隧道的施工没有检查出任何质量问题，而且现场管理得整齐有序，特别是检查到第七标段老牛背大桥时，更是给领导留下了深刻印象。老牛背大桥跨越深谷，最高的桥墩高达40多米，下部工程绝大多数已完工，双柱式墩混凝土光滑密实，线条明显，墩身垂直挺拔，甚至找不到方柱混凝土有掉角之处。这样的高度，这样的截面及尺寸，这样的钢筋布置，可想而知它的施工难度，特别是混凝土浇筑的难度，能达到如此高的质量标准令人赞叹。其后两个标段的检查和几处抽检都获得了好评。

1996年春，某段在傍山路基一侧有四五户居民，不能放坡，只能修建高挡土墙。当时施工单位施工进度很快，监理不在场时偷工减料，做表面文章。监理完工检查时发现个别地方砂浆不饱满，有空洞，用草棍可捅进去10多厘米，同时几户居民也反映，这样的挡土墙有一天塌了会砸死人的，他们不敢在这住了。这引起了我的注意。我下令扒开几处进行检查，发现虽然外面大片勾缝美观，但内部小块包馅，砂浆不饱满，几乎相当于干砌，当即下达指令拆除重建。新修建的高挡土墙质量达标，保证了工程的安全。

沈山线国际标段某一通道桥，空心板完成安装的第二年春天，发现桥面四角间标高有近20厘米偏差，桥下地面隆起5厘米～6厘米。经专家讨论确定为地基沉陷所致，要追究承包人和驻地监理的责任。按理当地地基为粉砂土，容许承载力为每平方厘米1.5公斤，现在标准为150千帕，与设计要求相符，监理只要按设计要求施工，挖基验槽满足地基承载力要求，这就应当与监理无关。我了解他们的监理工程师，是位很有经验的高级工程师，曾对当地大梁预制场地槽冬季养生提出过很好的建议，工作非常认真负责。后来证实，老监理工程师曾经对地基承载力提出过质疑意见，地质工程师也来现场确认过，证明了监理工程师是有经验的而且也是认真负责的，虽然符合设计要求，也提醒设计单位注意，这是一般水平的人做不到的，监理已经尽到了职责。工程最终拆除重建，由扩大基础改为桩基础。

在长期的实践过程中，我总结出了一系列监理细则：

一是狠抓每一项目工程的重点非常规工艺。如沈山高速公路的风积沙填筑路基工艺，芦苇地区淤泥质粉土的填筑工艺，丹本线的填石筑路工艺，丹庄线沿海淤泥质土地基上的路基填筑工艺，铁朝线的大孔性黄土筑路工艺。这些工艺施工单位都没干过，没有经验，容易出现质量缺陷，因此必须十分重视修筑试验段的工作，以便总结出一套科学合理的施工工艺。这些重点工艺做好了，其他问题将迎刃而解。

二是狠抓材料管理。凡不合格的材料一律限期清理出现场，防止被偷偷使用，给工程造成隐患。

三是狠抓工序转序的控制。未经监理批准承包人擅自转序的一律按不合格论

黄培元（左前）陪同辽宁省交通厅领导检查丹本高速公路现场验收工作（2002年7月）

处，把质量缺陷消灭在本道工序中。

四是狠抓施工过程中的质量控制。我提倡事前监理，不“死后验尸”，不合格的工序坚决返工，不给工程留下隐患。如沈山线某标段预应力空心板空心处底板不密实，预应力筋严重外露，混凝土没有足够的握裹力，空心板达不到设计承载力和耐久性标准，经查为承包人擅自改变空心板浇注工序，为图方便，先放气囊后浇筑混凝土，空心下的底板混凝土要经过水平移动，骨料被预应力筋阻碍混凝土不易流过，而造成的质量事故。我们坚决予以报废，不给任何支付，不给承包人留下任何幻想，承包人得到了沉痛的教训。

正因为重视了这些细节，才使我们在工作中建立了自己的品牌。同时，我们在加强自身建设，完善组织形式，建立完整的规章制度，推进现代化管理手段和配备先进的仪器设备、交通工具、通讯设备等方面做了很多工作，还培养了一批有经验的监理工程师、专业监理工程师和监理员。我所在单位获得部优秀监理单位称号，我本人也获得优秀监理工程师称号，所监理的项目获部优质工程及国家鲁班奖。

而今迈步从头越

作为第一代监理人，经过30多年的实践，我深谙作为总监理工程师需要面对的问题，更明白所谓敢于处理问题，就是要有承担责任和面对风险的能力。我希望接下我们手中接力棒的监理工程师们不但要扩大知识领域，打好技术基础，更要敢于

黄培元（中）在铁朝高速公路某隧道施工现场（2008年3月）

面对各种各样的难题，锻炼好独立处理重大技术和质量问题的能力，为我国的交通建设保驾护航。

如今，我虽然已经从工作岗位上退了下来，但仍然密切关注着监理行业的发展。对于这个干了半辈子的行业，有着自己的一些认识：

首先要理清我国监理的发展路径。我国监理走过了三个阶段，一是学习、理解、熟悉的阶段；二是主动贯彻执行的阶段；三是全面推行监理的阶段。理清了发展路径，有利于我们有针对性地解决出现的问题。

其次要进一步健全监理工作制度。我认为监理工作应更适应社会高端技术的发展需要，过去低等级公路技术标准低，或许用不着监理，但技术越发展，技术标准越高，需要监理的程度也越高。

监理是一项涉及多学科的业务，既要懂设计、施工、管理，还要懂得国家法规和政策，同时生活条件又相当艰苦，收入也不高，不能聚拢高水平的工程技术人员。因此，应当逐步提高监理待遇，吸引高素质的人才加入到监理队伍中来。

对于当前监理权力变小、责任加大的现状要正确看待。我认为：推出的新办法、新政策在实践中有完善的过程，变化是必然的，但应当向正确的方向去发展而不是开倒车。监理制度的宗旨，是关于业主、承包人和监理三方的权利和义务的法制化体现，监理是受业主委托，以第三方的资格代表业主行使对工程及承建单位的业务进行全方位的管理，确保向业主提交一个合格的工程实体，业主不介入监理的具体工作，但我国尚不完善的社会主义市场经济制度导致了业主和监理有平行业务的现象，削弱了监理的职权，降低了监理的作用。建议政府主管部门加快改革步伐，给监理独立工作的条件，扩大监理的职责，改变监理工作责大权小的局面。

再是监理工作要向发达国家学习经验。监理的产生、发展是改革开放国家推行制度建设的结果。随着国家的发展壮大，世界经济的一体化，我国与国际交往更加密切，推行监理制度不可逆转，有关部门应积极促进监理行业的健康发展，从政策上加大对监理行业发展的支持力度。建议我国监理行业要重视学习和总结，经常进行全国性的业务交流，学习国外先进经验，以促进监理水平的提高。

对于监理行业的未来我持乐观态度。目前为止监理制度在我国仍是一套最完整、最有效、最全面的工程质量管理制度，可以说监理制度完全适应我国的国情，随着我国小康社会的逐步建成，会进一步发展完善，前景美好。

随着世界经济一体化的进程，我国将越来越多地参与世界的经济活动，更加融入国际社会。在这个背景之下，我国监理行业必将与国际接轨，进而走向世界，获得更大的发展空间。对此，我充满期待。

编后语 AFTER WORD

作为第一代监理人，黄培元在自己挚爱的交通建设监理工作岗位上，数十年如一日，为交通建设监理事业的发展做了许多实实在在的工作。在古稀之年，他依然凭借一颗赤子之心，期盼着中国交通建设监理走向世界的美好图景。

马文翰

1942年出生，1966年毕业于北京工业大学土建系，高级工程师，交通部、建设部监理工程师。先后担任北京市公路管理处工程科科长、京津塘高速公路北京段副高监、北京市公路局质量监督处副处长，北京市高速公路监理有限公司党支部书记、副经理、总工程师。曾担任中国交通建设监理协会副理事长、中国建设监理协会理事、北京市建设监理协会常务理事、副会长、北京工程咨询协会理事、常务理事等社会职务。现任中国交通建设监理协会高级顾问。

“作为监理工程师，必须要有坚定的事业心、责任心，在工作中要虚心，要有强烈的合同意识和质量意识，要有始终如一的“慎独”精神。”

马文翰：监理要与时俱进

从京津塘高速公路开始，我便投身到了监理行业，做总监，当专家，以一位交通建设监理践行者的身份见证了监理行业20多年的风风雨雨。

在实践中学习、进步

我的监理生涯是从京津塘高速公路工程起步的。

1985年开始筹建的京津塘高速公路，西起北京朝阳区十八里店，东到天津塘沽河北路，全长142.69公里，是我国第一条跨省高速公路。其中北京市界内35公里，河北省界内6.84公里，天津市界内100.85公里。主线工程总投资约10亿人民币，工程费用由世界银行贷款1.5亿美元，其余由交通部解决。世界银行规定，凡使用其贷款兴建的工程，必须按照国际顾问工程师联合会制定的合同法组织建设，执行FIDIC条款，实行监理工程师负责制，即建设单位与委托或聘用的监理工程师签订监理合同后，由监理工程师按照FIDIC条款对工程建设，包括工程质量、工程进度、变更设计、工程款支付等方面，对建设单位全面负责。承包单位要招标选定，与建设单位签订承包合同之后，在监理工程师的监督管理下，依照承包合同、技术规范、图纸、工程量清单等进行施工。建设单位在建设项目实施期间，只负责筹措资金、征地拆迁等工作。

FIDIC条款是商品化经济发展的产物，是以市场经济和自由竞争为基本依托的，它在客观上反映了市场经济对土木工程建设的基本要求，以严谨的条文规定了业主、承包人、监理工程师等缔约各方的责任、权利和义务，用具有法律效力的合同，把经济、技术和管理捆在一起，是国际公认的科学方法。但1987年的中国实行的是

计划经济，与市场经济有很大不同之处。完全照搬照抄FIDIC条款，在中国也很难行得通。当然，完全不执行FIDIC条款，世界银行也不容许。只有根据我国的实际情况，在合同专用条款中对FIDIC条款进行必要的修正和调整，才能使这套科学的管理制度顺利、有效地融于我国的现行体制和外部环境，发挥其应有的作用。

当时具体做法是，首先建立与我国现行体制相适应的领导机构、业主机构和监理机构。1986年8月，国务院在北京成立了京津塘高速公路工程领导小组，并召开了第一次会议，由交通部和京、津、冀三省市人民政府的领导同志负责小组的工作。三省市交通主管部门组成了京津塘高速公路联合公司，下设北京市、天津市、河北省三个分公司，承担京津塘高速公路工程的组织建设、管理养护和偿还贷款的责任。京津塘高速公路实行FIDIC合同管理下的监理工程师制度。交通部工程管理司司长被任命为总监理工程师，下设总监代表处，监督协调全线的监理工作。京、津、冀三省市分别组建驻地监理工程师队伍，负责日常工程监理。监理队伍由经国际招标确定的外方监理工程师和中方选派的专业技术人员共同组成，以中方为主。全线的外方监理工程师5名，中方218名（其中，中高级监理人员53人）。然后，明确监理工程师的职责，充分发挥其作用。根据我国当时的体制，既不强调“监理独立”，也不强调建设单位大包大揽，是从转变建设单位的职能入手，给监理以必要的职能权力，使之全面负起管理工程的责任，真正做到向建设单位负责、为建设单位服务。两者各司其职，各负其责，使业主和监理各自不同的作用都较好地发挥出来，以此形成了既遵守FIDIC条款的主要原则又符合中国国情的专项条款。

在来京津塘高速公路之前，我是北京市公路管理处工程科的科长。当听说要去参加高速公路建设时，我既好奇，又兴奋，心里很向往。1985年1月5日，我和同事们一起从刚刚竣工的昌平路扩建工程工地直接来到京津塘高速公路北京段筹建组报到，我被安排担任工程组组长，负责工程的前期准备工作，主要参与联系北京段初步设计、配合征地拆迁、组织测量放线、参加编制京津塘高速公路工程合同专用条款等。

1985年下半年，国内关于高速公路上不上马有很大争议，国家计委也有人持不同意见，因此筹建工作就暂停下来。我和同事又都调到将要上马的京石高速公路指挥部参加开工前的准备工作。到1986年8、9月份，李鹏副总理主持国务院会议，明确京津塘高速公路是我国第一条高速公路，一定要建设好。京津塘高速工程又开始上马了，我也又回到了京津塘高速公路筹建组。期间的主要工作是征地拆迁、参与合同招标。

1987年4月份京津塘高速公路工程的土建招标开始了，我作为业主的一员参与了北京段工程的现场考察、标前会、开标、评标及合同谈判等工作，并参加了1987年10月在北京举行的京津塘高速公路土木合同签字仪式。

1987年4月，应世界银行要求，北京、天津、河北三省市的交通主管部门成立了京津塘高速公路联合公司，地点设在北京市。联合公司下辖此前已分别成立的北京市、天津市和河北省三个分公司。各省市公司分管各自省市辖区的工程路段。我当时担任了京津塘高速公路北京市公司副总工程师兼工程部经理，以业主身份继续安排做好开工前测量复测及配合征地拆迁的工作。11月，交通部任命部公路局局长杨盛福为京津塘高速公路工程总监理工程师，李大明为总监代表，并正式组建京津塘高速公路工程的现场监理机构——总监理工程师代表处，办公地点设在天津，并在三个省市各设一高级驻地监理办公室。北京段和河北段为1号合同，1号合同北京段又划为三个驻地办；天津段包括2、3、4号三个合同，每个合同号是一个驻地办。总监代表处配有一名丹麦咨询专家，作为总驻地监理工程师。四个施工合同段各配备一名外方咨询专家，担任高级驻地监理工程师，与中方高级驻地监理工程师或合同段的驻地监理工程师共同主持各合同段的全面监理工作（实际上，外方专家更侧重于合同管理）。北京段高级驻地监理工程师为冯仕成，副高级驻地监理工程师有两位：一个是董平如，主管北京段监理的合同管理，一个就是我，负责监理的技术管理。从此，我开始了自己人生的唯一一次重要转型，开始学习、认识FIDIC。在这个过程中，我和所有参与京津塘项目的中方人员一起，在实践、认识、总结、提高、再实践的过程中，不仅学会了一套行之有效的监理技术和方法，还掌握了FIDIC条件下工程监理制度的精髓，并在此后的监理生涯中发扬光大，为我国交通建设监理制度的建立、推行和发展付出了自己的努力。

京津塘高速北京段于1987年12月开工到1990年11月为迎接亚运会的召开提前完工，1991年竣工。在这3年多的时间里，我在技术管理的岗位上做了大量工作，也学到了很多东西。

一是参加监理培训。过去我对监理这一行非常陌生，虽然在1984年参加过有关部门举办的"土木施工合同"学习班，但对FIDIC工程监理仍然缺乏深入了解。在京津塘监理的3年间，我参加了对国内监理人员进行的三阶段强化培训。第一阶段是1988年初在天津举办的全线主要监理人员的国内培训，由丹麦金硕公司和美国路易斯·伯杰集团的外国专家讲课，主要是介绍FIDIC合同条款、京津塘高速公路工程的施工技术规范、工程量清单等合同文件，如何选择工程师和承包商，施工监理的职责和人员、设施的配备；质量控制程序和各项主要分部工程的施工规范及控制方法，工程进度和延误的处理；工程计量和付款证书，工地会议与资料管理，工程延期与索赔等内容以及怎样才能当好驻地工程师等，为期一个月，主要是加强监理人员的基础理论知识和基本认识。第二阶段是1988年3月又从三省市参加国内培训的监理人员中，选出20名骨干进行的国外监理培训，在美国几个有特点的施工现场进行讲课、交流、参观，了解监理的组织形式，监理的方法、手段和效果，主要目的是提高监理工程师对监理工作的感性认识，时间也是一个月。第三阶段是在1989年冬天，京津塘工程进行了一年后，通过一年的监理实践，针对在京津塘高速公路监理工作中遇到的各种问题，进行了理论与实践相结合的监理培训。这三次培训对京津塘高速公路监理工作的开展，对FIDIC条件下监理精髓的认识、体验、掌握和主动实践都产生了很大的影响。我有幸参加了这三个阶段的监理培训，为我此后20多年的监理从业打下了坚实的基础。

二是开工前对承包商施工准备工作的检查，检查施工放线、审查施工组织设计并提出审查意见，参加北京段第一次工地会议等。

三是对工程分包申请进行严格审查，对分包单位资质、能力、设备、人员和分包合同逐一审查，出具审查意见，报高级驻地工程师审批，强化了合同管理。

四是设计图纸的领取和发放。设计图纸（包括补充、修改的图纸）是合同的重要组成部分，是施工的依据，也是监理的依据。因此，每次从业主那领取图纸和向承包商发放图纸，我都要亲自出面，特别是发放图纸时，都要和承包商代表逐一点清，并要求他出具领图清单。领取时间、收到图纸的清单和领图人签字等，都要一清二楚。这不仅是图纸收发的问题，对合同管理中的一些问题的处理，也会起很大作用。

马文翰（左）陪同两位进行工作交接的外方监理工程师巡视工地（1989年）

五是对工程使用的原材料和混合料配合比的审批。对承包商的使用申请都要由监理试验室进行验证试验，合格的才准予使用。在施工过程中，还要巡视检查。发现不合格的材料，要停止使用。

六是负责编写技术监理文件。针对监理工作的要求，总监代表处陆续编制、发布各类技术管理制度、图表、质量验收单和试验表格以及质量验收、计量支付、工程进度管理、工程变更、工程分包的监理程序文件及相关规定。这些都要及时转发执行，并根据本合同的具体情况，提出执行总监代表处指令的具体要求。

七是审查承包商单项重点工程的开工申请，提交驻地高监审批。

八是组织审查各阶段试验路段的技术方案和试验方法，审批试验路段的检测结果。

九是巡视工地，检查工程质量。对各单项工程进行施工中质量抽查、检测和验收；配合总监代表处对本合同段拟支付工程部位工程质量的现场抽查。

十是审查变更设计，参与编制工程变更令。

十一是参加每月的常规工地会议，发表有关工程质量和技术问题的意见，并向承包商提出有关技术管理方面的要求和指令。

十二是负责对质量事故的调查和处理，审查承包商的质量事故处理方案，检查处理结果。对重大质量事故，积极配合和参加总监代表处组织的专门技术调查组的调查，负责收集汇总有关事故的情况和材料。

十三是负责管理承包商工程竣工文件和竣工图纸的编制，组织和主持监理竣工文件的编制。有些承包商因为工程紧、要求高，施工中顾不上及时编制竣工图，等完工后再回过头来补绘，往往与实际有差异。作为监理工程师，我就有必要监督检查这项工作。要定期召开会议，检查编制工作进度，研究、解决编制中出现的问题，提出新的工作要求等。

通过这些扎扎实实的工作，我和全线200多名监理工程师一样，通过亲身经历、身体力行的实践，对FIDIC合同内容、国际惯例、中外合璧的施工规范、监理工作程序的要求等有了深刻的认识和理解。我们在与落后的传统观念和旧的工程管理体制的碰撞中，以改革开放的热情和实事求是的工作态度，克服重重困难和阻力，积极探索，大胆实践，认真、严格地执行FIDIC条款，坚持全过程、全方位、全天候的监理，坚持了FIDIC管理方法"严格、严密、公正、科学"的特点，和业主、承包商一起建成了一条高标准、高质量、设施先进、功能齐全的现代化高速公路。在工程验收时，国家计委、财政部、建设部、交通部、公安部、审计署、国家土地局、国家环保总局、中国人民建设银行以及京津冀三省市的有关专家组成的国家验收委员会认为，京津塘高速公路的工程质量达到国内同类工程最高水平，工程造价和工期都控制在批准概算和合同工期之内，工程总体上达到国内领先和当代国际先进水平。

经交通部批准，在京津塘高速公路联合公司的支持下，由部分参加这个项目监理工作的监理工程师，把他们几年来推行监理制度的工作方法，以及工作期间的切身体会和经验教训总结出来，编写了一本80余万字的工作总结——《京津塘高速公路工程监理》，我也是这本书的编委和主要执笔人之一，这本书总结出来的FIDIC条件下工程管理（监理）的特点和精髓，高度概括起来就是八个字："严格、严密、公正、科学"。

坚持FIDIC管理的精髓

通过京津塘工程的监理经历，我把FIDIC的精髓归纳为八个字：严格、严密、公正、科学。

“严格”体现在整个合同管理的“三按”：按合同办事，按技术规范办事，按监理程序办事。

在京津塘高速公路工程开工后第一年——1988年8月发生的一些事对我震动很大。

当时世界银行代表团第一次来京津塘工程检查，发现了一系列问题，如到位的监理人员数量不足、监理应配备的试验检测设备不足等。其中的原因有很多，比如当时有些大型、先进的试验检测设备要从国外进口，货虽然定了，但生产、运输时间长，一时到不了位；还有监理人员是从四面八方抽调而来，数量不足，专业素质也参差不齐；此外领导观念保守，不太了解监理工作，导致合同内容不能严格执行。按合同要求，监理人员必须有自己的办公室及独立的食堂等。记得有一次，北京段的一个驻地工程师要去工地现场接待世界银行代表团，可是合同规定应给监理配备的车还没有配，他只好搭承包商项目经理的车过去。到现场一介绍，世界银行代表团的人就问：“你们的监理工程师怎么和承包商坐一个车呀？”因为这是不符合FIDIC合同条款规定的。另外，工程质量控制方面也存在问题。如天津3号合同填筑高路基土方，发动群众大干快上，用汽车、拖拉机甚至马车上土，根本没按规范要求分层摊铺、分层压实。由于发现了执行FIDIC合同出现的这些问题，世界银行检查团回去后就对京津塘工程冻结了支付。这件事使得交通部和三个省市的领导大为震动，明白了FIDIC合同管理的严肃性，赶紧调人、催设备、加快整改。直到1989年第一季度，整改基本完成，在世界银行检查组复查合格后，京津塘工程的各合同段才陆续恢复支付。这个不小的教训，让合同各方和各级领导受到了一次“要严格按合同办事”的教育。

在京津塘高速公路工程监理过程中，我曾多次作为索赔评价小组的成员参加合同事项（如工程变更、工程延期、费用索赔等）处理。在这个过程中我认识到：不管是承包商申请，还是监理批复，都必须写上依据的合同条款，而且依据的合同条款要准确。北京段曾经有一项关于取土点改变需在途经的河道上架设一座钢便桥的费用索赔申请，虽然事实清楚，本可以得到赔偿，但因第一、二次申请时提出索赔依据的合同条款不准确，索赔没有被批准。直到第三次提出时，依据的合同条款准确了，索赔申请才通过。

有些事看似不大，但也不能含糊。如北京段合同中（规范、工程量清单）规定设立一个中心试验室，三个驻地办各设一个驻地试验室。后北京段想将三个驻地试验室的费用合在中心试验室一起用。这也必须修改合同，需承包商和业主签订一项同意合并使用经费的补充协议后才行，否则按合同条款会处罚。

按合同办事，还必须注意：要按你现在所监理项目的合同文件办事，而不是其他。

对按技术规范办事，我因自己的岗位特点体会更深。京津塘高速公路北京段工程15年无大修的事实，令很多工程建设者难以置信。其中的秘诀就是“一丝不苟，严格按照技术规范办事”。

京津塘高速公路工程1988年开始填筑路基时，有一次我陪外方高监去检查工

马文翰（右）在主持北京市第一期公路工程监理人员培训班结业典礼（1992年）

地，发现有一段路基已经填了很长一段土，厚度足有50厘米~60厘米，而且填土很湿，远远超出项目技术规范规定的松铺厚度和合格含水量。于是我就要求赶到现场的项目经理必须进行整改，不得继续施工。项目经理说，指挥部要求我们提前一年完工，如果一返工，肯定完不成了！拒不接受整改要求。我只好将这件事反映到指挥部，并向领导和承包商、技术人员反复讲解FIDIC条款和合同规定，做了不少工作。指挥部也为此展开讨论，认识到要正确按合同办，最终听取了监理意见，并撤销了提前一年完工的要求，支持了监理工作，保证了工程质量。

落后的传统观念和旧的计划经济管理体制、长官意识等国情，对实行FIDIC管理方法形成了一定障碍，也出现了不少因监理坚持原则而导致和承包商发生的冲突。1988年，北京段承包商分包施工预制的一批预应力空心板梁的混凝土强度未达到施工技术规范要求的标准。这批空心板梁是承包商委托市政某公司构件厂加工的，是在工程分包上出了问题。问题一是分包工程应事先报告，但承包商没有报告就和分包商签了合同；问题二是分包合同中明确技术标准采用北京市地方标准，没有按京津塘高速公路施工规范规定的标准；问题三是预制空心板梁使用的碎石最大粒径应不大于20毫米，实际使用的是32毫米，更是合同不允许的。经检查有55块空心板不合格。但承包商却不接受监理按施工规范要求提出的做三块空心板的静载试验，以试验结果决定这批空心板是否可继续使用的建议。我坚持原则：不进行静载试验就不予验收，并成立了调查小组处理这件事，向承包商讲解合同条款、施工规范的具体规定。双方为此曾一度僵持不下，直到半年后承包商才终于同意按规范执行。

京津塘高速公路工程的施工规范对水泥稳定碎石基层的标高要求很高：其表

面高程的允许误差范围在+0～-10毫米。当时北京二段施工了2公里基层。一检测，很多点的高程误差都大于+0毫米，为了保证工程质量绝对合格，监理工程师要求承包商把2公里基层全部铣刨，确保高程达到规范要求。

严格按监理程序办事的事例也不少。1989年北京段一段有10道管涵，在管涵安装、稳管后，隐蔽工程未经监理检查就回填了，违反了隐蔽工程未经监理检查验收不得覆盖的规定。驻地监理工程师要求承包商按监理随机选点挖开涵洞回填土，检测密实度合格后重新覆盖。

北京三段承包商在1989年9月份上报了2公里路面灰土底基层和水稳基层的开工报告。而按技术规范规定，每种路面结构正式施工前必须先做试验路段的程序。待10月26日报来试验路段开工申请时，气温已经降低，灰土不能再施工了。为了坚持严格按监理程序办事的原则，我没有批准开工报告。这段路面直到第二年开春才开工。

在计量支付方面，我坚持必须工程质量验收合格、质量保证资料齐全后才予以计量支付。北京段工程"全部完工"后快交工验收了，施工方写了一份报告，说监理还欠其两千万元没有支付。我和合同组同事都对未做支付的原因进行了说明：之所以没有支付，是因为质量保证资料不齐全，没有验收，没有提交支付申请等原因。坚持了按监理程序办事的原则。

FIDIC管理的"严密"，体现在合同文件严密，要明确各部分合同文件的排序；监理程序严密，质量、进度、费用以及其他合同事项编制了管理工作程序，明确了合同各方什么时间、应做什么、怎么做等，可保证工作井然有序；技术控制严密；工作方法严密，体现在任何决议、文件都要有文字指令；文件传递、管理要严密，业主与承包商不能直接发生联系，要通过监理向施工方传达意见和要求。

监理的"公正"体现在：确保监理独立行使职责（如：独立地进行三监一管），按合同办事不偏不倚。严格按合同规定处理合同事项；维护合同双方的合法利益，如

中外监理工程师与承包商负责人一起检查即将进行交工验收的京津塘高速公路北京段工程现场（1993年）

1990年为满足北京亚运会提前使用高速公路，需要赶工期。承包商提出，如果提前完成，是否可以发点奖金？原合同里只规定了对承包商延误的处罚条款，没有提前工期如何奖励这一条。监理认为承包商的要求合理，便说服业主修改了合同，增加了应业主要求提前竣工时应如何奖励的条款。

监理的"科学"体现在三方面：监理手段科学，就是用种种手段体现监理的科学有效，其手段分为设施、方法和数据三个方面；完善的设施，包括交通、通讯、办公、监测、试验、生活等各种设施；有效的方法，指现场巡视、检查、旁站、平行试验、检测、试验路段、以计量支付的手段控制质量等，要求以第一手数据说话，保证合同执行。

我们在坚持"严格、严密、公正、科学"的FIDIC管理精髓和原则的同时，也实践了中国特色的"严格监理与热情服务相结合"的服务。在工程开工阶段，由于新旧管理体制的碰撞，市场经济与计划经济的交叉，使得仍然满足于没有竞争、缺少监督的传统管理体制，习惯于行政命令和指挥的承包商，在诸多事项中反映出对FIDIC管理体制的抵触心理，出现多次违反合同、违反施工规范、违反监理程序的现象。这样下去对合同的执行，对高速公路的建设、对我国交通建设管理体制的改革，包括对施工单位本身的发展都是极为不利的。为了帮助承包商尽快熟悉合同、熟悉施工规范、熟悉监理程序、少走弯路，我和同事们多次为承包商和业主介绍合同条款、技术规范和监理程序等，使他们尽快进入角色。

从京津塘高速的建设过程中，我学习到监理工作的核心就是按合同办事。监理工作最关键的是合同意识，最难的是严格执行。

做与时俱进的监理人

在京津塘高速公路北京段工程结束后，我又先后参加和主持了京石高速公路北京段三期、四期工程、八达岭高速公路一期和辅路工程及北京市顺平路改扩建工程等项目的监理工作。

京津塘高速公路不仅在中国高速公路发展史上意义非凡，在中国交通建设监理史上也写下了辉煌的一页。我也光荣地成为中国交通建设监理的第一批监理人之一，见证了中国交通建设监理的发展与壮大。后来我又负责了京石高速公路北京段三期、四期工程和八达岭高速公路等工程的监理工作。根据在京津塘的实践经验，我坚持发扬"严格、严密、公正、科学"的监理宗旨，要求监理项目必须是"三全"（全过程、全方位、全天候）管理；监理人员要严格做到"三按"（按合同条款办事，按技术规范和设计文件办事，按监理程序办事），以身作则，多次拒绝批准不合格材料进场使用和拒绝验收不合格工程，做到了"严格监理、一丝不苟"。1997年初，因身体原因，我回到北京市高速公路监理公司，担任总工，由直接执行监理工作转为管理监理工作，但还是经常上工地参与监理。

多年来，除了具体的监理实践外，我还参与了FIDIC条款和工程监理制度的推广和宣传工作。我曾在交通部有关部门的邀请和安排下分别到河南、云南、辽宁、新疆

在中国交通建设监理20周年大会上，老部长王展意（左）为马文翰颁发中国交通建设监理20年突出贡献人物奖牌和证书（2008年）

等省及下属区、市举办的公路监理培训班或招标投标讲习班上讲课，并多次参加了北京市建委、北京市公路学会和交通部公路情报所等单位举办的监理培训班或总监培训班的授课，介绍FIDIC监理工作的经验和体会。还参加了交通部《公路工程监理培训教材（试用）》的编审工作，任《工程质量监理》的主审，为教材的编写提供了翔实的资料和中肯的意见；参加了《京津塘高速公路工程监理》的编写工作，作为主要编委之一，编写了三章的内容；参加了《公路工程施工监理手册》、《公路工程施工监理招标文件范本》的编写和《公路工程监理培训教材》的修订；担任《监理概论》的主审；参加了北京市地方标准《工程建设监理规程》（DBJ01－41－98）的编制和DBJ01－41－2002版的修订；参加了《公路工程施工监理规范》的修订编写工作；2007年一季度还参加了由交通部质监总站组织安排的新监理规范的宣贯工作，在两个多月时间内往返22个省、市、自治区，进行了24场宣贯讲课。其中，参加修订、编写的《公路工程施工监理规范》还获得了中国公路学会授予的科学技术一等奖。

我认为，监理工程师在工作当中应对自己提出更高的要求，归纳起来就是“三心二意一个精神”。所谓“三心”，就是作为一名监理工程师，必须要有以监理事业为己任的事业心、责任心，在工作中要虚心；“二意”就是要有强烈的合同意识和质量意识（现在还要加上安全意识、环保意识）；一个精神就是要有“慎独”精神。“慎独”精神体现在勤政和廉政两个方面，缺一不可。“慎独”对监理人员特别重要，因为监理工作需要个人的自律。"慎独"精神不仅指廉政，也是指工作态度，指个人的修养。1993年在北京高速监理公司成立时，在我的建议下将"慎独"纳入了公司的企业精神，既激励着公司的监理人员，也一直作为我本人约束自己工作、行为、道德的座右铭。

作为老一辈监理人，我建议每个企业都要根据自身的实际情况量力而行，做出自己的特色。具体到监理工作，就是既要掌握FIDIC精髓讲原则，又要因地制宜接地气。监理工作有其特点，每项工程性质都不大一样，合同条款就要有所差别。监理工作一定要坚持原则，同时也要与时俱进，紧跟时代步伐。

编后语 AFTER WORD

20多年来，他义无反顾地献身监理事业，积极参与FIDIC条款和工程监理制度的推广与宣传工作，为提高监理服务质量，加快监理工作规范化、标准化进程而不懈努力，他以自己丰富的监理工作经验，认真、谦和、严谨、一丝不苟的工作作风，赢得了业主的认可、承包人的信服和同行的尊敬。

李良

1963年出生。教授级高级工程师，重庆交通大学兼职教授。毕业于重庆交通学院。曾参与过京津塘高速公路、杭甬高速公路、温州大桥、湖北鄂黄大桥、湖北荆州大桥、哈尔滨四方台大桥、陕西秦岭终南山特长隧道、安庆长江大桥、湖北鄂东大桥、港珠澳大桥、重庆沿江高速公路等项目的工程监理工作。1999年被共青团陕西省委评为“陕西省优秀青年企业家”，2007年被中国海员建设工会全国委员会授予“金桥奖”，2008年被中国交通建设监理20周年活动组委会评为“中国交通建设监理突出贡献人物”，参与编写的《京津塘高速公路工程监理》被评为1994年度西南、西北片区优秀科技图书奖。现任中交第一公路勘察设计研究院所属西安方舟工程咨询有限责任公司董事长。

“一个企业要想长久发展下去，一定要做出自己的文化。企业文化是个精神磁化器，能够磁化人心，理顺每个公司员工思想中的正负极，最终形成有利于公司和个人发展的正能量。”

李良：为监理事业打造“方舟”

命运似乎对我格外眷顾，1983年大学毕业后分配到交通部第一公路勘察设计院，第二年，我便参加了我国首次引进FIDIC条款的世界银行贷款项目——京津塘高速公路的勘察设计；1986年被抽调到北京与澳大利亚专家一起编制京津塘高速公路招标文件；1988年交通部成立京津塘高速公路总监代表处，我又被抽调进京，做了一名监理工程师。就这样，一脚踏入交通建设监理的门槛，从此我的职业生涯与工程监理结下了不解之缘。

烈火锻金

京津塘高速公路曾被业界誉为中国工程监理的“黄埔军校”，我作为“黄埔一期毕业生”自然对此感触尤深。这4年对我来说主要是学习，即学习怎样做人和学习怎样做事。

当时由交通部公路司杨盛福司长亲自挂帅，任该项目的总监理工程师，并且从京津塘高速公路设计总负责单位，当时的交通部第一公路勘察设计院抽调了部分技术骨干与外方专家一起组成交通部京津塘高速公路总监理工程师代表处。同时又从北京、天津、河北三地抽调了一批优秀的人才，分别组建了京津塘高速公路北京、河北、天津高级驻地监理工程师办公室。我被交通部第一公路勘察设计院委派作为合同工程师，进驻京津塘高速公路总监代表处，协助外国专家工作。那4年，我从中国同事身上，学到了合作共赢的为人之道；从外国专家那里，学到了严谨认真做事之德。其间，对我影响最大的人有两位，一位是当时任京津塘高速公路工程的总监理工程师杨盛福，另一位是时任总监理工程师代表的李大明。当时用FIDIC模式管理工程，在我国还属于探索阶段。把外国先进的工程管理经验拿过来洋为中用，首先需

李良（右）在湖北省荆沙长江大桥项目现场检查工作（1998年9月）

要把外国制度化的东西总结、提炼为适合中国国情的指标控制体系，然后指导并检查、督促和落实，从而达到保证工程质量的目的。要做到这一切，对当时的从业人员专业能力的锻炼是空前绝后的。

初到京津塘项目那几年，由于中方人员彼此间还不熟悉，与外国专家更需要磨合，因此有时候会发生一些冲突。记得有一次，我与路易斯·伯杰公司的一名外国老专家为一件技术上的事激烈地争论起来，谁也没说服谁。没想到过了两天，这位专家主动找我说："李先生，你是对的，我当时没弄清楚！"人家可是50多岁的老专家，而我那时才是个20多岁的毛头小伙。外国监理做事严谨认真的敬业精神，真理面前人人平等的做事方式给我留下了很深的印象，让我由衷地感到敬佩。

京津塘高速公路工程项目极大地锻炼了我的综合能力。当时我的年龄最小，却要带着一帮年龄比自己大很多的老专家下工地去检查。为了做好这件事，我不得不去动脑筋，头天晚上就想好第二天话要怎么说，事儿要怎么办，检查要从哪儿入手。刚开始老专家们还开玩笑说我太年轻，一两个月以后，他们就不再开这样的玩笑了，因为我的工作得到了他们一致的认可。

京津塘工程是中国首条全面按照FIDIC条款组织施工建设的高速公路，被公认为工程控制最严格和工程质量最过硬的项目，这在很大程度上得益于当时监理的强势管理。当时监理下工地检查采取的是随机取样的方式，只要抽检结果不合格，施工方就得全部返工，没有商量的余地。记得天津段路软基施工，施工单位没有按照设计要求进行预压和分层填筑，现场监理发现后要求施工单位返工，但施工单位拒不执行。问题反映到总监代表处，代表处马上要求全部返工。由于施工单位拒不执行监理指令，总监代表处按照合同规定，顶住了各方面的压力，停止了该合同的计量支付。最终，施工单位不得不对已填筑到设计标高的几十公里路基按设计要求进行了全面返工。这件事情，对京津塘全线参与施工的单位产生了很大的震动，让他们明白了合同的严肃性和监理的权威。

京津塘高速公路的成功实践，为中国监理制度的形成及发展树立了标杆和典范。现行的监理规范和模式，很多都是源自京津塘的实践总结。可以说，有了京津塘的实践，才有了后来的中国工程监理制度。后来我参与编写的《京津塘高速公路监理》一书，在最初推行监理制度的那几年，更是被当成了交通工程监理的教科书。

京津塘高速公路的学习和实践，还为日后的交通监理行业造就了一大批优秀的人才。可以说，我就是在京津塘这所"监理大学"学会做监理的。京津塘高速通车后，我又回到西安的交通部第一公路勘察设计院，担任监理处副处长。

"方舟"出海

在京津塘的工作经历，使我对监理行业充满了期待，想去在这个全新的领域创一番事业的激情让我兴奋不已。虽然当时监理还没有市场化，但我坚信监理的市场化是监理的发展方向，是迟早的事。所以从1991年起，我就不断给院里递报告，终于在1994年院领导通过了我的报告。这一年，在领导的支持下，我"下海"创办了西安方舟工程咨询有限责任公司（以下简称"方舟公司"）。

方舟公司的起点很高，主要技术和管理人员不仅有着丰富的勘察设计经验，而且都是FIDIC条款在我国应用的首批实践者、探路人。但万事开头难，公司成立之初凡事都得靠我们自己，生存得很艰难。

记得我们拿到的第一个监理项目是温州大桥。当时业主来西安原本是请我们设计院对项目代为审查，得到消息后，我马上和同事冒着大雨跑到业主住的宾馆，提出由我们来做大桥的监理。听过我们对自己经历及公司的介绍后，业主被我们的诚意所打动，最终把这个项目给了我们。

还有一次，马上要过年了，我们接到四川一个项目业主的电话，要求我们立马过去。当时正是春运期间，飞机票买不到，火车也人满为患，最后我和同事硬是挤上火车一路站了过去。到成都后，为了等待和业主见面，我们在冰冷的招待所里守着电话不敢离开，一直等了两天才等来业主见面的消息。好在精诚所至，金石为开，最终项目被我们拿到了。

回想起公司成立之初的苦日子，我们感到很骄傲。经过十几年的努力，方舟公司的发展已经初步达到了我们成立公司之初既定的目标。这个目标可以简要概括为"四个一"：铸造一个品牌，锻炼一支队伍，培育一个优势，发挥一个特长。

多年来，我们对品牌铸造十分重视。发展到今天，方舟公司的业务虽然从施工监理向勘察设计、软件开发等领域有所拓展，但始终牢牢把握咨询监理主业。在公司创业初期，我们就下力气营造品牌效应。恪守诚信，狠抓管理，以实际行动用最优质的服务、最专业的素质、最良好的信誉，精心打造"方舟"品牌。我们没有为了生存而去盲目接业务。除了参与公路、隧道的项目外，我们主要从大桥、特大桥入手，从温州大桥第一个项目开始，陆续拿下了荆州桥、鄂黄桥、鄂东桥、港珠澳大桥等多个桥梁项目，这些项目干得很不错，深得业主赞赏，方舟公司的牌子也因此越来越响亮。

为了让品牌更高端，我们主张做难度比较大的、技术含量比较高的项目，包括对人才的配备和培养，主要也是服从于这个业务导向。甚至有些项目即便不赚钱，但是我们也愿意干。比如港珠澳大桥这种不是谁来都能做的项目，对方舟公司来说就意义非凡，必须得做，还必须得做好。当然，敢接这种项目，靠的是自身具备的经验和实力。

经过近20年的追求、打拼，"方舟"品牌已经得到了业界的普遍认可，公司也连续多年被评为"全国优秀监理企业"，所监理的工程获得了国家优质工程银奖、鲁班奖、詹天佑奖等多项奖项。2011年，方舟公司被评为全国首批监理品牌企业、陕西省和西安市著名商标。荣誉和成绩对我们来说，既是肯定和表扬，又是鼓励与鞭策。因为我们深知，交通建设监理市场越是"老字号"、"金招牌"，越应该有如临深渊、如履薄冰的危机感，越应该坚持用优质服务、专业品质去回报业主，回馈社会。

在近20年的发展历程中，我们始终坚持"人才资源是企业发展战略第一要素"这一原则，从聘请专家、选拔干部、奖励先进、发展党员、招聘学生、岗位设置、专业搭配、技师培训、业绩考评、合同管理等10个方面入手，认真细致地做好人力资源管理工作，努力锻造和培养一支"特别能吃苦、特别能战斗、特别能奉献、特别能团结、特别能忍耐"的员工队伍。因为我从京津塘工程的设计和监理体会到，要把事儿做好，必须先有一批过硬的人，这帮人的综合素质必须得高。

对于人才的培养，我们有自己的一套体系。公司除有10位老专家组成的专家组外，还设有专门培养年轻干部的青年专家委员会，使公司人员形成"老、中、青"之间的"传、帮、带"。为了给年轻人提供一个尽快成长的平台，我们提供经费为年轻人设置课题研究项目，意在让他们通过做课题，沉下心来学习、积累、总结、沉淀，帮助他们尽快成为有用之才。另外，还让专家组的老专家与年轻人一对一结对子，实行导师制，手把手教，口传身授。就这样，一大批年轻人成长起来，成为公司的业务骨干。

从成立开始，我们一直在做一件一般企业很难理解的事情——养专家。公司聘请了10位老专家，目的就是为公司提供强大技术后盾。这些老专家，技术专长涵盖公路交通建设各领域，尤其是路桥、地质、钢结构等专业。这些从一线退下来的老专家，就是一座座技术宝库，他们的资历、眼界、经验、智慧是一笔难能可贵的巨大财富，绝不能用"余热"来衡量。

实践证明，邀请10余位国内知名的老专家坐镇"方舟"，如同有了定海神针，是一个超前而又理性的选择。正因为有了他们，公司才能为业主和承包商提供超出一般监理层面的咨询服务，通过这种超常规的服务，发挥了人员特长，树立了企业口碑，增加了公司效益。

监理行业是一个人才流动十分频繁的行业，对于员工，我跟他们说得很清楚：你们不一定一辈子在方舟公司干，但公司提供给大家一个锻炼成长的平台，学到的东西永远是你们自己的。即便离开了方舟公司，只要不出监理行当，也是我们方舟公司对监理行业的回报和奉献，我会乐观其成。

多年来，我们非常重视结合自身的人才布局和技术专长，去培育独具特色的技术优势，并以独特的技术优势去占领市场。至今为止，公司全面参与了我国多条高速公路、多座特大桥、多个特长隧道的工程设计和监理。其中有获得"国家优质工程银奖”、主跨480米的PC斜拉桥——鄂黄大桥；有获得“鲁班奖”的哈尔滨四方台大桥；有主跨500米、在同类桥梁中居世界第二亚洲第一的PC斜拉桥——荆州长江公路大桥；有中国最长的高速公路跨江河大桥——温州大桥；有世界建设规模第一、全长18.02千米的双洞隧道——秦岭终南山隧道；有双向八车道、宽度世界第一的隧道——广州东二环龙头山隧道等等。

李良（左二）陪同交通部公路司司长杨盛福（右一）视察方舟公司（2001年）

我是技术干部出身的管理人员，又做了近20年企业。我认为，一个企业要想长久发展下去，做到一定程度，一定要做出自己的文化。因为一个企业必须要有内涵，内涵越深厚，外延就越强大。而为大多数员工所认同的遵守法律、合乎社会公德的公司价值观，就是企业文化。企业文化是个精神磁化器，能够磁化人心，理顺每个公司员工思想中的正负极，润物细无声，最终形成有利于公司和个人发展的正能量。这样的公司才能长久生存，良性发展。

现在在中国做企业文化很难，因为急功近利的心态和一些社会不良风气使得我们的一些员工，一些企业管理者难以静下心来踏踏实实的做事，更不要说什么文化了。虽然难，但还必须得做，因为公司管理要突破瓶颈，就必须用文化来武装。我在公司一直大力宣扬感恩文化，所谓感恩文化，并不是针对某个个人感恩，而是公司和员工两个层面的双向感恩，公司和个人都要感恩监理这个行当，感恩客户，感恩所有关心、支持的人。

在将近20年的实践中，我把埋头打造“方舟”的过程，看成自已的一种心灵修行。因为我与“方舟”之间，并非仅仅是我在单向付出，而是一种相互成就的关系。正是这种感恩之心激励着我，使我发现前行的道路两边有着很美的风景。

驶向彼岸

回首20多年的监理人生，可以说是酸甜苦辣，五味杂陈。

2000年以前，监理市场总的还是按照老路子在走。虽然业主对监理的权限有所压缩，但基本上监理说话还能算数，业主对监理也比较尊重。我们在做温州桥工程项目时，监理还是很有权威的，但是越到后来就越差了。2000年之后，大规模交通基础设施建设在全国各地遍地开花，由于建设工程总量增大，从业队伍技术力量难以满足要求，人员数量跟不上发展需要，从业门槛越来越低，人员素质普遍下降。特别是把安全和环保的责任放到监理身上后，监理的职业风险更是陡然增加。监理正逐渐沦为责任的承担者和廉价旁站工作者。一些负面的影响也被扩大化，监

李良（右三）在安徽省安庆长江大桥项目现场检查工作（2001年6月）

理事业的发展面临严重的瓶颈。

现在的监理市场，如果仅仅为了赚钱，做监理其实很容易。只要把责任、良心扔在一边儿，就一切OK！但如果想要做个名符其实的好监理，你是否耐得住寂寞、沉得下心来，这浮躁的环境绝对是个严峻考验。作为企业的经营者，每当面对对行业未来充满迷茫的员工，看着一些自己精心培养的人才弃这个行业而去的时候，我自己也不免会有“红旗”到底能扛多久的疑问。

尽管如此，我还是要在监理行业不离不弃地奋斗下去。之所以这么执著，是因为我心里始终有两个情结在：一个是京津塘的监理情结，再一个就是对方舟公司的情结。京津塘的经历可以说影响了我的后半生，而亲手创建和培植起来的方舟公司，想放弃离开还真不容易，更何况还有一帮同舟共济、荣辱与共的兄弟，怎能忍心弃之而去？

正是如此，面对行业内的种种乱象，总有一种使命感在促使我去努力，想要做出个标杆、表率，用自己的力量扭转监理目前的发展颓势。交通建设监理行业虽然已经发展了25年，但还是棵小苗儿，需要呵护。我们要广为宣传冯部长在贵州有关监理的讲话精神，为监理的健康发展大造应造之势。行业协会也可以采取多种手段，诸如做各种有关监理生存状况的调研、内参报告等，利用各种场合，为改变监理现存危机和开拓发展未来鼓与呼。监理行业自身也需要懂得自强自立。试想：中国这么多年的交通建设，如果没有监理把关，那会差成什么样子？尽管监理自身或多或少存在这样、那样的问题，但是这么多年，监理的的确确做出了很大的贡献。活干了，力尽了，汗流了，但最后还没落下个好。所以，处于弱势生存环境的监理，必须自己看得起自己，一方面尽己所能，借力为自己行业宣传造势，改良生存发展土壤的“温度”、“湿度”；另一方面，必须自强自立，打铁还须自身硬；再一方面，从政策层面上说，要把原来定的一些不合理的不利于监理健康发展的东西加以修正，否则再照这样下去，循规蹈矩的企业，会死在瞎胡折腾的企业前面，这绝不是危言耸听。

对于监理的未来发展趋势和方向，我的理解是：监理实际就是工程咨询行业，而工程咨询是要全过程参与而非仅仅局限在施工环节。国外的监理都是从设计阶段就介入，只有这样才能体现监理的高智商高技术的高端服务，才能真正让有实力的咨询公司担当市场的主力军，从根本上改变市场的乱象，提高服务水平，为工程建设保驾护航。我们在重庆沿江高速公路项目上与业主一起在这方面做了有益的尝试，在施工图设计阶段进行了设计监理。通过设计监理，不仅保证了设计的安全可靠，还为业主节省了近8亿元的工程造价。在施工监理阶段，由于前期的设计监理介入，我们对工程控制重点了然于心，公司专家跟踪施工过程，及时解决现场出现的问题，改变了以往现场监理头痛医头脚痛医脚的被动局面，使工程质量和安全在有效的控制之中。这次成功的尝试证明，中国的监理走与国际接轨的路是可行的，也是必需的。监理只有提供多层次、有深度的技术服务，才能让业主打心眼里信服，路才能越走越宽。

对于业界普遍存在的强势业主、弱势监理的问题，我认为要辩证分析。方舟打交道的业主有很强势的，但那基本都是磨合期刚开始的时候，因为初期他们对我们不了解、不信任。但是随着项目的进行，业主与我们之间慢慢强势弱势易位了。因为他们看到了我们团队的能力、水平，认同了我们的技术。还是那句话，打铁必须自身硬。

方舟公司的成长之路，可以总结为一句话："以不变应万变。"自信者强，自强者恒强。做好自己的事，练好自身的功，唱好自家的曲，坚定地沿着既定的正确道路走下去，具体到业务方向上，要避开竞争不规范、成本居高不下的一些国内业务，依靠自身实力做大项目，集中力量打"歼灭战"。服务方式上，要推广重庆"沿江"项目模式，为业主提供深层次、高水平的服务。同时，让眼界放开，把视野扩大，找好突破口，创造条件让"方舟"扬帆出海，到国际市场建立"滩头阵地"。

亲历见证了中国交通工程监理从诞生到成长25年的历程，对未来，对"方舟"，对自己，我都有着深深的期许：要做高端技术咨询服务，要做到让真正懂技术、会管理、敢说话、责任心强的监理人员赢得尊严、获得赞誉、取得地位、发挥优势。要把总监责任制真正落到实处。要做到这一切，还有很长的路要走。除了主管部门在制度层面上做必要的修订，有关各方还要对监理多一分理解、多一分支持、多一分鼓励，为监理行业营造一个良好的工作环境。更主要的是作为监理企业和每一位从业人员，要切实从自身做起，自尊、自重、自强，踏踏实实地练好内功。

彼岸，一定有更美的风景。

编后语 AFTER WORD

在《圣经》故事里，诺亚建造方舟使人类免受大洪水的灭顶之灾。作为与中国交通建设监理事业一同成长起来的监理人，李良也怀抱一片赤诚、一腔热血，努力打造"方舟"，为监理寻找着那个美丽的彼岸。

杨振寰

1936年出生，高级工程师。1963年毕业于天津大学航道与港口专业，后分配到原交通部第四航务工程勘察设计院工作，期间主要从事港口与船坞设计以及监理前期的国际施工招投标工作。1988以后主要从事管理、设计与监理工作。曾任四航院副院长兼南华监理所所长。1994年获国务院“政府特殊津贴”。1995年被中国建设部评为“全国先进建设监理工作者”，担任中港集团职工教育研究会专家委员会委员；中国交通建设监理协会专家咨询委员会委员，广州市建设工程评标专家。

工作作风是监理人的命脉，要严奉职业道德、牢记监理责任、科学规范管理、不断学习创新。

杨振寰：
忆往昔，峥嵘岁月稠

2012年是我国交通建设推行施工监理制25周年，而实际上我本人在1984年就已经接触监理工作了。回顾为之奋斗过的20多年，我不禁感慨万千。

新沙一期工程试点国际招标书编制

20世纪80年代初，交通运输部尚未在水运系统推行监理制之前，水电部已在其世界银行贷款工程项目中引进了FIDIC条款，因为世界银行规定，凡在“世界银行”贷款的工程项目施工，均要按FIDIC条款进行国际招标，云南省鲁布革水电站工程就是其中的一项。后来交通运输部在三个港口工程中引用了FIDIC条款，但是这三个工程项目的码头施工国际招标书都是请外国顾问公司代为编制的。

1984年广州港（当时的黄埔港）新沙港区一期工程是世界银行贷款的项目，按其规定也要进行工程施工的国际招标。要招标首先要编写招标书，编制标书的过程按当时的国际惯例就是实行施工监理的初始阶段。

我所在的原交通部第四航务工程勘察设计院（简称四航院）承担了新沙港区一期工程的设计工作。当时我作为设计的项目经理（当时称“设计负责人”），开始接触了监理工作。

当时我还是门外汉，手头连个国际招标书的样本都没有，怎么办？是自己编写还是请外国专家代为编写？业主也曾经考虑请外国专家编写。四航院领导征得设计人员的意见后决定自己编写一份合格的国际施工招标书，我承担了标书编写的组织与主编工作。

承担这一任务，困难很多。第一是对国际招标的程序、步骤和方法不了解，标书内容有哪些也没掌握；第二是FIDIC条款的主要内容是什么？它与中国现在的招标投

杨振寰（右二）在新沙国际招标会上发言（1986年）

标办法有何不同？第三是施工承包合同的内容有哪些？合同双方有哪些责权？如何在合同中体现公平公正？第四是如何进行对承包人的资格预审？用什么标准来选择承包人？这些都是当时还未解决的问题。

当时我国港口工程尚无国内自编国际招标书的先例，能否将标书编好是摆在我和同事面前的重大课题。为此，设计院上下一心，采取了种种措施。一是拜师求助：请了水电部云南省水电设计院一位姓杨的总工来四航院帮教讲课。杨总工是云南鲁布革水电站大堤施工国际招标的项目负责人，他先一步学习运用了FIDIC条款，是一位经验丰富且善于传授的专家。他先后两次来设计院进行帮教，用教学的方式传授了世界银行的国际招投标规定和如何运用FIDIC条款。在他的帮教下，我们基本掌握了国际招投程序、要求和方法，基本熟悉了FIDIC的条件。二是国际咨询：国际招标文件中的《技术规格书》不能采用中国的技术标准，而国际上又无统一的施工技术规范。为此，设计院先后聘请了3位挪威和美国专家，帮助研究解决《技术规格书》的内容和国际惯例如何与中国规范相结合的问题，对中国施工规范按国际惯例进行修改，以便使中国和外国的承包人都能接受，施工监理人员也能有效地监督与管理。三是标书修订：在招标书起草完成后，国际招标工作组（设计院为主，业主参加）前往美国，请一家有国际招投标经验的公司对我们起草的标书进行审查、修改和补充，前后历经月余，完成了标书的编制工作。

标书完成后，经过国内外专家的指导、咨询和评审，招标书完全合格，后被中国国际技术公司（当时管理国际招标的单位）采用，进行了国际招标。

惠州港工程起步施工监理

如果说黄埔港新沙港区一期工程国际招标书的编制过程是一种试点，为后续的施工监理打下了良好的理论基础，那么惠州港起步工程施工监理便是我监理生涯的正式起步。

1989年，我带队对惠州港进行总体规划，随后于1990年又以总监理工程师的身份带领10多位监理人员（当时还没有监理工程师证）对惠州港起步工程（万吨级通用码头）进行施工监理。当时交通部虽已决定在交通水运行业开展施工监理，四航院"南华建设监理所"也已成立，但未开展监理工作。交通部尚未出台监理法规，监理技术文件也很少，怎样进行施工监理又是摆在我们面前的一道难题。怎么办？只能是摸着石头过河，边学边干，不断总结。

首先，要编制施工招投标文件。当时，交通部尚无统一的标准招投标文件，其他相关文件也不多，各地都在摸索试验。我和同事们广泛搜集了各方的材料加以总结，结合自己的实际经验，编成可在工程中适用的招标文件。然后，编制招投标程序和方法。施工招标程序和方法虽可借鉴FIDIC条款，但因中国的国情不同，没能完全照套。在计划经济条件下的招投标程序和方法存在不少缺陷，我和同事只能在实际工作中逐步解决。再有，编制体现公平公正原则的施工合同。过去几十年的施工，虽有施工合同，但那是在计划经济时代，业主所设的指挥部几乎主导一切，职责与权限不对等，未体现公平公正的原则。现在是市场经济，合同双方是平等的，这种对等的职责和权限应当在施工合同中体现出来。其次，提出评标办法，确定评标条件。过去的工程施工没有招投标，因而也没有评标问题，一切均由业主和其上级主管部门说了算。现在要招标了，随之就要解决评标问题。评标委员会（或小组）成员的构成，工作程序和方法，中标条件等等问题都要解决。最后，学会编制"标底"。"标底"是招标工程的基本价格，是工程施工招投标的重要条件。它既不是工程概算，也不是施工合同的承包价，是评价投标报价的主要依据，也是招标人对招标工程所需费用的自我测算和控制标准，要有严格的编制依据。

参加惠州港定向爆破的专家（1990年）

经过一番努力，由我主编完成了：《水运工程施工招标书》、《水运工程施工投标书》、《水运工程施工招标程序和方法》、《水运工程施工合同》、《水运工程施工评标办法与评标条件》、《监理人员岗位责任》以及南华监理所生产、技术管理制度、南华监理所行政、人事、后勤管理制度等一系列行业及内部文件。

这些文件在实际工作中发挥了较好的作用。监理人员纷纷反映，有参照物就省事多了，工作效率也提高了。

监理渐入正轨，创建“南华精神”

完成惠州港起步工程后，我于1992年兼任了“南华建设监理所”所长一职。此时我国水运工程中的施工监理已全面开展。我们有了在新沙国际招标和惠州港施工监理两方面经验的基础，对开展新的施工监理工作是十分有利的。但是，由于项目和人员增多，监理人员来自各行各业，文化程度与服务水平参差不齐，所以急需明确各级的岗位责任。为此我们制定了一系列规章制度，对监理人员提出严格的要求：

一是遵守监理职业道德。每个监理人员要严格遵守“认真负责的敬业精神、公平公正的工作态度、清正廉洁的思想品格、实事求是的工作作风”的道德标准。

二是牢记监理责任。监理责任是指从监理投标开始直至工程竣工验收的整个监理全过程。监理投标阶段，主要责任人是监理所长和所总工程师，其岗位责任是编制监理投标书。其中《监理规划》是主要内容，《监理大纲》则是简要的概括性的，研究和决定投标报价、招标现场答疑、成立监理部任命总监和指派监理人员。监理人员进场前，主要责任人是总监，岗位责任是准备进场资料，包括施工规范、质量检验评定标准、监理合同、技术基础资料、监理日记本、办公用品、生活用品和其他资料，编制《监理大纲》指定编写《监理实施细则》的人选、落实编写计划、组织监理人员学习了解工程内容、明确监理任务。现场施工监理阶段，责任人是全体

惠州港开山爆破工程施工签约仪式（1990年）

监理人员，其岗位责任是：总监指定的监理工程师应根据不同施工项目编写好《施工监理细则》，并且组织大家学习掌握。总监为主搜集好《施工合同》、《施工设计图纸》及工程各方应提供的资料。总监应组织好监理交底、设计交底、施工组织设计审查和定期工地会议，全面开展监理工作。监理工作总结阶段，工程竣工验收前后监理责任人是总监和监理工程师，其岗位职责是：按国家验收标准和监理大纲的规定做好工程验收阶段的各项工作，做好竣工资料的审查、组织验收等。此时的工作应以总监为主，监理工程师应按自己所负的责任全力协助总监工作，整理好监理资料，向业主提交监理报告和工程竣工质量评定意见，做好监理总结，向监理单位提交监理总结报告。

三是建立规章制度。有了岗位责任，每个人就有了自己的工作内容。为了有效地工作就要有严格的规章制度，我要求大家都要按“规矩”办事，于是一系列规章制度建立了，如技术管理制度、人事制度、财务制度、奖罚制度、会议制度、休假制度等等。各种制度的建立均有三个特点：首先是可行性。制度的建立不能空洞无物或心血来潮，而是源于实际，在认真研究后形成的，基础是可靠的。其次是可操作性。制度不空不虚、不繁不套、好掌握、好记忆、好推行。第三是灵活性。制度首先应当是严格的，有原则性的，但执行起来应有合理的灵活性，两者应结合起来，合情合理地处理问题。

四是科学规范管理。有了各种管理制度并不等于完全解决了问题，要使制度能够切实执行，必须进行严格的规范管理。我们通过系统管理、科学管理、人性管理的方法，同时通过“送出去，请进来”等形式大力培养和提高监理人员素质。

五是铸造“南华精神”。监理形势在不断变化，各方对监理的要求在不断提高，监理人员也应与时俱进，不断学习，不断创新。我的做法是边学边干，在实际工作中不断总结推广。首先，每项工程完工前监理部要进行工作总结，从个人到监理部都要写出书面总结，交总监汇总。再是监理所总结。每年年中和年末要召开两次工作会议，其主要内容就是工作总结和经验交流，这一制度一直持续至今。再是表彰先进典型。设计院每年都要从监理部推出两三个典型，总结经验，表彰先进，并将其经验广泛推广。

通过多年坚持不懈的努力，我和同事们总结出了“严奉职业道德、牢记监理责任、科学规范管理、不断学习创新”的监理工作作风，这就是后来的“南华精神”。

在“南华精神”的鼓舞下，我和同事们经过多年的奋斗，取得了不少的荣誉：1996年被交通运输部评为全国“交通系统优秀监理单位”，1997年和2007年两次被广东省评为“省直机关文明单位”，1999年被广东省评为“广东省文明窗口”，2004年～2006年连续三年被交通运输部评为“交通建设优秀监理企业”。

编写监理文献，做好理论总结

在交通建设监理发展过程中，我参加了一些理论总结性质的工作。

杨振寰（前排左三）参加监理合同范本研讨会(1995年)

1994年，南华监理所接受原交通部的委托，编写监理工作4个文本范本，成立了以我为主编的编写组。经过大约两年的时间，7次审查，8易其稿，编写出了《港口工程施工投标资格预审文件范本》、《港口工程施工招标文件范本》、《港口工程施工合同范本》、《水运工程施工监理合同范本》，并通过部审，分别于1996和1997年颁布并在全国港口和水运工程中执行。

上个世纪90年代初期，FIDIC条款在我国水运工程中推行不久，施工与监理均处在探索阶段，建筑市场不统一，标书与合同也五花八门。上述4个范本执行后，工程各方均有了统一的行业标准，水运工程施工市场渐趋统一和规范，不合理的情况逐渐减少。水运工程的建筑市场日趋科学化、制度化。4个范本发布后，不但使招投标书、施工合同和监理合同的编写有了统一版本，而且对招投标的程序、方法和有关具体事项都作了详细的规定，明确提出了双方的权利与义务，因而极大地方便了这些文件的编制。4个范本已成为我国港口工程和水运工程准法规性文件。除少量修改外，一直使用至今，得到了广泛的认同和应用。

1994年，交通运输部《水运工程监理培训统编教材（试用）》在长沙理工大学组织送审稿的会审，我负责《监理理论》的审查。到2000年，统编教材已试用多年，交通部决定对统编教材进行修改，委托了长沙理工大学、大连理工大学和东南大学分别承担这个任务。2001年9月，部质监总站委托我对5本共148万字的统编教材修订稿进行统一审查（统稿）。我大约用了两个月的时间，通阅了文稿，提出了包括监理理论、招标投标、质量监控、进度监控、费用监控、合同管理、信息管理在内的60个较重要的问题，约3万字的审查意见，得到了有关领导的一致认可。2003年1月，这份统编教材（第二版）由人民交通出版社出版。

为了给水运工程施工监理工程师提供一本针对性强、操作性强、对施工监理有指导意义的实用工具书，交通运输部1997年委托南华监理所组织并主编《施工监理手册》。南华监理所为主编单位，邀请长沙理工大学、大连理工大学、天津中北监理所、上海东华监理所和长航监理公司等5家单位参加编写。期间，受主编委托我对初稿和二稿进行审查，提出了约3万字的审查意见，并对整体内容提出了修改意见，参与了后期的终审工作，得到了主编单位的认可。

1997年，我退休了，被四航院与南华公司返聘为技术顾问。在返聘期间，为了给后人留下一点监理资料，我将多年招投标工作和施工监理工作中所取得的经验和体会写成了《水运工程监理知识问答》，上下两册，共43万字，1999年由人民交通出版社出版，在全国发行。上册主要是讲监理基本理论、专业知识、水运工程招投标程序与方法，监理工程师在招投过程中的职责和工作方法；下册主要回答监理工程师在"三控两管一协调"的施工监理过程中所遇到问题。这两本书发行后，不少监理工程师向我反映，知识问答很有针对性、可操作性强、能解决实际问题。

这些年来，我还参加了一些设计监理工作。目前国家尚未规定工程项目是否都要进行设计监理，但实际工作中设计监理已经发挥了作用。2001至2004年，我参加了惠州港防波堤、福建省秀屿港石化码头等多项大中型工程的设计监理，任总监理工程师。在监理工作中，我起草了"设计监理报告"和"施工图审查方法"等多份文件。因目前国内尚无设计监理的法规文件，作为设计监理的总监理工程师，我在实际工作中也边学边干，和施工监理初期一样，摸着石头过河，不断学习，不断总结。几年来，我将这些点点滴滴的经验与体会进行系统总结与汇编，编就了《设计监理》一书。目前地方与国家已明确规定，工程项目的施工图设计一定要进行审查。我在书中也介绍了如何对施工图进行审查，具有一定的参考价值。

此外我还参加了为交通运输部监理考试题库命题、全国公路与水运监理考试试题的编选与标准答案征选，以及公路与水运工程全国监理考试的评卷工作。

这些工作，是我在工程管理理论方面的收获，也是我留给监理行业的一份礼物。

夕阳无限好，虽已近黄昏。我希望自己能在有生之年，继续为普及监理知识，探索"设计监理"做更多的事情。

编后语 AFTER WORD

老骥伏枥，志在千里。烈士暮年，壮心不已。走过了28年监理路，他为交通建设监理作出的贡献有目共睹，至今依然为之奋斗不已。中国交通监理拥有这样的监理人，幸甚至哉！

熊广忠

1937年出生，东南大学教授、教授级高工。毕业于南京工学院。先后在西安公路学院、西北建筑工程学院任教。曾担任陕西省科协委员，西安交通工程学会常务副理事长，中国建设监理协会常务理事、理论工作委员会委员，中国交通建设监理协会常务理事、副秘书长、高级顾问以及江苏省科技咨询协会副理事长等职。

20世纪90年代曾参加济青高速公路监理工作（任总监副代表）。1993年创建江苏华宁交通工程咨询监理公司并任总经理，先后监理过一些国家重点工程，并带领公司人员主编《工程建设监理实用手册》、《水运工程施工监理》等多部著作，担任《市政工程监理手册》等的主审。

从20世纪80年代开始应用视觉原理研究道路景观与环境设计，先后发表了有关公路、城市道路美学方面的系列论文，并撰写了我国第一部《城市道路美学》专著，被学术界评价为我国交通工程学的开拓性研究之一，获得国内外专家的一致好评。2008年出版《论道路美学》，2012年又撰写完成我国第一部《公路美学》，主编过《桥涵小力水文计算》等著作。

1993年获政府特殊津贴，先后被评为“全国交通系统优秀监理工程师”、“江苏省教委创办校办企业有功人员”、“南京市推行建设监理制度有功人员”，2008年获“中国交通建设监理十大突出贡献人物”称号。

业主需要有公信力的企业，而监理企业公信力的最好证明在于它在市场中一贯的表现，这表现主要体现在履约能力强、队伍素质高、责任心强等方面。

熊广忠：
"公信力"是制胜法宝

我原本是一名高校教师，做监理企业并不是我最初的选择，但却成为我至今为止最成功的尝试之一。作为一名工程监理人员和企业的管理者，多年来我结合工作实践，先后参与组织编写了《工程建设监理实用手册》等5部著作，统编与主审了《市政工程监理手册》等6部著作，为全面推行交通建设工程监理制贡献了自己的绵薄之力。

监理是门大学问

1990年，因工作需要，我走出象牙塔，来到济青高速当监理，从此与监理工作结下了不解之缘。我到岗时，工程已开工，由于没参加前期监理培训，只得一边工作一边自学"济青公路项目招标文件"和"济青公路工程施工监理人员培训A阶段课程"。尽管我在西安时曾在陕西公路学会的咨询活动中见到过西三线筹备人员翻译的FIDIC条款与编写的招标文件，并听过介绍，但实际接触之下仍然感觉一头雾水。

经过一段时间的监理实践之后，我对质量监理、工程进度、计量支付才有了初步认识，并逐渐学会用合同条款来处理承包人的索赔和各项开工申请与报告，监理工作也有了起色。这点进步让承包单位感到了明显的压力。当时一位施工单位总指挥对内部人员说："今天的监理已不是昨天的监理了，你看他们批的文件（对合同条款的运用）滴水不漏。"虽然这话有些夸张，但济青路监理严格按合同条款办事、严格监理程序、严格质量检验的工作态度让我至今仍记忆犹新。记得当时审批分项工程开工报告时，除审查书面文件是否齐全外，还要到现场对开工准备工作情况进行查对。质检的要求也很高。如：当时灰土检验是要7天强度，承包人做了3公里，7天强

熊广忠（右二）与美国布朗咨询公司董事长布朗先生交流工作经验并协商成立合作公司有关事宜（1997年）

度达不到要求，监理要求返工，但承包人一直拖着不办，一会儿提出用这种方法来复检，一会儿又提出用其他什么方法来检验。当时监理就坚持用规范规定的方法与标准，7天强度达不到合同要求就是不合格，必须坚持按合同办。其他如混凝土强度检验方面例子也极多。当时我曾对承包人讲：我们没有高标准，也没有严要求，"规范"是什么标准，就是什么标准；"规范"如何要求，我们就如何要求。承包人没有办法就说：你这是教条。正因为在这种坚持标准按合同办事的"教条"下，济青高速路十年没大修已成不争的事实。

世界银行贷款项目的济青路是一个大学堂，在济青路的大学堂里，我知道了要坚持按合同要求进行工程建设，同时对什么是监理、如何监理及监理对工程质量、进度、支付的重要性有了深入了解。并明确了之所以要推行监理制度的原因以及这个新行业的发展前景。从此，我决然地走上了监理之路，钻研起监理这门大学问。

创业的艰辛之路

从济青高速公路监理工作结束回校后，我和一起去济青路的老师心里都放不下监理工作了，加之高等级公路修建日益增多，建设单位对监理的需求也越来越大。因此，在学校的支持下，我和一些参加济青高速监理的骨干一起开始筹组监理公司，并于1993年3月28日经工商注册，成立了江苏华宁交通工程咨询监理公司。江苏华宁公司是江苏交通行业的第一家监理公司，当时邻省山东、安徽、浙江也尚未成立交通行业的监理公司。至此，我们开始走上监理社会化、专业化之路。

公司创建时，学校分流了40多人作为公司的专业人员，其余还有部分系、部兼职人员。学校规定对专业人员不能返流，半年内"断奶"，自己养活自己，因此分流人员是没有退路的。我们找来了两个项目，公司启动了。但是队伍建设、制度建立、业务开拓以及监理企业如何运营管理，都得从头学起。

首先从人员思想的转变抓起。从事业单位转到企业，工作的状态必须有很大的转变，所以一定要做好人的思想转换工作。企业没有"铁饭碗"，作为一个企业员工的归属感、凝集力是创业的基础。要让所有人安下心来，把自己与企业的命运联系在一起，让他们认识到企业的前途就是自己的前途，全身心地投入到公司的工作中去。经过一段时间，一些不安心并觉得长期在外工作太苦的人，后来陆续离开了公司，办好企业成为留下的人共同的愿望。公司人员观念的根本转变是从事业单位管理过渡到企业管理的首要条件。

思想转变的工作要做，涉及员工的切身利益的事公司也要关注。由于监理工作常年在外，公司要求各部门关心员工的生活与工作，有关员工切身利益的事业要"想到、心到、做到"，设身处地为职工着想，关心到位，想到、心到还不行，要努力做到。华宁公司承接的项目分散在全国各地，员工常年在项目上，家属得不到照顾。因此，为了让员工放心在外工作，家属有事公司要过问，有病要去关心，部门负责人去了，公司领导也要去。不能回来过年的员工，公司领导都要上门给家属拜年。过年的时候，公司领导还要到每个工地看望坚守岗位的人员，并允许过年时家属到工地探亲报销路费。每年召开新年家属座谈会，向家属介绍公司的发展情况，经常组织家属下工地体验工地生活，以得到他们对家人在工地工作的支持。人的工作做好了，企业的凝聚力也增加了。员工以企业为家，有了归属感，成为企业今后发展的基础。

其次是建立行之有效的现代企业管理制度。当时到监理公司工作的同志中只有极少的行政管理人员，从事管理工作的大多数人原来都是教师。如何走好创业之路，大家的共识就是企业必须建立行之有效的现代企业管理制度，以制度来管理公司，规范企业领导、部门领导、工地负责人的管理行为，以制度规范公司全体监理人员的监理行为。为此，我和大家一起学习企业的管理知识，摸索建立适合当时体制（全民所有制）的现代企业管理制度，同时明确了现代企业制度的核心问题是明确职工与管理层的定位。企业职工是企业的主人，管理团队只是执行机构，企业不能人治，要以制度治理公司。为此从创办开始我们就建立了一年一度的工作会议制度，做年度工作报告，财务报告，未来一年的任务会在由管理层与职工代表组成的工作会议上确定。我们根据现代企业制度中责、权、利相匹配的原则，根据职责建立合理的组织机构，各机构职责明确，有分工，又有协作；建立权责对应的合理决策机制；建立能力相当的用人机制；建立合理的激励机制，使精神奖励与物质利益相得益彰；建立德、勤、业、人际关系为主的科学考核制度，利益与岗位挂钩，与出勤挂钩，与绩效挂钩，并以此来制定公司管理的基本制度，如职工管理制度、经费收入及分配管理方法、财务制度、职称改革暂行办法、聘任制度、岗位职责等符合公司法与现代企业制度的十三项基本制度，使公司管理的各个方面均有章可循，并逐渐走向科

学、规范。

公司各项管理制度、办法规定细致而具体，操作性强。依靠这些制度、办法去管理公司，避免了人治。在制度面前人人平等，包括制度的制定者。如差旅费报销规定中，费用标准规定严格，我自己出差时（除会议外），几乎都是在工地附近住招待所，有可能就住工地。每年下来公司招待费都控制在0.5%以下，比事业单位费用还少。企业管理制度化、规范化能为公司今后发展创造良好的内部环境，这是企业管理的必由之路。

最后是让市场了解华宁公司。创业的3年中，为了开拓业务和及时抓住市场信息，我们经常去拜访业主单位，向业主介绍公司，让业主逐步了解华宁公司是有能力为业主提供良好服务的监理单位。经过3年努力，我们的业务遍及山西、浙江、江苏、广西、山东等地，公司初具规模。

由于公司主要管理监理人员许多都曾是部监理培训教师，有很多业主负责人及政府质监部门负责人都是我们的"弟子"，因此我和公司主要管理人员利用早期在江苏、上海、浙江、东北监理培训的机会向他们介绍公司，使他们对华宁公司都有较深的印象。我国第一座水下软基沉管隧道——宁波甬江水底隧道的业主就是听课以后邀请华宁公司去监理的。另外，我们利用在济青路的监理经历，加上后来的

熊广忠（右六）在检查京珠高速株洲段工地时与监理人员合影（1999年）

知识积累，1994年在北京出版了250万字的《工程建设监理实用手册》。当时印量较大，发行后提高了公司的知名度，很多人也通过这本手册了解了华宁公司。浙江宁海甬宁路获浙江第一个全优工程后，记者采访业主负责人时，问业主为什么要选择华宁监理，业主举起我们主编的《工程建设监理实用手册》说：就凭这本书我选了这个单位，我相信他们的能力。不但社会上的许多业主通过这本手册了解了华宁公司，部总站也开始邀请我们审定监理规范，统编全国水运工程监理培训教材，建设部也邀请我们参加建设监理规范起草等工作。应该说，这些都是手册的"广告"效应。

创建第二年，华宁公司被江苏建设主管部门评价为"江苏四强"企业；3年后的1996年，公司被江苏科委、工商局评为AAA级信誉企业，同年获全国交通系统先进监理单位称号。一批项目监理人员也先后获得全国交通系统及省、市的优秀监理工程师、先进工作者、劳模等称号。

打造一流好企业

我在1994年曾发表过一篇文章名叫《监理市场培育与监理队伍专业化》，其中谈到"监理专业化之日便是监理市场成熟之时"。我认为监理市场需要一批有信誉的企业成为市场的主体，监理只有加强自身建设，逐步建立专业化的队伍，才能促使监理市场稳步向前发展并逐渐成熟。

因此，当企业初具规模后，我在工作会议上明确了华宁公司发展要走的三步：第一步是创建，第二步是巩固提高，第三步是稳步发展，创建全国一流监理企业。

经过3年的创业期之后，公司提出了"提高管理水平、保持适度的规模、不盲目扩大业务、继续提高社会信誉"的经营管理方针。这段时间内，为提高经营管理水平，公司出台了项目经费管理规定、财务报销经费使用的有关细则和办法，加强了项目成本核算。为提高现场监理管理水平，公司组织编写了项目管理办法、监理实施细则并制定监理人员工程责任事故廉洁自律的规定，以加强监理人员的工作责任感，规范现场监理工作与监理人员的职业道德水平。在队伍建设上，公司加强了监理人员的培训。除部批的几批培训外，公司要求项目进行岗前培训，并对每道工序进行技术交底，对考试不合格的人员进行清退，提出要建立一支以专业人员为主，社会聘用人员为辅的，相对稳定的专业化监理队伍。公司专业人员全部经过部培训并取得交通部的监理工程师或专业监理工程师的证书。所有社会聘用人员包括新招大学毕业生，上岗前多经公司组织的部批监理培训，并经公司组织的测量、试验检测等专业技术培训。经一段时间努力，公司人员培训水平、持证水平在省内外均是首屈一指，这些都给来公司检查的主管部门及业主留下了深刻印象。在江苏省科技咨询企业信誉评审时，一位领导这样说：江苏华宁公司之所以能做好，一是有自己的专家群体，二是人员持证水平高，三是有解决复杂工程技术难题的能力，四是有良好的社会信誉。

在这个阶段，公司在完善项目管理制度、加强项目管理与检查力度上做了大量

工作。当时找华宁公司承接项目的业主很多，但公司每年仍保持10%~15%的适度发展，不盲目承接项目。因为当时招投标制度尚不完善，尽管有的项目很多公司去接洽，但像全国第一水下软基沉管隧道、号称浙东第一路的宁镇公路等项目监理，均是业主主要负责人亲自上门邀请的。这段时间我们谢绝了很多邀请，并提出承接项目量力而行，在经营管理上要"接一个项目就做好一个项目"。对所接项目公司加强对项目管理与检查的力度，经过一段时间努力，各地项目在地方每次检查评比中均能名列前茅；即使被评为第二公司也不认可，要问为什么是第二，必须针对存在的问题进行整改，要做到尽可能的好。公司对项目的管理力度与监理力度普遍得到业主与当地质监部门的好评，他们对华宁公司项目管理的规范与重视都很称道。

经过几年的巩固提高，公司管理水平及项目管理水平有较大的提升，项目负责人的敬业精神也有很大的变化，公司凝聚力提高，在监项目普遍受到业主与当地交通主管部门及当地政府的赞扬与表彰。公司也被行业协会、主管部门评为"全国先进建设监理单位"、"江苏先进建设监理单位"、"南京先进监理单位"。江苏省有关部门将华宁公司作为江苏科技咨询的窗口企业。同时，华宁公司在江苏率先通过ISO9002及CNACR、UKAS双认证，一些项目先后获得鲁班奖、詹天佑奖、扬子杯奖。公司先后获得建设部的中国甲级监理单位、交通部公路甲级监理单位以及建设部的市政、工民建甲级监理资质等执业资质。公司先后在全国、江苏、南京的一些交流会上被主管部门推荐介绍管理经验。1999年，江苏华宁公司被交通部质监总站向中国建设监理协会推荐为交通系统"全国先进监理单位"。

经过几年努力，华宁公司内部管理与项目管理得到各方很好的评价，企业的管理制度及队伍建设、经营管理、监理服务等方面经几年的探索也有了一定的经验，经营也初具规模，具备了创建一流监理企业的基础。

在3年巩固提高的基础上，1999年公司在年度工作会议上提出了"为创建我国一流监理企业而奋斗"的口号。2000年工作会议上的主题报告就是"提高管理水平，创建一流监理企业"，并分别做了"不断提高监理人员素质，培育一流监理队伍"、"加强管理，提高监理业务素质与项目管理水平"与"贯彻ISO9000质量体系，努力提高监理工作质量，为业主提供一流服务"等专题报告，这些报告中对创一流企业的奋斗目标、存在的问题及今后的措施都有较详尽的意见。

多年来，公司将关心职工、爱护职工、发挥每个职工的积极性作为稳定队伍最重要的工作，建立了一支以专业化骨干为主的现场监理班子。在队伍建设上，公司提出了"以专职人员为主、合同制技术人员为辅"的建设方针，重点吸纳社会技术人员及到高校招收应届大学毕业生作为合同制专职人员（人事代理），并经过专门的监理、测量、试验等专门培训后补充专业监理队伍。他们有归属感、责任心，觉得做个华宁人有自豪感，为华宁争荣誉成为工作中不可缺少的内容。

同时，公司把队伍自身建设作为创建一流企业的重头戏。除委托东南大学研究生院组织的75人研究生班以外，公司还组织现场人员总结监理工作经验，编写了相对完善的监理实施细则，并由交通出版社出版。编写过程也是编写人员学习规范、

熊广忠（左三）在浙江上三高速公路天台段检查工作（2000年）

学习监理理论的一个很好的过程。作为学习型企业，这些学习及提高的成果在著作中得到了反映。根据监理工作的特点，经东南大学领导及人事部门同意，公司可以自主评聘技术职称（报人事备案发证），促进了监理人员学习、写作和业务提高的积极性，也让新进公司的大学生看到了发展的机会。

在内部管理方面，除多年来一直强调的计算机辅助监理以外，又进一步地完善内部管理的各项制度，使管理更加严格、科学、规范。公司在内部管理上也形成了决策民主化、管理规范化。公司有了较好的工作秩序与良好的内部环境，并形成了"自信、敬业、团结、进取"的企业精神。

在项目管理上，公司仍坚持一年两次的工地检查与评比，定期征求业主意见。业主与监理关系十分融洽，即使工地上有时出现一些问题，业主也相信华宁处理问题的协调能力。他们在各种公开场合给予华宁公司的监理工作较高的评价，经常有业主上门邀请我们去监理项目。这些都反映出公司在社会上成功树立了良好的企业形象。

监理工作是一项需要长期野外作业的艰苦工作，建立稳定的骨干队伍非常重要。提供较好的工作环境、适当的待遇及发展的机会均是留住人的不可缺失的条件。因此，公司在改善工地住宿条件及生活待遇以及提供再学习机会等方面做了不少努力。在工作会议上，我提出工地的生活不能与家有太大的反差，公司要舍得投入，同时监理人员每年的收入都要随公司业务扩大与效益的增加而逐步提高。

公司为员工营造了相对宽松、心情舒畅的工作环境，使职工工作敬业，忠于职守。有的同志有病仍坚持留在工地，有的同志连续4年在工地过春节。这些付出都是需要敬业和奉献精神的。外界评价华宁公司富有凝聚力，也是他们在和公司职工接触中感受到的。

熊广忠（左一）陪同业内同行在公司参观并交流监理工作经验（2002年）

在公司具有一定规模、管理有一定经验、经营上进入良性循环后，在市场机会很多、投标中标率极高的市场环境下，我们坚持适度发展，不盲目扩大业务的经营理念，把管理好项目，不断提高社会信誉作为首要目标。华宁公司从建立到提出创建一流企业口号的近十年中，工程没有一起重大质量事故，所有工程全部优良，与业主关系融洽，从部到省质监部门均给予很高的评价，被誉为"一流的队伍、一流的质量、一流的业绩"。这与我们要求企业必须提高层次，监理工作要上台阶，建设具有公信力的企业理念是分不开的。

社会需要公信力

我认为，监理公司是以专业知识进行服务的智力型企业，也是一个学习型的企业。华宁公司创办之初，成员以教师为主，具有较高的理论水平，但缺乏生产实践经验，最初在实践中学习是从济青路当监理开始的。我和同事们在济青路监理实践中学习了项目管理，学习了施工知识。济青路结束后，我们又对监理项目管理和有关国际工程管理知识进行了再学习，承接了交通部公路、水运监理的培训讲课任务，编写了部分和统编全部水运工程监理培训教材。1993年开始又组织了一批设计、科研及公司监理人员编写了200多万字的《工程建设监理实用手册》，几年后又编写了第二版。一些人对我讲，原来不知怎么当监理，有了手册后可以按监理程序、检验内容去做了。实践的东西总结出来加上理论成书，可以使好多人受益。此后我们又主编了《水运工程施工监理》、《公路工程施工质量监理手册》、《公路工程施工质量监理实施细则》等，主审《市政工程建设监理手册》、《建筑工程土建施工质量监理指南》、《公路工程材料试验检测监理规范化手册》及《高速公路路面养护工程施工监理实务》等，并且用学到的东西参与到交通部总站组织的规范、管理办法、招标文件等审定与编写中。这些工作也大大提高了公司的品牌影响力。

实事求是，一丝不苟，是监理市场中业主希望看到的和监理该做的，业主希望看到可信赖的监理单位。20世纪90年代我们做了一个工程后，业主就让我们继续做下一个工程，甚至还将我们推荐给其他地方的业主，那些年我们尽力为业主达成他们的既定工期与质量目标，业主高兴，监理开心，关系融洽，工作紧张，但环境宽松。

事实说明，业主需要有公信力的企业，而监理企业公信力的最好证明在于它在市场中一贯的表现，这表现主要体现在履约能力强、队伍高素质和高度责任心方面。对工程的掌控与协调能力，最后能否为业主交出一份满意的工程答卷等，都是取信于业主的关键。

建立有公信力的企业，需要企业领导层及全员都树立企业的品牌意识。品牌是企业在市场中生存与胜出的必不可少的条件。目前市场问题很多，如监理市场中建设各方行为不够规范、监理定位不清、队伍专业化不高，这些都影响企业的发展，就专业化而言仍然任重道远。有些事情，监理单位有心而力不足，有待政府的扶持与加速市场的培育。期盼这一天早日到来。

编后语 AFTER WORD

由一名高校教师到监理企业领导人，熊广忠以自己拥有的理论去指导实践，又通过自己的实践去佐证理论。作为监理人，他认为“公信力”是企业制胜法宝，企业必须有品牌意识，这值得广大监理从业者深思。

见证
Witness
——交通建设
监理在中国

第三篇 全面推行

经过广大监理人的共同努力和奋斗，工程监理进入了稳步发展时期的全面推行阶段。1996年7月1日召开的全国交通基本建设质量监督工程监理工作会议要求，从1996年起，所有新开工的、列入交通基本建设计划的公路工程、水运工程建设项目必须实行监理制，没有落实监理单位的项目不批准开工；监理的范围要从以施工质量监理为主，根据实际情况逐步拓展到有关方面，实行施工阶段全方位的监理；监理工程师的责、权应落实到位，充分发挥监理人员的作用。该阶段的主要特点是：工程监理覆盖面有所拓展，所有列入计划的大中型项目和重要的小型工程项目都实施了工程监理；市场培育成效初显；监理队伍进一步发展壮大；监理法规体系进一步完善。特别值得一提的是，在全面推行阶段，监理硕果累累，众多世界级工程胜利完工，一批已经逐渐走向成熟的监理企业在市场上崭露头角，使监理事业的发展跃上了一个新台阶。

原交通部基本建设质量监督总站站长苏炳坤深感工程质量监督是交通建设项目管理工作的重要组成部分，也是实施建设管理体制改革、积极推行项目管理四项基本制度、努力提高工程管理科学性的重要手段，是“政府监督、社会监理、企业自检”三级管理体系中的关键性环节，必须始终坚持并切实做好。

作为中国唯一一位FIDIC执行委员，解绍璋深刻感悟：FIDIC理念对于中国公路行业的项目管理思维产生了强大的冲击，包括合同管理在内的公路工程项目管理理念根基基本来源于FIDIC。FIDIC理念的引进、应用与发展，使得中国目前的公路建设，已经从适应单一计划经济的管理模式逐步过渡到基本适应市场经济的管理模式；已经从行政命令式管理逐步转变到行业自律式管理；已经从由业主自身进行管理逐步转向委托专业化公司进行管理。未来中国公路发展将进入新阶段，FIDIC理念将对中国公路行业产生更为深刻的影响。

作为一名改革者，李明华从交通建设质监工作的初创到公路工程监理队伍的建立，从公路工程检测体系的基本形成到全国重点公路工程质量大检查，从组织工程质量鉴定到仲裁工程质量争端等历程都有参与。他的经验首先是狠抓质量，始终坚持“树精品意识，坚持质量第一”的方针，要求每一位监理人员牢记“质量是工程的生命”，从加强个人业务修养，强化监理职业道德入手，严格监理，热情服务，练好内功，监理人员必须具有较强的专业技术能力，这是胜任工作的技术保证。

客观务实的雒玉军抓好监理企业的法宝是，首先抓资质，完善制度，清理合同。再是抓特大项目开发。他制定了“制度落实年”“人才强企建设年”“风险意识提高年”以及“社会、经济效益提高年”诸多决策，在企业的发展道路上发挥了重要作用。

作为监理行业女强人，刘凤鸣认为，公司监理工作前后延伸，向代建管理转化，是建设行业发展的要求，也是监理企业深化改革、进一步提高的要求。从组织初步设计开始，招标代理办证、前期工作、对外协调、工程实施进度、投资控制、竣工验收、施工决算、资料上交到工程移交，代建管理贯穿于建设全过程，是主动工作，是施工监理向前、向后的延伸。

这些来自于实践的真知灼见，对监理的发展产生了深远的影响。

苏炳坤

高级工程师。曾先后担任交通部水运科学研究所港口输运机械研究室副主任、主任工程师，交通部科技发展基金会副主任。1994年9月，调入交通部质监总站任站长。退休后曾任中国交通建设监理协会副理事长兼秘书长、中国建设监理协会副会长等职。先后参与、主持过多项航道工程和港口机械的国家重点科技攻关项目的研究开发工作，负责交通部重点科研项目和科技发展基金的组织实施与管理、交通建设工程质量的监督管理、工程监理的组织管理等工作。一些科研成果曾获得交通部和全国科学大会奖励，本人也多次获得交通部、中央国家机关工委和全国科学大会的表彰，并于1992年起获得国务院“政府特殊津贴”。

“作为我国交通建设“三级质量保证体系”组成部分的工程监理，是改革开放的产物，也是我国经济社会发展进步的重要标志和必然选择。在新的历史时期，监理这个舶来品，要想走出弱势低谷，取得更好发展，除了必须切实加强队伍自身建设外，政府在政策层面上的大力扶持和助推，相关市场主体在执行层面上的理解、支持、帮助和配合至关重要。”

苏炳坤：
难忘的岁月

我的工作经历比较简单，作为一名典型的“三门”干部，走出家门、校门后，便顺利跨进交通部水运科学研究所的大门，先后从事航道工程和港口装卸机械的研究开发整整30年。1989年11月，由于交通部机关机构改革，我被调入交通部科技发展基金会工作，后又因工作需要，于1994年9月被调到新的岗位——交通部基本建设质监总站任站长，直至2001年退休，在交通部质监总站工作了约7年时间，算是迄今主持总站工作年头最长的一个。退休后，我主要的精力便都投入到中国交通建设监理协会的工作中了。

三件大事助推交通建设监理发展

我刚到部质监总站时，对工程质量监督管理工作不熟悉，对相关管理法规、标准规范也不了解，通过几年的不断摸索，边学边干，才逐步进入角色。当时，交通建设监理正处于稳步发展和全面推行两个重要阶段，根据总站的职责要求，我与李明华、黄勇两位副站长以及全站职工一起密切配合，在努力做好日常的工程质量监督管理工作，积极推进质量监督机制逐步完善和工程监理制在公路水运工程建设中的全面组织实施，加快监理市场的培育发展，促进交通建设项目管理体制的改革，提高工程质量和投资综合效益，确保交通建设持续快速发展等方面取得了较大成效。

回顾这期间，给我印象深刻的有以下三件事，这三件事也对今后的行业发展有着较大影响。

第一件事是将工程试验检测工作的管理正式纳入交通部质监总站的职责范畴。

工程试验检测是工程质量监督管理工作的重要内容和手段，也是控制工程质量的重要技术保证。以前，交通部对工程试验检测工作的管理，主要由体改法规司负责。我们从加强工程质量监督管理工作的实际需要和理顺管理关系考虑，经与部体法司多次协商沟通，向他们反复讲明工程试验检测与工程质量监督管理工作之间不可分割的内在关系，部最后同意将涉及交通建设工程试验检测工作的管理职能，划归部质监总站承担。在我们正式接管前，试验检测工作虽经多年的努力取得了较大成绩，但尚存在着不少问题。主要是试验检测法规体系还不够健全；市场尚不规范，缺乏行业政策引导，资质管理较混乱；机构总体布局不合理，职责不明确；人员素质参差不齐，工作不规范、不到位，掌握工程质量检评标准不够准确，导致出现误检、错检现象；有些检测机构工作尚未形成标准化和规范化，管理水平低，检测设备普遍老化、质量差、性能不稳定，精度不高，检测质量不能保证，影响了检测工作的科学性和有效性；有些非交通系统的试验检测机构无序进入交通建设试验检测市场，由于不能严格执行交通行业技术标准而在一定程度上影响了工程质量，给市场管理带来了不少问题和矛盾；极少数试验检测人员工作作风不正，不能秉公办事，在社会上造成不良影响，损坏了检测机构的声誉等等。为加强对交通建设工程试验检测机构的资质管理，规范试验检测市场行为，我们在明确了对工程试验检测工作归口管理职能之后，即安排专人实施规范化管理。在对公路水运工程试验检测市场现状进行全面调查的基础上，先后提出并发布了《公路工程试验检测机构资质管理暂行办法》、《水运工程试验检测机构规划初步意见》、《关于加强水运工程试验检测管理工作的通知》、《水运工程试验检测暂行规定》、《水运工程试验检测机构资质管理办法》，以及《公路、水运工程试验检测人员资质管理暂行办法》等管理规章。同时还先后组织举办了多期试验检测人员业务培训班，审批了一批试验检测机构的甲级资质，组织开展了试验检测技术现场演示评比活动等。

我退休以后，部质监总站又继续对工程试验检测相关的一些规章制度、标准规范不断进行修订完善，逐步形成了较为健全的政策法规体系。为加强市场监管，还建立并完善了有进有出的动态管理机制，制定了交通建设试验检测行业从业自律公约，并发出了坚持诚信为本、制止虚假歪风的倡议书等。继续受理了一些试验检测机构的等级评审，并于2006年3月至4月，在江苏和湖南两省进行了全国公路工程试验检测人员执业资格考试试点，在总结试点经验基础上，又于2007年4月下旬组织举办了共有21个省（区市）参加的全国首次公路水运工程试验检测人员执业资格考试。2008年以后，每年都要组织举办1～2次，至今已有6次，参加执业资格考试的人员共有40万名，通过考试获得试验检测工程师资格的约有4万多名。中国交通建设监理协会成立后，其试验检测工作委员会为配合部质监局（原部质监总站）加强对试验检测工作的行业管理，积极开展各项业务活动，取得了较大成绩，工程试验检测队伍有了很大发展。目前获得部批甲级和专项资质的试验检测机构已有130家左右，其中公路100多家，水运20多家。按照分级管理的原则，经各省（区市）质监部门评定，获得乙、丙级资质的试验检测机构约有1700多家。

第二件事是不断完善质监体制，更好地发挥政府质监机构的职能作用。

部质监总站是改革开放的产物，是根据国务院国发[1984]123号《关于改革建筑业和基本建设管理体制若干问题的暂行规定》和国家计委、中国人民建设银行计施[1986]307号《关于工程质量监督机构监督范围和取费标准的通知》等有关文件规定，结合交通系统基本建设管理的实际，以（87）交基字762号文决定成立的。主要职责是在部水运和公路建设主管部门领导下，负责交通系统基本建设工程及其配套、辅助和附属工程质量的监督管理。人员由原部基建局和公路局的干部兼任，部质监总站第一任站长由时任部基建局长的刘济舟兼任。1989年6月交通部又按照建设部（88）建字366号《关于开展建设监理试点工作的若干意见》的规定，考虑到交通部公路系统已列为全国开展建设监理工作的试点单位之一的实际情况，经研究，决定在部成立的"交通部基本建设工程质量监督总站"基础上，以（89）交人劳字316号文组建交通部工程建设监理总站，行政级别为正处级，归口部工程管理司管理，暂定事业编制10人，设站长一名、副站长二名。主要任务是：行使政府建设监理管理机构的职能，对交通行业建设监理组织实行监督管理和工程建设实施进行监理，拟定监理法规，指导与管理全国交通本行业建设监理工作。后来随着工程质量监督工作的逐步开展和监理工作的试行，对质量监督和建设监理的本质属性的认识与了解也逐步明晰和深入，为进一步完善基建管理体制，理顺管理关系，部又决定把以前组建的两个"总站"作了调整，统一定名为交通部基本建设质量监督总站，为正处级部机关直属事业单位，由部基建司归口管理，业务工作分别由基建司和公路司领导，部质监总站的主要职责、内设机构、人员编制等问题也进一步作了规定。

我在总站工作期间，通过多年来的管理实践，深刻感受到工程质量监督是交通建设项目管理工作的重要组成部分，也是实施建设管理体制改革，积极推行项目管理四项基本制度（即业主负责制、招标投标制、工程监理制和合同管理制），努力提高工程管理科学性的重要手段，是"政府监督、社会监理、企业自检"三级质量管理体系中的关键环节，也是培育发展社会主义市场经济的客观要求；逐步认识到三级质量管理体系是利用市场机制和政府行政监督职能，依照法律法规和技术规范标准来约束建设各方的行为，达到保证工程质量、按期完成建设任务、控制造价、提高综合效益的目的。加强对质量工作的管理，企业自检是基础，工程监理是关键，政府监督是保证。各级交通建设主管部门按照统一规划、分级管理的原则，强化工程质量监督，积极推行工程监理，狠抓施工企业自检和队伍建设，做了大量工作。全国各省（区市）交通厅（局）均相继成立了工程质量监督站，一些建设任务较重的省份还组建了地市级质监站，较好地行使政府对工程质量的监督职能，同时注重法规建设，逐步建立健全政策法规体系，扩大监督覆盖面，在监督工作中坚持用好"三权"（即质量监督权、质量否决权、质量仲裁权），把好"三关"（即开工关、施工关、竣工验收关），抓好"三重"（即重点工程、重点部位、重要单位），体现"三性"

（即权威性、科学性、公正性），使工程质量监督机制日趋完善，质量监督工作走上制度化、规范化轨道，有效地确保了工程质量和投资综合效益，促进了交通建设的持续快速发展。

但是，随着部质监总站工作的逐步深入，管理职责范围的逐步调整扩大，在其行政级别和机构设置等方面，也暴露出一些问题和不足，与交通建设的加快发展不相适应，影响了其在行业内对工程质量安全实施有效监督管理作用的发挥，相关单位间的组织协调和联系沟通也受到了一定影响。对此，不少省厅质监站和质监人员曾多次提出了希望提升总站行政级别，以进一步加强工程质量监督管理的建议。我与李明华、黄勇两位副站长经认真研究后，决定根据大家的建议，向部相关主管部门和领导汇报，特别是利用“三讲”教育中排查本单位存在的突出问题进行整改的机会，再次提出了关于调整部质监总站行政级别、主要职责和内设机构的请示。1999年6月25日，黄镇东部长主持召开了第8次部长办公会议，对上述问题进行了专门讨论研究。在其会议纪要中明确了“会议原则同意人劳司关于调整部基本建设质量监督总站主要职责、内设机构和人员编制的意见，质监总站的级别升为副局级，事业编制定为25人”。接着部便以交人劳发[1999]406号文印发了《关于调整交通部基本建设质量监督总站主要职责、内设机构和人员编制的通知》。经调整后，其管理关系仍为部机关直属事业单位，由部水运司归口管理，业务工作分别由公路司、水运司领导，明确总站为副局级，使用事业编制，人员参照部机关公务员管理，财务实行收支两条线。其主要职责细化为11项，行政职能进一步得到加强。

这次部对质监总站主要职责、内设机构和人员编制的调整，应该说是一次较大的调整和改革，对进一步完善基建管理体制，理顺关系，加强交通建设工程质量监督管理，发挥了积极作用，为今后部质监总站主要职责、内设机构等的继续调整、完善和业务工作的更好开展，打下了良好基础。

第三件事是筹备成立中国交通建设监理协会。

随着改革开放的深入和计划经济向市场经济的转轨，交通建设监理行业的规模和市场不断扩大，广大监理企业对于规范行为、反映诉求、沟通信息等方面产生了强烈的需求。我调入部质监总站工作不久，就经常听到有些监理企业希望成立交通建设监理协会的呼声。随着工程监理制在交通建设中的全面推行，这种呼声越来越高。1997年12月，在部质监总站组织召开的全国公路水运工程监理经验交流会上，有130多家监理企业联合发起了尽快成立交通建设监理协会的倡议。

那次会议后，部质监总站根据相关意见，将筹备成立监理协会的事列为今后几年的工作任务，安排专人着手协会筹备的前期工作，编写了可行性研究报告，并得到了部水运司、公路司和人劳司的全力支持；接着又于1999年3月向部人劳司提出了成立筹备组的请示报告，部人劳司很快批复同意。筹备组由部总站和在京6家监理企业的负责同志组成，由我担任组长，主要任务是：按照《社会团体登记管理条例》及《交通部社会团体管理暂行办法》的有关要求，广泛征求监理企业和有关部门意见，研究拟定协会章程（章要）；对协会的宗旨、业务范围、主要任务及其管理模式、组织机构等问题进行全面研究和探讨；提出协会负责人建议人选；落实办公场所和注册资金；编制完成向民政部申请筹备的有关材料等。筹备期间，得到了广大监理企业和部有关部门的积极支持和帮助，6家在京监理企业和部有关部门共同提供了注册资金，中交公路规划设计院也提供了较好的办公场所。通过筹备组两年多时间的认真工作，较好地完成了各项筹备任务，2000年7月筹备组向交通部提交了筹备成立中国交通建设监理协会的报告，经交通部批复并原则同意协会章程和拟定负责人人选后，筹备组即于同年9月向民政部正式提出《关于成立中国交通建设监理协会请示》。经民政部审查并报国务院审定后，民政部于2001年12月10日正式批复协会筹备成立。2002年4月12日，中国交通建设监理协会在北京隆重召开了成立大会暨第一届会员大会。之后又于2004年前，根据交通建设监理行业特点，相继成立了公路工程、水运工程、交通工程、机电工程专业委员会和试验检测工作委员会5个分支机构。

每当有人问起协会筹建过程的情况时，我总会向他们说，我们协会是在最困难的情况下申请筹备的。那时我国正处在清理整顿全国社团组织阶段，民政部原则上停止了对发展新社团组织的审批工作。尽管交通建设监理行业的发展对成立协会的需求十分迫切，但申请成立协会的难度却相当大。在这种情况下，筹备组除了加强与民政部主管司局的联系，多提供相关材料，多汇报协会成立的必要性和重要意义外，部质监总站及部相关主管部门的领导亲自出面沟通也发挥了至关重要的作用。可以说没有各级领导和监理企业的支持与帮助，协会不可能在短期内顺利地成立。

在部管社团中，交通建设监理协会成立时间较晚，但起点较高、发展较快。协会成立十多年来，在努力抓好自身建设，实施规范化、制度化管理的基础上，从提供服务、反映诉求、规范行为方面做了一定工作，取得了一些成绩，得到了大家的一些好评和肯定。2009年在全国社会组织等级评估中被民政部评为4A级，2010年又被授予全国先进社会组织称号。成绩的取得，与协会全体工作人员的努力是分不开

苏炳坤（左六）参加中国交通建设监理协会筹备组第一次会议（1999年）

的，也是政府主管部门积极引导培育、会员单位支持帮助的结果。

协会成立不久，按照转变政府职能的有关要求，2003年9月交通部以交人劳发〔2003〕375号文正式将4项职能委托给了协会。在日常工作及业务活动中，部有关业务主管部门，特别是质监总站对协会的指导、支持、帮助很大，对协会组织机构的设置、管理模式、人力资源开发、岗位职责、创新发展的目标任务和途径等提出了不少好的指导性意见，并及时提供行业发展信息，对协会的工作进行具体业务指导，对协会组织开展的专业活动给予积极鼓励和支持，协助解决协会在工作过程中的困难和问题，使协会能够紧紧围绕交通建设的中心任务和行业发展目标，做好工作，较好地发挥了桥梁纽带作用。

对于协会成立以来组织开展的各项工作，广大会员单位一直给予热情关注，认真配合，积极参与和支持，对协会工作中取得的一些成绩和进步给予充分肯定和鼓励，对工作中存在的一些不足，能善意地提出改进意见和建议，对协会的创新发展愿景，积极协助谋划并寄予热切期望。他们以协会为家、对协会充满关爱，从人力物力财力各方面给协会提供全力支持和帮助，协会秘书处每一位工作人员无不为之感动，并激励着自己不断开拓进取，决心以建好会员之家、做好岗位工作、提供优质服务来回报大家的期盼。

十年如一日地服务于行业需要

时光如梭，转眼协会成立已有10多个年头了，回顾协会成立10多年来，主要做了以下几方面的工作：

1、注重组织机构及制度建设，打好协会工作基础。

协会成立后，按有关规定和程序，组建了协会办事机构——秘书处，内设综合部、业务部、联络部三个部门，申请了15人的社团编制，配备了工作人员，并根据监理行业的专业性质和特点，分别成立了五个分支机构。2010年1月又根据协会工作需要，成立了一个非常设机构——专家咨询委员会。此外，还按照部机关党委的有关规定和要求，经部管社团党组织批准，于协会成立之初，组建了协会党支部。与此同时，协会还十分重视秘书处的制度建设以及工作人员素质的培养提高。经过多年来的不断完善和努力，现已基本建立以协会《章程》为核心，包括协会人事、财务、文档、部门岗位职责、分支机构管理等18项制度。健全的组织机构和完善的管理制度，确保了协会各机构能正常运转，较好地履行职责，顺利完成协会会员代表大会、理事会、常务理事会及政府主管部门、上级党组织安排、委托、布置的各项任务，使协会工作走上规范化、制度化的发展轨道。

2、注重调查研究，积极反映企业、行业诉求。

协会刚成立，协会的一些主要负责同志带领秘书处工作人员以河南、山西两省为重点深入进行调查研究，走访了两省交通建设主管部门、质监机构、项目业主、施工单位和监理企业，召开了华南、北方两个片区监理企业负责人座谈会，广泛听取建设各方的意见，使我们对当时全国监理行业、企业的情况有了一个基本了解。2002年12月形成了《交通建设监理工作调研报告》，上报交通部领导和有关司局。从这次调研中我们感到，监理制推行以来，为我国交通建设的加快发展作出了重要贡献，但是监理企业的生存和发展环境还存在不少困难和问题，其中最突出的问题是监理收费偏低。因此，协会在以后的几年中，围绕监理收费问题，连续组织了多次调研工作。除对部分公路水运工程项目业主不同程度存在的拖欠监理费问题进行调查，向部主管部门报送了专题调研报告外，还对部分有代表性的监理企业和工程项目的监理费用进行了调研和测算，提出了公路水运工程施工监理收费的具体修订建议和意见，报送交通部、建设部和国家发改委，有部分建议被采纳。经过有关方面的共同努力，我国新的建设工程监理与相关服务收费管理规定和收费标准于2007年5月1日正式施行。

2010年，协会又受部质监总站委托，在会员单位中选择了405家监理企业进行了监理收费执行情况的问卷调查。同时由协会负责人带队，分赴黑龙江等6个省市的公路水运工程施工现场进行调查，召开座谈会听取建设各方意见。通过广泛调研，了解到公路水运工程监理企业的收费情况能达到新标准的比例偏低，且监理市场不规范，我们及时向部质监总站报送了专题报告，建议部采取相关措施给予解决。

近几年来，随着国外一些工程项目管理模式的引进以及国内转变经济发展方式、调整经济结构带来的工程建设领域项目管理方面的新变化，2011年部公路局、质监局组织开展了公路工程监理制度的调研，受部委托，协会承担了“国外及国内部分行业推行监理制度调研”的任务，已于2012年10月完成并提交了调研报告。

十多年来协会做的大量调查研究工作，反映了企业、行业诉求，对交通建设监理事业的健康、有序发展起到了一定的促进作用。

3、注重规范行为，加强行业自律。

为规范监理企业的从业行为，营造行业自律的良好氛围，协会成立之初，制定了会员守则，并向全国交通建设监理单位发出了以行业自律为主要内容，树立监理企业良好形象的《倡议书》，对会员单位提出了以诚信为本、操守为重、合法经营、严格监理、优质服务、廉洁自律等要求和倡议。2004年，协会又针对监理招投标活动和试验检测过程中少数单位和工作人员存在弄虚作假的现象，通过102家监理企业联合提出了《坚持诚信为本，制止虚假歪风》的倡议，在行业内引起较大反响。为规范行业行为，协会一届三次理事会又审议通过了《交通建设监理行业从业自律公约（试行）》，对监理企业自律、监理人员自律以及违约的处理，提出了具体要求。近几年来，协会还坚持正面引导，组织开展了评优表彰活动，先后制定了交通建设优秀监理工程师评选办法、交通建设优秀监理企业评选办法，从2003年开展评优工作，目前为止有6批、912人次荣获“交通建设优秀监理工程师”称号，有5批、134家监理企

苏炳坤（右）和协会副理事长谭占海等人一同参观润扬大桥（2004年）

业（含重复获奖）荣获“交通建设优秀监理企业”称号。协会组织的优秀监理企业和优秀监理工程师评选经全国清理规范评比达标表彰工作联席会议审查，并报国务院批准，2010年初被正式列为交通运输部8个评比达标表彰保留项目之一。与此同时，协会还配合主管部门推进监理行业信用体系建设，积极参加部公路水运工程监理企业、监理人员信用评价办法的制定和实施，并把信用作为企业品牌评价和监理人员评优的重要指标之一。通过营造自律氛围，树立行业先进典型，开展信用评价，监理企业及监理人员的自律意识和责任意识进一步增强。

4、注重业务培训，提高监理人员素质。

监理行业属于高智能、高技术咨询服务行业，投入的是人才，输出的知识、技术、经验和管理，实现的是人的智能劳动的转化。因此，提高监理人员素质，不断更新观念和知识，是提高监理企业核心竞争力，适应监理事业发展需要的有效途径。协会成立以来，一直把为企业提供培训服务，作为协会为行业、为企业服务的重要内容，先后办了3期中高级监理人员业务研讨班，与清华大学合作举办了4期工程建设项目管理高级研修班，一大批监理企业负责人及中高级业务管理人员参加了学习、研讨，并从中受益。从2007年起，协会承担了公路水运工程施工安全监理、环境保护监理培训考试的有关工作，始终坚持高标准、严要求、广覆盖原则，采取统一组织、集中授课、严格考试、考辅分离、动态管理方式，保证了培训质量。截至2012年年底，先后在34个省（区、市）质监机构举办培训班322个，有41133人参加了培训考试。

5、注重行风建设，改善行业形象。

为落实冯正霖副部长在交通建设监理20年回顾暨发展论坛提出的开展“监理企业树品牌、监理人员讲责任”的新风建设要求，协会协助部主管部门在有关文件起草、会议组织筹备等方面做了大量工作，还负责收集活动信息，制定监理企业品牌评价办法以及品牌评价的组织、评审等相关工作。经过有关各方历时三年的共同努力，监理行业法规建设取得新进展，监理企业管理进一步规范，品牌意识大大增强，已有16家企业荣获"中国交通建设优秀品牌监理企业"称号，行业新风建设取得了阶段性成果。部质监局黄勇副局长在2012年5月下旬召开的监理行业新风建设活动总结会上进行了系统、全面的总结，冯副部长也对监理行业的长远发展做了重要指示。在认真总结行业新风建设活动的基础上，切实做好新风建设常态化的相关工作。

6、注重国际交流合作，学习借鉴国外先进经验。

截止2012年底，协会共组织19批、166人次监理企业有关负责人、业务骨干等赴欧洲、非洲、南美洲、亚洲、大洋洲一些国家，进行交通建设监理、试验检测技术业务交流和考察。2008年协会还与韩国监理协会签署了两会交流合作备忘录，每年都安排互访交流活动。

7、注重各项委托工作的组织落实，努力做好服务。

协会专家咨询委员会及会员单位的专家，多年来参与了有关行业管理政策法规、标准规范的编制和修订工作，组织编写了相关培训教材，参加了公路水运工程监理企业资质初审、复查，承担了公路水运工程监理工程师职业资格及试验检测人员考试的有关考务工作，完成了有关资质、资格证书的制作等。目前，我部共有44400多名监理人员通过考试获得监理工程师和专业监理工程师职业资格，这在一定程度上缓解了公路水运工程监理持证人员不足的矛盾。

与此同时，协会还十分注重"一刊一网"信息平台的搭建和完善，注重各项活动的组织开展，增强了协会的生机和活力。

当前和今后一个时期，我国仍处在经济社会发展的重要战略机遇期，广大交通建设监理人员必须站在新的起点上，认真贯彻落实党的十八大精神，以科学发展观为统领，把握发展规律，提升发展质量，积极推进五位一体的总体布局，努力促进生态文明建设，坚持创新驱动战略，加快企业转型发展，不断开拓进取，为交通建设监理上新台阶而继续努力。

岁月如浮云般匆匆飘逝，但那些曾经亲历的往事却记忆犹新，令人难忘，催人奋进。有幸能在我的人生征程后期，为我国交通建设事业的发展出了一点力，干了一点具体工作，尽管微不足道，但却感到欣慰和亲切。

编后语 AFTER WORD

中国交通建设监理25年来走过了一条不平坦的发展之路。在这条路上，有许多像苏炳坤这样的人，他们踏踏实实地工作着，用自己的思考和行动推动着交通建设监理向前发展，无怨无悔地把自己融入了这项充满希望的事业之中。

解绍璋

1943年出生。教授级高级工程师。1966年毕业于河北大学数学物理方程专业。中美合资华杰工程咨询有限公司创始人之一，历任公司副总经理、总经理、董事，现任华杰工程咨询有限公司专职董事。

从业以来主要从事国际与国内工程招标与项目管理咨询以及相关前沿课题研究等工作，主持完成了国家“七五”重点科技攻关项目“高等级公路路线与桥梁CAD技术的开发与研究”，在国内率先研究FIDIC合同条件和其他工程咨询理念与方法，主持完成了世界银行和亚洲开发银行贷款30余个项目的咨询与课题研究，主持编写了交通部招投标规范文件，在全国各省市完成了数千亿投资的600余个项目咨询。与加拿大、法国、日本等5个国家的工程咨询专家共同编写了《FIDIC提高工程质量行动指南》(英文)等著作，在世界各国和国际金融组织得到应用。

曾任中国工程咨询协会副会长，中国工程咨询协会专家委员会副主任、中国交通建设监理协会专家委员会副主任、FIDIC执行委员。

曾荣获国家级奖一项，省部级奖两项，荣获建设部颁发的“全国优秀设计院长”荣誉称号以及由FIDIC颁发的“杰出贡献奖”。

“学习外国先进的工程咨询理念的最佳途径是研读FIDIC发表的大量指南、范本与报告等文件。研读FIDIC文件的目的是掌握它的理念与方法。要使FIDIC理念在工程项目上得以实施，就必须结合中国的国情。只有把FIDIC理念结合中国的具体国情，才能使我们的工程项目做到高质量-可持续-廉洁，就是FIDIC倡导的QUALITY-SUSTAINABILITY-INTEGRITY。”

解绍璋：
全面掌握FIDIC知识体系

伴随着中国公路建设市场的发展步伐，FIDIC来到中国已有20多年时间了。这20多年来，我们曾经为它痴迷，为它折服，为它困惑、为它迷茫，但却很少全面、深刻地去认识它，学习它。我有幸走近它，研究它，想告诉大家一个真实的FIDIC。

FIDIC改变了我们的工程建设管理理念

FIDIC即国际咨询工程师联合会，是在世界上具有很大影响力的专注于工程咨询行业的国际组织，至今已成立100年。FIDIC总部设在日内瓦，下设合同委员会、质量委员会、廉洁诚信委员会、业务实现委员会等8个专业委员会。FIDIC对世界工程咨询业的最大贡献是为全球工程建设领域的管理人员、法律人员和技术人员等提供了一个重要的知识宝库——FIDIC知识体系。这是一个涵盖了工程咨询领域完整的知识体系。它包括了合同书与协议书、质量管理、诚信与廉洁管理、风险管理、环境管理、可持续发展管理、业务实践和实力建设。FIDIC知识体系确立了工程咨询行业先进的管理理念和科学的管理方法，被世界上很多国家和地区以及世界银行、亚洲开发银行、非洲开发银行、欧洲复兴银行等许多国际金融组织所采用，并被普遍认为是工程咨询领域的国际准则。

合同委员会专门负责研究各类合同中各参与方的责权利关系，收集整理各国在工程建设合同执行中存在的争议与赔偿，对各国出现的共性问题提出对合同文本的修改意见，大约4～5年后对原有合同文本做一次全面修订。其编制的FIDIC合同条款被誉为国际工程管理的通用语言。各国使用最广泛最具影响力的各类合同条件包括：《施工合同条件》（"红皮书"）、《生产设备和设计—施工合同条件》（"黄

时任交通部部长张春贤（前排左一）到华杰公司考察(1997年)

皮书˝）、《设计采购施工（EPC）/交钥匙工程合同条件》（˝银皮书˝）、《简明合同格式》（˝绿皮书˝）和《设计—建造—运营（DBO）合同条件》（˝金皮书˝），以及与红皮书配套使用的《施工分包合同条件》。这些合同文件的共同特点是具有国际性、通用性、公正性和严密性。有的国家直接使用原版FIDIC合同条款，有的国家是以FIDIC各类合同条款为基础编制本国的范本。

我国改革开放以来，随着FIDIC的各种合同书与协议书文本以及相应的指南文件在我国交通建设领域的应用，FIDIC理念在中国公路建设行业得到了广泛的认可与持续推广，对于中国公路建设行业的项目管理思维的创新起到了很大的推动作用。我们不但在世界银行和亚洲开发银行贷款项目上使用FIDIC的合同条件，后来编制的国内公路工程合同范本也是基于FIDIC合同结构与理念。

FIDIC理念的引入、应用与发展，对中国的交通建设产生了深远的影响，对我们从单一计划经济管理模式逐步过渡到基本适应市场经济的管理模式，从行政命令式管理逐步转变到行业自律式管理，从业主自行管理逐步转向委托专业化公司进行管理起到了十分重要的作用。也必将对我国交通的现代化、标准化建设继续产生更加深刻的影响。

“走出去”和“请进来”是正确的选择

是改革开放造就了华杰工程咨询有限公司，造就了华杰团队，也造就了我本人。

30多年前，我国实行改革开放国策刚刚开始，京津塘高速公路还没有动工兴建，中国拟派出一批工程技术人员到发达国家学习其高速公路设计与施工技术。当时的国家建委邀请了美国10家世界知名大公司的董事长和总裁来华参观考察，向他们介绍我国改革开放政策和未来工程建设情况。在与外国企业家们座谈时，建委领导希望他们能接收中国工程师到他们所在的公司学习与培训。当时多数美国公司对中国的改革开放国策抱有疑虑没接受中方的提议，只有美国路易斯·伯杰集团总裁伯杰博士明确表示愿意接收中国工程师前往他的位于美国新泽西州的公司总部学习培训，并且愿意为中国工程师们提供在美国的生活费用。从此，我国先后从各大设计院选派了三批工程师到美国伯杰集团，进行为期两年的学习与培训。在这两年中，我们中国的工程师们被分派到工程项目上与当地的工程师们一起工作。这一批批在伯杰集团公司培训后归国的工程师们后来都担当了我国设计建设高速公路的重任，很多人担任了设计院的领导，成为我国交通建设领域的重量级人物。就这样，中美双方共同开创了派出中国工程师在美国学习、培训与实践的先例。

在我们派出第三批工程师到美国学习培训期间，伯杰先生主动提出希望与中国合资共同成立一家工程咨询公司，以便作为窗口，更好地帮助中国提高公路设计咨询水平。这个提议得到了我国交通部、经贸部和有关部门的积极响应与大力支持，我们中方专门成立了筹备小组负责可行性研究、合同章程的起草以及办理各项手续。在筹备过程中，伯杰先生本人曾多次来华，亲自参加筹备工作。鉴于那时我国改革开放刚刚起步，法律法规很不健全，甚至还有人认为中外合资公司是搞资本主义。整个筹备过程经历了种种曲折，历时一年后于1984年底，华杰工程咨询有限公司正式宣告成立，这是我国第一家中外合资的工程咨询公司。成立之初，公司只有4名中方人员。当时公司的第一项任务就是在美方伯杰公司支持下，引进一套美国先进的公路工程计算机辅助设计系统与阿波罗工作站。为此，中方派出了3人作为访问学者前往位于新泽西州的美国伯杰公司总部和位于麻省的阿波罗公司学习培训，我是其中之一。这是我国第一次引进国外先进的用于公路工程设计的软硬件设备，国家对此十分重视，国家计算机管理局和很多部委办的领导以及研究院所的专家纷纷前来观摩和学习。我们用这套系统为国内航空、水利、测绘等多个行业培训了上千名计算机辅助设计系统的业务骨干。就是用这套系统为我国公路交通领域培养了大批人才，为我国自主开发高等级公路与桥梁的计算机辅助设计系统奠定了基础。

公司创办不久，我国开始启动京津塘高速公路建设准备工作。这项工程是我国交通建设领域第一次使用世界银行贷款建设跨省高速公路。按照世界银行规定，其贷款项目必须使用FIDIC合同条款编制施工国际招标文件。鉴于我们国内对条款内容还很陌生，当时编制招投标文件工作是请一家澳大利亚公司的专家承担的。我们只是参与一些工作从中学习，华杰公司也是从这时开始接触到FIDIC合同文件的。

当时的京津塘高速公路的施工管理严格遵照世界银行规定，采用国际通行的办法，按FIDIC合同条款进行管理，通过国际招标选择施工单位和工程监理单位，不但建设了一条高质量的高速公路，还为我国建设高速公路积累了丰富的经验、培养了大批人才、树立了成功的样板。京津塘高速公路的建设在我国交通建设行业实现了多项创新：实行项目业主责任制；实施公路工程项目建设国际竞争性招标；通过国际招标选择国外监理专家；建立了业主、承包商、监理工程师三方权限和职责分明的项目管理机制；在我国跨省市的高速交通建设中采用"统一建设、统一管理、统

一收费、统一还贷”的管理模式。可以说，京津塘高速公路在中国交通建设史上具有划时代的意义，给中国交通建设带来了新理念、新技术、新机制，对我国交通建设项目管理体制改革起到了指导和示范作用，推动了我国交通建设乃至基本建设管理的现代化进程。

此后，中国继续利用世界银行贷款建设了济南至青岛高速公路、南昌至九江高速公路、杭州到宁波高速公路等一批国家重点高速公路项目。并开始利用亚洲开发银行贷款建设了沈阳至本溪高速公路、长春至四平高速公路等一批国家重点高速公路项目。从这些项目的建设过程中，我国交通建设行业逐步熟悉和掌握了FIDIC各类合同条款和FIDIC所提倡的建设管理理念。FIDIC合同条款和FIDIC工程管理理念也随之对中国交通建设产生了深远的影响。

在京津塘高速公路建设过程中，我国就开始筹备利用世界银行贷款建设济南至青岛高速。我们主动提出由我们华杰公司为这项工程编制国际招标文件，得到山东省交通厅的支持。这也是第一次由我们中国工程师遵照FIDIC合同条件编写交通建设项目国际招标文件。我们的工作得到了项目业主和世界银行的一致好评。此后，我们几乎承担大部分世界银行和亚洲开发银行在华公路贷款项目国际招标文件的编制工作。在我国成功地利用国际金融组织贷款建设高速公路基础上，为适应国内投资公路项目的需要，我们参照FIDIC的基本结构与理念，编制了我国国内招标文件范本。这些范本的编制与使用对规范我国公路建设市场，推行项目法人制，招标投标制、合同管理制和项目监理制起到了非常重要的作用。随着我国利用国际金融组织贷款以及国内投资修建高速公路规模不断扩大，我们华杰公司承担的业务越来越多，在工程实践中积累的经验越来越丰富，在国内外的知名度也越来越高。应该说，是我国大量的工程实践使华杰公司快速地成长起来。

担任FIDIC执行委员，投身国际工程咨询事业

1996年，在南非召开的世界大会上中国正式加入了国际咨询工程师联合会，即FIDIC国际组织。我从1997年开始应邀出席了历届FIDIC年度大会。从此，我有机会更多地读到FIDIC出版物，更深入地学到了FIDIC理念，更全面地掌握了FIDIC的知识体系。事实上，这个知识体系不仅包括人们熟知的合同书与协议书，还包括了质量管理、诚信与廉洁管理、风险管理、环境管理、可持续发展管理、业务实践和实力建设等涉及工程管理的各个方面。FIDIC合同条件只是FIDIC完整知识体系中的一部分。要提高我们的工程管理水平并与国际接轨，要走出国门承担国际工程咨询项目，就要全面掌握FIDIC的国际工程咨询理念。

1999年，我应邀在中国三峡主持了FIDIC亚太地区大会，时任国家计委副主任的汪洋在大会上作了主旨讲演。2000年，我应邀在夏威夷举办的FIDIC年会上代表中国主持了30多个国家参加的圆桌会议。2004年，我与来自法国、南非、加拿大和日本的五位专家一起，共同编写了《FIDIC提高工程质量行动指南》（英文），在各国发行。

解绍璋在北京主持FIDIC世界大会开幕式（2005年9月）

2005年，FIDIC世界大会在北京召开。中国工程咨询协会安排我主持了这次大会的开幕式和全体会议，时任国务院副总理的曾培炎在大会上作了主旨讲演，时任北京市市长王岐山、国务院常务副秘书长汪洋和国家发改委主任马凯以及很多部委办的领导都出席了大会开幕式。

随着经济的快速发展，我国在国际上的地位越来越高。随着国家的工程咨询业不断发展壮大，我国提出了要在FIDIC和国际咨询业做到"有声音、有形象、有位置"的发展战略。为了达到这个目标，中国工程咨询协会拟在全国各咨询公司选拔一个工程师参加FIDIC执委竞选。当时的选拔条件是要有较丰富工程实践经验、要能与外国人直接英文交流、愿意为工程咨询业发展做出贡献、要有一定的公关能力、要有所在单位和上级单位的支持。最后，决定推荐我参加2005年FIDIC执行委员竞选。说实在的，当时我忐忑不安，觉得自己距离提名条件差的很远，但既然国家选择了我，我便义不容辞，做好准备，迎接挑战。

FIDIC执委会由9人组成，通过竞选从80多个成员国家协会推荐的候选人中产生。每位候选人在得到秘书处确认后，还必须就FIDIC秘书处给出的关于国际工程咨询业共同关注的一些主要课题中选择2～3项内容，书写个人的观点并加以论述。这相当于几篇论文提交给秘书处，再由秘书处分发给所有成员国家协会审阅。候选人要及时回答来自于各个国家提出的质疑。随后在9月份召开的FIDIC年度大会上还要面对面回答各成员协会的问题，最后由这80多个国家成员协会进行无记名投票，最高得票人当选为执委会委员。整个选举过程大约需要近半年时间。

在准备竞选的过程中，我收集整理了大量资料，认真的撰写了两篇英文论文，一篇是关于QBS，即以质量为基础的选择方法。另一篇是关于FIDIC合同条款的适用性与修改建议。此后也有一些国家的代表对我进行了书面质询，有的问题还相当尖锐，我都一一作了答辩。2005年9月在北京举行的有80多个国家协会出席的全体大会上进行投票，我以得票数胜出意大利和德国等国的候选人，成功当选执行委员会委员。

实事求是地说，成功当选执委只是此后大量艰苦工作的开始。作为FIDIC执委，每年1月、5月和9月3次在世界各地的成员国家参加执委会会议。会议前夕，都会收到大量的英文文件，基本上都在200页左右，要事先阅读还要就重点问题准备好个人的建议与意见，一般来说要用2～3周时间做会议准备。除参加例行的FIDIC执委会议外，还要准备应邀参加当地的工程咨询行业大会，并发表讲演。记得有一次去墨西哥参加执委会，几经转机后用了23个小时才抵达。晚上7点多下飞机，乘2小时出租车到了指定饭店，入住后在房间里看到通知，说当晚10点钟集合外出晚餐，我被安排到当地一家公司CEO家里吃晚饭，主人用丰盛的当地菜肴热情地招待我们。按当地习惯晚上12点开始吃饭，回到饭店已是凌晨两三点了，睡了3个小时必须起床，以便能在早上7点集合去会议地点与全体执委共进早餐，并参加执委会会议。当时，长途旅行、吃饭应酬和睡眠太少使人精疲力尽，然而，当我走进会议室，看到摆放在我座位前鲜艳的五星红旗时，我立即精神抖擞起来，全力地投入到了工作。因为我知道，我在这里开会是代表了中国工程师的形象，是要发出中国工程师的声音。

除了每年参加3次执委会会议外，我还必须每年代表FIDIC对亚洲开发银行进行年度访问，参加FIDIC亚太地区年会。出国参会的次数多了，与西方人打交道和讨论问题的机会就多了，慢慢的适应了西方人的思维方式。他们确实与我们不一样，我们更多的是逻辑思维，讲话总是有背景有分析有结论。他们却是跳跃性思维，开会时喜欢打断别人的发言，随时表达自己的意见，直来直去。后来，我也按照他们的做法，抢着发言表达自己的意见，有时甚至是交锋争论。我必须把我多年积累的经验与对问题的见解表达出去，让各国听到中国工程师的声音。

作为FIDIC执委，一个义不容辞的责任是不断地把国外先进的工程咨询理念介绍给我国的工程师们，为此我经常应邀在一些大学、企业为大学生、各级领导和工程

解绍璋在匈牙利布达佩斯接受记者采访（2006年9月）

技术人员全面介绍FIDIC的知识体系。与此同时，我也经常应邀到国外去讲演。那次我到墨西哥开执委会，当地的工程咨询协会邀请我在大会上介绍中国经济发展的巨大成就。为了这次讲演，我用了两周时间收集大量资料，写好讲演稿译成英文，并做好幻灯片。我的英文讲演刚结束，就得到了300多位与会者的热烈掌声，我知道，他们的掌声不是给我这个演讲人的，他们在为中国取得的巨大发展成绩而表示祝贺。此时此刻，我真的感到作为一个中国工程师能生活在祖国伟大时代的自豪与骄傲。

我总在很多场合呼吁，我们中国工程师一定要提高文字水平、写作能力、讲演水平，最好是应用英文的能力。我们要学习世界上先进的东西，也要把中国的理念介绍到国外去，就不能只会搞计算和画图，一定要多学先进的理念，一定要懂得社会、人文、环境等方面的知识。只有这样才能适应我们"走出去"的国际化战略。担任FIDIC执委确实让我付出了难以想象的辛苦，但收获更大，苦中有甜。

学习FIDIC理念，用好他山之石

FIDIC合同条件在中国交通建设领域的广泛应用，不但培养了一大批具有国际竞争力的工程咨询公司和施工企业，而且在规范建设市场秩序的同时，普遍加强了施工企业和咨询公司的合同管理意识，提高了这些企业的工程项目管理水平和综合实力，加快了与国际工程承包和管理方式接轨的步伐。然而这远远不够，要与国际接轨还必须全面学习和掌握FIDIC整个知识体系。

担任FIDIC执行委员多年，我有机会全面学习了解了FIDIC整个知识体系。它包括了合同书与协议书、质量管理、诚信与廉洁管理、风险管理、环境管理、可持续发展管理、业务实践和实力建设等工程管理的各个方面。比如可持续工程管理的理念。一个可持续的工程一定要在经济、环境与社会等三个方面进行全面管理。我们早在20年前就重视对工程经济方面的分析了，对工程环境影响方面分析在10年前也开始重视了，然而我们对一项工程所做的社会分析远远还没有得到足够的重视。比如拆迁移民问题、扩大就业问题、减少疾病问题、消除贫困问题等等都属于社会问题，都应在工程的前期做出深入的分析与研究。只有对经济、环境、社会诸方面都做出分析并都达到一个确定的指标，才能说所评价的工程是可持续的。所以，我们工程技术人员一定要懂得什么是可持续工程管理，可持续工程管理包括了哪些方面，怎样做到工程的可持续管理。如果我们所从事的每一项工程是可持续的，那就是对国家的可持续发展的巨大贡献。

掌握和学习FIDIC知识体系绝不是说照本宣科全文照搬，最主要的是掌握FIDIC倡导的工程管理的理念，根据各自的国情制定出相应的可行的规则。我不主张那种不顾国情完全照搬FIDIC原文的模式，也不同意一概否定认为FIDIC在本国完全不适用的认识。根据我们的调查，各国在工程管理方面所遇到的问题几乎没什么区别，比如质量问题、可持续问题、腐败问题，在各国都不同程度地存在，只是解决问题的办法不尽相同。只有把国际工程管理的通行规则和做法与本国的具体情况结合起来，根据本国的法律法规制定出适合本国国情和项目所在地的具体条件的办法，才能提高工程管理水平。

就拿FIDIC合同条款来说，比如东欧国家，他们没做任何修改，全文使用了FIDIC合同原版通用条件，再根据项目特点编写特殊条款。更多的国家是应用FIDIC合同条件的基本框架和主张的理念编制了本国的范本，有的还在不同的行业出版了专用范本，甚至有的细化到不同的工艺操作流程有不同的范本。只要详细阅读就可以发现这些范本都是以FIDIC不同类型的合同范本为基础编制的。世行与亚行的范本也是以FIDIC合同条件为基础做出一些补充和修改，使其更适合其贷款项目特点而形成的范本。所有规范性文件的最终目标，是建设高质量的可持续的和廉洁的工程项目。

FIDIC本身也在不断发展和与时俱进。前不久出版的"工程可持续管理指南"、"工程廉洁管理指南"和"提高工程质量行动指南"等文件都是根据当前世界范围内存在的问题，经过调查研究，提出的新理念新办法。

FIDIC《施工合同条件》即红皮书，也在1999年进行了修订，并在2000年出版了新的红皮书（1999年版）。FIDIC新红皮书与红皮书规定的工程师的管理职责基本相同，但关于工程师地位与职能的条款发生了一些变化。其中比较突出的变化是通过多年的工程实践，FIDIC认为工程师是受雇于业主的，因而不可能完全独立、公正地工作。因此，在编制新红皮书时，虽然继续采用"工程师"来管理合同，但他不再是独立的一方，而是属于"业主的人员"，新黄皮书中工程师的地位也进行了相同调整。对于设施采购施工/交钥匙总承包合同模式，则不再设"工程师"，采用"业主代表"来管理合同，并规定"业主代表应完成指派给他的任务，履行业主赋予他的权力。除非业主另行通知承包商，业主代表将被认为具有业主根据合同规定的全部权力，涉及由业主终止的权力除外。"从这些变化可以看出，国际上对工程师（即我们所说的监理工程师）的独立地位越来越淡化。

应该给工程监理正确的定位

经过20多年的发展，我国公路工程监理制度对保障公路工程质量和安全，促进公路建设持续快速发展发挥了非常重要作用。然而，随着我国经济社会的不断发展和公路建设形势的变化，目前的工程监理制度与公路建设要求不相适应的矛盾日渐突出，监理所承担的实际工作在工程建设中所发挥的作用越来越与监理本来应该承担的职责不符，工程监理人员的平均技术和素质普遍较低，使得工程监理如何回归本来的职能，如何让工程监理服务回归到高端咨询服务，成为我们公路建设行业普遍关心的问题。

在国外发达国家以及在我国利用国际金融组织贷款建设高速公路的最初几年，工程监理确实也是高端服务。实际上，在FIDIC出版的合同文件的英文原版中也只有"工程师"一词，从未提过所谓"监理工程师"一词。FIDIC合同文件中所说的"工程师"是指在执行合同时所做的工作内容是监理咨询服务。所以，在国外承担监理工作的都是咨询公司，而不是我们特指的所谓监理公司。就是说，一个工程师今年可以从事设计工作，明年可以承担工程管理工作，后年又可以承担监理工作。他们从来没有把从事咨询工作的和从事监理工作的工程师人为地严格分开，更没有形成一个庞大的有别于咨询公司的监理行业。像设计工作一样，监理只是工作内容。我们从来没有把从事设计的工程师称为"设计工程师"，却把从事监理的工程师叫做"监理工程师"。我们应该逐步把监理公司回归为咨询公司，使这些公司逐步具有从事工程全过程管理与咨询的能力，到那时就会成为真正的高端。

就长远的目标而言，我们应该走"小业主，大管理"的路子。就是项目法人（业主）主要负责投融资和与政府部门打交道，报批项目征地等重大事宜。而工程本身合同管理、质量管理、财务管理等全部交由工程管理与咨询公司负责。现有的监理公司要向管理与咨询公司的方向发展延伸，成为从事项目管理的咨询公司，逐步把监理工作和项目管理融为一体，监理只是项目管理的一项内容。我们应该推动从目前的"强业主、弱监理"向"小业主、大管理"的进程，倡导项目管理工作的社会化与专业化，下大气力培养一批掌握工程项目全过程综合管理能力的高级工程管理人员队伍。

受FIDIC的委托，我曾与来自美国、法国、加拿大和南非几位专家一起共同编写出版了《FIDIC提高工程质量行动指南》（英文版）。在编写过程中，我们对30多个国家做了关于工程质量的调查与问卷，发现工程质量问题无论在发展中国家还是发达国家都普遍存在，如何提高工程质量是每一个国家面临的共同挑战。我们发现一个共性的问题，投资不到位和施工周期不足是影响质量的两大关键因素。就是说，对任何工程项目，没有足够的施工周期，没有足够的投资，就没有好的质量。同样的道理，对工程监理收费问题，不可能用低端的价格请来高端的人才。我们的问题是，无论是最低价中标还是合理低价中标，事实上监理实际收费越来越低。国家发布的监理收费标准在很多项目上没有得到落实，不是招标的时候大打折扣，就是业主把监理费用"统筹"到项目管理单位，使本来就捉襟见肘的监理费用少得可怜。监理单位没有足够的资金，就请不起高素质的人才，没有高素质人才就担当不了高水准的工作，担当不了高水准的工作业主就不给高的费用，如此以往形成恶性循环。

当然，监理工作回归高端绝非易事，不可能一下子就跳到高端。现在要做的是，明确改革的方向，制定切实可行的分阶段实施方案，培育和支持有条件的监理企业向工程管理咨询方向发展，坚持下去必有成效。另一方面，作为监理企业自身，也要积极自我完善、自我提高、自我改造与大胆创新。相信我国的工程管理（包括监理）行业一定会发展壮大，承担起国家基础设施建设工程管理的重任。

编后语 AFTER WORD

作为FIDIC近百年历史上第一位当选执行委员的中国人，解绍璋为FIDIC理念的引进、应用与发展做出了非常重大的贡献。作为开拓者，他所倡导的学习FIDIC的理念为今后工程监理行业的发展指明了方向。

李明华

1960年出生。1982年毕业于西安公路学院交通工程自动控制专业，同年进入交通部公路科学研究所。1989年11月借调到交通部质监总站负责筹建工作。1991年正式调入交通部质监总站任负责人。2002年1月担任北京市泰克公路科学技术研究所所长兼北京泰克华诚技术信息咨询有限公司法人代表。2006年3月，担任中咨泰克交通工程有限公司董事长兼总经理。2010年至今担任中国公路工程咨询集团有限责任公司副总经理。

在交通运输部工作期间曾主笔参与起草了《公路工程质量监督暂行办法》、《公路、水运工程施工监理单位监理资格审批暂行办法》、《公路、水运工程监理工程师注册办法》、《交通基本建设质量监督机构以及人员考核实施细则》；主持了《公路工程施工监理培训统编教材》、《监理委托服务合同范本》的编写工作；参与了《公路工程国际、国内招标文件范本》和《公路工程施工监理办法》的制定审查。开发的《公路工程施工监理计算机辅助系统》获山西省科技进步二等奖，参与编写的部颁《公路工程施工监理规范》获交通部科技进步三等奖。

现为国家ITS委员会委员、交通运输部专家库专家、国家优质工程交通(市政)工程组长、中国建设监理协会副理事长、中国交通建设监理协会副理事长、中国交通工程学会副理事长。

人生的成功取决于自身的努力，事业的发展亦如此。对于任何工作，追求完美才是根本，任何怨天尤人都无济于事。

李明华：
与时俱进的历程

无论在交通质监系统还是监理行业，我更多地担任着一个改革者的角色。创新实干，开拓进取，抓住机遇，与时俱进，这是社会对我们这一代工程建设人员的要求，也是我对中国交通建设监理事业最热切的期望。

自上而下促进质监机构建设

1982年大学毕业后，作为我国自行培养的第一批高等级公路和城市智能交通方面的人才，我被分配到交通部公路科学研究所工作。在这里，我先后参加了京津塘高速公路、沈大高速公路、广佛高速公路和济青高速公路等项目的设计工作。

1989年10月，交通部质量监督总站（以下简称"部质监总站"）酝酿成立。第一任站长熊哲清到部公路科学研究所寻找助手。他对人选的条件提出了三个要求：年轻、聪明伶俐和有上进心。时年29岁的我被推荐并借调到部质监总站创建筹备小组工作，至此踏上了我国工程质量监督和工程监理管理工作的第一步，成为最早参与建立中国交通建设质量监督体系的人员之一。

那时，监理行业有一种观念，认为工程监理分政府监理和社会监理两部分。刚进部质监总站时，我也分不清监理和监督有何区别。经过一年的摸索，我们逐步认识到：监督是政府的事情，监理是企业的事情。这一年，我发表了《质量监督与监理的区别》一文，在行业中厘清了这个观念。

部质监总站的成立，对推动监理起到了至关重要的作用。但此前没有专职人员，也没有要求地方成立监督总站。为了开展工作，根据交通行业的特点，我负责起草了《关于进一步加强交通建设工程质量监督工作的通知》，要求各省、直辖市和自治区的交通管理部门提高认识，加强质监机构建设，增加人员编制，明确责任和权利，成立质监机构。

一开始，这个新机构能否顺利成立，能否执行到位，这些问题都是我所担心的。出乎意料的是，文发下去后，在下面引起了不小的轰动，各地纷纷组建对口的部门。我和同事们忙着接待、回复下面的来人、来信、来电，边请示、边解答。在此期

李明华（左一）参加沈阳本溪高速公路工程检查工作（1996年）

间，我还走访了全国各地交通主管部门，与分管交通工作的厅局领导沟通交流交通部的相关要求及指示精神。在这个过程中，我的心中逐渐形成了一套加强交通建设市场管理的工作思路。

在大家的努力下，1998年时，我国交通质监工作取得了显著成效，各地质监机构由最初要求的30%，达到了100%全覆盖。虽然各省市机构的名称不统一，但职能是相同的，大部分单位规格均为正处级。期间，相继出台了对省市机构和人员考核的文件，同时在推行监理制度方面做了大量工作，出台了监理工程师培训教材、监理企业资质管理办法等法规，在不断完善质监工作的政策法规和组织建设方面，发挥了不可替代的作用。

监理工作开展之初，大家对此都很陌生。1990年，我下去开展工作几乎没人理会。一次，我代表部质监总站到海南省参加中南片区监理工作研讨会。当时，工程监理制在我国刚刚起步，各省市还没有设对口机构。走出机场，我找到举牌接站者自报家门，对方疑惑地问我："部质监总站是哪里的？我们没有邀请这个单位的代表呀？"到了宾馆，我自行办理了住宿手续，次日当地交通厅领导从签到名单上发现了部质监总站来了人，又将我请到了主席台上。

基层单位对部质监总站印象的模糊，并没有使我灰心丧气。我在大会发言中，清晰地诠释了大家还在争论不休的"质监与监理的区别"，大家也通过这次发言认识了我，对我有了较深的印象。

在部质监总站工作期间，我经手审批了350多家以甲级为主的监理单位，监理工程师两万多名，培训近6万人。到2009年，建立健全了监理规范手册。那时监理工程师资格认定是通过评选的方式，1990年交通部评选审批了第一批共90名监理工程师，后来才采用了更公正客观的以考代评方式。期间，为加强培训效果，我们要求学员对做监理培训的老师也作出评价。某院校培训老师是学土木工程的，所以讲投资控制课时很空洞，不是很到位，学员意见很大。我找这位老师谈话后，经过认真的学习和充分的准备，老师的课改善了很多。后来这位老师与我成为好朋友，还当上了厅长。每当回忆起这一段，这位老师总是说监理培训对自已的促进很大。

1995年，我担任部质监总站副站长期间，我们组织出版的《公路工程施工监理规范》被广泛应用于公路工程管理工作中，这标志着我国工程监理制的推行向规范化和法制化的道路迈出了一大步。2001年，我担任主编兼编委会副主任的《公路工程施工监理手册》出版发行，填补了国内此项空白。同时，该课题获得了交通部科技进步二等奖。

健全监理规章也是我们当时的工作重点，我先后参与了《公路工程施工监理管理办法》等近20个法规、标准和规范的起草，还与部质监总站其他领导一起，倡导并创建了"政府监督、工程监理、企业自检"的工程质量保证体系，有力地促进了我国交通质监和监理工作的全面开展。随后几年，继全国重点公路工程质量大检查取得良好的社会效果之后，我先后参与了国家优质工程的评审工作和交通部公路"三优工程"（即优秀勘察奖、优秀设计奖和优质工程奖）的组织和评审工作。把评优作为奖优罚劣的重要手段之一，促进了参建各方尤其是施工企业强化内部管理、争创优质工程的积极性，极大地提高了建设者的质量意识。

然而，任何一项法规、标准与规范的建立、完善和执行，都不是一帆风顺的。虽然交通部对监理的推广取得了很大的成绩，但还有许多问题界定还不清晰，职责不够明确，权责还不能完全统一。对此，我曾多次建议监理工作要深化改革：业主不必要成立庞大的工程指挥部，质量管理和工程建设过程中的监督应交给监理企业，真正发挥监理工程师的监督管理职能，应大幅提高监理费用，执行监理一票否决权，加强对业主的管理，不能任业主权力无限放大，责权利要有机统一起来。

从1989年到2001年，是交通质监事业开拓发展的时期，在部质监总站的岗位上，我和我的同事们开展了许多富有开创性的工作，为树立我国交通质监工作的权威性进行了不懈的努力。这一时期，也是我职业生涯中最有意义的时期。

投身监理亲历行业发展

2002年1月，我调入北京市泰克公路科学技术研究所，担任所长。从政府机关到企业，我进入了监理工作的第一线。我告诫自已和员工：实干出真知，做一行要懂一行，这是最基本的要求。

当时，泰克公路科学技术研究所是独立核算、自负盈亏的经济实体。上任之初我发现，企业已经具备从事工程监理的技术和人力资源优势，况且监理市场存在一定的利润空间，监理业务可以作为设计任务的补充发挥重要作用，我们完全有能力而且应该做监理。于是，我立即组织申报交通部交通工程机电监理专项资质，并利用泰克公路科学技术研究所原有的机电设计方面的知名度，承揽了大量的机电监理项目，为企业创造了更多的利润。

李明华参加南京二桥工程质量检查工作（1997年）

在此过程中，我们首先培养了一批业务精、素质高的各类专业技术人才和合格的监理人员，制订了完整的质量保证体系、健全有效的管理制度和措施，充分依托中咨泰克交通工程有限公司在交通工程设计、施工方面的技术领先优势，成立了由多位专业技术负责人组成的专家组作为"技术顾问"，及时为监理人员在工作中遇到的技术难题出谋划策，使许多难题迎刃而解。譬如，对于承包商提出的设备选型变更方案，我们的工程人员利用自己熟悉各厂商产品的优势，及时准确地为所里提供产品设备方面的技术支持，使所里能为业主提出许多详尽、切合实际的建议和意见。对于施工现场与设计图纸的冲突，我们的设计人员从项目实际情况出发，依据丰富的实践经验向监理提出解决的参考方案，既保证了工程质量又很好地化解了冲突。几年之后，泰克公路科学技术研究所成为机电监理队伍的主力军。

此时，面对国内高速公路迅猛发展的形势，我提出了开展土建监理业务的大胆设想。自承监了第一个土建监理项目——黑龙江鸡西至讷河高速公路之后，我们陆续进入湖南、山西等省拓展业务。这一新兴的业务，在2009年就为公司创造了1亿元的合同额。截至目前，仅交通工程机电监理已承接了近90条高速公路交通工程的施工监理工作，业务遍及全国20多个省市，参与监理的高速公路总里程达8000多公里，独立大桥8座，先后派出人员500多人次。

我国飞速发展的高速公路建设，对交通工程机电系统，尤其是计算机、通信系统的应用提出了更高要求。我参与组织开发的公路工程监理市场计算机辅助管理系统，是目前国内的尖端技术课题，获得了山西省科技进步二等奖。这些技术运用于许多省，取得了良好的效果。

在我和同事们努力下，泰克公路科学技术研究所连续多年创造了年均产值超亿元的佳绩。这家从事高速公路建设管理和交通工程设计、施工、监理及科研开发为主的企业挺进了全国交通强企行列。

2006年初，北京市泰克公路科学技术研究所改制重组，更名为中咨泰克交通工程有限公司，我担任董事长兼总经理。到2010年底，中咨泰克集团年产值已达10亿元，利润总额达4000余万元。同年，我被任命为中国公路工程咨询集团有限公司副总经理，兼任中咨泰克交通工程有限公司董事长。

中国公路工程咨询集团有限公司原为交通运输部直属企业，成立于1992年，前身为中国公路工程咨询监理总公司，现为国务院国资委管理的大型中央企业的中国交通建设股份有限公司全资子公司。作为向公路建设提供全过程服务的综合型专业咨询公司，从2005年至今，公司承监项目近600个，工程质量都达到了优良水平。

中国公路工程咨询集团有限公司研究决定，在集团内部成立监理与交通工程事业部，由我分管。监理事业部下设6个分部，承担中国公路工程咨询集团有限公司全部的监理业务。

面对新形势，我提出了开展好监理工作的两个设想：一是加大对各分部的管理力度，改变以往总部只管分部负责人的状况，由松散型管理模式向紧密型转变。为此，我要求各分部严格执行月报制度，便于总部领导及时掌握基层工作动态，建立起一套适应企业管理和市场要求的制度；二是将监理事业部与其他部门区别开来，进行独立核算，既能提高它的赢利能力，又能有效降低风险，进一步落实责任和义务。

在监理业务方面，我主张不盲目地追求业务量的增长，而应脚踏实地做好每一个项目，决不能为一些蝇头小利影响企业的品牌。品牌比效益更重要。在监理地位尴尬的今天，面对施工质量、安全等出现问题，监理定受"株连"的情况，我们一方面严格监理工作程序，把工作做到位，进行有效的自我保护；另一方面，我们也充分相信政府主管部门在加强建设市场监管过程中，一定会秉公执法、奖罚分明。

在"树立精品意识，坚持质量第一"的实干方针指导下，截至目前，公司业务遍及全国20多个省市。所监理的工程项目三次获得"鲁班奖"，五次获得"詹天佑奖"，公司监理办多次被评为"建设先进集体"、"质量管理先进单位"、"先进监理单位"、"先进集体"等荣誉称号。

改革任重道远不容乐观

时光荏苒，自1989年交通部在京津塘高速公路开展监理试点成功以后，交通行业监理事业曾创造过骄傲而辉煌的历史，赢得了工程建设领域乃至国家领导人的高度评价。交通建设监理制度的实施，对于加强基础设施建设工程质量安全、投资和进度控制，推动项目管理向专业化、社会化、现代化模式转变，保障交通运输基础设施建设持续快速发展，发挥了重要作用，并取得良好经济效益和社会效益。广大监理企业及监理从业人员，遵循"严格监理、优质服务、公正科学、廉洁自律"的执业准则，埋头苦干，扎实工作，形成了一支专业和知识结构基本合理、基本满足交通运输建设需求、以技术骨干为主的交通建设监理队伍。然而，随着交通基础设施建设规模的扩大和建设环境、条件的变化，特别是我国投融资体制改革带来的建设管理模式多样化，使主要依靠FIDIC合同条款和改革开放初期项目管理实际所建立的交

李明华（中）参加北京市五环路申报国家优质工程现场复查（2005年）

通建设监理制度，呈现出一些不适应新形势的特点和问题，主要表现为项目建设单位对监理职责和管理作用认识上的不一致，加之监理制度在执行过程中由于费用、外部环境、自我监督机制不健全等因素，使得监理人员权威和技术优势在有些地区及项目开始逐渐萎缩，监理事业发展面临瓶颈，甚至在少数人中出现了"监理制度要不要再执行"的疑惑和信任危机。

众所周知，近年来监理工作虽然看起来得到了很大发展，但却缺少实质性的突破，存在很多问题，现状不容乐观。

我国监理行业最初是从京津塘工程起步的，起点不可谓不高，但却没能一直按照这个模式坚持走下去。这其中的主要原因是体制的问题。由于没有按照国际惯例制定监理制度，造成了我们的监理是以工程管理为主的质量管理，其他方面的监理被淡化了，这与工程监理的初衷产生了很大的偏差。同时，监理工程师行使管理职责手段不得力，没有一票否决权、监理费用不足、监理单位待遇低等，也都是造成现状的一些消极因素。

目前市场上的监理公司良莠不齐。其中最早大多是从过去的工程建设指挥部脱胎而成，后来有的科研所也进入监理市场，再后来又有股份制或改制的民营公司加入其中。一些民营监理企业为了与国企竞争，采取偷税漏税，克扣相关费用等恶劣手段，扰乱了市场，几乎形成了劣币驱良币的态势。对于政府部门的管理，也是上有政策下有对策，形成了一定的管理难度。还有企业之间互相挖人，造成人才的无序流动。客观上讲，建设规模的超常规发展导致了技术人员的短缺和管理力量的不足。这些原因导致现在的履约情况普遍比较差。

这些问题，表面上看来都是利益驱动导致的，其实管理体制的失衡才是更深层次的问题。要想解决这些问题，必须进行彻底的的体制改革。否则，监理就会渐渐丧失存在的基础，作用会不断弱化。要切实解决这些问题，任重而道远，需要大家一起不懈地努力。

2012年5月23日，交通建设监理行业新风建设总结会在贵阳召开。会上，冯正霖副部长对存在的问题进行了深刻剖析，明确了对监理事业发展的定位导向和对监理行业发展的殷切希望。

对于既从事过监理行业管理，目前又从事监理企业管理的我来说，交通运输部领导对监理行业的关注和关怀，对中国交通建设执行建设监理制度的决心和信心，都是我从事监理事业力量的源泉。

为此，我在公司内部提出进一步强化实干精神，以确保工程质量安全为基本要求。同时，大力倡导以加强现代工程管理、提高工程管理水平为总体目标，继续坚持交通建设监理制度，不断完善法律法规，规范市场经营行为，强化技术创新、诚信履约和人才培养，提高监理队伍核心竞争力和监理工作水平；逐步构建起与不同项目管理模式相适应的交通建设监理监督体系。按照责、权、利相统一的原则，明确界定监理在各种模式中的工作职责，赋予监理履行职责的有效手段，提高监理的法定地位，使监理属性逐步回归到高端（高智商、高智能）技术咨询服务，加大力度、加速推进监理工作的职业化进程。

我深信，所有参与交通建设的各方，无论是监理制度的制定者，还是执行者；无论是建设单位的管理者，还是监理企业的工程师，都将不可避免地参与到这新一轮交通建设监理制度深化改革的大潮中。

编后语 AFTER WORD

有监理行业管理经历，又从事着监理企业管理的李明华对于交通监理未来的发展方向的深入思考，其实也代表了大多数交通监理人的心声——要改变现状，必须进行彻底的体制改革。他相信，改革的大潮将席卷监理行业，大浪淘沙，方显出英雄本色。

朱立岩

1964年出生。1987年毕业于大连理工大学，研究生学历。1987年进入大连港口建设监理公司工作，1995年担任大连港口建设监理咨询有限公司副总经理兼总工程师，现任大连港口建设监理咨询有限公司总经理。

1998年获交通部注册监理工程师，2002年获国家注册监理工程师。主要监理工程有大连港大窑湾一期工程、绥中36—1油二期开发基地工程、大连造船厂30万吨船坞码头工程、大连港30万吨矿石码头及转水码头工程、大窑湾北岸开发建设工程、大连造船重工香炉礁船坞30万吨工程等。

曾荣获1992年度大连港十大主人明星，1993年度大连港十大优秀毕业生称号，1997年度中交企协优秀管理成果三等奖，1997年度辽宁省优秀管理进步成果二等奖。1999年被评为交通运输部优秀青年专家，2004年中国交通建设监理协会优秀监理工程师，2005年大连造船厂30万吨船坞码头工程获交通运输部水运工程质量奖，2006年大连港大窑湾一期后六个泊位荣获第六届詹天佑土木工程大奖，2008年被评为“中国交通建设监理突出贡献人物”。

“我们不能把监理的职责范围弱化为工程末端，而要更多担当起工程的规划、设计和科研阶段的职责，要用监理人所掌握的第一线的技术知识来有效管理工程的前期阶段。”

朱立岩：
创造监理行业的多元价值

弹指一挥间，我已在监理行业奋斗了26个春秋，做出了一些成绩，也赢得了许多荣誉。在26年的监理生涯中，我见证了中国监理行业的成长历程，也亲历了监理市场的风云变幻。

专业技术是监理的根本

任何一个行业都要有它的专业技术支撑，监理行业更不例外。专业技术是监理工作的基础，没有较高的专业技术水平，不要说深层次地解决技术问题，就连在施工现场的施工人员也不买你的账，连基本的监理威信都建立不起来，谈何监理？

1987年，我刚刚大学毕业就很幸运地接触到了世界银行贷款的工程项目——大窑湾港口的建设。大窑湾港是我国利用世界银行贷款和采用国际招标建设的港口工程，总投资近10亿元人民币。按照国际惯例，世界银行贷款的项目必须要有监理方，而当时我国的大型工程建设一直是指挥部形式，集业主、代建方、验收方于一体的工程建设形式，大窑湾的建设促使我国水运建设工程引进了监理。

当时大窑湾港区建设不但引进了先进的技术设备，还初次引进了监理行业的先进管理模式，我也成为建设大窑湾工程的一名监理员。第一次见到国外监理公司拟定的专业且详尽的技术条款，我顿时感受到巨大的差距，感到必须学习国外的监理制度，将技术细节落实到专业的条款上，才是监理行业未来健康发展的方向。

随着时代的发展，中国工程建设的脚步越走越快，在大窑湾建设的同时，大连还有一些小港口的建设也开始进行。建设方非常需要技术咨询，需要懂得技术的监理公司来介入工程建设。在这样的背景下，1993年隶属于原大连港建港指挥部的大连港口建设监理公司注册成立。1995年，监理公司又从原大连港建港指挥部分立出

朱立岩（中）在大连港项目现场

来，正式成立了大连港口建设监理公司，为大连港务局直属单位。可以说，监理公司完全是因建设工程对技术咨询的需求才应运而生的。从这个意义上来说，监理公司必须具备较高的技术水平才能站稳脚跟。

所以，我对技术特别看重，监理从业人员必须精通专业知识，其特长应和项目专业知识对口。要成为一名监理工程师，至少应具有工程类大专以上学历，并应了解或掌握一定的工程建设经济、法律和组织管理等方面的理论知识，不断了解新技术、新工艺、新材料、新设备，熟悉与工程建设相关的现行法律法规、政策规定，成为一专多能的复合型人才。对于项目总监，其素质要求更高，不但应该是本工程项目中专业范围内的专家，还应当对于本项目的大多数专业具有较全面的知识。只有具备这种素质，才能对项目进行整体分析，研究各类问题，才能使各专业监理人员协调一致地工作，才能处理复杂的工程技术问题。

大连港的建设涉及水下工程。虽然当时水下监理并不是一个新行当，但在1990年以前，国内所有的工程监理公司都不具备水下监理能力。业主方无法判断水下工程项目质量的优劣，往往不得已以施工单位汇报的材料作为评判标准。即使找潜水员下水检查，因潜水员不是专业技术人员，也看不出工程质量的"门道"。

为扭转被动局面，1990年，大连港务局决定从下属监理单位抽调专业人员学习水下潜水技能。学校运动员的经历，让我轻松通过了身体条件等各方面考核，经过3个月的刻苦训练，拿到了向往已久的特种专业技能证书，成为国内第一个具备潜水能力的工程监理专业人员。从此，中国有了水下工程监理，消除了监理盲点，保障了水下工程质量。水下工程监理不再局限在"耳听为虚"的状态，"眼见为实"为水下工程监理在技术的领域填补了空白。

但是，在水下工作不是一件轻松的事。无意中靠近的船舶、细而坚韧的渔网、迷宫般的复杂管道等都会威胁到潜水者的安全。潜水作业时遇到危险不可避免，重要的是学会如何排除险情。在大窑湾一期工程做监理时，潜入水中的我曾与一艘小船"不期而遇"，用潜水刀割断安全绳才顺利浮出水面。虽说水下监理工作伴随着风险，但我从未想到过放弃。如果说工作之初我是抱着一种青春的热情，那么后来，这种热情已经升华为一种厚重的情感，成为对监理工作的执著追求。

由于国内水下监理人员太少，1999年升任大连港口建设监理公司总工程师以后，邀请我做工程总监的单位越来越多，我先后担任了中国海洋石油公司绥中36−1油田基地码头、青岛北海重工海西湾船厂30万吨和15万吨修船坞、烟台龙口渤西油田等工程的项目总监。

除了做水下工程监理，我还参与了一些重大工程的事故鉴定。1992年，烟台新港二期工程被一艘外籍船舶严重碰撞，双方要作水下结构损坏程度鉴定。外方找了一家水下摄像，声称"码头没有损坏"，但码头施工单位却认为"损坏很大"，双方一时僵持不下。接到作为第三方的邀请，我赶到烟台，在水底详细记录了船舶碰撞方位的坐标，并作了周密的结构图分析，鉴定结论是"码头有一定程度的损坏"。面对我提供的翔实鉴定资料，外方认输了。这次鉴定事件，为烟台新港二期工程追回100多万美元的赔偿。

多年的实践，使我坚信：只有具备令人称道的业务技能、丰富的实践经验、良好的职业素质，才能在监理工作中树立起自己的威信。

朱立岩（左一）在太平湾航道疏浚工程现场指导工作（2012年）

要参与工程建设全过程

交通工程监理是一个由多学科多专业构成的技术密集智能型行业，在城市建设和工程建设实施监理制中，起着举足轻重的作用。我国于1988年开始工程监理工作的试点，而我是较早接触到建设监理行业的人之一。大窑湾港区建设的机遇更是让我率先接触到国外先进监理管理的模式，如同在我眼前敞开了一片更开阔的天空。

发达国家的监理行业被明确界定为咨询业，并对监理人员的职业行为制定了道德规范和准则，监理也成为受人尊重的职业。在长达百余年的发展过程中，发达国家的咨询机构真正担当起全方位的监理（咨询）任务，覆盖了整个建设的全过程。他们服务的业务范围已逐步扩展到为业主提供投资规划、投资估算、价值分析，向设计、施工单位提供费用控制，项目实施中进行合同管理、进度、质量、成本控制、付款审定、工程索赔、信息管理、组织协调、决算审核等。美国土木工程学会规定了咨询工程师（监理工程师）的道德准则，其核心内容强调了"正直、公平、诚信、服务"；日本咨询工程师协会制定了咨询工程师（监理工程师）《职业行为规范》，其基本原则是坚持监理工作的科学性、公正性、中立性、服务性。

监理工程师正直、公平、诚信、服务等工作态度和敬业精神，是FIDIC对监理工程师要求的精髓，这也是我一直在心里认定的交通工程监理的定义。但目前我国绝大部分工程监理单位从事的都是施工阶段的监理，据有关部门对北京、上海、江苏、浙江等16省市172156个监理工程的调查统计，从事施工阶段质量、进度和投资控制的有148192个，占86.08%，而从事前期咨询、勘察设计、招标代理、设备采购与建造等阶段咨询服务的仅占13.92%。施工前期阶段监理的缺乏，使得在功能策划、可行性研究、设计图纸的完善性等方面不够完善，导致施工阶段设计变更较多，工期失控，有的甚至影响工程质量。如今的交通建设监理行业，逐渐走向整个建设行业末端的现实，实际上已经背离了监理这个行业的最初定义。

按照交通运输部、建设部当年实施监理制的初衷，监理单位应该是"三控、两管、一协调"。但由于体制原因，机制上不配套，监理的"三控"即投资、进度、质量管理的职能被异化，实际操作中绝大多数监理单位仅是以"质量监理为主"，投资控制基本上由建设单位实施，很少项目给予监理实行"三控制"的权力。因此长期以来，监理的 "三控、二管、一协调"未得到有效贯彻。

在自己的岗位上，我积极力争改变这种现状。我所在的大连港建设监理咨询有限公司有个不成文的规定，所有的领导干部不脱离一线生产岗位，除了做公司的管理层工作，还兼做一线工程的工作。因为这是了解一线情况的最佳方式。而了解到最新最多的信息，领导才有讲话的底气。我们所有干部都是技术型的，只有了解了工程的末端，才有可能对工程的前期规划、科研、设计的方案进行管理和控制。

我认为，在监理行业全面发展推行的阶段，更是不能把监理的职责范围弱化为工程末端，而要更多担当起工程的规划、设计和科研阶段的职责，要用监理人所掌握的第一线的技术知识，来有效管理工程的前期阶段。

不断提高自己的素质

监理是依靠技术和管理进行服务的特殊行业，监理市场竞争的是技术和管理实力，而技术和管理实力要靠监理人才来实现。作为具体从事监理工作的监理人员，不仅要有一定的工程经验和技术方面的专业知识、较强的专业技术能力，能够对工程建设进行监督管理，提出指导性的意见，而且要有一定的组织协调能力。作为企业负责人，培养高素质的监理人员是工作中的重要职责。

从一名监理员成长为企业负责人，20多年的监理行业的工作经历，使我深知能力是知识、智慧和经验的综合反映。监理要圆满实现项目目标，要与上上下下的人合作共事，要与不同层次和知识背景的人打交道，要把各方面的关系协调好，这一切都离不开监理人员良好的工作能力和优秀的个人素质。要成为一名合格的监理人员，就其能力素质而言，除了应具有灵活的应变能力、交际沟通能力、说服他人的能力，以及文字表达能力，还应包括三个方面的内容：

一是决策能力。在实际工作中，监理人员要针对工程的具体特点进行必要的调查研究，综合分析，对出现的各类问题，应抓住时机，果断做出科学合理的决策。

二是组织协调能力。因为工程项目建设的工作环节和涉及的因素多，因此在工程项目建设过程中，有效地进行组织协调是监理工作的重要内容。

三是控制能力。工程建设监理的中心工作是进行项目的目标控制。监理人员只有具备这种控制的能力，才能把事情管好，把监理工作干好，也才能取得业主的信任。

进度控制是工程管理最重要的环节之一。作为监理，需要有大局观，对工程要有宏观的控制理念。只有监理的大方向对了，才能指导施工单位对计划进行细部分解，从而更好地控制工程进度，满足工程需要。在绥中36—1油田二期开发基地工程中，我指导承包商采用时标网络作为总控计划，通过了解同类工程在国内的主导工艺水平、在国内中等偏上的设备能力和管理水平下实施的时间赋值，了解计划实施过程中可能发生的各种影响因素和解决办法（如气象、工艺、冬夜雨等），采用关键线路法对总网络进行了数次大的优化，提出了"多点开工，水陆并举，以混凝土总方量的实现控制总工期"的总体设想。另外，我利用自己的经验，正确地使用监理的建议权，帮助承包商解决具体的施工难题，采取改变工艺流程或调整施工顺序，在工程投资不变或减少的情况下，大幅度地提高工程的质量水平，缩短了工期，只用了18个月就完成了合理定额工期为3年的工程。

针对大型综合性项目建设过程中承包商数量多、施工单位技术管理水平不一等问题，我采取灵活的合同管理手段，结合各个工程的特点，在每道工序施工前检查施工单位的技术交底工作，并将监理工作的重点提前至施工准备期。

从事监理工作以来，我逐渐赢得了承包商的信赖，赢得了业主的尊敬。也有人说我太"较真儿"，在我看来，这种"较真儿"正是基于对工程的责任心。身为总监，我要对工程监理合同的实施负全面责任。在一个工程中只能有一个标准，这一点不能因

朱立岩在大连港矿石码头项目现场(2012年)

为任何人、任何事而改变。

曾经有一个刚毕业的年轻人向我抱怨，觉得自己具有很高的职业技术能力，可以承担更高级的职位和工作。于是我随口问了几个本专业的问题，年轻人却哑口无言、无从答对。我逐一耐心解答后，告诉他自己并不是学这个专业的。年轻人自此心服口服，不再计较自己工作的多少和职位的高低，明白了每个工作都是一次宝贵的学习机会。我希望加入工程监理行业的年轻人，都能够勤奋学习，不计得失，让自己尽快成为一个拥有较高知识水平和实操能力的合格监理人。

在公司内部管理中，物质的激励也是企业一种非常重要的激励方式。我们规定监理人员每年要按照布置命题和相关项目写一到两篇论文，在两年时限内必须考取证书。如果超过时限拿不到证书，就回到最低级的岗位工作。而换岗调岗的结果会直接导致收入降低。这种激励措施，使公司内部形成了浓厚的学习氛围。

由于行业人才紧缺，监理人员流动大是个不争的事实。我不怕年轻人把大连港建设监理咨询有限公司当做培养平台，成才后跳槽。我们就是要培养人才，不怕有能力的人走出去，就算跳槽也是同在一个行业，也是为本行业的发展作贡献，作为监理人，必须要不断自我学习，自我提高，这样团队素质才能提高，才能促使整个行业的素质得到改善。

近年来，我们秉承"承接一个项目，赢得一个业主，结交一方朋友，开拓一方市场"的经营理念，奉行"公正、科学、热诚、严谨"的宗旨，恪守"严格监理，优质服务，公正科学，严格自律"的工作准则，坚持"质量第一，科学管理，优质服务，持续改进，顾客满意”的质量方针，发挥自身的人才优势和综合技术优势，为广大业主提供最满意的监理服务。

“内部做强，外部做大”是我在公司最常说的“口号”。除了监理大连港口水运工程，公司还监理外部工程。1999年，我们通过市场投标得到外部监理的第一个工程——中海油的绥中36-1油二期开发基地工程。招标企业看中的不仅是大连港建设监理咨询有限公司有先进的技术设备，更看中的是企业里监理人员中专业的技术人才。这些技术人才最了解一线施工中的技术经验，可以直接将问题反映到设计规划的层面，使工程建设更趋于合理。如今，公司对外监理项目占总监理工程的70%。

在中国交通建设监理行业持续发展的道路上，我们将一如既往地坚守对监理行业的最本质认知，用过硬的技术征服业主和市场，来证明我们强大的生命力。

编后语 AFTER WORD

朱立岩是国内水下监理行业的开山人物，号称“中国水下监理第一人”。他对专业技术情有独钟，对人才培养充满热诚，用自己的行动证明着监理存在的价值。

刘凤鸣

1968年毕业于上海同济大学公路与城市道路专业，高级工程师，现为建设部注册监理工程师，交通部监理工程师。1994年任上海市市政工程管理咨询有限公司总经理。现任上海市市政工程管理咨询有限公司董事长，上海市建设工程咨询行业协会顾问。2008年被评为“中国交通建设监理十大突出贡献人物”。

监理行业还有很长的路要走。要提升队伍资质、人员素质，规范施工行为，监理企业才能得到真正的发展。

刘凤鸣：
监理是一种责任

作为道桥专业高级工程师，在进入监理行业之前，我已经在施工单位和市政局机关干了20多年，早就适应了建筑工地的工作方式和工作节奏,也养成了说话大嗓门，干事情风风火火，直来直去的个性。在市政局机关工作了10年，干的是工程管理，1988年监理在市政工程试点时，我就管这一摊子事，很快爱上了这个责任重大，为工程建设保驾护航的行业。现在，我从事监理工作已经20余年，回顾这段不寻常的经历，我为自己能够伴随中国交通建设监理的发展成长感到骄傲，也为自己能为监理事业作出贡献感到自豪。

“精”、“专”铺就创业路

20世纪90年代，工程监理制在我国刚刚起步不久，很多人都觉得搞监理很辛苦，不愿意干，我是唯一一位从局机关自愿出来搞监理的人。

1994年，上海市市政工程管理咨询有限公司的前身——上海市市政工程监理有限公司从市政管理局脱钩，成为自负盈亏的法人实体。领导征求我的意见：是愿意留在机关，还是愿意随监理公司一同“下海”。我回答说：我一辈子都服从组织安排，组织需要我去，我就去。就这样打破了“铁饭碗”，担任了监理公司的总经理。而当时做出这个决定的理由很简单：我从小受共产党的培养，一生都听党的话，组织上安排我到哪里，我就到哪里，没有二话。也许正是这种看上去过于简单、执著的思维方式，让我成为监理行业少见的女性。

我毕业于上海同济大学道桥专业，参加工作后，在施工单位搞施工，干了10几

年，在市政局施工处干了10年施工管理工作，始终没有脱离过施工一线。20多年的工作实践，为我从事监理工作提供了坚实的基础，也使我具备了管理监理企业的能力。

起步时，我们只有一辆借来的车、几个借来的人和一处租来的房子，真是一穷二白。从吃政府饭，到必须在市场找活干养活自己；由被动等待上级安排，到自己主动出击，虽然样样得学，但却对自己非常自信。认真对待每一个工程，每一个项目，每一个业主和每一个员工，是我做所有事情的准则。

成立初期，公司监理的项目大多在上海浦东新区。浦东开发的早期阶段，建设任务繁重，都是属于大规模、大手笔的项目。公司承担监理的项目也大多是城市快速主干道。这些项目无论是工程质量还是工期，都因我们监理公司的介入有了明显的提高。这些工程是浦东新区的主要道路网组成部分，而浦东新区交通道路的畅通、舒适便捷，给上海市民、乃至来到上海的人们都留下了深刻的印象。

刚改制时，公司还参与了沪宁高速公路建设，承接合流污水一期9.1标，开始了盾构作业的监理，随后有了地铁及翔殷路越江隧道、上海长江隧道等工程监理。1997年，公司承接了浙江上三高速公路上虞段的监理，迈开了走出上海的步伐。1999年，公司又承接了交通部重点工程——杭金衢高速公路建设监理任务，为建设浙江东西向经济主动脉，我们精心安排了一批具有高速公路监理经验的骨干，参加这个工程的监理工作，在质量、费用控制和内业资料管理等方面，表现突出，受到建设方、总监办的赞赏，我们的驻地办多次获得先进监理荣誉，所监理的标段工程质量优良。

与市政局脱钩后，监理公司承接的第一个项目是上海浦东沪南路。为了打好第

刘凤鸣（前排右五）在上海长江越江隧道一号盾构推进仪式上（2006年9月）

一个战役，我天天跑现场，通过严格管理要效益。在沪南路监理期间，我们监理的地下排水管道验收时要连续检查5个井、4节管道，每节管道的直径都是80厘米。为了查验每节管道的接口情况，我和验收人员一起钻管道，一口气把全长160米的管道爬完了，那一年，我52岁。当我从管子里爬出来的时候，连工程指挥长都忍不住跑过来对我说："老刘，你这么大年龄了，还亲自爬管子干吗？"在一般人眼中，我以前毕竟是市政局机关的，能到现场也就行了。我说："人到什么地步说什么话、办什么事，要把自己的位置放准了、摆正了。我们公司的监理人员可能技术水平没有你们期望的那样高，但是我们的认真态度、吃苦精神肯定能得到你们认可。"这件事给质监和业主都留下了深刻印象，也使我和公司名声大振。以至于后来，上级领导对我们公司监理的直径120厘米的管子进行验收时，直接问我："这些管子你们爬过没有，你们要是爬过了，我就不爬了，我相信你。"

2002年，建设领域不断深化改革，上海市提出了政府投资项目的代建制新模式，这是企业深化发展的机会，迅速展开了一系列准备工作。为顺利取得代建制资格，立即着手将"上海市市政工程监理有限公司"更名为"上海市市政工程管理咨询有限公司"。经过一番紧锣密鼓的筹备，在上海市监理企业中率先取得代建制资格，开始了项目代建管理，实现了从监理到管理的角色转变。我要求公司全体员工必须将工作观念由被动型向主动型转换，尤其是建设前期工作，如建设程序要求的证照办理、设计优化、施工招投标以及动拆迁、管线搬迁协调、交通组织等各方面，必须主动介入，提前参与，加大工作推进的力度。

凭着专业、勤奋、拼搏、务实的作风，我们公司在代建制模式下做得有模有样、有声有色，不仅为上海监理行业推行代建制提供了成功案例，而且提高了企业的核心竞争力。

2004年至2005年，上海崇明越江通道长江大桥和长江隧道工程相继开工建设。凭借交通部特殊独立隧道、特殊独立大桥等监理专项资质以及上海东海大桥监理和武汉长江隧道、上海黄浦江多条隧道监理的良好业绩，在公开招投标中，上海市市政工程管理咨询有限公司成功中标了隧道总监办及参与大桥联合体监理的任务。这是我们公司承接过的最重大的工程项目。为此，我们精心设置组织机构和监理队伍，派遣精兵强将，现场设立协调组。我亲自担任组长，并聘请专家组成顾问组对重大方案审查把关。在总监办和驻地组二级管理模式下，制订了管理制度和考核办法，确定了重心下移、加强驻地办第一线力量的策略。现场严格检查和巡视，坚持关键工序、重点部位全过程旁站，把质量控制和安全管理控制在施工第一时间，从而使得大直径（15.43米）、长距离（7.5公里）隧道盾构推进的已完工程质量优良、安全受控，获得上级单位的高度评价，认为工程建设和管理已达到国内先进水平。

当时，软土圆隧道盾构法施工在公路工程质检体系中缺乏相应的质检表式，在上海长江隧道工程中，我们对此专门开会研究，积极配合建设方，组织隧道总监办和下属驻地办对质检表式进行新表设计、原表改进，并在施工、监理实践中逐步完善，满足了工程建设要求。

十几年来，我们承接了大大小小近600项工程。作为企业领导者，我要求自己必须经常深入监理第一线，掌握监理工作的最新情况。我亲自担任了10多项工程的项目总监。如上海苏州河综合治理工程B6、B7标总监，上海城市郊环线（南端）高速公路A30、A7、A6部分标段的项目经理，上海市污水治理二期工程SSI/2.5标等。这些城市建设工程，程序严格规范，而施工现场又位于闹市区，安全、文明施工的要求很高。因此，公司的监理组从审查施工方案开始就把安全、文明施工作为工作的重点。有些工地附近有菜市场，居民住宅小区，为方便附近居民出行，监理组要求承包人宁可自己施工困难些，也要留出足够的安全通道。下雨天，因为施工原因道路泥泞不堪，监理就督促施工单位突击清理，保证老百姓出行安全。整个过程没有因为施工而扰民。因此公司还作为先进典型，参与上海咨询业协会关于安全监理手册、安全监理规范性文件的编制，工程也获得建设部"中国市政金杯工程奖"、"中国人居环境范例奖"。

"不言败、不放弃"当好家

作为一个女性，要在以男性占绝大多数的工程建设领域做点事情其实是不容易的。尤其作为监理企业的老总，在施工现场和公司内部的管理过程中，我会碰到很多难题。但我觉得女性有时比男性更有韧性、更不易折断，这也是我们的企业精神法宝——在困难面前，我从不言败，从不放弃。

作为2001年的上海市劳模，在荣誉光环的背后，我也牺牲了很多。曾围着"颈托"奔波在工地上；强忍着胃痛支撑着开完现场例会；年迈的父亲走失了，我顾不上亲自去寻找；丈夫病重住院手术，我没有陪过一整天……但我深知，这些付出都是为了做好自己的事业，也是为了造福更多的人。我也更明白，这些付出都能够在工作中得到丰厚的回报。

1998年，公司面临尽快提高企业内部管理水平，解决建章建制，按程序办事的问题。当时社会上在推广质量体系认证，我觉得这个正是我们现在需要的，那时的监理企业还没有几个获得认证证书的，如果我们能按体系运行，我们的管理水平就能得到提高，通过认证，就占得了先机。于是，经过讨论，公司上下齐动员，顺利完成了培训、编写程序文件、质量手册等工作，工作按体系文件运行。这时离年底只有三四个月了，但认证所需要的试运行还刚开始。年底现场工作又特别忙，于是许多人都觉得恐怕年内完成认证是做不到了。在我的坚持下，公司管理层和总监们通过开会统一了思想，公司严格按程序文件实施，在他们的带领下，公司上下全力拼搏，终于在年底顺利通过了ISO9001–1994质量管理体系认证。这一仗的胜利，在以后很长一段时间内给公司带来了非常好的影响，让员工们更加自信、工作更有程序。

作为企业的当家人，我从来不否认自己也有女性的弱点，也曾在处理一些问题时因为"心软"，过于"讲人情"而影响过工作。当然遵守纪律也是非常重要的，但同时我也坚信自己"人性化"的管理方式没有错。为了做到"以人为本"，我非常重视发

刘凤鸣（右二）在上海轨交11号线GT-9标工地指导工作（2012年11月）

挥自己作为女性管理者所具有的细心、周到、耐心的特点，通过深入细致的思想工作，让员工能够心里不留疙瘩、愉快地工作。

就拿企业都会遇到的人事变动问题来说，我总是坚持在岗位调动之前先做好深入的沟通，让相关的人把事情了解清楚，想好了再做决定。不是仅仅把决定通知本人，而是把调动的原因、利弊讲清楚。

企业管理靠制度，有了完善的管理制度，才能使企业持续稳定地发展。同时，完善管理制度要凸显关心员工的原则。为此，我要求公司各部门按照工作要求和所要达到的目标，对公司现有的一些规章制度作进一步完善，修订了员工守则，补充了相关规定，使之更适合目前的状况，有利于公司运作，也解决了一些员工关心的问题。公司在人员管理和使用、合同管理等方面更加程序化、规范化，不仅使员工的合法权益得到了保护，使员工安心、放心和高兴，更使工作效能大大提高。我们充分发挥工会和职工代表的作用，十分注意听取员工的意见和想法，尽力做到畅通渠道、加强沟通、缓解压力、疏解情绪、稳定队伍、调动积极性。公司坚持按劳取酬、多劳多得、做好有奖的原则，不断完善酬金制度和绩效激励办法，使分配和奖励提高透明度，做到相对平衡。

民主管理、事务公开的立足点是维护职工的合法权益，同时为企业的进一步发展提供有力的保证和动力。为此，我们十分重视和支持工会工作，充分发挥工会的积极作用。我要求工会必须参加公司的各类会议，参与公司各项规章制度的制订。涉及员工切身利益的劳动保护、合同的签订、员工福利待遇和工资奖金分配必须听取和采纳工会的意见。

刘凤鸣（左二）在上海赵家沟航道整治工程8标施工现场与业主一起检查工作（2012年6月）

关心员工生活和身体健康是我和公司领导层的共识。公司安排员工两年体检一次，还特为女员工增设专项检查项目。我主张把老员工尽量从一线岗位撤下来，安排到二线工作，使他们工作轻松一些，环境舒服一些。凡是员工生病或者家庭有了困难，我都要过问并帮助解决。为使派往外地工作的员工能安心工作，消除后顾之忧，每逢节假日都进行家属慰问。

以人为本，是我公司的兴业之道和管理之道。因为我们深知，在创业以来的这20年间，正是公司的一个个员工用自己的汗水创造了公司现在所拥有的一切荣光。

企业发展靠人才

人才是企业发展的核心竞争力，对于监理企业来说就更是如此。作为民营企业，我们公司非常重视各方面技术管理人才的培养与储备，很早就制定了自己的“人才发展策略”。我们非常重视员工培训工作，将员工培训和人员培养工作放在第一位。

刚刚踏上工作岗位的大学生具有一定的知识底蕴，但缺少社会经验和相应的工作能力，必须要通过实践获取宝贵经验，才能把知识尽快转化为管理与监理工作技能。为此，公司尽力为他们提供发挥才干的环境和继续学习的机会，专门安排他们到工程建设现场去接受锻炼。在嘉闵高架路（北段）新建工程的工地，总监办曾专门召开“拜师学技”签约仪式，让当时刚毕业不久的9名大学生与9位实践经验丰富的师傅签约，结对拜师学技。嘉闵高架路（北段）新建工程总监办每月还根据个人业绩及工作态度，开展一次民主评选“监理明星”活动，鼓励员工岗位成才的积极性。

现代工程技术的发展日新月异，管理方式也在不断更新。为此，公司要求新老员工必须进行基本能力培养，熟悉、掌握新技术、新工艺，并随之推行了一套切实可行的管理、激励机制。公司在制定技术发展计划时，明确了全员学习培训和对工程中的新工艺、新技术进行总结提高这两项要求。在安全管理、见证员、深基坑控制、支架验收、混凝土裂缝控制等方面举办培训讲座，共有1282人次参加。同时，在大直径盾构、双圆盾构、砂土路基、预应力控制、混凝土质量等方面列出了6个课题，吸收部分年轻员工参加调研活动，取得了研究成果，并形成了论文、技术总结等文字材料。

我们还有意识地将一些表现突出的青年员工安排到重要岗位上，给他们压上有分量的担子，使他们能尽快地熟悉管理与监理工作的全过程，通过实践增长才干，更快成才。例如：当年33岁的邵明在任长江隧道工程T3标驻地任组长期间，因表现突出而被团市委授予新长征"突击手"荣誉称号，之后公司又将他派往四川担任上海援建都江堰蒲阳至虹口公路新建工程总监。在他的率领下，该项目监理组取得了优异成绩，获得了当地指挥部好评，他本人也被评为"抗震救灾先进个人"。现在已独当一面的公司工程管理部经理赵**姞**，曾先后担任6个工程项目监理和福建路桥改建工程代建的现场项目经理。现已担任公司副总经理的张健智也曾先后担任内环线、外环线、翔殷路隧道以及武汉长江隧道、杭州庆春路隧道等14个项目监理工程师、总监理工程师，在工程一线的摔打中，他的业务能力和管理水平大为提高，经常为施工方解决重大技术问题，中国建设监理协会于2008年授予他"优秀监理工程师"荣誉称号，一大批年轻员工都在各种岗位上成为公司的中坚力量。

现在，公司拥有一支高技能专业人才队伍，使公司在经营、技术、管理、品牌诸方面得到全面提升，并在长江隧道工程、长江大桥工程、中环线浦东段新建工程等一些项目的管理与监理工作中都取得较好成绩。世博会园区浦东高架人行步道工程项目管部还在2009年获得上海市总工会授予的"上海市五一劳动奖状"荣誉称号。

探索发展未有穷期

经过20年的摸爬滚打，上海市市政工程管理咨询有限公司已经发展成为年产值愈9000万元、所监工程逾700项的知名监理企业，同时拥有住房与城乡建设部市政公用工程、公路工程、房屋建筑工程监理甲级资质，交通运输部公路工程甲级、特殊独立隧道、特殊独立大桥专项监理资质，国家质检总局颁发的工程设备监理单位乙级资格，上海市人民防空工程建设乙级监理资质，上海市招标代理机构暂定级资质。公司已通过并实施了ISO9001质量管理体系、ISO14001环境管理体系和GB/T28001职业健康安全管理体系。所监工程多次荣获国家工程建设质量金质奖和银质奖、鲁班奖、詹天佑奖、中国市政金杯示范奖、上海市市政金奖等，并三次摘得中国交通建设监理协会"交通建设优秀监理企业"奖牌。尽管取得了一系列的成绩，但今后的路要走向何方，是我们更为关注的问题。

我认为，扩大监理工作的外延，向前后延伸，向项目管理转化，是建设行业发展的要求，也是监理企业进一步发展的方向。

监理与项目管理均是目前建设程序中重要的一环，属于咨询服务。监理工作应该是受业主委托，承担施工阶段的质量、进度、费用控制和合同、信息管理。而目前的做法，侧重于施工过程的质量控制，而项目管理是受业主委托，代表业主对整个项目进行管理。从项目立项初步设计开始，招标代理办证、前期工作、对外协调、工程实施时的进度、投资控制、竣工验收、施工决算、资料上交到工程移交，项目管理贯穿于建设全过程，是主动工作。二者的工作性质和为业主服务的宗旨相同，但工作内容、工作深度、工作责任有很大区别。项目管理是施工监理向前、向后的延伸。

工作中的刘凤鸣

作为一家以监理业务为主的咨询公司，近年来我们已先后承担了10多个项目管理任务,也收获了一些经验和成绩。对于如何做好项目管理工作，我有以下几点认识：

一是要加强自身建设。从思想认识、技术准备、管理方法上入手，提高综合能力。首先是提高思想认识，要从单一监理的模式中走出来，变被动工作为主动。其次，要提高技术能力和管理能力。自获得项目管理试点后，我们调整了部门设置，抽调人员认真学习、理解项目管理的工作内容和工作职责，在设计管理、办证、管线交通协调、计划合同、投资目标分解和控制等方面，制订了工作流程、管理办法和考核要求，从做法、程序和工作要求上定好了规矩。第三是集中公司的资源支持项目管理工作，将项目管理工作与公司创优结合起来，与培养人才、提高技术水平结合起来，以项目管理工作带动监理工作，促进公司发展。

二是正确处理项目管理单位与政府之间的关系。项目管理单位是代业主实施建设管理，在建设程序和技术管理方面，工作质量的好坏将直接影响项目质量。

三是正确处理项目管理单位与业主之间的关系，以业主需要为前提，以诚信服务为宗旨。项目管理单位受业主委托，在政策法规的框架下，为业主着想，维护业主的利益是项目管理单位的工作目标。在市场经济条件下，服务和质量是咨询单位的生命线，唯有社会满意、业主满意才有项目管理单位的发展。

四是发挥监理工作的特色，以认真踏实的工作作风和丰富的专业经验赢得业主的信任。我们在质量控制方面具有丰富经验，并把坚持程序、重视预控、吃苦耐劳、深入现场的工作特色，运用到项目管理中，细致严谨、认真踏实地开展工作。以技术专长来提高工作效果，赢得业主信任和支持，更好地推进工作。

实践证明，建设市场需要项目管理，而监理企业向全过程管理发展，实施项目管理，更是企业自身发展壮大的需要。作为企业管理者，我认为项目管理是监理必然的走向，而项目管理的边界和内容还要在国家的大环境之下，通过实践逐步确定。政府引导和市场选择是监理企业走向未来发展过程中必不可少的两大因素。

监理行业发展至今，还存在很多问题，需要改革、需要解决。要是有可能，我愿意带着自己的企业率先尝试。按照国际咨询监理行业的规范和职责，结合我国的具体国情，研究制定尽量符合于我国地域发展不平衡的现实条件的可适用条款，让监理行业在中国建设发展中发挥更大的作用。

编后语 AFTER WORD

作为企业家，在改革大潮中，她抓住了机会，让自己的人生焕发出耀眼的光彩；作为道桥专业高级工程师，她任总监的工程屡获大奖；作为工程技术人员，她主持研究的《上海市市政工程监理标准化程序》课题，被专家认定为“国内先进”。她是监理行业的“女强人”，也是监理这个行业的一道美丽的风景线。

雒玉军

1963年出生。1984年毕业于北京建筑工程学院。同年进入交通部公路一局设计科研所，历任技术员、所长等职。1992年6月至1994年6月，被派往新加坡南洋理工大学进修项目管理，是最早接受项目管理培训并取得建设部颁发的我国首批一级项目经理证的人员。曾担任深圳华强北立交桥总监、云南楚大高速公路5、6合同高级驻地、云南大保高速公路5、6、9、10合同高级驻地、云南元磨高速公路第一合同高级驻地、内蒙古哈噔高速公路东段总监代表处总监代表、北京市八达岭过境线改建工程总监理工程师、重庆永江高速公路项目咨询管理部经理，2006年至今任北京华通公路桥梁监理咨询有限公司总经理 。

品牌战略的成败与否，取决于优秀的策略和全员经营。这其中的核心是以品牌的效应来提升监理工作质量。

雒玉军：
用责任铸就品牌

有人问我，做一个合格的监理工程师需要具备哪些条件？我的回答是：首先是一个合格的守法公民。这是基本的要求。做不到这一点，什么业务水平，技术水平就成为无源之水、无本之木。我常常对我们的监理人员说：如果工作中你发错了指令，这是技术问题；但你如果伸手拿了人家的钱，那就是道德问题和法律问题。所以，一个合格的守法公民，是成为一个合格监理人员的必要条件。其次，做人应该要有底线，反映在工作上，就是要有最基本的职业道德。无论你是否喜欢你所从事的工作，既然选定进入这个行业，就要认真，要投入，要尽力做好。只有这样做，才能无愧我心，才能成为一名合格的从业者。

认真负责 做好监理

我1984年从北京建工学院毕业后，被分配到交通部公路一局设计科研所。在这里，我做了两年道路设计和一年实验检测的工作。1986年10月，我被上级派往扎伊尔共和国O～W公路项目从事测量、设计、施工管理，一去就是4年。在那里，我第一次接触到监理。当时那个项目的监理是法国人，他们对待工作那种敬业、用心以及高度职业化的态度给我留下了深刻的印象。记得有一次为了找到施工急需的石料，法国监理人员亲自带着几个黑人到深山老林里寻找了一个星期。同时，他们也很重视施工的程序，工作起来严谨到几乎固执的地步，该有的步骤绝不省略，所有的资料周密、详实，经得起推敲。即使在今天，他们的工作精神仍然值得我们的监理人员学习。

雒玉军（右一）在非洲扎伊尔O-W项目施工现场（1986年）

雒玉军（右一）参加世行贷款项目——云南楚大高速监理合同签约仪式（1995年）

雒玉军（左三）在工地

1991年，我回国了。此时，北京华通公路桥梁监理咨询有限公司刚刚成立不久，公司正好承担了广东惠盐高速公路第二合同段监理项目，于是我跟着当时单位的总工刘吉士一起来到惠盐高速的工地。刘吉士是项目总监，我担任测量工程师。那时，国内的监理刚刚起步，严格地执行FIDIC的条款，非常规范，该项目的监理人员均是公路一局科研所的正式职工，没有一个外聘人员。惠盐高速的业主人员很少，只有五六个人，而监管的范围很广，责、权、利比较到位。从惠盐高速，我正式步入监理行业，开始了在这个行业20多年的摸爬滚打。

1997年深圳华强北立交桥是我第一次做总监。这个项目的业主只有两个人，一个是项目主任，另一个负责计量工作，同时兼管其他几个项目，因此华强北立交项目实际参与工作的业主只有一个半人。在这里，总监要管理所有的事情，要和方方面面的人打交道，包括出面协调工程涉及的通信管网移线等问题。权力自然是有的，责任也非常重大，要通过各种方式，去平衡各方的利益，想方设法保证施工进度和质量。在今天看来，这个项目是典型的“小业主大监理”模式。那个时期，监理虽然已不像上世纪90年代初期那样被尊重，但其地位和作用也没有像今天这样陷入谷底。

在云南玉元高速公路工程，我担任高级驻地监理，相对20世纪90年代中期以前业主对监理的态度，上世纪90年代末期的业主则更多参与到监理的工作中来，渐渐步入了“大业主小监理”的模式。在这个项目中，作为监理，更多发挥了业主、设计单位和施工单位三者之间的桥梁作用，并积极为工程施工的顺利开展出谋划策。我们在深入了解工程现场的情况后，为施工单位与业主和设计院之间的沟通做了大量工作，对优化设计和施工提出了科学、合理的建议，解决了高边坡的边坡防护、桥头跳车等技术难题，为工程的建设发挥了重大作用。

多年的历练，让我从一名普通的监理工程师，成长为一家监理企业的负责人。和大家一样，对于监理行业的现状，我也有许多看法，也有不解的问题。但是，我始终认为，无论外部环境如何改变，要做好监理工作，最重要的依然取决于监理自身的态度和追求。俗话说"有为才能有位"，监理人员一定要了解自己所做的工程，了解自己的能力，要具备基本的业务知识，不能眼高手低，要做到眼勤、腿勤、嘴勤，认真对待工作。一个认真、负责对待工作的人，无论在哪里都是受人尊敬的！有了这几样，再加上沟通协调的能力，就能够成为一个好的监理工程师。

作为监理企业的领导者，我也将这些理念融入了实际的工作中，在管理中体现出来。

强化管理 招招落实

2005年10月，我通过竞聘成为华通公司负责人。上任之后，我连用了三天时间与职工们交谈，认真分析公司面临的形势和问题，从深层次思考企业今后的发展道路。

国企在根本上不同于私有制企业，国有企业的经营宗旨是以人为本，而不是以资为本，因此国有企业可以最大限度地创造就业机会。国有企业更是一支不可忽视的建设大军，新中国的工业基础就是由国有企业奠定的，改革开放之后国有企业在中国走新型工业化的道路上依然发挥着举足轻重的作用。在激烈的市场竞争中，要想站稳脚跟，靠的是自身的实力。而在基本相同的市场环境、知识和人才结构基础上，必须建造自己规范的管理模式，实现技术、质量、管理等方面的创新，这就是核心竞争的综合实力。但是核心竞争实力不是一朝一夕能够形成的，要靠前期的精心规划、中期的重点培养以及不断的总结发展。俗话说"内练一口气、外练筋骨皮"。经过认真思考和分析后，我和公司其他领导一起制定了企业的发展战略：以科学发展观为指导，完善管理制度，强化制度执行力。

抓资质申请、抓合同清理、抓制度完善是我首先烧起的"三把火"。在合同清理方面，我们遇到的困难是超乎想象的。2006年一整年，我们都在清理合同、理顺程序。因为清理的难度很大，关系错综复杂，得罪了不少人。然而我坚信，这条路是正确的。经过改革，公司在交通部首批公路工程甲级监理资质的基础上，取得交通部特大桥、特长隧道专项监理资质；华顺公司（下属公司）2006年取得建设部工程设计甲级资质；华通路桥检测所（下属公司）2006年取得国家认证认可监督管理委员会颁发的计量认证证书，并于2007年1月取得北京市道路工程质量监督站试验检测综合乙级资质。

随后，我们将围绕分配做活激励机制作为一篇大文章来抓。激励机制的根子在分配，分配出了问题，大家就没了积极性。过去好好干，可能分到房子；现在好好干，能得到什么呢？我们是央企，没有自己的地盘，把大家的积极性都调动起来，为员工们提供成长平台，就显得尤为重要。在激励机制没有完善前，有些项目到了年底核算时，往往花得所剩无几，花销不仅"师出无名"，而且做假账现象频出，项目负责人也常常为此心惊胆战。激励机制出台后，只要干好了项目，在预算范围之内，不仅可以理直气壮地花销，而且还可以得到不菲的奖金。项目的资金流透明化了，职工的积极性一下子调动了起来，不少人都抢着到工地去。

其次，为了树立和实施全员经营理念，鼓励全体员工积极参与公司的经营开发工作。我们制订和推行全员参与经营的激励机制，并实行开发奖励制度和内部竞标制度，有力地刺激了大家"惰性"的神经，使公司全体员工不但是监理业务的实施者，而且是项目开发的参与者，对于提供信息并协助公司承担任务的员工进行奖励，点燃了全员参与经营开发的热情。通过建立健全经营激励机制，推动了公司的经营工作。为开源节流，提高效益，公司按照公平、公正、公开原则，在监理项目中实行标后预算，内部竞标制，将竞争机制引入项目管理及负责人的选配使用。2007年开发工作初见成效，2008年取得了大丰收。厦蓉高速贵州境水口至榕江格龙公路、榕江格龙至都匀公路AJ4合同、厦蓉高速贵州境水口至榕江格龙公路、榕江格龙至都匀公路BJ4合同、京珠国道主干线郑州至漯河段高速公路改扩建工程A合同、深圳葵坝高速公路、陕西境西安至铜川高速改扩建工程监理XTK—JL1合同、集疏港公路二期中段工程1合同等大项目纷纷中标。

凭借此前10多年的工程管理经验，我在率领团队完善内部管理的同时，经营也慢慢地由亏损转为盈利，企业走出了发展困境，我们新领导班子的管理赢得了职工的信任。

雒玉军（右一）视察广西岑兴项目（2007年）

接着，相继实施的"制度落实年"、"人才强企建设年"、"风险意识提高年"以及"社会经济效益提高年"等措施，在公司后来的发展中发挥了重要作用。

2008年为华通公司的制度落实年。以完善管理制度，强化制度执行力为重点，实行机关管理部门与生产经营项目两层分离，各自独立核算的管理模式。先有经济合同，再有经济活动。分别签订《项目经营管理责任书》《机关各科室年度工作责任书》，核定考核指标，依据《关于对监理项目实行绩效监察考评并择优奖励的办法》，对监理项目进行六个方面的考核：业主诚信履约情况，公司制度执行情况，项目经营效益情况，廉政建设情况，项目文明建设情况，员工评价情况。对机关管理工作进行量化考核，奖优罚劣，以加强机关各职能部门服务、管理项目的水平，促进公司管理的制度化、规范化、科学化。在对现有项目加强管理的基础上，建立《投标项目审批制》，完善项目开发批准制度，实行开发奖励制度和内部竞标制度，调动各方面的积极性。下大力气加大开发力度，降低投标成本，提高标书质量，在提高中标率上下功夫。执行《监理项目月度资金预算办法》，对项目标后预算费用进行总额控制，过程监督。运行收支两条线的资金管理制度，加强了对项目财务的管理及核算，强化了对项目的效能监察。

2009年为人才强企年。在重视企业精华的积淀、发挥人才优势为企业培养源动力的思想指导下，我们以坚持以人为本，凝聚社会人才为重点，以珍惜、宽容、信任、给予的态度对待员工，努力做到待遇留人、感情留人、事业留人。大胆启用一些有潜力的年轻人，给他们提供锻炼成长的舞台和施展才华的机会。给他们压担子，激发他们的创业和敬业精神。让他们从抓管小项目开始，积累技术与管理经验，早日成为生产经营的骨干队伍。努力培养和发掘一批不但具备很强的专业技术、管理、经济和法律等方面的知识，更具有丰富的实践经验及驾驭和协调复杂事物能力的高智能、高素质的人才。使企业真正拥有一支业务能力强、技术素质高、道德品质好的团队，为可持续发展打下坚实基础。

多年来，公司在选拔任用方面做到"任人唯贤"，结合项目管理特点，围绕总监负责制选拔、任用德才兼备的各级监理人员充实到一线项目中，打造了一支经验丰富、作风硬朗、团结协作的项目团队，形成了老中青搭配，各专业兼配的中坚力量格局。同时通过对监理人员的有效管理，使外聘人员有一定的集体归属感，避免了主要监理人员投标履约率低等现象。在引进人才方面，我们注意引进吸收先进的管理理念、丰富的经验做法，在给人才提供施展本领沃土的同时，灌输本企业管理的理念，作好"传、帮、带"，帮助其将知识才能与企业文化特点结合起来，尽快适应环境，发挥人才自身的作用。

在项目管理中，我们全面落实总监负责制，在保证履约人员相对稳定的前提下，不墨守成规，注重工作实效。做到责任分明，杜绝"抢功诿过"。在工作中建立起"权利制衡"的管理模式，岗位的调整做到能上能下，制度上奖优罚劣。同时，项目上按照公司的统一安排，结合自身特点制定学习培训计划，通过有意识的组织学习、观摩、宣贯、研讨等方式，介绍推广新的管理经验、工艺技术及检测手段等，提高一

线监理的素质水平，避免因监理人员知识老化和检测手段落后造成误判等风险，而且在管理中形成统一认识和要求，保证各个监理人员在工作中的正确一致性。总的来说，优质的人才战略保证了华通公司形成核心实力。充分发挥公司领导成员、科室和项目负责人以及共产党员的骨干带头作用，采取民主集中制的原则处理问题，重大问题均通过党委和领导班子会议决定，实行企务公开，透明化管理。充分发挥党委和职工代表大会的监督保障作用，让监督成为科学管理的灵魂。同时，与员工共享公司的发展成果，在全公司树立"企业靠我生存、发展，我靠企业生存、发展"的共赢意识，与企业发展同步，提高员工的工资和福利待遇。公平、公正、公开执行考评奖励制度，充分调动广大员工的工作积极性，发挥主观能动性，提高工作责任意识。

2010年为风险意识提高年。为防范经营风险，确保企业信誉，公司贯彻执行《公路水运工程监理信用评价办法（试行）》，将质量是生存之本、信誉是企业成长的推进器的理念深入到管理层和项目组。公司制定了项目监理的指导性文件，并经常性的检查项目工作，利用各种机会进行回访，收集各方面的反馈信息，自觉接受监督。从业主反映和需求出发，不断改进工作，提高服务质量。

2011年~2012年为社会、经济效益提高年。我们以确立市场地位，不断拓展监理和服务范围为重点，积极推动工程建设管理体制改革。我们在实践中深刻体会到，实行工程监理和项目管理一体化服务是推动工程建设管理体制改革的一项重要内容。公司和一批监理公司实行了"1+3"的项目管理服务方式，即强制性工程监理+委托性项目策划、设计咨询、招标代理，这样做既减少了管理环节，节省了费用支出，又发挥了监理企业和人才的综合优势，很受业主欢迎。

通过这些实实在在的招数，公司一步步发展壮大起来。现在的华通公司已经发展成为一家集设计、科研、试验、咨询等为一体的综合性监理企业。

品牌战略 促进发展

纵观品牌监理企业，无一不是重合同守信誉的品牌战略的实施者。我们深知，监理是运用专业知识和经验提供咨询服务的行业，因此必须首先明确自我价值，建立质量标准体系，全面推行标准化管理，提升企业的整体管理水平和服务质量，才能提升企业竞争力，促进公司持续健康地发展。

我们的目标是将华通公司打造成监理行业的百年老店。当今社会是注重品牌效应的社会，企业要创品牌，创名牌，才能立于不败之地。品牌是企业生产经营符合市场需求的综合标志；是企业管理水平、营销水平、科技水平的全面体现；是企业通过服务给予消费者或客户的一项重要承诺。作为联系企业与消费者的无形纽带，知名品牌在一定程度上代表着市场的权力和商业利润，它被公认为是企业生存和成功的关键因素。现在的监理市场中鱼目混珠，浑水摸鱼的很多。有挂靠的，有承包的，还有很多小公司，这些企业人员短缺、实力不足，却把整个市场搞得乌烟瘴气，造成了负面影响，使得很多业主对监理企业的能力产生了疑问。我们在实际工作中，始终要

雒玉军（右）陪同中交一公局领导考察了重庆永江项目工地（2011年）

求公司员工必须对所承监的每个项目都严格监理，热情服务，要做一个项目就给业主留下一个美好的印象。企业创出品牌以后，很多大项目的业主都会把品牌公司作为首选目标，在同等条件下，中标的机会就会比其他公司大。因此，我要求公司上下以工程形象为标志，以科技进步为依托，以经营开拓为延伸，以企业发展战略为蓝图，努力打造企业品牌。

企业的品牌是以企业的实力作为支撑的，而最根本的实力就是科技实力。目前工程监理市场，特别是规模大的项目，主要是科技实力的竞争。企业掌握的先进技术越多，企业在市场竞争中就越主动，竞争力就越强，取胜的机率就越高。现代工程要求不断提高，技术含量不断增加，科技领先竞争就有了资本。有良好品牌的工程监理企业，在技术上都有自己的强项。

我们意识到，随着市场经济的发展和全国资质就位工作的深入，中国监理企业品牌化发展已提上了重要议程。品牌已成为工程监理行业重要的资产，具有重要意义。随着社会主义市场经济体制逐步建立和完善，改革开放的不断深入和发展，我国工程监理企业经营环境已发生了深刻变化，表现为市场竞争激烈，市场快速变化。公司不仅仅是搞监理，还要积极涉足其他领域，必须扩大影响，提高知名度。因此，重视企业品牌，积极塑造企业品牌，研究制订企业品牌形象战略对企业的发展具有非常重要的现实意义，这不仅是市场经济对现代建筑企业提出的必然要求，也是迎接国际化挑战，加快企业自身发展的需要。

我们较早就有意识地开展了树企业品牌的工作，提出要树立监理产业的品牌，

树工程品牌。其中包括制定企业品牌标识，树立工程形象、设计产品标志等内容。并通过宣传、教育、管理，深化和强化员工品牌意识。

树立了品牌意识，接下来还要弄明白要打造什么样的品牌。工程监理企业的产品就是服务及工程。精品的工程是企业品牌的重要基础，质量的高低决定品牌的价值。高质量、铸精品、出名品已成为建设监理、施工企业市场共同追求的目标。现在的市场，时间就是金钱，业主不仅要质量达优，而且十分注重工期，质量和进度一旦出现问题，就会使企业"一抹黑"，信誉扫地，效益受损。更重要的是会使企业在承揽任务和其他工作上陷入十分被动的困境，拓展市场的百般努力前功尽弃。对监理单位来讲，今天的服务，就是明天的市场。监理企业要树品牌，就要和建筑企业共同打造"双高"（高速度，高质量）品牌工程。只有"双高"，业主才能满意；只有"双高"，业主和施工单位才能都出效益，达到双赢。因此，打造双高品牌成为华通公司全体员工的共识。

我们还在深化品牌内涵和开拓外延方面做了很多工作。来自各行各业的业主根本无法对监理企业进行深入的了解，工程也不是社会大众消费的普通产品，每个工程都完全不同，工程项目投入大、工期长、风险高。普通产品可以先用一个试试，工程却不能先干一个看看。因此，要得到市场的迅速认同，企业就要有相应的业绩，相应的资质。从这个意义上来说，品牌就成了市场合作伙伴进行判断和确定是否合作以及如何合作的重要因素。只有下大力气拓展品牌新的内涵和外延，才能更好地拓展市场。

在实践中,我们深深体会到，名牌战略的成败与否，取决于优秀的策略和全员经营。这其中的核心是以品牌的效应来提升监理工作质量。

为此，我们大力推进"资源节约型、环境友好型"交通建设，在保证质量安全、施工安全、廉政安全的前提下，确保工程进度。通过把责任分解落实到每一个监理人、每一项实际工作乃至每一细微之处，做到事有专管之人、人有明确之责、责有限定之期，形成了人人头上有指标、件件工作有落实的责任氛围。让员工的责任心自觉变成习惯，决不让工作延误，决不让企业形象受损。责任是监理的核心，是监理赖以发展的根基。监理人员的责任心比黄金还贵重。我要求工作人员在质量监督中要坚持原则、坚持标准、坚持实事求是，弘扬"宁做恶人、不做罪人"的职业操守，实施"全员、全方位、全过程"的严格质量控制。坚持"预防为主、补救为辅、标本兼治"的方针，要求在先，预防在先，综合治理，把一切可能产生的隐患清除在萌芽状态，把一切可能发生的遗憾控制在未发生之前，加强风险防范。坚持廉洁自律，不收受商业贿赂，不搞弄虚作假，不以权谋私，不以人情代替原则，不以被动应付代替主动服务，不以文过饰非代替把关负责。

近年来，随着我们管理的上台阶，公司监理的项目也取得了一系列的成绩：2003年，山东济泰高速公路崮山立交桥工程和云南玉元高速公路荣获了国家优质工程银质奖；2004年，乍嘉苏高速公路获得鲁班奖，杭宁二期工程长兴合同项目获得国家优质工程银质奖；2005年，福宁高速公路后港特大桥工程项目获得了国家优质工程银质奖；2006年，甬台温高速公路乐清湖务街至白鹭屿公路工程获得了交通优质工程三等奖；2007年，江苏沿江高速公路项目获得了第七届中国土木工程詹天佑奖；2008年，许昌至南阳高速公路获得了交通优质工程二等奖；2012年12月国道主干线（GZ40）云南水富至麻柳湾高速公路项目获国家工程建设质量奖审定委员会颁发的国家优质工程银质奖。

此外，华通监理公司在2006年度、2008年度被中国交通建设监理协会评为交通建设优秀监理企业。2009年，被北京市质量协会评价中心评为质量信得过单位，2010年3月又被北京质量协会质量评价中心认定为质量AAA级单位，并获得中国交通建设优秀品牌监理企业的荣誉。2012年7月被中国质量评价协会评定为2012年全国质量信得过单位。

我非常欣赏这句话："权力就意味着责任，若不去履行，权力将名存实亡。声誉是一种人格力量，是无价的财富，它建立于你的点滴言行之上，服务于你的生命。"在未来的道路上，华通公司也会去努力践行这句话，用负责任的行动，为我们的交通建设监理注入正能量！

编后语 AFTER WORD

短短几年时间，雒玉军领导的团队成功实现了"一年起大步、三年大发展、五年上台阶"的发展目标，让一家国有监理企业由亏损发展到营业额过亿，利润超千万，并获得首批"中国交通建设优秀品牌监理企业"，实现了量积质跃的转变。在监理咨询市场的激烈竞争中，之所以能够"在坚持中追求发展"，最主要的原因是他深谙：一个合格的守法公民，是成为一个合格的监理的必要条件。

顾新民

1953年出生，毕业于北方交通大学，工学硕士，教授级高级工程师，现任北京兴通工程咨询有限公司董事长兼总经理。大学毕业后，在交通部科学研究院从事交通通信技术研究工作16年，参加研制项目"CSD—1型船用全波段单边带接收机"获部级重大科技成果奖。

1993年调入中国交通通信中心任北京兴通工程咨询有限公司（原北京兴通交通通信工程技术公司）副总经理兼技术负责人，从事交通通信网工程建设工作，主持编制了辽宁、海南、贵州、甘肃等省区交通通信网总体规划，参加天津港通信枢纽、交通运输部一级专用通信网工程施工建设和北京、秦皇岛、营口、江阴、南京、沈阳等地800MHz集群移动交通专用通信网工程设计。自1996年起，他先后担任广东深汕高速公路东段、深汕高速公路西段、福建泉厦、湖北黄黄、云南元墨等高速公路机电工程总监理工程师，曾荣获"中国公路学会百名优秀工程师"、"交通建设优秀监理工程师"、"中国交通建设监理优秀人物"、"北京市诚信企业家"等荣誉称号，以及"中国公路学会科学技术奖"一等奖等奖励。

“监理的工作方法很重要，更重要的是监理要先人一步想问题，本着负责任的态度在正确的事情上要敢于坚持自己的主张，不能人云亦云。”

顾新民：认知决定高度 专业成就卓越

我所在的北京兴通工程咨询有限公司，持有交通运输部颁发的“公路机电工程专项”、“水运机电工程专项”资质证书，及工业和信息化部核发的“信息系统工程监理”资质证书，是一家集工程建设咨询、工程监理、施工管理等业务于一体的全国性专业技术服务公司，主营公路及水运监控、通信、收费、计算机网络、供配电、照明工程和信息系统工程咨询、监理等业务，在交通监理行业有着很高的声誉。

跨越——从科研到监理

与其他人相比，我的经历很简单，仿佛两步路就走到了现在。在担任北京兴通工程咨询有限公司总经理这个职务之前，我曾是交通运输部科学研究院水运研究所港口电气化研究室通信专业的助理研究员，从事交通通信技术研究工作已经16年。年轻时，我立志要成为一个科学家。在研究所工作期间，我就发表了15篇论文，还得到了去中南海领奖的荣誉。那段经历令我感到十分自豪，本以为会按部就班实现自己的理想，孰料，一件事却彻底改变了我的人生走向。

1993年，我已经是通信技术方面的专家。当时深汕高速公路东段项目邀请我去参加机电工程项目评标。那时候的评标非常严谨，非常细致。专家们单单是看投标文件就花了一个月时间，看完之后再去汕头开评标会，这个过程比较长。当时的我完全没有意识到，自己开始进入了一个新的人生阶段。

深汕东的评标让我第一次接触到了高速公路机电工程这个概念。凡事都按照科学研究的逻辑进行思考，这已经成为了我的惯性，对待这次评标工作也是如此。

我在评标的打分表后列注了打分理由，做得很认真、详细。评标工作结束后，我被邀请做该项目的机电工程总监理工程师。因为当时国内公路机电监理还处于起步阶段，自己对此也知之甚少，觉得非常忐忑。当时的我，一直在科研单位工作，并不清楚监理工作的具体内容，也不懂得总监理工程师应该如何做。业主的机电项目负责人告诉我，你就按FIDIC条款做就行了。当时只有京津塘高速有过监理的经验，其他的高速公路建设还处于进行阶段，更谈不上机电工程监理。于是我辗转找到当时正在编写《京津塘监理》一书的马文翰讨教，马总慷慨地将自己的校对稿复印了一份给了我。看完这份几十页的稿件，并学习了FIDIC条款之后，我才弄明白了监理到底是做什么的。当时我还从北方交通大学所属的一家监理公司找了一些资料来学习，这些资料就成为后来我做监理的理论基础。

深汕东的机电监理经历让我意识到国内高速公路机电工程领域还是一片空白，机电咨询、设计、施工、监理方面大有可为，急需出台公路机电工程的相关标准、规范。于是，我给上级领导写了一个报告，简单陈述了自己的想法。很快经中国交通通

顾新民（中）与工作人员在广东深汕高速公路东段机电工程完工验收后留念（1996年）

信中心领导批示成立了"北京兴通交通工程监理有限责任公司"，即现在的北京兴通工程咨询有限公司，我也被委派为公司的负责人。就此，我告别了原先的理想，踏上另一段新的征途。

突破——从自我到企业

20世纪80年代末期，世界银行项目第一次登陆中国，蓝眼睛高鼻子的"洋监理"带来了全新的质量控制模式，监理的概念也是由那时才正式进入中国。而那时中国的公路机电监理行业还完全是一片空白。但我也觉得，一张白纸正可以画最新最美的图画，于是暗暗下定决心：自己要有突破，公司也要有个零的突破。

常言说：万事开头难。公司成立了，但真是一穷二白，连10万元的开办费都被领导要求在经营中解决。作为初涉商海的门外汉，我感到压力非常的大，心里已做好了最坏的准备。

要走出第一步，我面临的第一件事情就是跑项目。公司要生存要发展就必须要有项目做。那项目去哪里找呢？当时从世界银行贷款开始，高速公路建设项目的建设资金来源相对单一，国内高速公路建设比较少。由于之前有在深汕高速公路东段机电工程项目做总监的经验，于是我的眼睛盯上了深汕高速公路。我了解到深汕高速公路西段即将进行机电工程建设，就想去碰碰运气。孰料我的如意算盘很快就落空了。当我来到深汕西机电工程项目部的时候，被告知因当时监理较少，广东高速公路总公司准备自己组建监理队伍来做。我顿觉毫无希望，连努力的必要似乎都没有了。但作为一个专业技术人员，我听到对方想要自己做监理，就觉得应该把自己以前的一些经验和教训告诉他们，好让他们少走一些弯路，减少损失。就这样，我竹筒倒豆子般毫无保留地跟他们讲了一下午，一直讲到吃晚饭。我的做法让业主和项目部的工作人员都惊讶不已，他们从未见过有人会这样谈生意，这给他们留下了深刻的印象。因为完全不对这个项目抱有任何希望了，在回去的路上我又开始琢磨到别地方找项目跑市场，没有料到的是，不久深汕高速公路西段机电工程项目部却给我打来电话，聘请我们做该项目的监理工作。

意外的成功让我感到又惊又喜，仿佛是天上掉了个大馅饼。这让我至今记忆犹新。这一次成功拿到项目的经历，也让我深深地领悟到什么叫做"做事先做人"。后来，我经常用这个事例告诫自己和员工们，要坚持站在交通建设行业的角度看问题，先人一步为对方着想，不要为狭隘的功利心所束缚。我提倡的这个理念也让公司一直保持着良好的工作作风，成为企业文化的重要组成部分。

机电监理在监理行业里是一个比较特殊的部分，因为机电监理需要具备非常专业的通信系统、收费系统、监控系统、供配电系统、通风照明系统、消防系统工程涉及的通信、自动控制、计算机、工业自动化等专业知识，还要在计算机硬件和软件方面具备相当的知识水平。监理工程师面临的挑战也是层出不穷的，因为机电技术发展很快，机电的产品更新速度也很快，相应的就要求机电监理工程师必须跟上科技发展的步伐，不断更新自己的知识，才能胜任机电监理工作。还有，机电监理原本没有规范，刚开始机电工程进度严重滞后于土建工程，通常是公路都通车了，机电工程项目才上马。这样的现象一直持续到2001年的黄黄高速公路二期项目的建设。在这个项目中，机电工程开创了首次与土建工程同步完工的先河。

机电工程监理工作是复杂的，有自己的难点和特点。通常情况下，业主确定的开通时间较紧迫，各专业的工期压力较大。机电工程往往与土建、房建、绿化等项目同步交叉施工，土建施工的通信管道、人井、收费岛、预埋件、房建以及收费站、中心（分中心）监控室的机房装修、机电专用电源等是否满足机电工程的需求，是影响机电工程施工进度与施工质量的重要条件。因此在多专业交叉施工中，机电施工范围以及与其他工种施工界面的协调工作是难点之一。

随着通信、电子等技术的发展，机电系统处于不断完善的过程中。在业主与承包商签订合同协议书后，仍会经常发生各种变更，特别是合同外增加项目和设备材料型号变化引起的价格变更等等。因此，对工程变更时引起的价格确认也是监理工作的难点之一。

机电工程作为公路工程施工的最后环节，进度还会受到其他各专业的制约和许多因素的干扰。尤其是土建及房建等专业如不能满足机电工程施工的要求，则会影响设备安装的进度。对于采用进口设备的项目，因设备的供货期较长，往往会影响进度。此外，机电工程安装完工之后，还要有系统调试及测试过程。因此，如何根据工程实际情况，制定合理的施工计划，在确保工程质量的前提下，按期完成机电工程施工任务是机电监理工作的又一大难点。

我们专注于做机电监理，专业性极强，也同行业的发展一起经历了许多波折。在这个过程中我认识到，面对激烈的市场竞争，一个好的企业没有一套好的管理措施是不行的，要想使企业上下拧成一股劲儿，就必须要有严格的管理制度。针对机电监理行业的特点和难点，我和同事们一起对公司的管理体系进行了梳理和细化。虽然机电监理工作比较难做，但是通过对公司内部资源的合理调配，不仅能够解决公司各个项目的技术问题，而且还能通过统筹调配人员，合理利用资源，使公司所有的项目都能保持良好的工作状态，保证所有项目都能优质优量完成。直到现在，北京兴通工程咨询有限公司领导层在工作中始终坚持宽容相济、张弛有度，做到明确员工的权力与职责范围，使员工在工作中能各司其职，全力以赴、精益求精，充分发挥了团队的战斗力。

为进一步提升公司的市场竞争力，我们在员工的教育培训方面也做了许多工作，一方面注重加强员工政治思想和道德观念教育，另一方面鼓励员工参加相关专业的学习及各种业务培训，从而充分调动了员工的学习积极性，进一步提高了员工的专业技术水平。

公司广开门路、招揽人才，聘请有资质、懂技术、会管理且有较强业务能力的复合型人才担任总监职务，同时大量招聘专科以上学历、年富力强的人员充实到公司的各个工作岗位上，从而形成了一支老、中、青结合的管理、专业技术队伍，为企业的

顾新民（左二）与福建泉厦高速公路机电工程总监办监理人员在工作现场（2000年）

长远发展奠定了良好的基础。此外，还通过参与各种会议和项目合作等方式积极与外界沟通，加强对外交流，借鉴同行先进的管理经验和模式，吸收先进的项目管理理念。积极参与社会活动，为推动交通建设监理行业在社会上的影响力贡献力量。

创造属于自己的品牌也是我们要做的一件大事。要想创造品牌，企业必须内外兼修。公司通过加强内部管理，大大地提高了企业的内在品质。公司创建的树型责任管理、网式运行模式和首席工程师制度、项目监察制度、员工考核制度发挥了良好的作用，公司严谨的工作作风和高度的责任心在工作中得到很好的表现。通过要求监理办统一挂牌、监理人员要统一着防护服和安全帽、监理制度统一制作并上墙等统一的规范化管理，很好地树立了企业的外在形象。

制度——从制定到坚守

无论哪个行业都必须通过建立合理的制度来约束市场、规范行为，以保证行业的健康发展。机电工程监理行业也不例外。鉴于机电工程监理行业的自身特殊性，交通建设监理制度也经历了从无到有，逐步完善的过程。在机电工程监理管理制度的制定方面，我和团队也摸索出不少经验。

我们至今一共做了500多个机电监理项目，占的市场份额相当大，包括了水运机电、公路机电、信息系统等等。大家都知道，机电工程专业相对来说面比较窄，所以只有做专才能做强，但是却不一定能做大。

最早兴通公司内部做了自己的监理手册——监理计划书，经过逐步完善最后上升成为制度性的监理手册。使用这个制度管理，效果很显著。为了编写这个手册，我总结了自己做监理的实际经验和教训、查阅了1000多种相关的技术指标规范文件，包括邮电、铁道、电力等行业的技术标准、规范、管理制度，组织专门人员，花费了将近两年的时间。由于我在福建做项目监理使用了这个手册，福建高速公路机电工程的建设者认为手册很适合福建省当前的机电工程监理，就委托我们编写了福建省的公路机电工程监理的地方规范——《福建高速公路机电工程监理手册》，一共3本，包括公路机电系统组成、监理程序与方法、技术指标和监理表格。1997年的时候，我就把我们编写的监理手册毫无保留地提供给许多省的交通建设单位作参考。我认为这是为促进行业发展做好事。现代社会的信息增长速度非常快，如果你有所保留，其实是在封闭别人的时候把自己也封死了，是得不偿失的。

随着机电监理行业的发展，交通运输部也需要编写相应的行业规范。我参与了交通运输部《公路工程施工监理规范》的修订工作。这个规范也参考了兴通公司的监理手册。参与修订《公路工程施工监理规范》是我认为毕生最自豪的一件事情，因为这是兴通公司及我自己对公路机电工程监理的最大贡献。

对于履约难的问题，我认为：合同管理是施工企业管理的重要内容，也是降低工程成本、提高经济效益的有效途径。订立合同形同虚设，合同风险不言自明。而有些施工企业经营运作还不规范，企业的法制观念不强，尤其是缺乏强烈、敏锐的合同法律意识，在签署合同时往往流于形式，对合同条款不作仔细推敲，对于违约责任、违约条件等不作具体明确的约定，订立的合同非常简单、条款不全、责权利不明。部分施工合同对履约双方约定的权利、义务显失公平，如过多地强调承包方的义务，对业主的制约条款相对较少，特别是对业主违约赔偿等方面的约定不具体不明确等，并且缺少行之有效的处罚办法，为工程合同纠纷，合同损失和经济风险留下了隐患。

合同管理是一项专业性强、知识面宽、法律法规意识要求高、需要丰富实际经验的工作。因此合同管理专业人才也是影响施工企业管理和发展的主要瓶颈之一。然而有些建筑企业的管理层，不能从战略高度分析和认识合同管理对企业生存和发展的重要意义，缺乏对合同管理职能的重视。建筑企业没有设立专职的合同管理部门和人员，没有建立严格的合同管理制度和规范的工作程序，无法从整体上分析和把握合同的确切状态及应采取的管理措施，合同管理漏洞百出。同时，项目合同管理人员缺乏有效的监控措施和控制风险的对策，也容易滋生各种腐败。已有的经验教训不能指导今后的合同管理工作，常常为同样的失误重复地交"学费"。我认为，随着国内、国际市场的逐步接轨，建筑市场的竞争必将日趋激烈，建筑企业应重视和研究建设工程合同管理工作，逐步构建合同管理体系，提高合同管理水平，增

顾新民参加中国科协年会(2005年)

强企业的综合竞争力，在建筑市场上争取更大的生存和发展空间。

执著——从过去到未来

历经了机电监理的起步、成长、发展的过程，见证了机电监理从无到有、从弱到强的历史，作为机电监理行业的资深监理人，我依然对机电监理行业的未来充满了坚定的信念。我认为，虽然有很多因素制约了监理的发展，但监理依然是交通建设不可或缺的组成部分。

曾有过一次这样的经历：一个改造项目，设计单位的设计已经完成，总工签字了，已经宣布开工了，公路局也认为项目已经符合程序，可以开工了。我却坚持决不能开工。因为从监理的立场来看，项目的设计现在看来没有问题，但存在未来的隐患，必须停工，重新修改。为此我开始了艰难的沟通和交涉。这是个改造项目，新的半幅路是按照新的规定实施的，但是旧路那边横过路管放不下去，设计单位的意见是一公里开一个口子，这样管子放下去了，但是好好一条路就从此变成了烂路。我对这样的做法非常不认同，认为这是最不负责任的做法。更要命的是这样做将来后患无穷，不仅仅增加了养护难度和费用，更降低了道路的使用寿命，还影响道路的使用效果，会使这条路变成需要没完没了维修的"残废路"。沟通的结果，虽然各方都认可了我的意见，但大家对横过路管怎么解决这个问题依然提不出什么好办法。最后还是我提出进行顶管操作，这个改造项目的具体困难是回填土里有鹅卵石，顶不过去。于是我主动去找了武汉地质大学的一个博士来帮忙，结果解决得非常好。从此，当地的类似项目都按照我这个项目的做法，避免了项目完工后会出现的后遗症。经过这番波折，项目完工后，业主和施工单位等各方都感觉到我们兴通公司是个负责任、办实事的单位，以后有项目都会主动找我，并且沟通也变得容易多了。

这件事充分说明，监理的工作方法很重要，更重要的是先人一步，为工程着想的思维方式。要本着负责任的态度，只要目标正确，就要敢于坚持自己的主张，不能人云亦云，不然就失去了监理的意义了。只有这样才能做好监理的工作，拓宽企业发展的道路。

还有一次，一个项目在进行中，我发现设计单位提供的设计图纸千篇一律，没有按工程的实际需要进行设计。例如电缆井，全线的井都是一样的图纸，有时候一个井里只有一个小手指粗的电缆，造成了很大的浪费。看到这样的做法，我坐不住了，就去跟局里沟通，希望以后设计审查都由机电监理来做，并且是免费做，绝不收费。这样的事例太多了，参与单位各自为政，统筹协调的事情却没人做，使工程建设出现了很多不和谐的问题。公路建设中原本机电专业出身的专业人才就比较少，机电监理人员就更少。隔行如隔山，现在有种现象，就是专业人士认为很复杂的事情，在不懂专业的人士看来却很简单，这就造成了专业的事情却没有交给专业人才去做，导致最后出现了很多问题。例如隧道灯，在工程中许多人都认为是个非常简单的事情，他们觉得，不就是安装灯泡吗？谁都能安，根本不需要专业工程师。而事实恰恰相反，这看似简单，背后其实是需要很多专业知识支撑的一个立体工程。需要考虑灯型、灯具、光源、布置、照度、美观、效率等因素，还应考虑控制方便、合理、安全以及使用寿命、节能、维护方便等等，也是个很复杂的工程。而监理、业主、建设单位对同样的工程的不同认知，导致了处理办法的不同，也更需要监理去进行合理的沟通和管理。因此，我认为监理应扩张到咨询业务上去，站在工程建设的合理性科学性的角度来保证经济、合理的建设方案。机电监理必须转型，向咨询的方向转型，且基于机电的专业性，术业有专攻的发展才是机电监理的未来。

随着国家政策的调整，交通运输部发出了信息化是现代交通运输业的发动机

顾新民（前排左一）在北京奥运配套项目交通控制系统二期工程监理合同签字仪式上（2006年）

这样积极的信息，我想，在这样的引导下，以后这方面一定会有很大的改进。

还记得当初在深汕高速公路东段做机电工程项目总监的两年，我感到自己最大收获不是适应了南方闷热潮湿的气候，也不是创业有了成绩，而是两件小事给我的思维方式所带来的巨大转变。

当时我正在深汕东项目做总监，潮汕炎热的气候，截然不同的生活习惯都让我这个北方人吃足了苦头，心中不免焦躁。一天，一位大学毕业时间不长的年轻人在闲聊中对我说："汕头正在开全球潮汕人大会，潮汕人赚全世界的钱，你现在把手伸到潮汕人的口袋里赚潮汕人的钱，你要是能干成，那你就成功了。"几句话让我感到醍醐灌顶，突然意识到自己不是来潮汕熬日子来了，而是学本事来了。这之后，仿佛天也没有那么热了，饭也没有那么难吃了，心里也有劲儿了。

有天下午，给我开车的司机请假，说要回公司拿钱。我觉得很奇怪，深汕高速公路东段有限公司是每月28日发工资，还不到发工资的日子啊，拿什么钱呢？出于关心，不禁多问了几句。没想到司机说："你们这个监理工作技术性太强了，我可学不会，不过我发现机房里的窗帘没人做，我就跟公司签订了合同，做窗帘。"我很好奇，就问他窗帘怎么做呢？司机说是铝合金的窗帘。我懵了——听都没听说过。于是问司机："你会做吗？有设备吗？"司机的回答也出乎我的意料，居然是既不会做，也没有设备！我更糊涂了，问那你怎么做？司机下面的回答却让我豁然开朗。他说："我先签了合同，拿了预付金，就去找会干的人，找到会干的人就订设备。我不会做有人会做啊。"

这两件事情对我的影响非常大，它不但让我知道了要眼睛盯着客户的需求，脚步紧跟客户节拍行进，还让我明白了这个市场比自己所知道的要大得多。这种影响让我的思维方式得到了巨大的改变，看问题的角度更宽更广了。此后，无论作为公司的经营者、管理者还是作为行业的专家，我似乎都找到了一片更加广阔的自由飞翔的天空。

交通运输部原总工、中国交通建设监理协会原理事长凤懋润对监理评述很中肯："功不可没、警钟长鸣、任重道远"。交通运输行业又将进入新一轮的大建设、大发展时期，机遇与挑战并存，机电监理更应该站在自身的强项上，紧扣技术服务，才能使监理法定地位进一步明确，责权落实到位，监理作用得到充分发挥，社会认知度得到普遍提高，监理企业得到良性发展，成为发挥工程技术人才价值的平台。

编后语 AFTER WORD

作为优秀的"知本"型企业家，顾新民举手投足保持着素朴的学者风度，无论做什么工作都像对待科研项目一样严谨、认真、扎实。他坚定地走着自己认准的道路，用严谨科学的态度和高度自觉的责任感，在中国交通建设机电监理行业执著地耕耘着。

第四篇 深化发展

进入21世纪后，我国交通建设步入快速发展的黄金时代，工程监理制也进入了深化发展阶段。在这一阶段，工程监理已基本覆盖了交通建设所有大中型新建工程项目，并向改扩建工程、养护工程和工程前期延伸。政府管理部门也越来越注重发挥政府在市场中的引导作用，并通过不断修订和完善行政法规，发挥市场在资源配置中的基础作用，积极引导监理企业改制，培育监理企业做大做强，做精做专，使其真正成为市场竞争的主体。

2002年4月，中国交通建设监理协会在北京成立，成为企业和政府之间不可缺少的桥梁。

这一时期，工程监理取得了长足发展，也暴露出许多不能忽视的问题。如注册登记的监理工程师数量较少、监理人员的素质参差不齐，不能满足监理工程项目的需要；监理手段单一，企业创新能力不强，监理职责履行不到位，企业之间恶性竞争严重，监理机制体制不完善，监理定位不够明确，职责不够清晰；市场准入清出机制不健全，市场监管乏力等等。由于这些问题，导致监理企业生存举步维艰。甚至出现了否认监理存在的言论。

面对交通建设监理制度的存亡之争，广大监理人员大声疾呼：未来的监理不存在需要不需要的问题，而是如何更好发展的问题；不存在要不要取消监理的问题，而是如何严格监理的问题。监理企业要转变观念，深化改革，回归高端。监理人要提高自己的技术水平、业务能力、敬业精神和职业道德。

原交通运输部总工程师凤懋润认为，经过25年的探索、创新与发展，交通监理已经走出了一条“中国特色”之路，实现了对“洋规则”在学习与追赶、提高与紧跟基础上的创新。

曾获“中国十大桥梁人物”称号的程志虎认为，从1987年我国首次引入监理到今天，这高速发展的25年中，由于市场经济尚不完善、法制尚不健全，监理行业既实现了迅猛的发展，也引起了众多的关注和争议。但目前的工程监理无论是学术地位还是在职责履行方面，并未得到应有的认可与尊重。

作为一个老监理人和优秀的企业管理者，童旭东认为，要解决监理目前存在的问题，首先要让两个“错位”归位——市场需求和监理的服务能力要归位；所承担的职责和自身的地位要归位。要做到这两个“归位”，必须在重视提升监理服务能力的同时，修正和调整相关法律法规。监理人要从自己做起，努力提升自身的素质，在不利的条件下练就坚韧、取得主动、获得尊重，最终体现自己的价值。

中铁武汉大桥工程咨询监理有限公司总经张自荣深深感悟到：“监理行业的竞争其实就是人才的竞争，就是总监的竞争。”他们充分利用拥有一批院士、大师的人才优势，鼓励员工通过项目学习积累，扎实成长，在大桥监理方面做出了突出的成绩。

热爱监理事业的崔湘基把“做一个好监理”当做自己毕生的事业目标。他不但严格遵守监理的职业道德和职业准则，还认真研究工程特点与业主需求，想项目所想，急项目所急，以搞好服务为核心，主动提供项目所需要的优质监理服务，充分利用监理扎根于现场，了解和熟悉工程现场的第一手资料的优势，努力扩大监理工作的外延，提高监理工作的价值。

在他们眼里，监理的发展难免重重坎坷，却也拥有集挑战和机遇为一体的美好未来。

凤懋润

1942年出生，原交通运输部总工程师、部专家委员会主任，教授级高级工程师，博士生导师。

20世纪60年代毕业于唐山铁道学院（现西南交通大学）桥梁工程专业，研究生学历，从事铁路和公路桥梁工程的勘察设计、科学研究和技术管理40余年。20世纪80年代在瑞士、美国的工程咨询公司工作培训；20世纪80年代后半期主持了国家重点科技攻关项目《高等级公路路线综合优化和计算机辅助设计系统》大型软件的开发；20世纪90年代作为项目和技术总负责人主持设计了中国首座跨径超千米的大桥——江阴长江公路大桥。

曾任多所工科大学的客座教授，茅以升科技教育基金会副主任，中国土木工程学会副秘书长、常务理事，中国交通建设监理协会理事长、名誉理事长，国际桥协（IABSE）常务理事等。为中国科协六、七届全委会委员，第八、九届全国人大代表，第十届全国政协委员。被政府授予"国家级有突出贡献的中青年科技专家"荣誉称号。

“工程监理，不存在需要不需要的问题，而是如何加快转型发展的问题；不存在要不要取消的问题，而是如何回归咨询、强化监督的问题。”

凤懋润：

见证历史，亲历发展

在成就交通建设事业辉煌的同时，交通工程监理也收获了荣耀。众所周知，交通运输部是工程建设中最早试行工程监理制的部门之一，从20世纪80年代中期开始，就在公路工程建设项目中开展了工程监理试点。25年过去，弹指一挥间，交通监理从引进国外经验到构建起自己的建设质量保障体系，全行业已经建立起较完善的交通建设监理法规体系，监理队伍迅速成长壮大，监理市场已经基本形成开放、竞争的格局。十万交通建设监理大军正强化素质、扎实工作，开拓高端技术咨询服务，准备为我国交通建设事业科学发展再立新功。作为中国交通工程监理制度25年发展历程的见证人和践行者，我为此深感自豪。

工程建设辉煌，监理功不可没

中国交通建设发展可归纳为三个阶段。第一阶段为20世纪80年代的"学习与追赶"时期；第二阶段为20世纪90年代的"提高与紧跟"时期；第三阶段为新世纪的"创新与超越"时期。

对于"学习与追赶"时期，我记忆犹新。25年前，我在交通系统第一家中外合资企业——华杰工程咨询有限公司（以下简称"华杰公司"）总经理的岗位上，致力于引进公路建设急需的两大支撑平台，即计算机辅助路桥设计系统和公路工程咨询监理体系，并付诸于中国的实践。美方母公司——伯杰公司（世界排名前五的国际咨询公司）的监理人员参与了世界银行贷款建设项目京津塘、济青等高速公路的咨询、监理和培训中国工程师等工作。我也有机会学习到ICB（国际竞争性招标）文件的编制、FIDIC条款、施工监理等知识，并组成中美联合专家组开展了相关项目的技

凤懋润（右二）深入工地指导工作（2005年）

术咨询活动。曾荣获中国政府"友谊奖"的美国伯杰公司董事长路易斯·伯杰老先生在中国走访时，到处宣讲高速公路建设和管理新技术管理经验，频频告诫招投标中要谨防承包商"低报价，高索赔"。伯杰公司的监理人员参与了京津塘高速公路、济青高速公路的建设，华杰公司发挥了"中转站"的后勤保障作用，间接见证了监理在中国起步阶段的历史。在济青高速公路建设中，华杰公司主持编制了国际竞争性招投标文件，成为第一部以中国公司为主编制的满足世界银行要求的标书。此外，伯杰公司先后培训了两批中国监理骨干人才，华杰公司也成立了监理部，培训国内的监理人员。

第一代中国监理人把学到手的管理技术和先进经验，应用于中国公路、桥梁建设的实践。25年前，西（安）三（原）公路建设首次引进，京津塘等高速公路随后跟进实施了FIDIC条款管理，开展了公路工程招投标的运作，揭开了我国高速公路建设市场化的序幕，为随之而来的大规模交通建设管理做好了前期准备。监理担负着工程建设质量卫士的神圣职责，为中国交通建设监理事业的发展打下了扎实的基础。

对于"提高与紧跟"的上世纪90年代，我别有感悟。这10年，工程监理制在交通系统逐步推广，对于建设项目的科学管理、工程质量的监督和投资效益的提升发挥了积极作用。以"规范建设市场准入，严把设计质量关，落实三级质量保证体系"为目标，先后建设了以沪宁高速公路、万县长江大桥和虎门珠江大桥等为代表的一批路桥工程，依靠科技进步和科学管理把建设质量推向了新的水平。一些符合国情的监理规范逐步成型出台，交通运输部质监总站与各地分站陆续相继成立，标志着在引进消化吸收外来经验的基础上，我国工程质量监理的整体水平有了"质"的提升。经过十几年的新旧体制、机制的磨合和工程建设项目管理实践，1998年交通部推行了"四制"管理，即项目法人责任制、招投标制、工程监理制和项目合同制，确立了路桥建设的市场化管理模式。这样的管理模式既紧跟世界潮流，又符合国情具有中国特色。在大规模的建设实践中逐步建立起了自己的工程监理体系。八达岭高速公路、长春－四平高速公路和江阴长江大桥、南京长江二桥、海沧大桥等多项公路工程，推行"质量振兴"战略，使工程安全和耐久性迈上了新台阶。

这期间，我主持了被誉为"中国第一桥"的江阴长江公路大桥的设计工作。1995年我进入交通运输部，先后担任公路司副司长、科技司司长和部总工程师，亲历了20世纪最后10年中国监理的发展历程。

新世纪"创新与超越"的发展，中国交通监理有很多创新之处。世纪之交，在交通运输部开展的连续3年的"公路建设质量年"活动中，"政府监督、社会监理、企业自检"三级质量保证体系在全国公路建设中得到广泛实施，把质量教育和科学管理覆盖到全行业，建成的京珠线湖北北段、邵阳－怀化、新广武－原平、川主寺－九寨沟、思茅－小勐养、奎屯－赛里木、沈阳－大连扩建等一批高级公路和南京长江三桥、润扬长江大桥、东海大桥等一批特大型桥梁创造了监理工作的新经验，为一批老交通监理企业创造了新业绩。中铁的陈新院士亲自当监理、中国船级社监理的"白色旋风"等都为交通建设监理树立了榜样。工程品质享誉中外的苏通长江大桥、杭州湾跨海大桥等一批国际一流特大型建设项目，为监理工作树立了典范。

总而言之，经过25年的探索与实践，交通建设监理逐步走向了规范化。从引进国外"监理"的概念到适合国情的逐步融合，从拿来就用的初级阶段到结合国情的不断创新，交通监理已经走出了一条符合国情的发展之路。

25年间，中国公路网的一半里程和全部高速公路被铺设在中华大地上，百余座跨径400米以上的特大型桥梁拔地而起，梁桥、拱桥跨越能力跃居世界第一，斜拉桥、悬索桥跨越能力世界第二。建设成果标志着工程技术和建设管理的跨越式发展，也饱含着交通建设监理事业的长足进步。

25年间，三级质量保证体系在全国公路建设中得到广泛实施。省级质监机构全部建立，85%以上的地市也建立了质监机构，质量监督网络基本形成并逐步完善。目前，质量监督机构对高速公路和国省道建设项目的监督覆盖面达到了100%，对县乡公路建设的覆盖面逐步扩大。与此同时，监理覆盖面也在逐步扩大，所有大中型项目和重要的小型工程项目也都实施了工程监理，并开始向施工前期拓展，监理的深度和力度也逐步得到加强。

25年间，监理市场已基本形成，并逐步向规范化方向发展。工程监理制在交通系统的全面推行，对于加强建设项目的科学管理，提高工程质量和投资综合效益，发挥了重要作用，有力地促进了交通建设事业的健康发展，得到中央和各级领导的充分肯定和社会的普遍认可。

25年间，交通建设监理队伍从无到有，从小到大，从弱到强。他们活跃在建设监理岗位上，为工程质量站岗放哨。特大型工程品质不断提升，工程院院士扎根建设一线担任总监代表和总监的范例，为交通建设监理树立了榜样。

这期间，在交通建设加快发展的形势下，为了顺应我国社会主义市场经济体制不断完善以及政府职能转变的需要，2002年3月，中国交通建设监理协会正式成立，

我担任了协会理事长。协会作为监理企业之家，自成立以来开展了大量的调研、培训等工作，在发挥“指导，服务，自律，协调，监督”等方面发挥了重要作用，促进了监理企业间的相互交流与合作，为企业发出呼声，积极引导行业健康发展。

自中国监理诞生这25年间，中国交通工程史上那些世界级的亮点工程建设无一不浸透着监理的才智和汗水。监理队伍的建设，从最初的小分队到现在的10万之众大部队，监理的班底已初具规模。监理法规法制体系的建设也为发展奠定了坚实的基础。因此，监理的历史性贡献是实实在在的，值得充分肯定的。特别值得一提的是，这些贡献的取得与广大交通建设者的不懈努力也是分不开的。

事实上，越是技术含量高、施工难度大的工程，监理发挥的作用越大，如在江苏苏通长江大桥、福建厦门海底翔安隧道、陕西秦岭终南山隧道、上海长江隧桥工程等一批国际一流的特大型公路工程建设中，监理的表现都可圈可点。现在，监理工作对工程质量又增加了耐久性的要求，安全工作也提到了前所未有的高度，监理工作者大有可为。应该说，监理非但功不可没，而且功在当代，利在千秋！以桥梁工程为例，上个世纪80、90年代建设水网、内陆江河地区的桥梁工程，新世纪头10年则是江河下游江口、海湾海峡的特大型桥梁工程建设，而现在迎来的是建设“超级工程”的挑战。港珠澳大桥是总长50公里的桥岛隧集群跨海通道工程，等待建设的还有琼州海峡、渤海湾跨越的通道工程。如何在这样级别的大型工程建设中更好地发挥监理的作用是极为严峻的挑战。

就工程建设的“大环境”而言，特别需要强调“规范化”，而规范化的核心有三条：一是参建各方（工程共同体）“守信誉，重合同”，就是要有契约意识。在当前形势下，缺乏诚信、不重合同、长官意志、霸王条款、白纸黑字有法律效力的文件也可以违背的现象时有发生；二是“遵规守矩”，按法定程序办事。目前建设市场“潜规则”太多，不按规矩、不按程序办事，在“灵活性”、“中国国情”等冠冕堂皇理由掩护

凤懋润（右三）在湖北公路桥梁预制场与现场工作人员交流（2005年）

凤懋润（左三）在重庆菜园坝大桥工地考察（2005年）

下自行其是；三是严肃监管，严格执法。现在的问题是有法不依，执法不严。正是因为有这三种不规范行为，才导致乱象的存在，更凸显了监督、监理、纠正不规范行为的必要。

无论何时，都要强调"社会责任"这个监理的立身之本。每一个人都不应该忘记发生在2007年的凤凰桥坍塌事故的惨痛教训，虽然事情已经过去了几年，至今仍然是包括监理在内的所有交通建设者的心中之痛。痛在64条生命的丧失；也痛在下达20次"整改"和"停工"的监理工作指令后却仍然不能阻止"为搞献礼把最关键的主拱圈施工由3个月压缩成1个半月"而导致惨剧的发生，更痛在"始作俑者"可以逃避刑责，而包括5名监理人员在内的建设者却受到法律的处罚。凤凰桥事故作为一个警钟，让所有监理工作者都刻骨铭心地认识到：监理就等于责任，从事监理工作就把责任背在了身上。还是那句话，监理在工作中"宁当恶人，不当罪人"。

总的来说，在引进消化吸收外国先进管理经验的时候，监理人还是能够认真学习，原原本本按照规矩、程序去做的，干出来的东西到现在看都不差。但到了后来，违反科学的"长官意志"、"潜规则"、"灵活性"之类的各种破坏规范管理的陋习渐渐地滋生出来，工程质量就难免留下隐患。当前社会上"监理走不下去了"的说法，其实反映出的是现行监理体制、职责定位和监理模式跟不上时代发展需求的问题，这不能回避，必须认真对待。如何"以高端技术服务满足新时期工程建设安全品质保障的更高要求"是监理科学发展中的一个新课题。

从理论层面讲，监理存在的必要性有三：一是交通建设正从计划经济时代过渡到市场经济时代，而监理是市场运作的体现，是调控市场经济条件下工程合同相关方（业主、承包商）利益的必然选择，是符合事物客观发展规律的。我们知道，从计划到市场最难把握的就是管理，尤其是对能动性最大的生产要素——人的管理，而监理恰恰就是属于这一管理范畴的东西。存在即是合理，有需求就有市场。为了保证工程合同方的利益，完全市场经济条件下客观需要监理的存在。二是现代工程管理有个"系统论"，是专门研究系统的一般模式、结构和规律的学问。系统论的核心思想是强调系统的整体性、不可分割性，认为任何系统都是有机的整体，而不是各个部分的机械组合或简单相加。系统中各要素不是孤立地存在着，每个要素在系统中都处于一定的位置，起着各自特定的作用，彼此相互关联，共同构成一个不可分割的整体。古希腊哲学家亚里士多德曾说过"整体大于部分之和"，我们常说的"整合"能够解放生产力也就是这个意思。监理正是工程建设过程中既发挥自身特定作用，又与其他相关方彼此关联的必要要素，与其他相关方共同构成了工程建设的"共同体"，不可或缺。三是监理属于过程控制，工程建设中安全、工期、质量、造价、环保的过程控制都是监理的工作范畴。工程监理过程就是把矛盾论、实践论、系统论、控制论等管理理论与工程建设实践相结合的过程，是理论"落地生根"的实践活动。以工程哲学的思维指导新形势下的监理工作，用科学的方法指导工程建设的动态分析、科学决策、细化优化，是监理在新形势下亟待研究的新课题。

一言以蔽之，在转变发展方式的今天，面对新的建设形势，"转型"发展是历史赋予监理事业的责任，内强素质是根本，提升咨询服务能力是目标。

感悟启迪未来，创新引领发展

有了对监理存在必要性的感悟后，监理的未来又当如何发展呢？我认为首先是认清深层次影响发展的问题。譬如说，发展大环境中的某些不健康因素：长官意识中违反科学的决策、业主管理中的不规范行为等外部环境，还有内部环境中队伍整体素质的提升跟不上建设发展的需求的问题。第二是转变发展方式，监理领域向前、后延伸，覆盖建设全过程的问题。换句话说，监理要提升、回归到咨询服务的层面。监理本应该包含在咨询业务之内，国外的监理工程师都来自于咨询公司。监理的职责也不光只是"旁站、巡视、检测"的"监工"，而是应该覆盖事前指导、事中监督管理，要把过程控制的关口前移。这些年工程建设实践培养了一批具有国际水准的咨询、监理人才，有一些高级管理人员、总监和高级监理工程师参与了多项世界级特大型工程的建设，积累了极为丰富的第一手技术管理与监督经验，他们具有工程咨询的实力，他们是宝贵的智力型人才资源。当前，随着建设形势的发展，国内外的建设管理模式也在不断出新，诸如BOT、BT、EPS、TOT、PPP等一批名目繁多的新概念、新模式，我们需要加紧学习、实践，探索符合现阶段国情下的建设管理、技术咨询的新模式，以适应新形势下中国交通建设的发展需要。

我尤其想说说中交集团振华重工集团加工制造美国旧金山新海湾大桥主桥桥塔和主梁全部4.5万吨钢结构的工程。该项工程要求能抗8级地震，设计使用寿命达到150年，是目前世界桥梁寿命要求最高的。因此，制造标准最高、加工程序最细、质量检验最严。美国项目业主和总包公司派来了120名有国际认证资质的监理检测人员，每20分钟记录一个数据，天天每个工班"首件认可制"。在几近苛求的严管远控下，中方参建人员经历了5年的痛苦"磨难"，最终无可挑剔地完成了任务，得到美方高度肯定。

该企业老总总结这段经历说：海湾大桥这个项目本身痛苦的是人，成就的也是人。总之，人是决定这个项目最终成败的关键点。中国人的工作特点是加大投入、抢工期，希望在最短的时间取得最大的效率，但是我们往往忽视程序化的东西。在这个工程中我们的痛苦和磨难更多来自于程序，往往是因为程序与总包方形成摩擦。如果没有按照美国人规定的程序做，他们绝不放心。他们讲究的是程序化、标准化。同样的事，我们说两句，他们能描述出10句话。为什么？因为他们的合同和文案特别厚，每个细节都标注得非常详细，而我们中国人在这方面做得就很粗放。

凤懋润（右三）带领中国交通建设监理代表团出访韩国时与韩国政府主管部门官员合影（2008年）

虽然中国交通建设监理的未来发展还会为各种各样的问题所困扰，但我们需要正视，无需怨天尤人；需要奋发，无需自怨自艾。

我们要认真总结25年来的成绩与不足、成功与失败、经验与教训，提炼出带有规律性的认识并上升为理论，用以指导咨询监理事业未来的发展。咨询监理工程师特别是高级咨询监理人员要学习工程哲学。"反观人类历史进程，哲学总是在人类社会面临巨大困惑及冲突的时期和环节中得以诞生与发展，因此我们有理由相信工程哲学是21世纪应运而生的产物，它将使工程界自觉地用哲学思维，来更好地解决工程难题，促进工程与人文、社会、生态之间的和谐，为构建和谐社会做出应有的贡献！"（徐匡迪：《工程哲学》）。工程哲学的基本观点是"三元论"，即工程不同于科学和技术，科学追求真理，技术崇尚发明，工程在于造物。工程的"造物"活动是技术要素和非技术要素（包括经济、社会、自然、人文等）的集合。工程哲学把工程实践的成果高度理论化，反过来指导工程实践。我们正面对着如何发展的严峻挑战，特别需要用理论来武装自己。

经过25年"量变"积累的中国交通建设监理，已经到了发生"质变"转型提升的历史关头。创新思维、创新理论、创新体制、创新模式、创新薪酬分配等将成为破茧的利器。有识之士应当充分把握这一历史机遇，积极进取，有所作为，携起手来，共同见证中国交通建设监理事业的新辉煌。

编后语 AFTER WORD

亲历了中国交通建设监理事业25年的发展历程，凤懋润把对监理的感悟上升到工程哲学的高度。他认为，今天的中国工程监理，已经到了发生"质变"转型提升的历史关头，广大监理人要提高素质、扎实工作，开拓高端技术咨询服务，为我国交通建设事业科学发展再立新功。

童旭东 1959年出生，毕业于河海大学（原华东水利学院）水港系港口与航道专业，研究生学历，高级工程师。至今已从事水运工程设计、监理和管理工作30余年。担任过多个大型项目的总监，参加和指导过多项水运工程建设标准的制定和修订工作。

现任北京水利规划设计院京华工程管理有限公司总经理、中国交通建设监理协会副理事长、中国交通建设监理协会水运工程专业委员会主任，中国交通运输部水运工程建设技术与标准专家库专家。

“要不断提升自己，不去埋怨环境，同时还要积极地去影响和创造环境。还有更重要的一条就是要坚持，因为很多时候我们不是因为看到希望才坚持，而是因为坚持才看到了希望。”

童旭东：
在自我否定中建立自我

“极还虚，致中和”，这是博大精深的孙禄堂武学所倡导的理念。我认为，这六个字也能够最好地表达我对于人生和事业的认识，那就是——高标准做事，低姿态做人，不断地在自我否定中建立自我。回首交通建设监理行业的发展，作为一个一直在这个行业中努力探索的老监理人，我相信，已经走过25年的中国交通监理，通过提升自己、改变环境，终将会走上健康发展的道路。

初尝监理苦与乐

我国监理事业的发展大致可以分为三个阶段：第一个阶段是1987年至1997年。在这个时期FIDIC条款随着世界银行和亚行的贷款进入中国，监理也随之走上了我国工程建设的历史舞台。当时的工程监理任务基本是由政府主管部门或隶属于政府部门的设计院来承担，监理服务在一定程度上具有行政管理的职能特征，总监也常常是由主管部门的领导亲自担任。因此，这个阶段的监理确实具有FIDIC条款所规定的独立第三方的身份，在工作中可以比较好地发挥监理应有的作用。我开始接触监理工作就是在这个阶段。

虽然1992年京华工程监理公司已经成立，但当时政企还没有分开，所以对外仍然是以北京水利规划设计院（以下简称“设计院”）的名义来签合同。我那时还在设计院，因为院里有个小政策，去现场当监理一月可以补助30块钱，就这样，1993年我去了当时中国船舶燃料有限责任公司和意大利阿吉普石油有限公司在珠海桂山岛搞的一个油码头项目做监理。那个项目包括一个5000吨级码头、山顶小水库、12个油罐的罐基基础等一系列工程，涉及开山、填海、陆地形成、海底管线、多项系泊等内容，有一定的综合性。当时常驻现场的监理除我以外还有一个是搞房建的。当时的房建主要是土建，是附属设施建设。但这个人是不固定的，经常换。有时换成搞结构的，有时换成搞电的。所以，整个工程驻现场时间最长的就是我。当时我的工作相当于现在的总监代表，虽然那时还没有这个职称。

为了抓进度，这个项目成立了一个现场指挥部，有三个负责人：一个施工方，一个业主，一个就是我。我主要的工作内容就是一部分设计加现场管理。现场管理包括质量管理、进度管理、现场协调等等。当时监理的人员配置是按照实际需求来的，比较实事求是，基本上是按照国际上的做法。那时还没有质监站，如果业主没有特别要求，只要能把这个活干了，来一个人还是来几个人监理公司自己看着办。只要能干好，一个人干也行。如果觉得需要助手，你就找自己的单位配。监理公司出于经济效益考虑当然愿意尽量少派人，而我从个人角度也觉得既然自己能干，就没必要再找别人来，自己干就行了。工程管理本来就是工程师应该掌握的东西，所以我一个人干也很自然。

当时的合同都是按照FIDIC条款来的，但监理人员实际参与的程度其实还要深

童旭东（左一）带领各项目部总监到曹妃甸综合监理部进行业务学习（2008年7月）

一些。比如有一次台风来了，刮起来的钢板砸伤了一个工人。人在孤岛上，而为了避台风所有的船都已经停驶了，所以必须得赶快跟珠海方面联系，调直升飞机过来把伤员运到医院去抢救。调动直升飞机本来应该是业主方面的事，但由于当时业主的负责人不在，我自然就承担起来了。因为我认为即使FIDIC条款里面没有，作为一个在现场的工程管理人员也必须要这样做。工程结束后，业主对我们的服务非常满意。

桂山岛油码头的多点系泊锚碇系统的设计也是我做的。由于这是一个非标的设计，既不算是重力式锚碇也不算海军锚，完全是根据当地的地形地貌设计的。当时规划院的副总工丁宗炎思想比较开放，让我自己搞。他给我找了几本外文资料，我英文不太好，就翻着字典看。为了确定摩擦系数，我把混凝土块扔到海里，然后再拉上来，用这种方法做了两次实验，根据实验结果计算出了一个平均的摩擦系数。整个设计的计算公式，包括所用的参数都是我自己定的。设计做完后丁总就签了字。第二年16号台风从桂山岛经过，当时正好有一艘5万吨级的船停泊在码头上，台风正面冲过，多点锚碇系统没出问题，经受住了考验。

那时的监理基本是以市场需求为导向的，业主需要你干什么，你干好了就行。监理在现场的地位还是比较高的。我可以摔业主的电话，可以拍着桌子训业主的雇员，因为业主觉得你能够帮他做好需要的工作，能满足他的需求。

纵遇风雨亦兼程

虽然接触监理比较早，但我正式进入这个行业却已经是在2000年。之前我在水规院海南分院担任副总经理。说是副总经理，其实就是个光杆司令，全单位就我和一个炊事员两个人。由于"九五"期间国家水运项目投资几乎没有，更没有大型的水运工程建设，当时这种外派的分支部门日子过得很困难，有的甚至关门了。当时我就是在这种情况下被派到海南去的。

要生存就得想办法，我的办法就是找政府部门策划一些项目的前期工作。那三年大概做了500多万，把海南分院维持下来了。虽然那三年做的项目还没有现在一年的项目多，但大家都觉得我一个人非常不容易，干得不错。因为当时水规院全院一年的合同额也就是800多万。从海南回来以后，院里要给我安排个岗位，征求我的意见，是到设计所当副所长，还是去监理所当所长。我选了后者。

因为当时我已经干过监理，感觉干监理不论是管理创新还是技术创新方面都比干设计的空间大。我干了8年设计，深知设计的创新空间是非常小的，规范特别多，上面还有人管着，有点突破就会认为不合规范，想要创新阻力太大。像当年丁宗炎总工程师那样胆子大，敢于负责的人现在太少了。我的个性又比较强，不喜欢循规蹈矩、束手束脚的刻板工作，实在没兴趣再去画图。再加上到监理所是当一把手，觉得多多少少能实现一点自己的想法。我就这样踏进这个行业，一直干到今天。

那时监理所（京华工程监理有限公司）的情况非常不好，可以说是一个很弱小的，已经在交通系统被边缘化了的监理企业。为了改变这种状况，我们上上下下都

全身心地投入进去了。当时单位很穷，为了跑经营花3万块钱买了一辆连空调都没有的旧车。一次，我跟我们的一个副总经理一起去海南联系业务，天气非常热，他开车，我坐在旁边。由于天天在外面跑，实在是太疲劳了，开着车他居然就睡着了，车子直往前面大卡车屁股后面钻，幸亏我及时把他弄醒了，没造成严重的事故。后来我们就在车上准备几凉瓶水，用水浇脑袋，一边浇一边往前开，就这样从三亚开到了海口。

靠着这样一股不服输的精神，经过10几年间的努力，京华工程监理有限公司已经成长为交通系统优秀品牌监理企业，也是交通系统人均效益最好的企业，在交通运输部开展的监理企业信用评价中连续被评为AA级。

我认为，京华工程监理有限公司能够取得今天的成绩，除了我们自己的不懈努力以外，最重要的因素有三个：

第一，得益于我国十五和十一五期间经济战略发展和投资方向的调整。我常说，这些年公司几十倍的增长是跟国家的发展分不开的，根本上是受益于国家在水运建设领域投资的迅猛增长。在这十几年间，我们陆续承担了大中型港口、船坞、滑道、道路桥梁及工业与民用建筑工程的600多项监理任务和10多项咨询任务，监理总投资额达1000多亿元人民币。像长江口深水航道治理工程、上海国际航运中心洋山深水港区三期工程、青岛前港湾区三期工程1号～7号泊位、宁波港北仑港区国际集装箱码头工程、曹妃甸煤码头工程等国家重大水运工程都有我们监理的身影。可以说我们这几年是抓住了机遇，跟着这个潮流往前走了，没有被落下。

第二，得益于公司拥有一批非常优秀，富有献身精神的员工。目前我们拥有高级工程师职称（含教授级高工）及住建部、交通运输部颁发的监理工程师资格人员60余人。这些专业人员在工程监理、技术咨询、可行性研究工程设计、计算机及信息管理以及施工和项目管理等方面具有丰富的经验。

每当想起他们在工程监理第一线那一般人无法做到的付出，我常常会忍不住热泪盈眶。在进驻曹妃甸的时候，我到现场去检查工作，看到工地的条件实在是太简陋了，没有自来水，厕所里遍地屎尿，蛆虫横行，连下脚的地方都没有。男的也就凑合了，但还有好多女同事也在那里啊，多艰苦的环境，大家没一个人当逃兵！ 像曹妃甸这样的现场，作为总经理，我自己并没有在那里吃苦，是我的员工们在那里受苦。他们付出这么多，而我能给他们的却非常少，为此我常常感到非常愧疚。中国文化不注重个人的价值，常常把一个企业的发展归功于董事长、总经理，但事实并非如此。在我的经历中，感受最深的是企业的发展真正离不开的是那些优秀的员工。当然，作为领头人，你的价值观是很重要的。你给大家输出的是什么样的文化，这也是很重要的。这种文化不一定要写出来，但是一定要做出来，也就是说，用你的行动告诉大家你提倡什么、不提倡什么，这样才能比较好地发挥员工的积极性。

第三，要广结善缘，争取得到各方面朋友们的帮助。

另外还有一个不能忽视的因素，那就是我们公司是在水科院的大平台上运作的，作为交通系统的一个大院，水科院的资源和影响力对京华工程监理公司在市场上的竞争力和影响力都起着毋庸置疑的重要作用。

深入思考求发展

1997年，《中华人民共和国建筑法》规定，国家推行建设工程监理制度。正是从那时起，建设工程监理制度进入了全面推行阶段。从1998年到2008年期间，国内绝大部分生产单位完成了政企脱钩，监理行业逐步成为社会化的专业服务行业。同时，在这个时期还涌现出了大批民营监理企业，使得监理市场的竞争越来越剧烈。由于我国是在市场需求并未充分发育的情况下推行建设工程监理制，而监理的行政管理职能的消失使得监理工程师的所谓独立第三方的地位变得十分尴尬，同时也造成以监理服务第一阶段为基础所判定的监理工程师的一些法律责任，在监理实施过程中遇到重重困难。我认为，这个阶段的特点是出现了两个错位，即：监理提供的服务与市场需求的错位；法律判定的一些监理责任与监理实际地位的错位。这些问题使得监理的作用大大削弱，社会也对监理存在的必要性产生了深深的怀疑。

工程监理发展过程中的问题，实际上反映了我国与世界先进国家相比，在政治体制和文化两个层面上的严重落后。这使得当我们想把一些世界先进的管理制度移植过来的时候，却找不到落地的基础。因为任何制度都是以人为最终的落点，以体制为推行保障的。当体制无法保障，人的观念也不能相容的时候，再先进的管理制度也会走样。这也是造成1998年到2008年这段时间人们对监理的认识比较混乱，监理的地位直线下降，监理行业被唱衰的根本原因。

其实，应当说监理在交通系统，特别是水运建设市场的处境相对还好一点。因为我们的圈子比较小，门槛也相对比较高，特别是近些年，水运监理还比较贴近市场，所以还是发挥了作用的。而在有些行业，监理基本上不但被大大削弱，甚至还造成了一些新的腐败。反过来，因为监理市场的乱象，国家对监理的管理更加严厉了，对于资质、人员、持证等提出了更高的要求，给正规监理企业的生存造成了巨大的压力。

正因为如此，2008年以后，行业内很多人提出监理要向工程管理方面转。这不仅仅是一个业务的扩充或是业务链的扩充，实际上也包含着观念上的提升。因为要从工程管理的角度来从事监理业务，必须提升服务观念和服务品质，实际上是向监理的本质的回归。因此，2008年至今，成为重新寻求和确立监理在工程建设中的市场地位、法律责任的第三个发展阶段，也可以称作是以市场需求为导向，探求监理服务的提升与转型的阶段。

我认为，要想解决监理目前存在的问题，首先要让两个"错位"归位——市场需求和监理的服务能力要归位；所承担的职责和自身的地位要归位。要做到这两个"归位"，必须在重视提升和建设监理的服务能力的同时，修正和调整相关法律法规。

对此比较有利的是，目前新版的FIDIC条款已经调整了对监理的定位，明确了监理为业主的雇员，其工作包括提供专业技术服务、法律法规的咨询、工程管理等内

童旭东（右）在2011年中国交通建设优秀品牌企业颁奖会上领奖

容，取消了所谓监理工程师是独立的第三方的提法。这为我们合理地确定监理的服务范围和法律责任边界提供了重要的依据。

我认为，监理的本位就是业主的雇员，雇员的责任就是对雇主负责。因此，只要监理及时地将工程的安全、质量、进度、资金等方面问题的处理意见下达承包商并反馈给业主，就已经履行了自己的监理职责。如果要求监理必须将工程中的安全、质量等问题反馈到当地政府主管部门才算履行了监理职责，这对监理是非常不公平的。

还有，目前存在一个认识上的误区，认为提高监理工程师的准入标准就能提高监理队伍的人才素质。因此，目前制定的监理工程师的标准高于工程师。然而效果恰恰相反，监理工程师的准入标准提高以后，许多优秀的专业技术人才却流向了设计、施工和业主。事实证明，只要经过短期的专业培训，工程师就可以成为监理工程师，监理工程师的标准不应该，也没有必要高于工程师的标准。

我认为，目前有关部门亟须重视以下三个方面的工作：

一是监理公司如何以市场需求为导向，提升监理服务的能力、范围与品质。

二是行业主管部门与监理公司一起培育良好的吸引人才的环境，制定系统的人才政策。

三是法规制定部门、行业主管部门与监理公司一起，在法规层面上合理地界定监理的责任边界。

解决了上述问题，监理服务才能获得真正的提升与转型。而要做好这些工作，必须通过国家相关法规的制定部门、行业主管部门和监理公司三者的相互沟通和共同努力。

出于以上的认识，京华工程监理有限公司针对工程建设市场对监理服务在制度性、结构性、服务性三个方面的需求做了许多探索性的工作。

首先，以工程建设市场的需求为引领，强化战略管理。我们在"使我们的服务符合工程建设的实际需要，成为工程建设实施中动态控制与反馈的主体，以理念、技术、标准、服务、人才构建业内领先地位，成为引领工程建设新需求、开拓工程管理新理念、新技术、新方法的队伍中的一员。实现连锁式发展，打造成为在水运工程管理方面具有国际影响的卓越品牌"的战略定位的基础上，制订了发展战略、经营战略和服务战略。通过战略化管理体系统筹各项经营、生产活动，实现了预定的战略目标，取得了跨越式的发展。

其次，积极开拓充分发挥优秀总监人才的作用。我们在有条件的地区实行了项目管理群式的管理，提升了监理服务的质量，取得了良好的社会声誉。

第三，积极参与行业规则的制定。通过这种参与，探索为监理行业的健康发展营造更为合理的政策环境。在深入学习、了解、满足制度性需求的同时，也积极促进和参与对制度本身的修正和完善。

事实证明，我们的探索是有效的。京华监理公司从2000年开始，在监理合同额和到款这方面都得到了非常大的发展。2005年合同额达到2500万元，到款1500万元；2011年监理合同额8500万元，到款5350万元。上缴利润也从2005年的200万元，上升到2011年的1500万元。

提升素质向未来

我们必须承认，在当下我国工程链条的五元结构中，监理的实际地位是最低的。监理人员责任大、条件艰苦、收入不高，但对于能力的要求却又是很高的。正是因为如此，监理行业就好比一个熔炉，特别锻炼人。在这些不利的条件下你如何才能取得主动？如何才能获得尊重？如何体现自己的价值？如何练就坚忍？这些对一个人是从里到外，从专业素质到精神素质的全面锻炼。所以我经常说，能在监理行业锻炼5年以上的优秀总监，到哪儿都是人才。

我认为，要做好监理这个工作首先要培养高尚的品德，第二要具备学习的能力，因为监理在现场所接触的东西很多都是在学校里从来没有接触过的。一个优秀的监理应该具有非常高的综合素质，他要跟各方面形形色色的人打交道，在技术方面知识面要很广，所以学习能力一定要强。监理还必须具备高度的责任意识，能吃苦。监理这个行当就是带有管理性质的技术服务，除了技术方面，一半甚至一半以上的精力都是花在和人打交道上。所以还要有一定的管理上的悟性。干监理不但桌面上

的事要懂，桌面下的事也要懂。社会上的事情、技术上的事情，都要能把它画圆，这是很锻炼人的。

至于工作中可能遇到的困难，出现的矛盾和碰撞，我认为无论在哪个行业都有可能碰到，关键是看你如何去处理和解决，要看你的能力。我们京华工程监理有限公司在执行项目时一般都会进行预控。在策划阶段，我们就会对这个项目可能遇到的各种情况、协作单位的工作态度、企业文化、包括环境因素可能造成的结果进行预判。对自己的基本需求是什么，做到心里有数。这样，当出现问题时，就能够比较好的解决。比如在安全、质量这一块，如果我们预控做得好，管理制度化落实得比较好，就会减少责任风险。我一直强调制度化管理，强调前期的策划，中间过程管理的制度化落实。只要这些能做到位，再加上能和业主保持比较好的沟通，工作基本都能顺利地开展。

人们常说，监理的工作很辛苦，在个人生活上需要做出很多牺牲，对此我有自己的看法。确实，监理工作是非常艰苦的，我们有些担任总监的年轻同事，他们有的孩子很小，有的甚至孩子刚刚出生就上现场了，家里的事情很少有时间去管。我们公司的两位副总经理，孩子出生以后基本没在家长时间呆过。这都是从事我们这个行业必须要付出的代价。其实干工程的都是这样。我不太喜欢过分渲染某个行业的辛苦

童旭东（左四）与公司青年员工座谈（2013年4月）

和付出，因为站在行业的角度我觉得这是应该的，是从事这个行业必须具备的一种职业素质。当然，站在总经理的角度，我非常感激他们，也对他们的敬业精神充满敬意。

我认为，想要把事情做好，除了要舍得付出，还要懂得不断提升自己，不去简单地埋怨环境不好，而是要积极地去影响环境。当然，提升自己是一切的基础，没有这一条，去影响环境是不可能的。我们公司曾先后参与了修订监理企业规范的工作，作为第一主编单位主编了《水运工程施工监理规范》和《水运工程监理招投标标准文件》，我担任编写组组长，还参与起草了交通运输部质监局负责的《公路水运工程总监负责制推行办法》、《公路水运工程总监人才库实施办法》等行业管理文件。之所以我们能够参与到这些有可能影响行业生存环境的事情中去，与我们一向的努力是分不开的。我们这几年的发展大家有目共睹，我们在不断提升，否则是不可能有这个机会的。

想要积极地去影响环境，改变环境，还有很重要的一条就是要懂得坚持。作为监理行业的从业者，特别是年轻的从业者，要在当前的市场环境中做好自己的工作，更需要懂得这一点。2013年4月，我公司召开了青年员工座谈会，希望通过交流，与年轻人共同探讨如何树立事业观、价值观。在会上，许多年轻员工都做了非常好的发言。他们在讲到坚持时说：很多时候不是因为看到希望才坚持，而是因为坚持才看到了希望。作为一个老监理人，我愿意用这句话与大家共勉。

编后语 AFTER WORD

童旭东是一个面冷心热、谋虑深长的企业领导人。醉心中国传统武学的他，将武学中的道与术植入交通建设监理的发展理念之中，为中国交通建设监理事业的发展做出了有益的探索。

程志虎

1962年出生。先后就读于哈尔滨船舶工程学院、上海交通大学，获工学博士学位。主持过厦门海沧大桥、南京长江三桥、润扬长江大桥、重庆菜园坝大桥、重庆朝天门大桥、杭州湾大桥等十余座世界级特大型桥梁工程的监理、检测与评估。现任港珠澳大桥钢结构工程总监理工程师，中国船级社实业公司（CCSI）副董事长，兼任中国交通建设监理协会副理事长、中国交通建设监理协会机电专业委员会主任委员、中国设备监理协会副理事长。获交通运输部、原铁道部、建设部和国家文物局联合发起的首届中国桥梁文化周“中国十大桥梁人物”称号。

“放弃与坚持，是面对人生时的两种不同态度。敢于坚持自然是勇者的行为，而敢于放弃在有些时候则更难做到。舍得舍得，不舍不得，关键在于自己的选择。”

程志虎：
监理人生的荣耀与精彩

在中国经济发展过程中，没有一个行业像监理这样，发展得如此迅猛；也没有一个行业像监理这样，引起过如此多的期待、关注和争议，承受着如此多的压力、误解和磨难。有多少人能够懂得，我们这些常年呆在工地上，与水泥、钢材打交道，满脑子安全、质量的人，内心都燃烧着怎样炽热的火焰？！正是这股火焰，让我们在交通建设监理这条路上越走越远，越走越精彩。正是这股以生命为燃料的火焰，照耀着交通建设监理的明天。

桥梁：连接我与监理的纽带

在从事监理工作之前，我在海洋工程结构管节点超声波检测、水下无损检测以及无损检测可靠性研究领域已经做出了一些成绩，发表过不少论文，是我国自己培养的第一个无损检测博士。在1994年的《无损检测》杂志发表的《T、K、Y管节点焊缝的超声波检测技术》的系列技术论文，连续刊登了7期，在行业内产生了很大的影响。我先后在《中国机械工程》、《中国海洋工程》以及《无损检测》等期刊上发表了60余篇技术论文。这些专业知识背景和多年从事检测工作的积累以及中国船级社（以下简称CCS）安全质量文化的熏陶，为我以后从事桥梁建设监理打下了深厚的基础。

程志虎（右一）在菜园坝大桥监理现场（2006年）

1998年6月，我以总检测师的身份，主持了厦门海沧大桥钢结构焊缝的第三方NDT监督抽检工作。因为当时我国交通建设行业在钢结构方面还没有成熟的规范，曾出现不少问题。那时桥梁领域的监理没有无损检测手段，在这方面主要依靠工厂。但是，单纯依靠工厂是靠不住的，一方面工厂有可能弄虚作假，另一方面他们的无损检测水平因为种种原因也很难保证。当时交通部的领导对此非常担心，因此在这个工程中引进了第三方检验的模式。当时我们就是以第三方检测的身份进入了桥梁界。我将自己以往的理论研究成果应用在实际中，提出了一套行之有效的安全质量控制和项目管理办法，使得海沧大桥在钢结构方面取得了一些实质性突破。而中国船级社实业公司（以下简称CCSI）也正是从这个工程开始，由第三方检测转入监理，由船舶检测扩展到桥梁检测，也把船检的理念带入到监理中。某种意义上说，正是由于CCSI的介入，弥补了交通部在钢结构规范方面的不足。

2001年，我们承接了第一个监理项目——润扬长江大桥。通过这个项目，CCSI的“白色旋风”刮进了交通监理行业，成为质量信任和保障的象征。

我的事业自此翻开了新的一页——那一座座美若彩虹、沟通天堑的桥梁从此在我的生命中占据了无比重要的位置。

虽然当时的市场环境并不是很好，由于各种原因形成了条块分割，如建设部和交通运输部的资质没有互认，交通运输部、建设部、原铁道部的资质认证条件也不统一，各地对待外来的工程施工单位的态度也有很大差别，但重庆却成为我的福地。我们公司在重庆做了不少项目。作为CCSI总经理、总监理工程师，我先后主持和参与了菜园坝大桥、朝天门大桥、石板坡大桥、观音岩大桥等重大工程项目的监理和检测工作，还参加了大佛寺大桥、马桑溪大桥、沙溪庙大桥等三座大桥检修系统改造工程监理。我们为重庆这座拥有5000余座桥梁的“桥都”增添了几道更美丽的风景。

2000年初春，我来到重庆，之后的8年间，我频繁地往返于北京与重庆之间，见证了直辖后重庆日新月异的变化以及所取得的辉煌成就。而菜园坝大桥建设工程那1500个如火如荼的日子，更是成为我生命中挥之不去的珍贵记忆。作为总监理工程师，我下了不少工夫去了解工程的特点，工程的策划、实施、周报、月报都做得很规范，并经过总结提出了“特定BT模式下的项目管理模式”，建立了一整套以安全质量为内涵的监理检测理论体系。从2003年底大桥桩基工程开始，直到2007年10月大桥通车，我连续4个春节都在重庆度过，像对待自己的孩子一样，呵护着菜园坝大桥每一天的成长。大桥也没有辜负我的苦心，经受住了种种特殊的考验。2004年，顶住了势不可挡的特大洪峰；2005年，经历了天吊断索的突发事件；2006年，遭遇了百年不遇的高温酷暑；2007年，战胜了钢箱拱、钢桁架梁吊装合龙等一系列世界级难题。

2007年10月31日，菜园坝大桥通车了。我有幸作为剪彩嘉宾，与重庆市委书记汪洋、市长王鸿举、院士邓文中、董事长华渝生等领导、专家一起为大桥通车剪彩。在盛大的典礼上，10万重庆市民涌上大桥，每一个人的脸上都洋溢着欢笑，像过年一样激动、兴奋。

2006年11月，在由交通部、铁道部、建设部和国家文物局联合发起的首届中国桥梁文化周活动中，我作为监理领域的唯一代表，获得了"中国十大桥梁人物"的殊荣。

2009年12月，我和国际著名桥梁专家美国URS公司周毅博士和美国威斯康星大学Al Ghorbanpoor教授一起驾车参观重庆的桥梁。我们沿北滨路逆江而上，黄花园大桥、嘉陵江大桥、渝澳大桥、嘉华大桥、石门大桥，短短几公里路程，5座大桥以不同的姿态展现在我们的面前。穿过沙坪坝，车行15分钟后，我们又沿着宽敞的南滨路顺流而下，鹅公岩大桥、菜园坝大桥、石板坡大桥、朝天门大桥、大佛寺大桥，又将5座世界级特大桥尽收眼底。中间，我又看见了已经通车的菜园坝大桥、石板坡大桥和即将通车的朝天门大桥。这些大桥都是当今世界同类桥型中的"第一"。沉醉在激动与幸福中，我想起了著名桥梁专家、交通部原总工程师凤懋润先生说过的那句话：一座桥梁不仅是一个城市的地标，更是一部庄严的史书、一座创造的丰碑、一种不屈的精神。作为这种精神的建设者和守护者，监理的人生应该是多么荣耀与精彩啊！

是桥梁将我与重庆联系在一起；也正是桥梁，让我与监理融为一体。

CCSI：从种草向种树的转型

2006年初，我成为CCSI的总经理。作为负责人，此时的我不仅要考虑项目、考虑技术，还要考虑整个公司的核心定位和整体发展，压力更大了。

那时CCSI 还是个规模刚刚过亿、管理松散、核心业务尚不明晰的中小公司，下面有13个分公司，从事6大门类业务，包括监理、检测、检修、评估、咨询、第三方检验。其中上海、天津、大连、广州四大分公司业务比较全面，一年大概可以有1000多万的业务规模，而重庆、武汉等小的分公司业务则较窄，每年的业务也就是一两百万。担任总经理之后，为了促进业务开展加快公司的成长，我决定将工作重点放在"业务转型，结构调整，技术研发，管理优化"几个方面。CCSI所进行的"业务转型"，涉及战略管理、运营管理和公司治理等内容，主要包括：一次性业务向长线业务的转变、低附加值业务向高附加值业务的转变、新业务品种的开拓、新管理模式的创新、对现有资源的整合重组、核心技术的研发、管理优化、核心人才的培养和引进、品牌建设与维护、企业文化的重新塑造等方面。

程志虎（左）入选"十大桥梁人物"（2006年10月）

为此我提出"拷贝复制"的思路，要求分公司之间相互之间复制学习业务流程和核心知识，并对分公司的人才实行分散管理、集中使用，还规定了各分公司每年的进人指标，解决了各分公司专业人才不均衡的问题。

在经营管理模式上也进行了大的突破。项目模式根据监理项目来源不同，分为联合体模式和独立体模式，统一由总公司派人员管理。以前是靠各分公司的销售人员出去跑业务，效率太低。我上任后，突破了过去的框框，对分公司实行了统一目标管理、统一文件格式、统一人员管理等措施。对各分公司搜集的市场信息进行统一管理，由总公司出面洽谈，不但使业务开展更加规范，也大大提高了成功率。

当然，企业转型，是一个持续而渐进的过程，需要一定的时间周期才能够取得效果。在这个过程中，传统业务依然不能放弃。发展具有核心竞争力的长线业务、高附加值的业务，就好比是种树，而持续维持传统业务，就好比是"种草"。种树固然重要，但我们也不能走极端，只种树、不种草。毕竟树的成长、结果是需要一个过程的，3年，5年，都有可能。在此期间，我们还要靠种"草"来维持当下的生存，直到大树成材。

在CCSI"业务转型"的关键时刻，所遭遇到的阻力是前所未有的，主要表现在内部思想尚不统一，对业务转型的紧迫性、必要性和艰巨性缺乏足够认识和必要的思想准备。包括CCSI总部及其分公司的管理层领导干部，对于"业务转型"的紧迫性、必要性和艰巨性缺乏认识，遇到困难后不敢（愿）承担责任、工作不作为、不能顾全大局，甚至不服从公司安排，等等。为此，我在2009年经营管理年度专题会上给大家做了题为《转型期的伤痛与对策》的报告，分析了CCSI必须进行业务转型的原因以及必须面对的问题。希望大家统一思想，齐心协力，坚持、围绕、服从和服务于"业务转型"这个大局，经受住成长的烦恼，勇敢地化蛹成蝶！

在CCSI总经理位置上的这些年，我深深地体会到作为一个成功的大型企业领导人是非常不容易的，不但需要付出更多的时间和精力，更需要拥有决断的勇气和坚韧的信心。我很高兴自己做到了，为公司的发展尽了自己的绵薄之力。

“十一五”期间，CCSI共实现产值10.89亿元，税前利润10874万元，净利7752万元。比照“CCSI十一五规划”所设定的五年财务指标（产值8.46亿元，税前利润4528万元，净利1758万元），产值超额完成2.43亿元，净利利润超额完成5994万元。到了2011年，CCSI已经发展成为一个产值突破3亿、拥有13家分（子）公司、近800名各类专业技术人员、在若干领域有较强品牌影响力、核心竞争力和盈利能力的现代企业集团。

我们实现了业务管理、质量体系和财务管理全覆盖，建立健全了内部的各项管理制度，CCSI系统的整体管理水平不断提高。尤其是覆盖全系统的《薪酬管理制度》、《财务管理制度》等，实现了对全系统的集中统一管理。

监理、检测、检验、检修、评估和咨询6大核心业务均已形成规模。在此基础上，还大力开发新的业务品种，积极拓宽业务的范围，包括在役港口设备、大型龙门起重设备检测评估业务，在役桥梁无损检测等。

坚持专业化发展方向，将钢结构工程监理、无损检测业务做大、做精、做强，塑造了“以钢为纲”的核心竞争力。在桥梁钢结构的监理检测、特大型龙门起重设备的制造与安装监理、无损检测等业务领域，CCSI已经成为国内知名品牌，在行业中处于龙头地位，成为“陆上船级社”建设的核心力量。

CCSI绿荫参天之日已经指日可待。

放弃：为了再一次冲锋在前

成为港珠澳大桥钢结构工程总监理工程师，我踏上了人生的另一段征程。

程志虎（后排右六）在重庆菜园坝大桥通车仪式上与同事们合影(2007年10月)

港珠澳大桥是我国继三峡工程、青藏铁路、南水北调、西气东输、京沪高铁之后最大的基础设施建设项目，是当今世界规模最大、标准最高、最具挑战性的集桥、岛、隧为一体的交通集群工程项目。桥梁工程是港珠澳大桥主体工程最重要的组成部分。大桥连接香港、珠海、澳门三地，由广东、香港、澳门三地政府共同建设，工程规模宏大，受到内地和港澳政府、民众、媒体和社会的高度关注。

港珠澳大桥在标准采用方面，要求同时满足内地、香港、澳门三地建设标准要求，设计使用寿命120年，达到安全、环保、耐久、舒适、美观的要求。设计使用寿命长，技术标准要求高，对钢箱梁制造提出了"大型化、工厂化、标准化、装配化"的建设理念和方法，对钢箱梁的加工制造、节段拼装、海上运输、整体吊装等提出了很高的要求。

港珠澳大桥跨越粤港澳，是在"一国两制"条件下粤港澳三方首次合作共建的大型基础设施工程，三地不同的法律体系和管理体制，赋予这个工程特有的管理要求和内涵。港澳媒体对工程进行密切的跟踪、监督与报道，不容一点差错。

港珠澳大桥项目对于CCSI的未来发展意义重大，一旦中标，CCSI在桥梁钢结构领域的"龙头"地位，在数年内都将不可撼动。参与港珠澳大桥监理项目的投标，是船级社领导、CCSI董事会在深入分析CCSI所处外部环境及其内在条件后做出的决策。从2010年开始，CCSI领导层就一直密切关注港珠澳大桥工程的进展情况，针对钢结构工程进行了认真的技术准备工作，并多次拜访港珠澳大桥管理局的领导和专家，表达了参与这项举世瞩目工程的坚定决心。

2011年10月，港珠澳大桥开始对钢结构工程监理进行招标，标书中对工程总监的要求近乎苛刻：55岁以下、高级工程师、担任过三座特大桥梁以上总监的经历、持有交通运输部的监理证书、必须是本单位职工、中标后总监须保证21个工作日常驻现场，否则将遭曝光和严厉处罚。

即使船级社多年来在桥梁领域业绩颇丰，拥有大批高级技术人才，但能够同时满足这些条件的人选却只有我一个。一旦中标，作为公司总经理我不可能兼顾两头的工作，尤其不能满足每月在现场21天的要求。面对做官还是做事的选择，我感到内心有一股澎湃的力量将我推向后者。自1991年开始，我在CCS已经工作了20余年。尤其是1998年5月取得博士学位以后，在CCSI连续工作超过了13个年头，对CCSI的发展倾注了许多心血。无论对CCS，还是对CCSI，都有着很深的感情。对我来说，"CCSI总经理"的位子我放得下，放不下的是对CCSI未来命运的责任和关注。如果放弃，CCSI将失去一次发展的良机。

2011年10月底，我组织相关人员在上海一家宾馆闭门做标书。在标书中，为了表明中标的决心，我承诺：一旦中标，就辞去总经理职务，全身心地履行建设港珠澳大桥项目总监的职责。最终，船级社投的两个标段SB01和SB02都拿了第一名，而且比第二名的分数高出很多。大桥管理局把最大的标段（SB01合同段）交给了船级社，整体大桥的钢结构部分也是以船级社为主。《中标通知书》同时明确，程志虎为项目总监理工程师，要求在2012年1月4日前签订监理合同。

时间不等人。中标后，我做的第一件事就是马上辞去了总经理职务。

港珠澳大桥桥梁工程及其监理，有“项目影响大，建设目标高”、“两岸三地共建，社会高度关注”、“设计使用寿命长，技术标准要求高”、“施工作业条件差，安全环保要求高”、“大型化、工厂化、标准化及装配化”、“接口众多、系统复杂”、“涉及监理人员数量多，技术能力要求高”以及“项目资金使用要求专款专用，监管严格”等一系列显著特点，是目前CCSI所遇到最困难的监理项目。

仅桥梁工程钢箱梁制造所涉及的单位，包括项目业主（港珠澳大桥管理局由粤港澳三方共同组建）、设计人、制造单位、咨询人、质量管理顾问、质量控制中心、第三方监测单位、试验检测中心，以及承包商、分包商、监理单位等数十家，无论在组织上和技术上的接口均十分复杂。如何理顺“一桥多方”的工作关系与接口，步调一致地协同作战，项目组织管理的难度极大。

经过认真研究，我们立足于港珠澳大桥建设工程的特征，根据CCSI在人员、技术及管理方面的优势和不足，结合公司近年来从事特大型桥梁施工监理、检测和评估工作的经验，以及投标文件、合同文件、港珠澳大桥管理局的管理制度，提出了“人为本、质为基、安在先”的组织管理思路，制定了周密的监理方案。针对港珠澳大桥施工监理所涉及的有关问题，编制了《港珠澳大桥钢结构工程监理项目建议书》，提交给项目业主参考。中标后，我们又多次组织专业人员，对项目的组织实施、管理模式等进行认真研究，在《监理规划》和《监理实施细则》中，针对“变更”、“隐患”、“事故”、“索赔”等敏感问题，以及“焊接工艺评审”、“首制件评审”等关键过程，相控阵检测、自动化焊接系统等核心技术环节，认真推敲，反复修改，制定了项目监理工作的基本方案。

在投标文件和合同文本中，CCSI承诺将调动CCSI系统优秀资源参与项目操作，SB01标总监办的组成人员多达80余人。截止当年的12月底，在已经上岗的近20余名监理人员中，除了由CCSI派出的监理人员以外，总监办还外聘了许多优秀的工程管理人员加入了自己的队伍。我们高薪聘请的美国著名桥梁专家周毅博士、段炼教授，在首制件、焊接工艺评定等关键节点，发挥了重要的作用；台湾世曦工程技术咨询公司专家杨显梁、罗怀庆、张英发等对施工组织设计、施工方案、制造验收规则进行了审查。此外，SB01标总监办还长期高薪外聘了两名国内桥梁专家长驻现场，对承包人的技术和工艺文件进行专业审查，为SB01标提供强有力的技术咨询。

在SB01进驻现场后，为了适应项目的需要，我们根据团队人员实际的业绩表现，先后两次进行干部调整，将有能力、有业绩的人提到干部岗位上来，将业绩差的干部降职或另用，组成了一个高素质、能征善战、团结一心的监理团队。

我组织编写了多层次的管理文件，如《SB01标总监目标管理及考核办法》、《SB01标组织管理手册》、《监理计划》、《监理实施细则》《廉政建设实施办法》、《专业人员道德行为准则》等管理规范。在长期人员不足的状况下，还创造性地提出了“一人多岗”、“一专多能”、“支部建在连队上”等理念，大胆实施了“HSE创新管理模式”。

我亲自深入第一线，带领现场监理人员通过“白加黑，6+1”的超负荷运转，圆满地完成了“第一次工地会议”、“项目管理体系建设”、“施工组织设计审查”、“制造验收规则评审”、“焊接工艺评定”，“第一批首制件验收会”、“产业园及中山开工典礼”等关键工序和关键过程的监理工作，并通过多次深入的内部培训，以及召开“阶段性工作总结会议”、“誓师壮行会议”等方式，确保工作顺利进行。

监理项目要取得成功，“三分在技术，七分在协调”。我利用个人的影响力，通过各种渠道和制度，如周例会、月例会、专题会，以及各类专项检查，包括如管理局合同履约检查、质量体系审核、HSE专项检查、广东省审计厅、监督站检查、船级社及船级社实业公司领导检查，在SB01标内部、外部创造了“和谐”的工作氛围。

自2012年1月4日与港珠澳大桥管理局签订监理合同一年来，我一直坚守在港珠澳大桥监理项目第一线，常驻现场。即便是春节，我依然在中山基地值班。

2012年，港珠澳大桥管理局有关领导和相关部门先后组织了对SB01标的检查、评审近十次，如质量管理体系审核、首次合同履约检查、HSE工作大检查、工程审计、试验检测大检查等，SB01标总监办均取得了很好的成绩。

在辞去总经理职务、担任项目总监后的一年多时间里，我在资源调配、工作关系协调等方面，也遇到了许多意想不到的困难和困惑。资金问题也一直是困扰SB01标总监办正常运转的核心问题之一。有一段时间，SB01标的项目预算一直没有批下来。因为没有“标准”，所以财务部门也一直不能发放岗位津贴、现场补贴等费用。接连几个月拿不到现场补贴，项目上大家的情绪都很不好。加上监理人员太少，一个人顶几个人干活，大家工作艰苦，因此怨气也很大，个别外聘专业人员甚至提出想要辞职不干了。

为了确保项目正常运转，尤其是确保“首制件验收”的成功通过，我与副总监许汴生两人一方面耐心地做大家的思想工作，一方面白班、晚班轮流与大家一道去现场巡检，以缓解人员不足的矛盾。我多次给CCSI领导写信，恳求公司领导给予帮助，同时积极做员工们的思想工作。在‘首制件验收会议’召开之前，我与许汴生副总监一道，拿出个人的积蓄20余万，垫付到项目上来，给大家发放了工资、津贴，部分缓解了矛盾。那年9月底，在莫鉴辉副总裁的直接关心帮助下，以上问题得到缓解。此后，SB01标总监办的各项工作，逐步走上了正常的运行轨道。

作为一个对CCSI充满感情、倾注了十数年心血的“海军陆战队”老队员，我可以自豪地说，我的承诺、我的选择以及我的行动，将无愧于我所热爱的“陆上船级社”事业、无愧于国家重点项目所赋予的神圣责任，无愧于我的良知和一颗感恩的心。如果让我再做一次选择，相信我的选择依旧。

大桥尚未完工，监理仍在继续，同仁仍需努力！

规划：我的“五个一工程”

2013年，我给自己提出了新的目标：“五个一工程”。这五个一的具体内容是：

做好一个精品项目——为了港珠澳大桥、为了监理事业，也是为了实现自己的理想。我会带领自己的团队全力以赴，持之以恒，切实履行港珠澳大桥SB01标的各项职责，将港珠澳大桥建设成为世界一流的精品工程。

带好一支精英团队——不仅为了港珠澳大桥，更是为了CCSI和监理行业的未来，一定要将港珠澳大桥SB01标总监办监理团队打造成“思想先进、行为规范、步调一致、作风顽强、技术过硬、管理严谨、团结和谐、能征善战”的优秀精英团队。

写出一本专业著作——从1998年参与海沧大桥的工作开始，我一直坚持深入到项目第一线，积累了丰富的实践经验和技术素材，在理论上也做了深入研究。如今有机会参与港珠澳大桥钢箱梁制造监理工作，可以全身心地从事一些专业研究和技术总结工作，编写一本桥梁监理检测方面的专业书籍。

练就一副强壮身板——身体是革命的本钱。因此，要调节好心态，强身健体，修身养性，为将来从事更艰苦的工作积累正能量。

结交一批真诚朋友——朋友是人一生的财富。借助港珠澳大桥超级工程平台，结交一批国内外知名的专家学者和管理精英，虚心向他们学习，汲取营养，不断完善自我。

路漫漫其修远兮，上下求索苦乐交集。

从1987年我国首次引入监理开始，监理已经走过了25年。在这高速发展的25年中，由于市场经济尚不完善、法制尚不健全，监理行业既实现了迅猛的发展，也引起了众多的期待、关注和争议，承受了巨大的压力和痛苦的磨难。目前，工程监理无论是在学术地位还是职责履行方面，均未得到应有的认可与尊重。但我深知，要赢得认可和尊重，只有靠我们自己。我们必须要念好“四字真经”——即“道、法、术、器”。其中，“器”是“工具”，“术”是“手段”，“法”是保障，“道”是“根本”。只有将成功之“道”，建立在“承担社会责任、履行社会职责”的核心理念之上，才能做到让业主放心，让政府放心，让人民放心，才能获得社会的认可和尊重，最终收获自己的成功！

在依然处于基本建设高峰期的当今中国，监理被历史赋予了无比重大的责任和使命。要承担起这个使命，需要广大监理人一起胼手胝足，砥砺奋斗，用强大的理性去构筑缜密的监理体系，用高昂的激情去点亮行业发展未来的光明。我一定会站在这支队伍的前列！

编后语 AFTER WORD

“他是让桥梁隐患无处逃遁的虎将，也是引导质监新思维的业内专家。”——这是由交通运输部、原铁道部、建设部和国家文物局联合发起的首届中国桥梁文化周活动中，组委会对获得“中国十大桥梁人物”称号的程志虎的高度评价。

诚如斯言！用心做好监理人，念好监理经，其志大焉，其善大焉。

俞建洲 1964年11月生，江苏省苏州市人，中共党员，高级工程师，交通运输部水运工程评标专家，中国交通建设监理协会常务理事。1984年7月毕业于东南大学，在交通部第三航务工程勘察设计院从事水运工程勘察设计工作，主要设计项目有：澳门国际机场联络桥工程，上海集装箱码头有限公司张华浜港区、十四区港区工程，上海金山石化总厂煤码头、化工码头工程，宁波港北仑港区20万吨矿石码头工程等。2000年至今任上海东华建设管理有限公司总经理。

> “监理行业的发展要尽快回归到理性的轨道上来，要充分利用人才高地这个平台，实现真正意义上的高端技术服务。只有这样才能吸引更多的人才加入到监理队伍中来，提高监理在工程建设中的作用和地位。”

俞建洲：
探索监理"复兴"之路

13年前，我怀着激动的心情进入监理这个行业，经历了中国水运工程监理事业发展的高低起伏，也亲眼目睹了工程监理在提高项目的建设管理水平、工程质量和项目投资效益等方面所发挥的积极作用。面对近年来监理行业发展存在的诸多困惑，监理应该走向何方？这个问题常常萦绕在我的心头。

直面行业问题，寻求解决办法

上海东华建设管理有限公司（原上海东华建设监理所）成立于1989年2月，是中交第三航务工程勘察设计院有限公司的全资子公司，具有交通运输部和住建部水运工程双甲级监理资质。公司成立以来，在全国范围内承揽水运工程及其辅助配套项目的工程监理和技术咨询业务，业务范围涉及港口、航道、堤防、路桥、隧道、机场、修造船建筑、工业与民用建筑等领域。至今已成功监理了200多个项目，在长江口深水航道治理工程、上海国际航运中心洋山深水港区工程、苏州港太仓港区工程、南通港洋口港区人工岛工程等一大批国内著名的大型水运工程项目中，都留下了东华的足迹。可以说，东华公司发展的轨迹也就是中国交通建设监理发展的缩影。

我在2000年通过公开竞聘，成为东华公司的负责人。当时，由于东南亚金融风暴的蔓延，我国航运市场和水运工程建设市场受到很大冲击，一些在建和拟建的项目纷纷搁置或放缓。监理行业连续数年业绩大幅度下滑，监理企业的经营逐步萎缩。

在那样低迷的市场环境下，为了近100人的监理公司能够生存下去，我受命于危难之际，边干边学，和同事们一起努力，经过几年的艰苦奋斗，使东华公司逐渐走出了低谷。从此我与交通建设监理结下了不解之缘，也促使我对这个行业未来的发展方向进行了深深的思考。

俞建洲（左三）在苏州港太仓港区三期工程检查工作（2009年6月）

我国从1988年开始在工程建设领域实行工程监理制试点后，于1992年在全国范围内全面推行工程监理制，到1996年起监理开始在全国工程建设领域遍地开花。起初的监理工作归纳起来有以下几个特点：一是监理机构设置简单，监理主要配置专业监理工程师，建设单位组建工程建设指挥部，监理机构与指挥部联合办公，是指挥部管理工程的新生力量，还没有完全发挥独立公正的第三方作用；二是监理工作内容简单，以质量控制为主，信息管理和投资控制为辅，不太重视进度控制和安全管理；三是监理工作对象单纯，当时监理直接面对的就是施工合同的承包人直接参与施工，工程几乎没有分包；四是监理酬金取费较低，当时造价1亿元的工程项目，监理服务费不足100万元。

工程监理经过20多年的创新发展，已经形成了中国特色的工程管理制度。监理行业在提高项目的建设管理水平、工程质量和项目投资效益等方面发挥了积极作用，一大批代表当今世界先进水平的"高、大、难"水运工程项目高质量地完成并投入使用，凝结了监理人员的心血和汗水。工程监理行业也在探索中不断发展，一些实力强、综合性强的监理企业以高超的监理水平竖起了行业标杆。但一个不容忽视的现实是，虽然监理制度的作用日益显现，市场越来越大，体系也越来越完善，但是一些影响甚至严重阻碍着监理行业发展的深层次矛盾也日益凸显。

比如，在我从事监理的这十多年里，就遇到过一些强势的业主，招标文件写得冠冕堂皇，在签订监理合同的时候，又会提出许多苛刻的条件，如对监理人员的数量和监理工作的要求层层加码，而对监理的酬金则一降再降，工程实施过程中又千方百计拖、卡、扣监理费。这些问题都让我感到十分尴尬。关于监理取费，发改委文件规定，允许上下20%的浮动，但市场上几乎都是明标下浮20%，基本没有谈的条件，阴阳合同就更低了。监理企业为揽项目求生存只能忍辱负重，现在监理所承担的责任越来越大，报酬却越来越低，高风险低收入，使得许多技术人才不愿意加入到监理行业中来。这样的情况下，没法保证监理服务的品质和监理企业的健康发展。还有，监理固然应该对工程质量、安全和进度承担起监管的责任，但施工单位是建设单位通过招投标选择的，有时过度的最低价中标或层层分包，导致实际进场施工的单位技术力量过于薄弱，像那种“李逵投标、李鬼进场”的现象时有发生。这些都大大增加了监理工作的难度，如果工程质量、安全和进度控制达不到预期效果，最后挨板子的还是监理，这对监理是不公平的。

我国法律法规制度对工程监理职责范围和深度、监理的责任等规定得不够明确，特别是建筑业改革把劳务层和管理层分离了，建筑工人都是亦工亦农，多数没有学过专业技术，让监理来监督农民工，沦为“旁站”，完全违背了监理创建时的初衷。施工中发生的事故多数是由于施工人员质量和安全意识淡薄、工人不当操作引起的，有些并不是监理能够管得住的，但出了问题就要追究监理的责任，这无疑是对监理的一种伤害。监理作为独立公正的第三方，从表面上看，法律所赋予的权力似乎很大，在实际工作中监理却经常“两头受气”：一方面根据监理规范要求，监理应当“公正、独立、自主地开展监理工作，维护建设单位和承包单位的合法权益”，说白了是代行部分政府职能；另一方面监理又属于企业，不可能像政府职能部门那样拥有执法权，更难以担起监管责任。并且既然是受业主委托，当然要为业主办事。因此有人戏称监理“远看像警察，近看似保安”，此话再形象不过了。

另外，政府对于工程监理市场的监管力度不够，没有实现动态监管。监理行业诚信体系不健全，企业和从业人员违法违约成本过低，失信行为不能得到有效制约。有的监理企业低价恶性竞争，甚至出现严重违法违规行为，发生重大质量、安全事故，但很少被及时清出市场。监理市场条块分割，地方保护依然存在，有的地方政府为了保护当地企业的利益，在工程招投标中变相增设许可和市场准入条件，借用业绩备案等名义设置地方壁垒，有的地方采用诚信押金或保证金等方式限制外地企业进入本地市场，把一些有竞争力的监理企业排除在外，实质上是在纵容庇护那些不思进取的企业。

这些问题，不仅加重了监理企业的负担和责任，还大大挫伤了监理从业人员的工作积极性，造成监理工作难以达到预期的效果，监理人才大量流失。不知从何时起，建筑行业流行起了一句话：一流人才搞设计、二流人才搞施工、三流人才做监理。目前，大多数监理企业都为留住高学历、高水平的人才绞尽脑汁，监理企业陷入了监理人才短缺、监理成效下降的恶性循环，严重影响了监理行业的健康发展。面对这些问题，不少监理企业对行业的发展前景忧心忡忡。

2010年9月份，住房和城乡建设部在北京、上海分别召开了两个监理工作调研会。我和部分省市建设主管部门和部分建设、设计、施工、监理企业的代表参加了调研会。在会上，我和代表们非常坦率地从不同角度指出了当前监理存在的问题，并提出了一些我们认为可行的解决办法。

首先，要解决监理定位模糊的问题。监理到底在工程建设中起什么作用？充当什么角色？应该提供什么样的服务？这个行业的前景是什么？

其次，要解决监理取费过低的问题。取费问题是众多监理企业的心病，取费低导致监理人员收入无法保障。企业人才流失严重，也更无法保证人员的素质培养。

再次，要解决市场监管不严的问题。严格市场准入和清出，坚决取缔地方保护，促进形成全国统一、开放、竞争有序的健康的市场环境。

面对国际经济大萧条，温总理在纽约出席联合国会议时曾强调：在经济困难面前，信心比黄金更重要！此话同样适用监理行业，监理行业发展的问题，要在发展中解决。我认为，重拾行业信心，重塑监理权威，最重要的还是应该先从企业自身做起：

首先，监理企业要给自身的发展定位。监理企业要充分发挥人才优势，实现真正意义上的高端技术服务，通过整合设计、施工和项目管理资源，为业主提供集项目策划、设计管理、招标代理、施工管理等于一体的项目全周期的集成化管理服务，逐步形成技术优势明显、管理水平高、核心竞争力强的综合性工程咨询管理企业，只有这样才能吸引更多的人才加入到监理队伍中来，提高监理在工程建设中的作用和地位。

其次，监理企业要提升技术服务品质。工程监理属于技术服务性行业，技术服务的核心是人才，监理行业的发展需要更多人的智慧，需要更多人的参与。上海东华建设管理有限公司近几年尝试着承接了一些境外项目监理，正是由于"走出去、请进来"，使我们看到了国外监理行业的通行做法。高素质的专业技术人才、高端的检测技术和先进的管理理念是国外监理人员在工程建设中始终处于优势地位的重要原因。要彻底改变中国式监理的"监工"地位，监理企业必须摒弃过去一贯的"以监代管"的做法，不拘一格使用和选拔监理人才，引进科技检测手段，创新工程监理技术，全面提升技术服务水平。

再则，监理企业要有行业自律的意识。在对待监理取费的问题上，虽然说压价是竞争的需要，是企业不得已的自我生存的方式，但是我们也应当看到，以压价为手段扩大市场份额，未必能得到好的结果。对于一个企业的经营者来说，更为重要的是考虑企业的生存和前途，企业究竟要定位在多大的规模才是生存的最佳状态，这是值得一个经营者深入思考的问题。一个具有很强竞争力的监理企业，不仅是要队伍大、市场份额占有大，更重要的是拥有更高的劳动生产效率，更大限度地发挥现有资源的潜力。这也就要求企业的决策者，要以树立品牌为目的，以培养一支精锐的技术队伍为根本，以高质量的服务换取高标准的收入，而不是以压价和降低质量来养一个低素质的队伍。要想达到这个目标，监理企业不只是要有合理的规模定位，不断提高劳动生产率，而且要自觉抵制压价行为，加强企业内部管理，提高服务质量，打造企业品牌。只有这样监理企业才会有更强的竞争和生存能力。

此外，政府部门要引导行业健康发展。工程建设市场需要政府的正确引导和规范的管理，作为行业主管部门，有必要着手研究如何从确保工程质量安全、充分发挥工程项目的经济效益和社会效益的目的出发，加快起草《建设工程监理条例》，加快修订《建设工程监理管理规定》和《建设工程监理规范》，进一步明确监理在工程建设中的作用和地位，明确监理任务和职责；维护市场公平公正，规范监理招标投标工作，加强对工程监理合同、监理收费标准执行情况的监管，通过必要的行政手段，消除地域分割、地方保护、行业垄断、恶性竞争等负面影响；坚决制止盲目降低收费标准、实行低价中标的行为，对于压低监理费的业主，要承担相应的责任。

强化科技优势，做强企业品牌

"十二五"已经开局，接下来的五年里基础设施建设任务依然繁重，固定资产投资还将继续较快增长。一些工程项目的技术难度将越来越大，施工工艺越来越精，质量要求越来越高，这些都对监理企业的能力和监理人员的素质提出了更高要求。在新的发展时期，工程监理在工程建设过程中的作用将愈发凸显。

面对不断变化的市场形势，我们公司在谋求发展的同时，也在不断研究、探讨、解决监理过程中出现的问题。我认为，监理行业的发展要尽快回到理性的轨道上来，要充分利用人才高地这个平台，实现真正意义上的高端技术服务，只有这样才能吸引更多的人才加入到监理队伍中来，提高监理在工程建设中的作用和地位。作为水运工程监理企业，要在当前的环境下继续寻求发展，我认为最关键的是要提高企业自身的能力——打铁还要自身硬！落实到企业管理的理念上来，其实就是四句话：以人为本、精心监理，诚信服务，保持品牌。

以人为本就是注重人才的培养。监理行业成也在人，败也在人。从事监理行业受的苦、花费的精力，远远超过一般行业。一旦管理不好，员工就像云游四方的和尚，飘忽不定，缺乏安全感和成就感。因此，我们在抓员工业务学习的同时，广招监理人才，任人唯贤，让想干事的人有机会、能干事的人有平台、干成事的人有地位，鼓励员工成为一专多能、德才兼备的业务能手。

精心监理就是注重服务品质。一方面我们要做好业主的参谋、为业主出谋策划；另一方面还要精心监理，尽心尽责把好技术质量关，帮助承包人提高施工管理能力。

诚信服务就是注重服务承诺。诚信是监理企业的灵魂，对客户的要求我们总是诚心诚意地去满足，既要尽心尽责履行合同义务，也要不折不扣地兑现服务承诺。

保持品牌就是注重维护品牌。公司每年都开展以"争技术领先，创管理一流"为主题的争先创优活动，让全体监理人员增强品牌及责任意识，改进工作作风，促进监理水平不断提升，保持"中国水运工程优秀品牌监理企业"。

中国20多年港口建设的高速发展，已经赶上并超过世界发达国家的水平，近年来，受全球经济衰退、国内宏观调控和产业结构调整的影响，水运工程建设开始紧缩，部分监理企业的业绩大幅度下滑。如何开拓市场也是值得企业领导人深思的问题，站在这个角度，我认为，未来水运事业的发展方向主要是开发内河航运和外海深水港建设、以及老港口的升级改造。国内水运监理市场将逐渐缩小，监理企业的资源整合、兼并势在必行，监理业务向集成化（项目全寿命期、全要素）、多元化（业务范围多样化）发展是大势所趋。中国的监理行业，也迫切需要从粗放型的"人海战术"向精细化的"技术服务"转变，与国际咨询行业接轨，走出国门，走向世界。

如今我国沿海各省为了发展经济，纷纷开发近海滩涂资源，建设生态人工岛，"向大海要土地"有可能成为沿海城市建设的一个热点，建设生态人工岛既能解决沿海城市土地稀缺的问题，又能给城市带来巨大的经济效应。对于我们来说，外海

俞建洲（右三）在舟山钓浪码头陆域堆场工程现场（2013年6月）

人工岛工程监理是一个很大的挑战，人工岛工程一般在远离大陆的开放式外海作业，四周无任何遮掩，施工主要依靠船舶在海上进行，受风、浪、雾等气象条件影响大，尤其是冬季寒潮、夏季台风和涌浪对建设中的人工岛结构安全构成严重威胁。在外海建设大型人工岛，国内没有成熟的技术和现成的标准规范可以借鉴，我们在江苏洋口港人工岛工程施工监理过程中，发挥公司人才优势，想业主所想，急施工单位所急，对人工岛设计和施工提出了很多大胆的优化建议。起初业主还是半信半疑，对是否采纳建议一直犹豫不决，为了打消业主的疑虑，公司又邀请业内专家咨询，通过组织召开专家评审会和专题研讨会等形式集思广益，提出了结构设计和施工工艺优化的具体方案，得到业主的充分肯定。期间共组织了包括"施工组织设计审查会"、"岛壁结构设计和施工专家咨询会"、"龙口方案专家评审会"、"倒滤层专题研讨会"等大型技术专题研讨会，还组织编制了《江苏洋口港人工岛工程专项质量检验评定标准》，为推动人工岛更快更好的建设发挥了积极的作用，真正体现了工程建设监理的高端技术服务。正是由于在洋口港人工岛工程监理中的突出表现，2008年我们得到了江苏省交通厅的表彰，该工程获江苏省"扬子江杯"优质工程奖。2010年在招商局漳州开发区双鱼岛填海工程施工监理招投标中，我们凭借雄厚的技术实力和丰富的监理经验一举中标，2012年恒大地产集团想在海南建设生态"海花岛"也慕名来我公司考察和咨询。

海上风电利用海上风能资源，是一种清洁的可再生能源，与传统的燃煤发电相比，海上风电不依赖外部能源，没有碳排放等环境成本，不会造成大气污染和产生任何有害物质，是理想的绿色能源。正是因为有这些独特的优势，近年来风力发电逐渐成为我国可持续发展的重要组成部分。根据国家《可再生能源发展"十二五"规划》，重点开发建设上海、江苏、河北、山东海上风电，加快推进浙江、福建、广东、广西和海南、辽宁等沿海地区海上风电的规划和项目建设。计划2020年前在江苏南通、盐城、上海、山东鲁北等海域重点建设几个百万千瓦级大型风电基地，并初步形成江苏和山东沿海千万千瓦级风电基地；在其他海域，发挥经济优势和市场优势，因海制宜，重点建设数十个10万千瓦级的海上风电场。与陆上风电相对应，我国沿海海上风电的开发建设将迎来“黄金十年”，这对水运工程监理行业来说是机遇又是挑战。我公司监理的东海大桥海上风电场示范项目，在我国风电场建设史上创造了多项“第一”：第一次采用自主研发的3兆瓦离岸型机组，标志着我国大功率风电机组装备制造业跻身世界先进行列；第一次采用海上风机整体吊装工艺，大大缩短了海上施工周期，创造了一个月在工装船上组装10台、海上吊装8台的记录；在世界上第一次使用高桩承台基础设计，有效解决了高耸风机承载、抗拔、水平移位的技术难题。该项目荣获2011年~2012年度国家优质工程银质奖。

此外，为工程建设方提供项目管理服务也是监理行业未来发展的一种趋势，这是中国监理行业向国际工程咨询公司迈进的风向标。工程建设方或投资方一般不具备工程建设管理的专业技术和能力，迫切需要有工程建设管理专业技术和能力的单位或组织为其提供从项目策划、项目立项、项目设计到项目建设的全过程的技术咨询和管理服务，而工程管理公司具有丰富的项目管理经验和高水平的工程技术人才，正好迎合这种需要。工程管理公司实际上是作为项目业主代表或项目业主的延伸，对建设项目进行集成化管理，承担受委托管理范围的责任，但属于非决策机构，重大方案仍由建设项目业主决策。这种委托项目管理的模式，不要求项目业主具有设计管理能力和专业技术力量，工程管理公司全权负责设计管理和施工管理工作，可大大减轻项目建设方的负担。如我公司在深圳蛇口二期集装箱码头工程项目管理中，凭借先进的项目管理理念，发挥专业技术服务优势，成功地实现了项目管理的各项目标，取得了令参建各方较为满意的管理效果，得到了业主单位的高度评价，为公司开拓经营、创新发展翻开了新的一页。

未雨绸缪，防患于未然，这是古人的谆谆教诲，我对此深有同感。目前我国监理行业在发展中出现了一些问题，与国际咨询行业相比还存在很大差距，要解决这些问题、做到可持续发展，必须提升监理的工作品位，重视监理的服务品质，关注监理的品牌效应。对于监理行业的未来，我更寄希望于政府的作为，政府主管部门要多作正面宣传引导监理企业向综合化、智能型发展，推动监理企业提高素质，扶持有实力的企业向大型化、综合类发展，向国际化标准迈进，培育一批大型的项目管理公司和咨询公司，引导行业走出国门，走向世界。同时，市场对监理企业的需求有高、中、低端的区分，不应鼓励监理企业都向项目管理方向发展，要引导形成一个合理的行业结构，满足各个层次的需要，这应该是未来中国监理行业的发展方向。

编后语 AFTER WORD

作为一名监理企业的优秀管理者，俞建洲在直面行业面临的种种问题的同时，更是用自己的思考和实践探索着监理发展的方向。他相信，只要监理行业能坚持与时俱进、创新思路、多措并举，未来就一定会充满光明。

张跃峰

1963年10月出生。1989年毕业于太原工业大学土木系道桥专业，2006年毕业于清华大学高级管理人员工商管理硕士(EMBA)专业，硕士学位。2007年获得英国剑桥大学国际“项目管理”专业证书。是成绩优异的高级工程师、国家注册监理工程师、国家注册咨询工程师、交通部监理工程师。

1993年进入山西省交通建设工程监理总公司，先后在太原东山过境高速公路施工监理中担任副总监、监理部主任，北京通黄高速公路项目部主任工程师兼公司经理助理；山西大运高速新原段、临侯段项目总监、监理部主任；北京白马路等多条公路项目总监，北京项目部负责人；现任山西省交通建设工程监理总公司总经理、党委副书记。

先后完成科研项目5项，2项获山西省科学技术进步三等奖，3项达国际领先水平。参与和指导的QC成果3项获省部优，2项获国优。是山西省人社厅、科技厅、教育厅、财政厅、发改委“新世纪学术技术带头人省级人选”及国务院“享受政府特殊津贴专家”。

“企业如同车辆，行驶途中该加油还是该刹车一定要清楚。我给自己和员工提出的要求是：不要喊空口号，要尽最大努力把每一项工作落到实处，完善到细节，做一个工作中有责任有担当的细心人。”

张跃峰：
做好监理是我的使命

从20世纪80年代走到今天，我的职业生涯，映射了中国交通建设监理事业从蹒跚学步到风生水起的发展历程。我们经历了市场萎缩、取费低廉，恶意竞争，人才流失等一路荆棘，但跌宕起伏中从未放弃过对事业的追求。路漫漫其修远兮，无论前路是平坦还是坎坷，我们会一直坚守在监理工作的第一线，因为我的命运已经与监理紧密结合在了一起。

责任是监理的灵魂

国务院前总理温家宝在视察重庆观音洞水库工地时曾经对头戴安全帽的工程监理人员说："监理工作很重要。老百姓的钱，每一分都要用好，这是人民最关心的"、并郑重地说："对于一项工程来说，有两件事情最重要，一个是工程监理，一个是财务管理。"我认为，要做一个好监理，做好温总理所说的两件事，认真负责是最重要的，因为责任是监理的灵魂。

1993年，山西省交通建设工程监理总公司成立。当时，大学毕业后被分配到山西省交通干部学校，随后又被借调到山西省科研院的我，面对另外两家公司抛出的橄榄枝，怀着对"监理"这一朝阳行业的期待，毅然选择了山西省交通建设工程监理总公司。由于工作认真负责，成绩优异，不到两年，我就被提拔为第一监理部主任。

当时人们对监理行业还缺乏了解，甚至很多人还存在着排斥心理。一次，由于一个合同段土方出现问题，我提出了返工的要求，但施工方拒不执行。项目经理还对我出言不逊："没有你们监理，我们照样可以干工程、拿到工程款。"为了对工程质量负责，我没有让步，想方设法，多次与施工单位进行交涉，甚至还辗转借助媒体的力量对此事件进行了报道，引发了社会的广泛关注。在社会舆论的强大压力下，施工单

张跃峰（左一）向山西省原省长刘振华（右二）、省交通厅张润副厅长（右五）汇报山西新原高速路面工程质量情况（2002年）

位最终返工三个月。

令人没有想到的是，这个事件使山西省交通建设工程监理总公司第一监理部名声大振，我们细致严格的要求和热情主动的服务，不但赢得了上级主管部门和其他参建方的尊重和认可，也让更多的业主从最初对监理的抵触、反感，转变为欣然接受。他们许多人还深深地感慨："有监理和没监理就是不一样！"

2002年，我被提拔为山西省交通建设工程监理总公司副总经理。次年，我考取了清华大学高级管理人员工商管理硕士(EMBA)专业。拓展训练课上，在"信任背摔"项目中，许多人站在一米多高的平台上，不敢倒向手臂搭成的"梯子"。轮到我上场了，我直接倒了下来，被大家稳稳接住。交流感想时，我说："我之所以百倍尽心地接别人，是因为我知道不尽心将导致的问题的严重性。因此，大家接我时，我相信大家也会和我一样尽心。"这也是我对"责任"的诠释。

"控诉"引出"山西样本"

2005年以后，山西省交通建设工程监理总公司和全国其他监理企业一样，受到各种因素的制约，发展走入困境，资金链几乎中断，陷入"财务绝境"。

2007年8月，我担任公司负责人。当时公司财务审计的结果让我目瞪口呆：职工集资等各种欠款2000多万元。更让人头疼的是，常年在职不在岗的职工超过150人，进行人事调整颇为困难。

当时一些参加了集资的职工陆续来到我的办公室内静坐，要求拿回集资款，"给我们本金就行了，利息就不要了。"这样的话让我无比心酸。我知道，是当时公司的现状，使许多职工觉得看不到前景，看不到未来。我很理解他们的想法，员工也有员工的难处啊。但在资金极度紧张的情况下，除了给他们做思想工作和安抚情绪也没有更好的办法。

这是公司最艰难的时刻。为了盘活资金，经公司领导班子研究决定，对下属的一家子公司进行股权转让。但是，这时有人向山西省交通运输厅发了一封举报信，说山西省交通建设工程监理总公司领导班子存在以权谋私的嫌疑。面对这样的局面，我整理好自己的心态，在向山西省交通运输厅党组直接汇报的过程中，公开阐述了进行股权转让的两个主要原因："一是股权转让行为是依法进行的；二是企业现金流中断，再不盘活，不仅子公司，甚至总公司都将很快垮掉。"

我的汇报说服了领导，他们当即表示要在项目上给山西省交通建设工程监理总公司以支持。但我却拒绝了领导的提议，这使在场的所有人都为之感到惊讶。

我的拒绝是有原因的。在新监理收费标准出台前，与其他绝大部分地方一样，山西的交通监理市场也陷入了低费用、低水平重复的怪圈，人才流失，企业亏损，危机四伏。即使国家监理收费新标准出台后，山西省境内的建设项目依然没有执行国家监理收费新标准。这样的项目，我们干得越多，赔得越多。公司最高峰时有100多个项目，近2000人，一个月发工资要六七百万元，一年保险更是要五六百万元，这些都是不变成本。费率低迫使我们不停地在全国各地投项目，记得有个省招标的项目综合人月费只有不到4000元，实在没法干，才不投了。

在这次汇报中，我毫无保留地"控诉"了交通工程监理企业面对的种种不合理的现实，这些同样也让山西省交通运输厅党组感到了震撼。

就在这次汇报后不久，山西省交通运输厅领导在我公司呈报的专题报告上批示："请按国家规定标准办。"厅领导认为，按国家规定办事，提高收费标准，不仅是让监理企业有利润空间，更是为了确保工程质量和安全系数，真正让监理负起责任，这部分费用不能省。山西省交通运输厅党组为此专门召开了会议并下发了文件。

很快，山西省境内不仅大型高速公路项目，一些二级、三级路也陆续执行了监理收费新标准。费率提高后，山西监理市场逐步规范，以往人才流失、企业亏损、危机四伏的状况有了很大程度的改观，山西省内许多挣扎在死亡线上的中小型监理企业转危为安，企业内部改革得到进一步开展。

山西的做法，引起了全国交通建设监理行业的广泛关注。业内人士将山西官方对监理收费新标准执行的全力支持，视为引发企业改革的一场"特大风暴"，被称为"山西样本"。

我们公司从此"转危为安"，2009年，公司共中标十五六个项目，加上2008年承接的工程，当年在监工程达到20多个。2009年后招标的工程，执行新监理收费标准的情况普遍好于2008年，大部分项目都较好地执行了670号规定和新收费标准。工程监理收费标准过低这一制约工程监理企业发展的"老大难"问题，终于有了重大突破。

作为一家国有监理企业，监理收费标准提高以后，大大改善了企业的经营局

面。以前是不停地投标以期维持运转，现在的投标行为则比以前理性得多。干不了的标不投，不能干的标不投，中标率也大大提高了。公司负责投标的质量安全部人员也越来越精干，由以前的20多人缩减至现在的四五人，提高了效率，也降低了运营成本。虽然当时我们承监的项目并不算多，但效益提高了，企业也走出了低谷。

2009年8月，公司还清了全部债务，2010年新签监理合同额1.8亿元、完成产值1.26亿元。这件事，不仅对我们公司有非常大的影响，可以说对山西的监理企业、对整个山西的监理行业的发展都是一个重要的转折，影响深远。

新收费标准的执行，彻底改变了以往低价抢标的局面。我记得有个1300万元限价的项目，报价做了1100万元，但有的单位报了650万元，只有限价的一半。现在好了，大家不再比谁的价格低，而是比谁的监理人员强、监理大纲好，比谁的企业有信誉和实力。从我们投标的几个项目情况可以看出，相比最高限价，企业投标时财务报价下浮很少，价格已不再是市场竞争的焦点。

新监理收费标准在山西落实以后，投标确定报价考虑的因素较之以前简单许多，只需根据给出的建安费，结合工程实际地形、地址等条件，确定调整系数，合理制定出人员的进出场计划，计算出监理费用是否合理、是否符合规定要求即可。

山西实行的是合理标价法，财务报价的分值只有10分，最高限价出来后，大家的报价都不以价格为主，就看技术标的90分能拿到多少。监理人员的合理结构，监理大纲是否有针对性，对投标项目能否提出较好的意见和建议，都是技术标得分多少的决定因素。监理企业间的竞争由原来的低价竞争，变成了良性竞争，促进了企业的健康发展，也使行业呈现出了欣欣向荣的景象。

实行新的收费标准以后，我们的队伍明显稳定，吸引力、凝聚力明显增强。在企业摆脱困境的同时，有条件大力进行人才队伍建设，一方面靠自己培养、引进了一批素质高、年纪轻的人才，另一方面也与经验更丰富的老专家合作，进一步增强了企业的竞争力。

监理收费按新标准执行，受益的还不只是山西省内的企业。公平且利润较为合理的山西交通监理市场，吸引了大量外地监理企业。据了解，现在驻山西省的外地监理企业多达30多家，而几年前只有不到10家，上涨幅度非常可观。另一个事实是，很多高速公路建设项目，山西省境内监理企业中标不到一半，并且很多外地监理企业都是第一次进入山西市场。山西监理市场的繁荣，使得本地监理企业的发展方向也发生了微妙的改变。

目前我们占据着山西交通建设监理市场五分之一的份额，已然成为山西省监理企业的龙头老大。2009年11月，我被推荐为唯一一名监理企业负责人代表，在公路施工企业和管理部门座谈会上发言。会上，面对交通运输部、各地交通运输厅领导及同行，我列举了大量真实的事例并阐述了自己的观点。交通运输部副部长冯正霖对我的发言评价道："工程监理制实施这么多年，依然有不少人对它行还是不行持有疑虑。张跃峰同志的发言，给了我们很多启示。他让我们在感慨的同时，也意识到，只有更大程度地放权，让监理做更多的事情，他们的作用才能得到充分的发挥。"

张跃峰（前排右二）在宁夏中营高速项目检查（2007年）

质量与信誉之下的成功转身

按照山西省交通运输"十二五"发展规划，十二五末全省公路通车里程达到14.2万公里，"三纵十一横十一环"的高速公路网全面建成，总里程达到6300公里，基本实现县县通高速。山西交通基础设施建设掀起了第三轮高潮。不仅高速公路，同时还有大量的国省道改造监理市场等待我们去开发和竞争。这对我们来说，无疑再次迎来了发展的春天。

省内市场规模有了，机遇也有了，市场也规范了，所以我们的市场要逐渐向省内转移。同时，除了转变经营思路，继续拓展省内外"优质市场"外，还要加大培训力度、落实安全管理责任制和加强过程控制等工作，不断夯实工作基础。只有这样，才能实现高质量的工程监理，在行业和业主中树立信誉，建立口碑，最终赢得市场。

在市场经济条件下，政府不是万能的，市场调节才是主流。只有让业主感到其支付的服务费用有价值、更合理，才愿意执行新的取费标准，这就是市场经济规律。也只有工程上合理支付监理费，合理地配置监理资源，才能使企业踏踏实实地把质量和安全监督好，提高工程的安全性、耐久性。

在这个思想指导下，我们组建了太佳高速公路太原段等5个技术专家组，承担了和榆高速公路等3个业主中心试验室的第三方检测任务，拓展了养护监理、房建监理、咨询等领域，为企业实现多元化、跨越式发展打下了良好的基础。

成立至今，我们累计承担了国内25个省、直辖市和自治区以山西太原至旧关高速公路、北京六环高速公路和陕西秦岭终南山公路隧道为代表的492项高等级公路，1300多公里的施工监理任务；承担了以山西原平至太原高速公路为代表的25项

高等级公路，1800多公里的设计监理任务；承担了42项，350多公里的公路勘察设计任务；2008年走出国门承担了委内瑞拉瓜里科河灌溉系统农业综合发展项目的咨询任务；2010年承担了北京路政局首个实行监理代建管理模式的项目——北京昌平区昌金路改建工程。此外，还承担了12项科研课题，已经完成的有2项获山西省科技进步奖，3项鉴定为国际先进水平，8项鉴定为国内领先水平。

我本人也获得了国务院享受政府特殊津贴专家、交通运输部全国交通运输系统先进工作者、中国建设监理协会优秀总监、山西省新长征突击手、山西省新世纪学术技术带头人省级人选、山西省五一劳动奖章、山西省人民政府个人一等功、全国海员总工会全心全意依靠职工办企业优秀企业家等60多项荣誉。

企业能够发展到今天来之不易，我时刻提醒自己，一定要把质量和信誉放在最前面。这两年市场好，赶上了发展机遇，实际上竞争市场一方面靠政府部门的培育，另一方面主要靠企业员工的共同努力。提高监理取费标准也不单是多给钱，而是该给的给，该要求的要求，人员配备、人数、资质要求等都相应提高了，相应的对工作质量的要求也提高了。业主在招标文件中，对监理费使用情况的监督、监理人员资质及出勤和监理设施配备的管理力度加大了，对监理企业的履约情况也加大了奖罚力度，加大、加重了监理的责任和义务。因此，在提高监理费率的同时，监理企业也要清晰地认识到，既要进一步提高队伍素质，更要加强责任心的培养，切实改进和提高监理工作水平。在合同履行过程中，努力让业主满意，就得从项目的前期准备工作开始，着重注意理解业主的项目建设需求，抓好项目的特点、重点、要点和难点，尽可能以可靠的工作方案和工作方式帮助业主实现降低造价、提高质量、保证安全的目标，在实现业主意图的前提下，追求企业的合理效益。

现有的市场发展并不均衡，许多老问题也并没有得到根本解决。尽管新监理收费标准由国家发改委与建设部联合发布，各地交通管理部门也转发了相关文件，但对于许多业主来说，并非具有强制性的执行标准。激烈的市场竞争又使监理收费一降再降的状况继续蔓延。此外，相当一部分工程项目，由于没有按照或者参照新标准执行，监理业务收入与工程合同总额相比所形成的取费比例也没有质的提高。

还有一部分工程项目虽然按照新的收费标准进行招标，但在人员配置等方面没有按照规范规定执行，监理企业需要额外增加人员才能满足工程建设的实际要求，而且增加的人员等力量又不相应追加监理费，工程延期也不予考虑增加费用，造成监理企业在即使提高监理费之后仍出现亏损。这些问题都是我和我的团队目前必须面对的。

尽管如此，我们依然充满了信心。我们现在更加专心于对质量、安全进行严格的监督。我们有能力有责任推出一批高标准、高质量，让后人记得住的优质工程。

谋求未来的高端服务

2002年，我考取了清华大学高级管理人员工商管理硕士（EMBA）班。通过在清

张跃峰（右三）陪同交通运输部工程质量监督局李彦武局长视察山西太佳高速公路吕梁段（2010年）

华大学的学习，我意识到，作为监理企业负责人，如果不懂金融、经济、法律和财务等知识，是非常可怕的。企业如同车辆，行驶途中该加油还是该刹车一定要清楚。否则，后果将不堪设想。为监理企业今后的发展未雨绸缪是我作为监理人和企业管理者义不容辞的职责。

工程监理事业经过20多年的发展，在保证工程质量，保护国家和社会利益以及社会合法权益等方面日益显现出它的巨大作用，但也存在不少问题，对此我深有体会。在从事监理企业管理的过程中，看到行业存在市场萎缩、取费低廉，恶意竞争，人才流失等一系列的问题，这在一定程度上也反映了相应的监督管理还不够有力，也不够完善。作为监理企业，在当前环境下寻求发展，最关键的是认清自己的情况，总结适合自己发展的路子。别人的路可以借鉴，但是有自己的特色道路才是长远的。

我始终坚信，监理企业的未来是向高端发展，应该向为业主甚至是为施工企业服务的方向发展，为更好地帮助业主做好项目，为施工企业如何达到一次性合格而服务，将监督转变为服务和指导。走低端，拼价格是死路一条，因为随着施工单位自觉性的提高，旁站监理已经失去意义，所以监理应该回归到高端服务的路上来。

无论前路是平坦还是坎坷，都要昂首走过。因为我深知，在监理行业未来的发展道路上，挑战和机遇同在。生存还是死亡、成功还是失败，考验着每一个监理人的信心、智慧和勇气。而干出优质工程，是监理的责任，更是监理的使命！

编后语 AFTER WORD

凭借对事业的责任感，张跃峰走过中国交通建设监理发展的一路风尘，在跌宕起伏中从未放弃过对事业的追求。正是这种执著的精神让他和他的企业找到了属于自己的那片天空，也给监理行业渲染上了一抹明亮的色彩。

张自荣

1964年出生。1986年毕业于西南交通大学，2007年毕业于同济大学建筑与土木工程专业，获工程硕士学位。教授级高级工程师，国家注册监理工程师，交通运输部注册监理工程师，铁道部监理工程师，铁道部一级总监理工程师，建设部一级项目总承包项目经理。现任中铁武汉大桥工程咨询监理有限公司总经理。

2008年获铁道部2007年度优秀总监理工程师；2008年获得中国建设监理创新发展20年优秀总监理工程师称号。著有《宽阔水域特大桥基础施工监理技术》、《桥殇——环球桥难启示录》等专著。

人才战略是企业持续、健康、稳定发展的源泉，企业竞争在于人才的竞争。监理企业的竞争，归根究底，就是品牌总监的竞争。

张自荣：以技术和服务塑造品牌企业

作为一名大桥监理人，我很荣幸自己就职并成长于位于万里长江第一桥诞生之地武汉的中铁大桥勘测设计院集团有限公司。在这里，我与公司一同成长，也见证了监理行业在我国辉煌而不平凡的发展历程。

20年驰骋，我们一路凯歌

作为今日中国桥梁设计界的标杆企业，中铁大桥勘测设计院有限公司（简称"中铁大桥院"）是一家集勘测、设计、咨询、造价、监理以及诊治等业务的综合类桥梁专业设计院。在20世纪90年代之前，中铁大桥院的业务主要集中在桥梁设计上。90年代初期，正值我国公共基础设施建设的高速发展期，监理行业也随之起步。以此为契机，1993年，中铁大桥院抽出部分力量组建了中铁武汉大桥工程咨询监理有限公司（简称"中铁大桥监理公司"），老院长徐烈亲任公司第一任总经理。

当时监理行业在国内属于新兴产业，许多施工和设计单位纷纷开办监理公司，有些单位办监理公司的目的是为了解决企业富余人员的就业问题，而我们中铁大桥监理公司则不同，成立之初，便将自己定位于"国内一流、国际领先"的监理标杆企业。母公司中铁大桥院在人力资源上为中铁大桥监理公司提供了"豪华"配备：以院士为首，一批懂设计、有施工经验的中青年骨干被抽调来组成技术团队。这样一支队伍为中铁大桥监理公司的发展打下了坚实的人才基础，至此扬帆起航，一路凯歌。

总体来说，我们中铁大桥监理公司的发展可以分为三个阶段：

1993年到2000年是公司的创建阶段。这个时期的主要代表工程有：江阴长江公路大桥、珠海淇澳大桥、南京长江二桥、汕头宕石大桥、泉州刺桐大桥等。其中江阴长江公路大桥、南京长江二桥分别获得鲁班奖及中国土木工程詹天佑奖。南京长江二桥还获得国家优质工程金奖。

南京长江三桥合龙，张自荣（前排右一）与公司驻现场主要监理人员合影（2005年5月）

2001年到2008年是我们迅速发展的阶段。这个阶段，公司先后取得了建设部甲级监理资质，交通部公路工程甲级监理资质和交通部特殊独立大桥专项。

为了建立产权明晰、权责明确、政企分开、管理科学的现代企业制度，公司于2004年12月28日改制成为有限公司，注册资本增加到800万元人民币。

这个时期的主要代表工程有：润扬长江大桥、苏通长江大桥、南京长江三桥、东海大桥、舟山连岛的金塘跨海大桥、上海崇明越江通道（长江隧桥）工程、重庆朝天门长江大桥等。公司监理的南京长江三桥于2005年和2007年先后获得两项国家科学进步二等奖；南京长江三桥、润扬长江大桥、东海大桥、苏通长江公路大桥获得鲁班奖；润扬长江大桥、南京长江三桥、东海大桥、苏通长江大桥、重庆朝天门长江大桥、上海崇明越江通道（长江隧桥）工程还获得中国土木工程詹天佑奖；润扬长江大桥、南京长江三桥、东海大桥、上海崇明越江通道（长江隧桥）工程获得国家优质工程金奖；润扬长江大桥、东海大桥获得新中国成立60周年百项经典暨精品工程称号。南京长江三桥在国际桥梁会议上获得古斯塔夫斯·宁德恩斯奖。

2008年至今是公司全面发展阶段。这个阶段，公司的规模有很大扩张，于2009年合并湖北天正建设监理有限公司，合并后的公司注册资本达到1100万元，业务范围进一步拓展，并正式向铁路、市政、地铁以及海外市场进军。

这一阶段在桥梁方面的代表工程有：上海黄浦江闵浦大桥、泰州长江公路大桥、南京长江四桥、武汉二七长江大桥、港珠澳大桥、泉州湾跨海大桥等；铁路及地铁代表工程有：京沪高速铁路、石武客运专线、合福铁路客运专线、成渝铁路客运专线、武汉地铁、沈阳有轨电车等；市政工程代表工程有：苏州寒山大桥、苏州鹿山大桥、苏州阳澄湖大道东延工程、无锡高浪路立交、南通通启路高架桥、南通江海大道、苏州中环立交、无锡北中路立交以及加纳共和国SOFOLINE立交等。其中，上海闵浦大桥获2010年度上海市市政工程金奖；武汉市二七长江大桥获2012年度湖北省省优（楚天杯）；苏州寒山大桥、鹿山大桥、阳澄湖大道东延工程荣获江苏省2011年度江苏省"市政示范工程"；鹿山大桥荣获2011年度全国市政金杯示范工程。石武客运专线(河南段)2009年度荣获铁道部最高荣誉火车头奖。

自成立以来，公司承担过监理工程总造价达1000多亿人民币。能完成各类大型桥梁的施工监理任务，尤其在大型深水基础、钢结构、斜拉桥、悬索桥、拱桥等高难度复杂条件下的跨江、跨海桥梁方面具有丰富的监理经验。

公司以项目为依托、及时总结、潜心研究，出版过4部专著、17本企业规程、多次荣获铁道部、湖北省先进监理企业称号，获两项国家科技进步二等奖，6项鲁班奖、7项詹天佑奖、4项国家优质工程金奖。

如今的中铁大桥监理公司，已成为国内桥梁监理行业的佼佼者和闪亮品牌。

追忆20年来的辉煌历程，我深深感到：品牌监理，人才是关键，技术是依托，服务是本职，以真诚和信誉走市场、闯天下才是正道。

依靠人才团队，打造企业核心竞争力

"视野决定高度，胸怀决定宽度"。20年来，秉承着"要做就做标杆"的理念，中铁大桥监理公司从无到有，从弱到强，从初入行业，到引领行业潮流。我们没有把目光局限在桥梁监理上，而是依照时代的要求把土木行业作为舞台，让脚下的路走得更宽、走得更远，把业务拓展至设计咨询审查，铁路、隧道、房建、地铁监理等，并走向国外。要实现这样的宏伟目标，必须拥有一大批优秀人才。

曾参与武汉长江大桥设计施工的桥梁专家、中国工程院院士方秦汉回忆说，修建武汉长江大桥可以说是举全国之力，召集了当时最优秀的专家，调动了当时全国最先进的设备，才造就了那"一桥飞架南北 天堑变通途"的恢弘气势。

同样，作为中铁大桥院的全资子公司，我们在成立之初也汇聚了院里的各路英雄豪杰，组成了一支特别优秀的，由院士、大师、技术骨干组成的特别能吃苦、特别能战斗的监理队伍。

我们的陈新院士就打头阵驻进了公司，还有王启愚总工程师、徐烈院长等一批老专家，退休后也加入监理公司行列。20年来，依靠这些老专家的传、帮、带，我们每一步都走得很扎实，靠技术创出了优秀的业绩，拥有了大批专业技术人才，树立了桥梁监理品牌，取得了一系列骄人的成绩。

我们监理公司的领导班子成员也都是从基层走上来的，在工程一线负责着具体项目。大家可以说都是共患难的兄弟，相互之间的关系非常融洽。从他们身上我学到了不少东西，尤其是我们监理公司的董事长，也是我们中铁大桥院的副院长庄勇，可以说是我工作上的楷模。

庄院长是我在西南交大的学长，论年龄虽小我一岁，却比我早一年毕业，因此我时常打趣地称他为“师兄老弟”。他是院士们的优秀学生，秉承了院士优良的工作作风，为人低调平易近人，既懂技术又懂管理。作为集团公司领导，他身兼数职，兢兢业业，也要求我们要深入基层，率先垂范。在他的带领下，监理公司班子成员每个人都是品牌总监，各在某一领域赋有专长。他重视领导班子的培养，作风细腻、注重细节、勇于创新，要求班子成员必须在工地做表率、树榜样、立标杆。他善于调动每一位员工的积极性，特别是对品牌总监及青年技术骨干的培养尤为尽心，关心每一位员工的疾苦和成长，专门设立了技术发展基金，使年轻骨干有压力、有奔头、有目标。

因为出身基层，我们都非常了解现场监理人员的处境，知道做一个优秀的总监真的很不容易。一个优秀的总监不仅要业务过得硬、道德修养高，还要懂管理艺术，不但要以理服人还要以德服人，懂得天时地利人和的重要性和一荣俱荣，一损俱损的道理；胸襟要大，要依托项目为公司培养人才，学会用“好”人，用“好”人；要经常与业主和主管部门沟通交流，不回避遇到的问题，要主动迎上去，尽量解决，不能留死角和遗憾；一定要维护公司利益和工程利益，维护好客户资源；要听各方面意见，诚恳耐心细致地做事情；在日常工作中要起带头模范作用，工作上不搞特殊，名誉上要谦让；要讲究做事的细节、做人的气节。在这些方面，老领导、老院士们已经给我们树立了非常好的榜样，我们公司也已经形成了这样的风气。

正因为如此，20多年来，中铁大桥监理公司不断成长，始终站在大型桥梁建设监理的前沿。目前，一批可以接过老专家手里接力棒的优秀人才已经培养出来。其中最突出的有我们公司的现任总工程师胡昌炳，他曾担任东海大桥常务副总监，上海长江大桥总监，现任港珠澳大桥的总监。我们的书记薛进、著名监理曾小怀、杨凤举等都在业内赫赫有名。我自己也先后担任了舟山连岛工程金塘大桥总监、宁波大榭环岛路高架桥总监、武汉二七长江大桥正桥工程总监，武汉江汉六桥总监。

我们所监理的在当时称为中国第一跨径悬索桥——江阴长江大桥、被称为“长江第一锚”的润扬长江公路大桥、国内第一座真正意义上的跨海大桥——东海大桥、世界第一跨度的斜拉桥——苏通长江公路大桥、全国首座钢桁梁双层公路斜拉桥——上海闵浦大桥、世界第一座三塔两跨悬索桥——泰州长江公路大桥、世界最高速度京沪高铁桥梁——南京大胜关长江大桥、举世瞩目的港珠澳大桥岛隧工程等等，都在新中国桥梁建设史上留下了光辉的篇章。

院士当家，榜样力量是无穷的

“干一行，爱一行，三百六十行，行行出状元。”这是现任监理公司总工的胡昌炳先生时常挂在嘴边的一句话，他也常常将这句话送给新来的监理，作为励志之言。而这句话正是他第一次进入监理行业岗前谈话时陈新院士送给他的。在监理公司工作了近20年，德高望重的陈院士留下了无数佳话。自陈院士加入监理公司起，他便是中铁大桥监理公司的品牌象征，以自己的一言一行规范着每一个人，影响着每一个人。

1953年，陈院士就参加了武汉长江大桥基础设计工作，获得了很多荣誉，当时还成立了以他名字命名的"陈新青年设计组"，是我国桥梁设计施工方面的元老级人物。他长期从事桥梁深水基础设计和施工研究，在九江长江大桥首创的"双壁钢围堰钻孔基础"水上施工基础技术，在我国桥梁建设中得到广泛应用，为我国桥梁技术进步与发展做出了巨大贡献。1997年以后，他开始做监理。经历坎坷的他性格耿直，无论面对任何人，都坚持科学第一的原则。无论身处什么样的环境，总是想方设法把工作搞好。大家对他的专业水平、为人和敬业精神都非常敬佩。正是出于对陈院士的信任，当时江苏省的长江大桥，从南京二桥开始，几乎所有的项目都交给我们公司来做。从长江上游往下数，南京大胜关长江大桥、南京长江二桥、三桥、四桥、润扬长江大桥、江阴长江大桥、泰州长江大桥、苏通长江大桥、崇启大桥、南京大胜关长江大桥等，陈院士都参与其中，要么是项目的专家，要么做总监或副总监。作为工程院院士及人大代表，陈院士除了参加人大和专家组的会议外，基本上都在工地上，和监理人员一起同吃同住，一起工作。

我和陈院士一起出任南京长江三桥和润扬长江大桥的监理，他是总监，我是执行总监，在和他朝夕相处的日子里，他的敬业精神给我留下了深刻的印象。在监理南京三桥的时候，为了保证在水深40多米的长江中顺利施工，他和施工单位反复切磋琢磨，亲自画图纸，研究施工方案，使南京三桥不但比预计工期提前了20个月，还获得了很多重大的奖项。

他对自己要求非常严格。在监理江阴长江大桥时，由于施工单位的偏差沉井出了一点问题，为此那一年他有3个月时间都很少讲话。按理说做了那么多工程，从概率来讲总会有出差错的时候，但是他却不能轻易原谅自己，并主动写检查，检讨此次过失。

在工作上，我一直视陈院士为典范，不仅是因为他的才学，更是他兢兢业业的态度。老院士即使是在去世前一个月，仍撑着病体坚持去现场检查指导，其实他知道这是他最后一次前往他挂念的工地，告别曾经同甘共苦的同事，了却心中的不舍和遗憾。

2000年时，他在设计院成立50周年的一次技术讲座中，热泪盈眶地把自己的成就都归功于设计院，说没有老一辈的专心培养和大桥院的同事就没有他的今天，自己所有的荣誉都归功于大家。这样的大家风范，怎能不令人敬佩？

在桥梁界有"钢霸"之称的方秦汉院士，早年毕业于清华大学，是我国铁路桥梁设计规范的编制者和修改者，钢构方面的权威。1997年当选为中国工程院院士。1998年获詹天佑大奖，2002年荣获国家科学技术一等奖，2003年荣获何梁何利科学与技术进步奖。2002年他以70高龄出任东海大桥的总监，重要的施工节点他都要亲自去现场。东海大桥是国内首例跨海大桥工程，技术难度超乎想象，方院士为大桥的成功建设立下了汗马功劳。东海大桥获得新中国成立60周年百项经典暨精品工程称号，并荣膺国家科技进步二等奖。

张自荣（右三）在舟山连岛工程劳动竞赛颁奖大会上领奖（2008年）

这些老专家平时看上去就是普通邻家老人的样子，不介绍根本看不出来是大名鼎鼎的业内权威，但他们对我和公司的影响是巨大的。他们作风严谨，精益求精，不管面对谁，在技术问题上绝不让步。别人可能以为院士做总监大概也就是挂个名罢了，但他们却是实实在在地在做。在工地上，关键的东西他们都要亲自把关，做事情非常讲究细节，连签字的时候笔迹都非常清晰。他们办事首先想到的是为工程负责，第二是节约成本，确保安全质量，往往一个点子就可以为业主和施工单位节约上千万的资金。业主和施工单位都非常佩服他们，尊重他们。

在工作中，他们并不以权威自居，不清楚就问，尊重事实，讲科学，处处替业主着想。他们为人处事的方式对我们这些后生晚辈有非常好的潜移默化作用，使我们在与业主和施工单位打交道的时候，更懂得换位思考，替别人着想。

在生活上，他们从不搞特殊化，特别低调，和大家相处融洽。在南京长江四桥的时候，中铁大桥院的总工程师高宗余去看望陈院士，走的时候老人家从四楼一直把他送上车。那么大年龄、那么高的辈分，却一点也不摆院士的架子。陈院士年龄太了牙不好，有时从很远的工地回来，飞机上的饭没法吃，他也就是让食堂给下碗面而已，没有什么特殊要求。

王启愚总工多年担任中铁大桥院总工程师，在东海大桥担任执行总监。我记得他每天晚上要开两个小时的技术负责人碰头会，总结一天的工作，发现问题、解决问题，布置第二天的工作要点，注意事项。

在这些院士大师们的影响之下，中铁大桥监理公司沉淀出了自己以人为本，勇于创新的企业文化，为公司未来的发展打下了坚实的基础。

我还记得润扬长江大桥通车的时候，时任国务院副总理吴邦国前来剪彩。那天他讲完话与陈新院士和指挥长握手寒暄后对我说："你们这些小伙子生活在一个好时代，像我在上海时有很多搞桥梁的朋友，有的一辈子也搞不了两座桥就退休了，你们这么年轻就能参与这么大的工程，实在是赶上了好时代，很幸福啊！"

对于我们这一代桥梁建设者来说，我们确实赶上了一个好时代，能跟这么多院士、大师、专家一起工作，做了那么多大工程，机会很好，真的感觉很幸福。而我自己，也正是在这个过程中从一个普通的工程设计人员，成长为一个专业的监理人和企业管理者。

培养品牌总监，做最好的监理企业

企业生存靠机遇，企业发展靠制度，企业繁荣靠文化。如何把握整个公司的发展方向，如何才能让公司业绩蒸蒸日上？作为总经理，我深感责任重大。正如我一直强调的：核心竞争力是企业持续、健康、稳定发展的源泉，其关键在于核心人才。归根究底，监理企业的竞争，就是"品牌总监"的竞争。

很多人觉得院士当总监是大材小用，但陈新院士对此有独到见解，他常说，只有一流的监理才能保证一流的工程质量。作为中铁大桥院的副院长与监理公司的董事长，庄院长也常常敦促我们"我们要做的不仅仅是做好自己，我们要做的是这个行业的标准，既然我们的目标是要做领头羊，我们就有义务、有责任把中国的监理事业规范化、标准化，带领中国的监理走向世界！要做，我们就做到最好！"从1993年监理公司初具雏形到现在的蓬勃发展，究竟花费了多少人的心血，我心里非常清楚。

我知道，要当一名合格监理，研究生毕业又算得了什么，没有经过千锤百炼，不可能做到出色。而我们的理想，是要把每一位监理人员都培养成为精通设计、施工、项目管理的合格监理。

对于新招聘的青年员工，公司组织院士、大师、品牌总监，以签订合同的形式，帮助指导青年员工特别是企业新进员工树立职业理想、塑造职业道德、提高职业技能，目的是培育青年岗位能手，为企业的跨越式发展奠定坚实的基础。每位签到监理公司的新员工均要在设计所里掌握了扎实的技能之后，才有资格抵达现场。

多年来，我们公司特别重视对总监的培养，提出了"品牌总监"的概念，走上了"利用大型项目培养优秀的品牌总监，再利用品牌总监去招揽更多项目"的良性发展道路。目前已经培养出具有大型项目监理经验的总监30多名，这在全国的监理企业中也是首屈一指的。

我们每年有100万元技术发展基金，专门投在论文出版、资格证考试等方面，鼓励员工在技术、管理等方面进行学习和总结。我们已先后出版《公路跨海大桥监理实务》、《宽阔水域特大桥基础施工监理技术》、《斜拉桥施工监理技术》、《斜拉桥通鉴》、《桥梁工程施工安全监理规程》、《桥殇——环球桥难启示录》等具有较高学术和人文价值的图书。我们希望通过这些，为监理行业未来的发展做一些有益的工作，把好经验、好作风一代代传下去，希望后来者能在这个基础上站得更高一点，看得更远一点。

我坚信，我们提供的舞台将是一个英雄辈出的舞台。在我们的共同努力下，后起之秀们必定会让中铁大桥监理品牌更加响亮，成为引领中国监理事业的航标。

强化标准与规范化，管理就是生产力

监理行业的规范化在中国还有很大的发展空间，当下的问题很多，有的是我们自己可以解决的，有的是自己解决不了的。但我相信只要我们每个人都能率先规范自己的行为，提高工作中的主人翁意识，必定能将我国的监理事业提高到一个新的台阶，与国际接轨。

20多年的监理经验以及管理工作的历练，使我更加明白管理就是生产力的道理。通过传承、学习和实践，公司也总结出了一套以人为本的工作理念，在企业的发展中起到了很好的作用。

首先我要强调的是"监、帮、促"的理念。因为监理规范中的监理原则是16个字："严格监理、热情服务、秉公办事、一丝不苟"。监理、监督是监理的本职工作，但要对施工单位有所帮助，你的本事就得比他高，否则他不会服你。同时为了效益最大化任何一个施工单位都有可能在质量上打擦边球，以此降低成本。而我们就要通过严格监理促进他们积极工作，保证施工质量。监、帮、促的反面就是吃、拿、卡，这是我们要坚决杜绝的。

第二是"先方案后施工"的理念。这也是由建设工程的性质决定的，建设工程具有资金、人员投入大的特点，正是因为如此，我们必须保证每一个施工工序，都是在综合考虑所有因素之后，在最佳施工方案的指导下进行的，以免造成国家资源和财产的浪费。所以监理工作必须严格依照图纸、投标文件、规范、技术标准、施工方案、施工合同、监理合同等等展开。

第三是"上道工序未检查验收不能转序"的理念。任何工程都有上、下工序，特别是关键工程和隐蔽工程，更应该坚持先检查验收后转序的原则，未检查验收决不能隐蔽和转序。

第四是"安全质量无小事"的工作理念。按照FIDIC条款，监理工作原本包括"质量、投资、进度"三个方面的控制，由于中国的工程实际状况，安全与质量控制尤为突出，这一工作理念并不能减少对投资、进度、环保等内容的控制力度。

第五是"事前预控优先"的理念。俗话说下棋要看三步，事前预控就是要从文本、方案上进行控制。我们要对施工单位的方案进行详细的审核，提出建设性的意见，这也是显示监理水平的所在。

第六是"先做人后做事"的理念。任何一个人都是社会的个体，都是组成社会大家庭的一个单位，因此存在着各种各样的利益关系，监理工程师要会平衡这种关系。因为监理工程师实际上是一个管理岗位，所以首先要自己坐得正，才能让别人

张自荣（右二）检查武汉二七长江大桥施工情况（2011年9月）

佩服你，听你话。所以一定要先做人后做事。

第七是要做"三好职工"的工作理念。首先要身体好，因为没有健康的身体不可能做好工作。第二要把家里照顾好。因为这些事情做不好，后院起火，工作也做不好。第三才是把工作做好。我希望可以用这样的理念激发大家的工作主动性，大家把自己的项目做好了，业主满意了，以后有项目就会想着我们，对我们开发市场也有帮助。

第八是"做监理工作必须学会交朋友"的理念。我们公司成立以来，涉及的工程领域涵盖市政、施工、设计审核、咨询、海外项目、建设部、铁道部和交通部等建设项目各个领域。学会做一方工程交一方朋友，对于市场开发是非常重要的。

第九是强调"安全是命、质量是心、文明是面"。

随着公司业务的不断拓展、规模的持续壮大，建立一套标准化管理体系显得十分必要。自2005年后，公司便逐步调整、完善组织结构以适应不同时期的发展情况。

标准化管理可提高企业管理透明度，让那些容易产生腐败的地方公开化，形成"防火墙"，一方面减少了公司的损失，另一方面也保护了企业管理队伍的纯洁性。"标准化"制度对与企业整体利益相背离的个体行为的约束，就是对团队共同利益的最好维护，有助于避免权力滥用，避免管理中的灰色行为。我们公司领导班子成员分工明确，各负其责，并组织定期例会，共同商讨阶段性存在的问题。为强化标准化管理，公司制定了《标准化管理作业指导书》，事实证明，一套严格的制度规范不仅明确了组织分工，更鼓舞了团队精神，我们从中受益匪浅。

张自荣（右三）陪同集团公司总经理张敏（右二）检查江汉六桥工地（2013年2月）

雄关漫道真如铁，而今迈步重头越

我国建设工程监理是在改革开放之后应运而生的。20余年来，通过引进工程监理制度，我们已经成功地将西方成熟的工程管理经验运用到我国工程建设行业的管理中，并得到了社会的认可。但同时，由于国情以及文化的差异，监理制在中国化过程中所产生的一些弊端也越来越明显。

我常常问自己，什么是工程监理，其行使的职能究竟是什么？我想这是作为一名合格监理必须要明确的问题。国内对监理定位较低，相关法律法规不配套，对监理制度的设计欠缺长远规划和目标。西方咨询工程师的职责和权利在中国被肢解，人为削弱了监理工程师对三大目标的控制权，增加了监理工程师的工作难度。其次，监理的意义被曲解，由工程总体管理者降为工程质量监管者，还增加了很多其他方面的责任。这些因素使得中国监理丧失了应有的权利，而责任边际无限扩大。

多年的从业经验告诉我们，监理行业要想在未来获得真正的发展，必须解决几个方面的问题：

从管理部门的角度来说，首先要明确监理的定位。监理实际上是建设单位项目管理的延伸，也就是说，监理的职责是为业主服务，帮助业主管理好工程项目。其次，要正确理解监理的安全责任。要对监理的安全管理工作内容进行细化，明确界定监理应承担的责任，避免将监理的安全责任扩大化。同时，尽快提高工程监理的收费标准，以吸引高素质人才进入监理行业，促进监理行业的发展。

从监理企业的角度来说，则要进一步树立市场竞争的观念和正确的经营理念与服务意识，拓展经营范围，从单一的施工监理向建设工程全过程的项目管理延伸，从单一的质量控制向投资、进度控制方面发展，为业主提供全过程、全方位的咨询服务。同时，一定要大力培养人才，积极开拓市场，争取早日走上世界舞台。

我相信，在监理行业主管部门和广大从业者的努力下，人人本着一颗“今日我以公司为荣，明日公司以我为荣”的心，中国交通建设监理一定会走向更加美好的未来。

我想，以公司董事长庄勇先生的一副横批为“责无旁贷”的对联来概括公司的理念是最贴切不过了“百年大计质量第一诚信服务监帮促，千秋伟业安全至上公正管控理防纠”，以此铭记，让我们续写监理行业“精品无瑕 百年流芳”的宏伟诗篇！

编后语 AFTER WORD

初见张自荣，最大的感受是他那种淳朴、敦厚之下的睿智和儒雅。谈起自己敬佩的那些老院士、老专家，他更是神采奕奕，敬佩之情溢于言表。这种感觉让我们领悟到——当一个企业的领导人对自己和员工的要求是做好“人”，做好“事”的时候，这种激励人心的正能量一定会让这个企业的生命力强大起来。一个行业也应该如此吧。

崔湘基

1953年出生，1980年毕业于重庆建筑工程学院水港系港口与航道工程专业，高级工程师，交通运输部监理工程师，注册土木工程师（港口与航道工程）。历任中国港湾建设公司科威特阿迪亚居民中心工程项目经理部工程师，长江航务管理局工程管理处航道科科长，长江航运建设工程监理总公司总工程师、副总经理、总经理，上海华申工程建设监理咨询有限公司副总经理，广州华申建设工程管理有限公司副总经理，天津天科工程监理咨询事务所总工程师等职。

自1999至今，一直从事长江口深水航道疏浚和维护疏浚监理工作。历任长江口深水航道疏浚工程试验段总监理工程师，长江口深水航道一期疏浚工程、长江8.5米水深航道维护疏浚工程总监顾问，长江口深水航道治理二期、三期疏浚工程及航道维护疏浚工程中9个工程的项目总监理工程师。

2004年～2012年三次获上海市重大工程立功竞赛优秀组织者、两次获记功个人，一次获“建设功臣”称号。2004年度获中国交通建设监理协会优秀监理工程师称号，2005～2008年度获上海水运工程先进监理个人，2011年获交通运输部长江口深水航道治理工程建设功臣光荣称号。

“做一个监理并不难，难的是做一个好监理。”

崔湘基：筑梦长江口

这辈子，我从事过设计，搞过施工，做过国外工程的承包，也搞过工程管理。我对设计管理、施工管理、现场管理都比较了解，这些都是做好监理工作的基础。我觉得，做一个监理并不难，难的是做一个好监理。为了这个目标，我一直努力到现在，今后还要继续努力下去。因为在监理这个职业中，我找到了自己的人生价值，我真的非常热爱它。

我的工地在长江

我真正接触监理是在1986年，那时我在科威特中国港湾建设公司中东分公司科威特阿迪亚居民中心工程项目经理部做现场工程师，这是我第一次作为施工方接受外国监理的管理。正是这段在国外的经历使我从承包商的角度对监理有了一些直接的认识。在与外国监理接触的过程中，我发现他们的知识面非常广，适应性非常强。他们对工程的了解可能一开始不如我们深，但一段时间过后很快就能上手，工作非常认真负责。而且他们还能站在比较高的角度，对工程管理规则进行细化。这些外国监理给我留下了很深的印象。

1995年，我担任长江航运建设工程监理总公司的副总经理，正式进入了监理行业。之后这些年，我参与的重大航道建设工程项目，几乎都在长江流域。我在长江航务管理局当过航道工程科的科长，在长江上游兰叙段航道的整治工作中，我代表建设主管单位对工程进行管理，然后是长江中游的界牌河道工程、下游的长江口工程。可以说我这一辈子都是在长江上度过的。

长江界牌航道治理工程是20世纪90年代建设的，当时我是分管这个项目的监理公司领导，这个工程的特点是建设周期比较长，而且那时的监理工作也还很不规范。长江航运建设工程监理总公司投入该项目的监理人员基本上都是从长江航道

局借调过来的，也就是说施工管理的人员和监理单位的人员实质上是来自同一个单位，区别在于他们的工作分工不同而已。由于不是真正意义上的社会监理，而是建设单位的自控，对于监理的要求是只要做到按时完工，资料齐全就可以了，因此开展工作比较容易。中间虽然也会有一些分歧，但是最后肯定都可以统一起来。这种状况其实也体现了监理在我国初级阶段的特点。

第二个项目是九江外贸码头两个5000吨级江海货轮泊位的建设。在内河航道中，5000吨级泊位算是比较大的了。当时我是长江航运建设工程监理总公司副总经理，兼任这个项目的总监。这个工程的甲方依然具有第一阶段的特点，在建设过程当中，人们在思想上还没有脱离原来的体制，建设和管理分不开的问题依然存在，但是那时我们的监理工作已经逐渐规范化了。作为总监，我那个时候的到位率其实不是很高，但我会定期下去检查，定期按照施工监理的要求对一些重大问题提出自己的看法。但是，这个阶段的监理依然具有半官方的性质，离社会化监理的要求还有不小的距离，但比起第一阶段已经有很大的进步了。

长江口深水航道整治工程，是我脱离了过去半官方的身份，纯粹以一个国有监理企业身份走上社会之后的重要项目。我记得非常清楚，自己是1999年3月28日到的长江口，1999年4月7日长江口疏浚试验段挖了第一耙，从那时起，我的监理人生就与长江口紧紧联系在一起了。

走进长江口

世界上有三个重大河口治理工程，其中包括美国的密西西比河口，德国的莱茵河河口、中国的长江口。长江口深水航道治理工程是我国投资最多、工程量最大、工程最复杂、持续时间最长的航道工程，是世界重大河口整治工程的典范，曾荣获国家科技进步一等奖。

作为巨型河口，长江口具有丰水多砂的特点，一年的来水来砂量是非常大的。上游来水自西向东，不断带来大量泥沙。而每天两次海潮涨落，又将泥沙不断上推下移，在长江口淤积形成了一道“拦门沙”，极大地制约了长江通向大海的通道。在深水航道治理前，长江口航道枯水季低潮时的通航水深只有6.5米~7米，大型运输船舶根本无法进出，使得长江的水上运输资源不能得到很好的利用和开发。要想充分发挥长江黄金水道的作用，不打开这个咽喉是不可能的。因此，100多年前孙中山先生在《治国方略》里就提出建设东方大港，打开长江口。建国以后，我国对长江口研究了近50年，终于决定在长江口的南港北槽开挖一条深水航道。由于长江口泥沙回淤量太大，而且这个工程全部为水上作业，风大浪高流急，施工条件非常恶劣，交通部为这个工程配备了超强的建设管理班子，对工程的管理也提出了很高的要求。我就是在这个时候，走进了长江口，和当时的长江口航道建设有限公司的同志们一起工作的。

作为监理，我非常尊重长江口航道建设有限公司这个建设单位，因为这里汇集了建设、设计、科研、施工、管理等一大批航道建设的精英人才，他们对监理的管理也非常到位。业主在工作上的严格要求和他们的专业素质，以及对监理工作的深入细致的了解给我留下了深刻的印象，是我一辈子也忘不了的。

记得长江口深水航道治理进入三期工程以后，碰到了航道回淤量超预期的问题，我们从2006年9月份开始挖泥到2008年11月份，一共挖了一亿两千万方泥，可航道硬是一公分都没加深。那时交通部急，甲方急，监理单位急，施工单位也急。一天，张华麟局长召集我和施工单位的陶总一起到局里开会。他针对每一个工作环节向我提问：哪一项工作什么时候开始？哪一天完成的？另一项工作什么时候衔接？存在哪些问题？监理是怎么应对的？问得很详细。由于我们的监理部设在现场，距长江口局几十公里，他每问一个问题，我就马上打电话，让我的同事们在电子资料库中把相关部分的监理资料找出来，通过网络发到管理局打印出来给局长看。当时施工单位的陶总紧张得头上都冒汗了，我也非常紧张，但是对自己的工作做得怎样，我心里还是有数的。检查完以后，张局长说：看起来，我提的问题你都考虑了，也都做了。但是，你的分析意见呢？你的监理结论和解决问题的方法呢？作为长江口的一局之长，他却能把我的监理工作情况掌握得这么详细，了解得这么具体，真令我没想到。直接管理我们的工程处处长就更不用说了，要求得更多更细。每次开会时，我们都必须提供详细准确的近期资料数据，并备好前期的对比资料备查，科研设计单位也要拿出自己的研究分析意见，以便业主根据实际情况，对工程实施动态调整和管理。

现任的冯俊局长也是这样，不管什么时候，哪怕是半夜12点，只要有问题他都会立刻给我们打电话。2012年8月，长江口在一个月的时间内遭到了三次超强台风的袭击。第一次是8月8日的“海葵”。那时我在横沙岛测出的风力是11级，是我在长江口工作十几年以来最大的一次台风。然后是8月26日的“天秤”和8月28日的“布拉万”。这期间上海市多次发出红色预警。半夜里冯俊局长打电话过来问：台风前后的水深测量组织了没有？测完的水深图计算回淤量有多大？报告完数据，我还要详细回答他哪一段航槽缺高频信号，哪一段航槽缺低频信号，原因是什么。他们的要求既严格，又专业。

长江口深水航道的两侧是传统的渔场，每年的11月份到次年的5月份，是长江口捕长江蟹、鳗鱼苗、长江刀鱼和凤尾鱼的季节。鱼汛期内为了施工安全，我们监理还要随时了解渔网的分布情况，及时向长江口局有关处室汇报，通过他们与当地渔政协调，制止渔民在影响施工安全的范围内布网抓鱼，这项工作前期是由疏浚处的徐建平处长负责，后期是由航政处的陈卫中处长主抓。我们需要经常和他们一起去航道的两侧及抛泥区和贮泥坑的周边检查渔网分布情况。长江口工区有四个储泥坑，如果贮泥坑及周边被布了渔网，耙吸船就无法进坑抛泥，就不得不远道去其他的抛泥区倾倒泥沙。这样就会大大降低深水航道的维护疏浚强度，影响到深水航道的正常通航。但是，一张渔网在好的年头就意味着10万元的收入，因此渔民的抵触情绪很大。有的监理为了清渔网，曾被渔民追打。而渔政部门一年次数有限的现场检查只能起到短期威慑作用，整个现场的监控还是要靠自己，我们每天都要对渔网的分布和妨碍安全生产情况进行汇总，及时报给长江口局，以采取相应措施保证施工安全和深水航道的正常通航。

作为监理人员，我们从来不敢放松自己。我的同事周光辉今年57岁了，从1999年起一直在长江口工地兢兢业业工作到现在，通过努力考取了交通部的执业航道监理工程师资格，并从一个普通的旁站成长为一名优秀的副总监。由于他是学机械出身的，主专业不是航道工程，所以每次投标我只能给他报副总监职位。但是他的现场管理能力是非常强的，完全具备了总监的能力。他主要负责监理部的耙吸船和绞吸船船方计量管理。船方计量源自于挖泥船，除耙吸船的计量外，还涉及疏浚土抛入贮泥坑，再用绞吸船吹填到围区内的土方计量，因此船方计量的准确是非常重要的。为准确计量船报方，他经常组织船方率定，绞吸船每次率定必须要花2小时到船尾采集70个泥浆样本，经常是一身泥浆一身水，他从无怨言。耙吸船率定经常是顶着烈日乘小船绕着耙吸船分别检查重、中、轻载吃水，冒着风雨测定泥舱液面高度计算比对船方数据。长江口工地每天的施工数据上千个，都需要我们的监理逐个检查和统计汇总，三校二审分析计算，一个数据都不能出错，这套资料的体系管理是由阎玫副总监负责的，她经常为了一个有疑问的施工数据，向远在几十公里外的驻船监理电话核实，确认数据的真实可靠。为了及时掌握冲淤变化频繁的航道水深，我们每月必须对长达92.268公里的航槽进行4次施工检测或考核测量，我们的测量监理工程师必须对测量全过程进行旁站监理，无论是风雨交加，还是严寒酷暑，他们经常需要在颠簸的测量船呆上整整一个星期。但他们始终本着一个监理人员的职业道德，克服晕船和呕吐坚守岗位，严格检查测量作业的每一个细节和过程，以保证测图的真实和准确。

就这样，我们在交通运输部和长江口航道管理局的正确领导下，与科研、设计、施工单位一道，经过长达12年的艰苦努力，终于在2010年3月实现了12.5米深水航道的全线贯通，实现了中国航道人的百年梦想。

长江口12.5米深水航道贯通以后，还需要不断的维护，近几年来深水航道的回淤量超出了数模物模的计算和设计预期，需要常年维护的航槽长达几十公里，每年的维护疏浚船方量达几千万方。怎样把这条深水航道的回淤机理搞清楚，是贯穿长江口工程建设全过程，即使在建设完成以后仍然不能中断的重要课题。只有通过我们的不懈努力，真正搞清楚它的回淤规律，进一步采取工程措施，大幅降低维护疏浚量，最终达到降低维持费用的效果，才能让长江这条黄金水道在我国的经济建设中发挥更大的作用。

现在，我们的监理目标，就是要把长江口深水航道回淤资料的搜集整理和初步分析结合起来，充分利用监理扎根于现场，熟悉和了解深水航道回淤时空分布变化的第一手资料，努力扩大监理工作的外延，提高监理工作的价值。

其实在我们与长江口航道管理局的监理合同中，并没有收集回淤资料，进行初步分析，建立冲淤变化基础资料数据库这个要求，但我认为，既然我们承担着深水航道的测量监理和整个维护疏浚船方的管理与统计，为什么不能把我们所掌握的技术资料与这条航道的边界条件有机地结合起来并初步分析，交给科研和设计单位，

崔湘基（左）陪同业主巡视吹泥现场（2004年）

让他们进一步研究，与已有的数模物模计算结果进行比对，进一步采取工程措施，减少深水航道的回淤量呢？所以我准备把自己的下半辈子就扑在这项工作上了。

努力做个好监理

多年来，我也在不断琢磨如何做个好监理，在实践中有了一些自己的看法。我认为，一个好监理必须具备以下这些条件：

首先，要满足监理职业的基本要求，具备工程管理和监理的职业素养和职业道德。这是最基本的东西。总监的职业道德是非常重要的。现在，有的监理腰杆不硬，不敢大胆管理。比如在上海莲花河畔楼房倒塌事件中，施工单位在倒塌的楼房一侧开挖了基坑，挖出来的数千吨土就堆积在楼房另一侧，这是导致事故的直接原因之一。然而施工单位没有按照规定程序操作这件事，监理知道并且也提出过不同意见，但由于种种原因，施工单位没有及时改正，监理单位也没有坚持自己的意见，最后造成了重大事故，监理最终受到了处罚。我认为，作为一个合格的监理，发现这种问题后，如果有关方面不听劝阻，就必须立即向建设质量主管单位报告。虽然这有可能会影响到与施工和建设单位的关系，但身为监理，必须遵守自己的职业道德和职业准则，及时履行报告的义务，采取应该采取的一切手段制止违规施工。这样做，至少也可以减轻自己在事故中的责任。

作为一个监理工程师，我们应该严谨认真地执行根据项目特点所建立的各种规章制度、施工工艺、施工方法。要敢于直言，敢于反映真实存在的问题，然后组织大家一起来研究和解决这些问题。千万不要以为甲方会喜欢那些没有自己思想，只会听话的监理。我这个人比较敢说话，我认为对的东西就一定会坚持。开会的时候，我有什么想法都会说出来。在实践中，我提过很多建议，有不少都被采纳了。我觉得这就是我监理生涯中人生价值的最好体现。在长江口，业主就特别愿意听你讲真话。十几年来，我通过与他们两届领导班子和多位处长的长期接触，感受到他们的

共同特点,都是希望监理能够真实地反映工程中存在的实际问题,能提出监理自己的看法和解决问题的建议。

其次,监理要有坚定地做好服务,不断提高监理水平的理念。这其中最重要的是,一定要认真研究工程特点与业主需求,想项目所需,急业主所急,以搞好服务为核心,主动提供项目所需要的优质监理服务。

针对长江口深水航道工程的特点,我们必须通过对项目的深入研究,找出解决本工程在质量、进度、投资控制以及合同、安全管理方面问题的办法。例如在深水航道从最低理论潮面以下8.5米水深增深到10.0米以后,受洪淤和台风影响航槽多个区段水深大幅淤浅,短期内W3转向角上下游的浮泥厚达1~2米,对运输船舶的通航安全造成严重影响。我们根据通航需要,及时组织加密水深测量,动态掌握槽内水深变化,与建设、施工、科研、设计单位一道,认真分析骤淤浮泥对通航安全的短期和发展趋势,针对浮泥固结特点适时改变施工工艺与调整施工部署,运用加长溢流时间和疏浚驱赶浮泥等方法尽快恢复水深,保证了10米水深航道的正常通航。

在三期疏浚工程的中后期,交通运输部和长江口航道管理局果断决策,在加长丁坝和修建挡砂堤的基础上,采取船方计量支付方式,打消了施工单位对巨量回淤的顾虑,迅速加大了施工力量投入,耙吸船从9艘增到24艘,绞吸船从4艘增加到6艘,并不断调进更大更新的船舶。我们的监理工作也根据工程需要,针对船方计量支付特点作出相应调整,监理人员由原来60多人迅速增加到180多人,坚持对船方计量过程进行拍照取证,逐船采集数据手工计算与耙吸船的装载仪显示土方量进行比对,发现差异及时要求施工方整改并重新组织率定,以确保船方计量准确无误。我们还通过驻船监理的旁站与巡视相结合,对施工全过程实施监控。这些做法,充分展示了监理根据工程特点和需要,努力做好服务的决心和能力,收到了良好的效果,也得到了建设单位和交通主管部门的认可,2011年5月,我们获得了交通运输部的表彰,一人获建设功臣,二人获先进个人,监理部也获得了优秀集体的光荣称号。

要做好监理,还有非常重要的一条,就是要克服监理服务的同质化。我们要研

崔湘基(中)荣获“交通运输部建设功臣”光荣称号(2009年)

究工程，根据工程特点来进行监理工作布局，根据工程需要来做监理的每一项工作。如果我们不能很好地研究项目，研究市场，很好地根据业主的需要提供相应的服务，你能做的别人也都能做，没有自己的创新，就会导致在监理服务质量方面的同质化。而同质化的结果就只能是以监理报价为竞争筹码，最后把监理市场做滥。因此，在长江口深水航道的建设和维护监理中，我们的工作目标就是做出自己的特色，打造自己的拳头产品。

崔湘基（右）和同事测试台风风速（2012年）

在长江口深水航道建设期间，我们监理提出的部分建议已被建设单位和科研设计单位纳入研究课题。如长江口航道管理局就根据我们的建议，组织科研单位对1#～4#贮泥坑和2#抛泥区的抛泥时间段弃土归槽进行研究，并根据研究结果，对相应的贮泥坑和抛泥区抛泥时间段进行了优化，对3#吹泥站的抛泥流失情况进行了观测试验，相应调整了3#贮泥坑的平面位置，使抛泥入坑率明显提高。以上二项工作对减少抛入贮泥坑和抛泥区的疏浚弃土归槽，起到了明显的作用。

我们在长江口深水航道的工作，彻底改变了以往疏浚监理就是浚前一张图，浚后一张图，疏浚监理只要把握好最终质量这一传统做法。我们充分认识到长江口是一个丰水多砂巨型河口，长江口治理的成败，在于对回淤机理的认识和对回淤量的把握，在于深水航道建成后的维护成本是否在人们可接受的范围内。因此我们必须改变以往的疏浚监理模式，充分利用疏浚监理熟悉现场，掌握测量和船方计量的特点，把回淤资料的收集与整理及初步分析作为重要的工作内容，才能走一条新路，才能把疏浚监理的路子越走越宽。

这些年来，在监理的路上我收获了许多，因为我热爱它。我觉得一个人工作的最高境界就是做自己喜欢的事，当全身心投入到长江口深水航道监理工作中时，我是非常充实和快乐的。

编后语 AFTER WORD

做一个好监理，是崔湘基事业的目标。为了实现这个目标，他已经将自己从青年到中年这一段宝贵年华中的无数个日出日落、风雨晨昏交付给了长江。当他谈起这几十年的监理生涯时所表现出来的那种专注、专业和兴奋，分明诠释了他对监理那份执著而深厚的爱。

陈柯

1971年出生，毕业于黑龙江交通专科学校（现黑龙江省工程学院）。研究员级高级工程师、交通部监理工程师。1993年至2006年历任黑龙江省公路工程监理咨询公司监理办主任、监理项目负责人、办公室主任、维修分公司经理。2006年通过交通厅副处级干部考试，被厅党组任命为公司副总经理。2009年6月任黑龙江省公路工程监理咨询公司总经理。先后荣获2011和2012年黑龙江省委、省政府颁发的“公路建设三年决战先进个人”和“省五一劳动奖章”称号。

知行合一、自强不息。

陈柯：
监理当自强

1997年，我进入黑龙江省公路工程监理咨询公司工作。从那时起，我再没有离开过监理行业。从监理办主任、项目负责人到总经理，一路走来，我已经成为了地地道道的“监理人”。这些年，监理行业的发展有高峰也有低谷，有顺境也有逆境。面对监理行业的风云变幻，我认为，监理人要化压力为动力，背负着历史遗留的重压勇敢前行。

三年决战创佳绩

2008年5月8日，黑龙江省委书记吉炳轩、省长栗战书提出要利用三年多的时间，全面建设龙江高速公路，展开龙江公路建设三年决战的重大举措，黑龙江的公路建设出现了一个高潮。面对这个几代交通人期盼的重大发展机遇和巨大挑战，黑龙江省交通厅党组号召全省交通职工要本着对历史负责，对现在负责，对未来负责的精神，迎接挑战。

2009年6月，我正式被黑龙江省交通厅任命为黑龙江省公路工程监理咨询公司总经理。

为迎接这场大决战，黑龙江省公路工程监理咨询公司决定实行新的战时领导体系，做到分工明确，相互配合；目标明确，整体推进；责任明确，落实到位。公司打破原有建制，成立了监理督查组、冬季施工备料组、迎国检项目监理组、附属工程前期工作监理组、监理项目联络员组、纪检巡查组和应急事件组等战时机构。由我和另外两名公司领导班子成员分别负责全省东、中、西部战区监理项目，及时掌握项目动态，解决工作难题。实践证明，新的战时领导体制，既强化了公司的领导，又保证了公司与战区之间、公司与各项目之间的对接顺畅。

陈柯（前排左二）冒着严寒检查备料工作（2011年）

陈柯（右二）在黑龙江省前锋农场至嫩江高速公路项目现场检查工作（2011年7月）

像龙江公路建设三年决战这样的战役，一辈子能参加一次都很难得。我和公司员工坚守监理岗位，不敢有丝毫懈怠。三年决战期间，实际有效施工时间只有600多天。而黑龙江省地处中国最北方，是边缘省份。在高寒地区施工，一定要统筹规划，以空间换时间。要使工程严格按照技术参数要求，合理控制工程质量和工期是重中之重。为此全体职工施工期间取消全部节假日，冬季在零下40多度的条件下坚持在一线备料。由于平时的严格管理和整训，基层员工的状态都很好。

经过3年零8个月、1300多个日日夜夜的顽强拼搏和艰苦鏖战，黑龙江交通战线的全体工作者，给全省人民交上了一份合格答卷。时任省委书记吉炳轩在全省公路建设三年决战总结表彰大会特别强调说："公路建设三年决战的全面胜利，充分展现了中国特色社会主义的伟大力量，充分展现了省委省政府践行科学发展观的执政理念，充分展现了龙江人民创业创新创优的精神风貌，必将激励和鼓舞全省人民，满怀信心地把龙江更好更快更大发展的伟大事业，继续推向前进。"

三年决战以来，公司的工作获得了省领导、厅领导的充分肯定与高度评价，先后荣获交通运输部颁发的"交通运输行业文明单位"，中国质量协会颁发的"全国实施用户满意工程先进单位"，省委省政府颁发的"三年决战先进单位"，省总工会颁发的"五一劳动奖状"，"省工人先锋号"等18项省级以上表彰、奖励。

我们还紧紧抓住黑龙江省公路建设"三年决战"这一重要战略机遇，认真贯彻落实科学发展观，在省内和省外市场相继完成了几十个重点工程项目的监理任务。特别是在地震等灾害面前，我们陕西宁棋项目和新疆星哈项目的监理人员仍坚守在工地，克服各种困难，顺利完成了监理任务，受到所在省区交通主管部门和人民群众的高度赞扬。我和公司其他领导提出了整合全省监理资源、战时组织体制调整、战时大宣传等新的工作思路并认真贯彻实施，企业精神文明建设、企业文化建设、反腐倡廉建设成效显著。公司职工爱岗敬业、无私奉献、艰苦奋斗、脚踏实地、顾全大局、勇于牺牲的优良作风在公司蔚然成风，并涌现出了大批优秀员工和感人事迹。其中一名员工身患癌症仍然坚守在施工一线，荣获省总工会颁发的"五一劳动奖章"，有的员工还获得了全国妇联颁发的"全国妇女创先争优先进个人"以及"优秀青年岗位能手"、"文明职工标兵"、"优秀共产党员"称号等，并涌现出被黑龙江省委、交通运输厅、省直机关工委等领导机关表彰的省见义勇为先进分子、全国交通系统劳动模范、全国交通行业巾帼建功标兵、优秀共产党员等一大批企业精英。我本人也荣获省委省政府颁发的"公路建设三年决战先进个人"称号。

狠抓管理建强企

近年来，由于公路建设市场萎缩，监理企业经营陷入低谷。作为公司决策者，我主张监理现场不要做形式上的东西，要抓住实质核心，规范方方面面行为，在细节上要做好。即使没有利润的项目，公司也要当作政治任务和社会责任来做好。社会责任应该摆在第一位。项目大到数千万元，小到十几万元，都应同样对待，认真完成。这种做法赢得了社会和业主的信任，也为公司赢得了不少项目。

公司在不断发展壮大，现在省外工程占了公司项目的一半。因为企业要生存，必须适应大环境，做咨询一定要有自已的优势和特色。公司承接的项目多在高纬度地区，专业性很强，这也是公司的特色和优势所在。因此，我们一要打"温度"牌，二要打"冻土"牌。

我国地域辽阔，东部和西部有别，南北差异大。摸清楚地方特色，才明白各种施工设备在这里能发挥什么作用。受地域的限制，黑龙江距沿海省份路途遥远，再加上当地政策保护等因素，公司想要走出去，困难也很多。黑龙江施工期短，冬天一定要备料，因为夏天河床软，河沙运不出来，而西藏和黑龙江冻土也不一样。对此，我们及时收集整理施工经验，交换数据进行课题认识，把感性认识变为经验，再将经验提升为理论，做理论上的研究，充分总结先进技术。同时，公司还掌握了严寒地区冬季施工控制的各项关键技术，有着丰富的岛状冻土、高寒地区悬索桥和混凝土冬季施工的经验，可以说，公司的技术力量在这方面是处于全国顶尖行列的。同时，黑龙江省虽然地处边远，但是技术力量很雄厚，哈尔滨工业大学是全国顶尖工程院校。就道桥专业来讲，哈尔滨工业大学、东北林业大学和黑龙江工程学院都有很多道桥专业的人才。看清楚了自己的优势和目标，我们决心以科技进步和信息化引领企业转型，构建多领域、专业化经营格局，凝神聚力地向集团化目标迈进。

我认为从事管理工作最难的就是改变人的思维和意识。让每个员工与时俱进跟上公司步伐是很不容易的，人的惰性体现在多方面，只有在外力的作用下，才会有序运动。这种外力就是管理。同时管理也要符合自然法则，政策执行中需要有灵活性，但政策制定和执行是有刚性原则的，制度是基础，任何组织没有纪律都不行。为此，公司每年都用几个月的时间进行整训，之所以把提高监理人员素质叫整训而不叫培训，是因为很多所谓培训，往往流于形式，难以收到预期效果。在2009年的冬季整训中，第一阶段是对单位和个人工作总结进行考评，第二阶段有26个项目共85人次模拟实战进行技术总结和技术交底，第三阶段选派10个学习考察组共73人次，分赴公路建设发达省份进行学习考察。在个人总结考评阶段，83人参加汇报，有16人第一次没有通过考评，有4人在第二次仍没有通过，两次均未通过的4名中层干部全部降级，到工程建设现场做监理员。这种触动神经的整训真正起到了提高队伍整体管理水平和业务素质的目的。

通过实践，我和公司一班人认识到，行业落后最重要一个原因是理论没有融入实际。FIDIC原理是好的，但监理企业必须在理论的基础上进行创新，重新定位监理工作。同时还要认清形势，强化管理，才能抓住机遇，借势而上。我和公司领导班子对此下了一番苦功，探索加强职工思想政治工作和企业文化建设的方法，加强内部员工自律，淘汰浑水摸鱼者，化被动为主动，加强企业自身建设。公司要求每个员工必须树立6个理念：德才兼备、注重实绩、开拓进取的人才理念；知识改变命运、学习创造未来、岗位成就事业、实践锻炼人才的学习理念；开源节流、力争效益最大化的效益理念；慧眼发现美、劳动创造美、精心爱护美、欣赏自然美、欣赏社会美、欣赏艺术美的审美理念；建设和谐社会创建平安交通、安全工作永远做到警钟长鸣、自觉承担构建和谐社会责任的安全理念；竞争又互助、分工又合作、展示个人专长又发挥整体力量、注重个人利益又维护团队利益、谋求个人发展又促进公司发展的团队理念，以求真务实、开拓进取的精神奋力拼搏。

我们秉持建设适应国内外监理市场的一流监理咨询集团，营造适合企业职工全面发展的和谐家园、报效祖国、服务社会、造福职工的企业宗旨，培养特别能吃苦、特别能奉献、特别能忍耐、特别能奋战的企业精神，树立把对事业、对企业效益的追求融于岗位奉献之中，在为公司发展拼搏奉献中实现自身价值的价值观念，形成一业为主、多种经营、做强做大、合作共赢的经营理念，打造诚信为先、质量为本的公司品牌。

我们利用合理渠道，规范监理人员的行为，紧密联系公司实际，在清权、确权的基础上，采取自上而下和自下而上相结合的方式以及自己找、领导提、互相提、群众帮、专家评、组织审等办法，围绕公司重点领域、重点对象和权力运行的关键部位，以岗位为基础，从岗位、部门和单位三个层面，重点查找岗位职责、权力行使、制度机制和思想道德等方面存在的廉政风险。首先，明确各个岗位职责，进行清权、确权，并科学编制"职权目录"和岗位权力说明书；其次，认真查找岗位、部（室）及基层单位、公司廉政风险点；第三，按照"下管一级、分级审核"的原则，对查找出的廉政风险进行认真审核；第四，对查找出的廉政风险点，根据权力的重要程度、自由裁量权的大小、腐败现象发生的概率、危害程度，按"高"、"中"、"低"三个等级评定廉政风险等级，为下一步制定防控措施打下坚实基础。

经过近10年的努力，黑龙江省公路工程监理咨询公司获得了很大发展。现在公司已经拥有交通运输部颁发的公路工程甲级、特殊独立大桥专项及机电工程、隧道工程专项、工程咨询乙级资质证书，并成为中国交通建设监理协会常务理事单位、公路工程专业委员会副主任委员单位、中国公路学会桥梁和结构分会理事单位。公司建立了独具企业特色的科学管理模式，并于2000年通过ISO9002质量管理体系认证。2003年获得2000版ISO9001和英国UKAS认证证书，是黑龙江唯一一家拥有交通运输部认证的特大桥监理资质的公司。

在党的基层组织建设、文明单位创建工作、企业文化建设和廉洁自律工作等方面，公司也获得了长足的进步，各项工作不断迈上新的台阶。

行业进步需自强

我国建设监理制是从1988年起步的。从京津塘高速公路引进FIDIC条款开始，历经了25年的发展，到现在已经形成了具有中国特色的工程管理制度。但是，这些年来，整个行业在理论方面却已经落在世界后面了。多年来，大家都在喊FIDIC中国化，但是在FIDIC中国化过程中产生的问题，却没有人去思考，没有人去总结。都是被事情推着往前走，没有人真正去研究。FIDIC的原理是好的，就像《共产党宣言》一样，这么多年，核心理论仍在用，但随着时间的推移，条件的改变，相应的方法应该更新。所以，一定要研究监理理论，从监理的起步开始，到目的、作用，怎样与国家的改革相配合，特别是要给监理重新定位。

国家实行工程监理制的初衷，是为了我国建设工程管理体制向社会化、专业化、规范化转变，从实质上改进工程项目管理效果，提高工程质量、节省资金、降低安全事故率。但现在来看，社会上对国家法律赋予监理的责任和义务的理解，存在重大偏差。监理到底应该做什么，怎么做，理论和实际有着极大的出入。原先监理属于独立的第三方，与业主的关系是被委托与委托的关系。但经过多年的演变，国内市场监理机构几乎成为业主的附庸，与国家法律制度赋予监理的责权利不相匹配，无法有效地对风险进行管理。通俗来讲就是责任无限大而管理权却很有限。直接后果就是一些监理在现场应付了事。比如监理规范上已经非常明确地规定了，合理的试验检测频率是多少，施工企业应自检，监理企业要抽检。而现在的工程项目，施工企业实际上不能达到自己应做试验检测（自检）的频率，这样无形中给监理增加了很多工作，监理某种程度上成为施工企业自检体系的一个补充。监理工作整体前移，比施工企业还累。而真正的监理工作谁来做呢？却是由业主来做。这就造成了业主的机构越来越臃肿，监理工作的空间也越来越狭小。

监理工作的定位模糊，所承担的责任与手中的权力不匹配，造成了许多不应发生问题，给监理企业和监理人员带来了不小的伤害。

如哈尔滨市阳明滩大桥事故。

阳明滩大桥位于黑龙江省哈尔滨市松花江上，是目前我国长江以北地区桥梁长度最长的超大型跨江桥，更是我国纬度最高地区的悬索桥。当时的总监武殿军担任公司总工程师，现任辽宁省朝阳市燕都新城斜拉桥项目总监，是研究员级高级工程师、交通部监理工程师、东北林业大学和哈尔滨工业大学兼职教授。他所监理的工程曾两获鲁班奖。当时马上就要60岁的武殿军与年轻职工一起奋战在工地上，无论严寒酷暑，总是冲在第一线。阳明滩大桥总监办离他家并不远，开车不到半个多小时就可以到家，但为了把住工程质量关，他却很少回家。他知道工程质量对一座大桥的份量，也知道公司把他派到阳明滩大桥兼任总监，是领导班子及全体职工对他的信任。

但是，2012年8月24日5时30分左右，距阳明滩大桥3.5公里的三环路群力高架桥洪湖路上桥分离式匝道侧翻，致使4辆大货车坠桥，事故当日造成3人死亡、5人受伤。一时间，社会舆论纷纷将这起事故归咎于监理。

其实事发桥梁与阳明滩大桥本身并没有关系，而在于阳明滩大桥的疏解工程。它们是完全不同的两个工程，立项的时候就是两个项目。我们公司监理的是主桥以及29孔引桥。阳明滩大桥是水上修桥，而坍塌的位置是旱地修桥。但因媒体的误导，全国人民都认为是阳明滩大桥的主桥坍塌，这给我们公司造成了很大的负面影响，也反映出了社会对监理行业的不了解程度和严重的偏见，让监理人承受了非常大的压力。虽然后来经过纠正，大家弄清了事实，但造成的影响在短时期内是很难消除的。

这样的结果令我们很愤怒，同时也反映了社会对监理行业的无知和偏见。国家倡导言论自由，但言论是要经过调查研究后的客观报道，而不是主观臆断的胡编乱造。

这个事件对整个工程建设行业尤其是监理行业敲响了警钟。因为事故之所以造成不良影响，有外界宣传偏颇的原因，也有行业自身的原因。尽管这个事故与我们公司没有关系，但现在不管是不是公司的责任，公司都背负了舆论的压力。我希望公司全体员工能将这种压力放在自己的心中，用来不断反省自我，激励自我，在监理的道路上勇敢地走下去。

这几年，监理协会对监理行业形势的认识非常清晰，定期不定期组织监理企业研讨，完完全全发挥出了行业协会的作用。我希望协会下一步还要继续引导和加强企业之间的交流与合作，只有这样，才能够更好地反映监理企业的心声和诉求。同时以协会为统领，加强监理行业内部的自律，没有自律就没有底线，一定要淘汰浑水摸鱼的不正当竞争，否则我们的监理行业就会自毁长城。另外，企业还要加强自身建设，要苦练内功，及时发现和解决自身的问题，自己解决自己的问题，不要等着外人来，否则会非常的被动。第三是要借助合理的渠道，大刀阔斧改革。面对机构改革和职能改革问题，我们要借助国家改革的东风，规范我们整个工程建设系统方方面面的行为。从项目的立项开始，一直到最后的养护维修，每一个环节、每一个过程都要走法制化、专业化、规范化的道路。第四是广泛宣传。我们在全面改革、规范行为、纠正偏颇的同时，一定要加大宣传的力度。只有加大宣传力度，才能让全社会的人都知道我们在想什么、在做什么，我们的终极目标是什么；只有加大宣传力度，才能让社会重新认识我们、理解我们，社会才能够知道真正的监理行业是做什么的，最终真正地支持我们。

陈柯（左二）荣获五一劳动奖状（2012年）

监理行业未来的发展趋势，我认为有两条路可以选择：第一条路是向传统咨询业回归，做高端服务，不要只做现场监理，不能让监理去做工长的分内事。我国历代封建王朝的工程也有监理，只是设置的官爵名称叫做"监造"，南京城墙造得那么好，是因为朱元璋接受了和陈友谅打仗时，一边打一边补城墙的教训，将每块砖都刻上石匠和监造名字，验收时不合格就满门抄斩。其实监理的工作就这么简单，减少中间环节，提高效率，使我们的专业人员能够充分地分布在最基层，把复杂的事情简单化。第二条路是监理行业的行政化。1987年修建的京津塘高速公路，是经国务院批准的我国第一条按国际通用的FIDIC条款组织建设的跨省市的高速公路，担任总监的是当时的交通部公路司司长杨盛福。京津塘高速的工程质量到今天来看也是最好的。在今后的监理工作中，我们应该效仿京津塘高速公路的监理模式，总监自身要有行政权。

我把公司的发展规划分为三个着力点。一是建立现代监理企业制度；二是积极申报各类资质、拓宽业务范围，向多元化经营、规模化经营和国际化经营方向发展；三是注重人才发展战略，不断提升自身优势。

我非常欣赏著名的斯多葛学派哲学家爱比克泰德的一句话："让我平静地接受我无法改变的事情；让我勇敢地改变我可以改变的事情；请赐予智慧，让我知道哪些事情我可以改变，哪些事情我无法改变。"作为一名交通监理人，无论社会环境如何，我们都要勇敢承担起自己的责任，为监理事业的发展做自己应该做的事情。

编后语 AFTER WORD

作为监理行业的中坚力量，陈柯在急剧变化的社会环境下，用积极的心态和行动把握住了监理行业的风云变幻。他对于行业未来发展趋势所进行的独立思考，对广大监理企业也有着很好的借鉴意义。

第五篇
协作之路

交通建设监理的起步与发展，与我国的改革开放息息相关，是发展经济的迫切愿望，催生了交通基础设施建设高潮的到来；是引进外资的客观需求，使监理正式登上交通建设的舞台。我们深知，监理不是"一个人在战斗"，交通建设的"棋局"，只有在行业主管部门、业主、设计、建设单位和监理共同协作下才能顺利完成。25年来，正是他们和监理人一起，在祖国广袤的土地上建起了条条公路、座座桥梁和个个港口……

对于监理发展的功过得失，他们也有着自己的认识和感悟。

现任安徽省交通建设工程质量监督局局长何光认为：作为监理市场的管理单位，在工程建设监督过程中，应该在技术层面制定标准规范、在公平层面制定管理规定、在实效层面开展监督检查，而不是动不动就是检查或通报，充当着业主的"打手"、监理的"杀手"，而应该是业主的"帮手"，监理的"推手"。

在"打开长江口"的宏伟工程中，一直从事长江口深水航道整治工程的建设管理工作的陈卫中用亲身体验证明，在典型的小业主大监理的长江口工程实施过程中，监理起到了很大的作用。他认为，在当前的社会环境下，工程施工，特别是大型工程的业主是离不开监理的。而监理未来要想获得更好的发展，最重要的是要培养监理人员的责任心。此外，还必须建立一套科学、合理的考核、责任追究和处罚制度，以及科学的监理单位资质的评定标准，让好名声和高资质相得益彰。同时，还要给予监理，特别是总监较高的待遇，使得他们的付出与收入能成正比。

先后参与了重庆市境内30多个高速公路项目的建设管理工作，主持并参与了交通部西部交通建设科技项目、重庆市重大科技攻关项目和重庆交通科技项目等科研项目共30余项的钟宁，站在业主的角度，为监理未来的发展出谋划策。他认为，在工程建设过程中，业主需要对投资、质量和进度进行有效的控制，监理正是可以帮助业主实现这些目标的人。对施工单位来说，业主和监理都是管理者。但是，现在许多监理并没有发挥应有的作用，而是变成了监工，在夹缝中辛苦生存。究其原因，除了业主对监理工作的重要性认识不够以外，还有监理对自身的定位不够准确等原因。在目前的交通建设体制下，监理应该回归FIDIC条款的本质，监理企业的发展方向应该着眼于替业主提供增值服务。

作为施工单位代表的刘元泉认为，监理是国家或行业工程建设相关法规确定的一种制度安排，这决定了它的法律地位；其次，监理工作有行业规范作依据，规范了监理行为和工作标准，使监理工作有法可依，有章可循。要想发挥好监理的作用，就需要有高素质的人才和强有力的管控手段及高超的协调能力。总之，监理的责任重大，作用十分突出，工作难度也很大。面对错综复杂的交通建设市场新形势，随着企业结构调整、转型升级工作的持续深入，对施工企业和监理企业而言，在质量管控能力和品牌建设方面都提出了更高的要求，如何有效地向价值链高端延伸，在市场竞争中保持领先态势，是两者共同需要重点解决的问题。

作为同是建设主体的业主及施工单位来说，他们对于监理的期待不可谓不高，监理的未来应该是处于建设行业价值链的前端，为交通建设提供更高端、更全面的服务是他们的共识。

何光 1962年出生，硕士研究生，教授级高工，国家注册安全工程师。现任安徽省交通建设工程质量监督局局长。长期从事公路建设养护管理和公路水运工程质量安全监督工作，曾在国内科技核心期刊发表论文20多篇，主持过多项公路科研项目和省级地方技术标准，获得安徽省政府科技进步二等奖1项，三等奖2项，著有《沥青路面典型结构》、《安徽省公路水运工程项目安全生产管理指南》、《安徽省公路水运工程项目建设质量管理指南》、《公路水运工程质量通病防治手册》等著作，享受安徽省人民政府特殊津贴。

“监理顾名思义就是“监督”与“管理”，是我们政府质量安全监督的一只有力的手，是保证工程质量的重要环节之一。因此，监理不是万能，但是没有监理是万万不能。”

何光：
多个角度看监理

在我看来，"监理"顾名思义，就是监督与管理。监理单位和人员依据技术规范规程，充分利用试验检测、现场旁站和统计分析等手段，对工程项目质量、安全、进度和投资等方面进行管理和控制，为建设单位把好关，这就是监理的本职工作。近年来，我和同事们在质量监督的实践中，一方面看到监理单位履约率的问题，一方面听到监理人员对监理费用低的抱怨，同时又了解到一些建设单位认为监理可有可无的疑惑。经过一年多调研，我们写出了我国第一份省级行业管理机关对监理发展的调研报告——《安徽省交通建设监理现状及发展情况调研报告》。我希望通过深入调研，在分析过往和现状的基础上，更好地探讨我国交通建设监理行业的未来。

正视监理发展中的问题

"十一五"是安徽省交通建设大规模快速推进的时期，全省交通建设完成总投资1143亿元，其中水运建设完成投资91亿元。新开工高速公路1469公里，续建1363公里，新增通车里程1428公里；完成国省干线公路改造超过6000公里；新改建成农村公路7.3万公里；建成"村村通"工程6万公里。公路水运建设取得了显著成绩，实现了跨越式发展。

近年来，安徽的交通工程监理企业在交通大建设中不断成长壮大，一批安徽省优秀监理企业和先进个人脱颖而出。多家监理企业通过质量体系认证、环境管理体系认证和职业健康安全管理体系认证，工程监理严格按照规范要求组织实施，实现了制度化和程序化管理。多家企业荣获中国交通建设监理协会“交通建设优秀监理企业”和省有关部门授予的荣誉称号，数十位同志获得部、省级“优秀监理工程师”称号。

监理事业虽然取得了许多成绩，但是经过20多年的发展，问题也越来越多。一是建设单位对监理工作的认识不到位；二是监理人员素质低，监理单位履约率低，在工程建设中形象不够好，以致人们对监理工作的必要性产生了怀疑。

监理行业的基本属性是高水平的知识密集型工程管理咨询服务产业，监理工程师是具有专业技术知识、现场实际经验，同时又有一定的管理和法律知识的复合型管理人才。而在发展的过程中，监理行业暴露出的一些问题，严重阻碍了监理行业自身的发展。

第一是监理人员结构不合理、总量相对不足。首先，知识结构不合理。从调查的安徽数十家监理企业及在岗的2131位监理人员来看：高中级职称监理人员比例偏少，高级9.8%，中级38.9%，超过半数监理人员为初级或无职称。二是监理人员持证比例偏低，总持证人数66%，其中部监理工程师17.6%，部专业监理工程师13.6%，省专业监理工程师4.1%，经培训上岗人员占30.8%。三是公路水运真正在岗的监理工程师数量不足，全省持有交通运输部颁发的监理工程师证书1721人，仅有873人注册上岗，近半数人员因在管理部门、设计单位和施工企业供职，未从事监理工作，不符合注册条件。安徽省“十二五”将要完成2000亿元交通投资，年均400亿元以上，监理人员匮乏的问题将更加突出。

第二是市场行为不规范。一是监理招标监管不到位。目前，安徽省重点项目交通主管部门实行的是监理招标文件备案制，从备案效果来看，审查工作难有实效。许多业主未认真使用交通运输部《公路工程施工监理招标文件范本》，而是各行其是；未按照国家《建设工程监理与相关服务收费管理规定》取费标准执行，一味强调低价中标或压价中标。二是监理招标投标工作不规范。重点工程项目，监理招投标程序相对较好，但也存在评标过程简化、时间短、走过场问题。部分农村公路和小型水运项目监理招标由于金额较小，邀标和内定标情况较为普遍。三是监理企业自身行为不规范。主要表现为：采用不正当手段恶性压价竞争，监理企业标书承诺的机构、设备、人员与实际到位相脱离，中标后往往不能履约；高资质监理企业出卖企业资质，任由挂靠、借用资质的企业以自已名义中标承接业务；少数监理企业通过虚假业绩等非法手段招揽业务。

第三是现场管理不到位。一是未能全面履行交通监理工作内容。监理单位接受建设单位的委托，依据国家关于建设工程的法律、法规、相关的技术标准、合同文件，对建设工程的投资、工期、质量、安全和环保实行全方位、全过程的控制，对工程建设合同其他事项、文件资料进行管理，并在此基础上做好参建各方关系的协调工作。而交通监理基本上从事的是工程施工过程的质量、安全控制，未按监理规范和合同要求对工程建设全面履职。二是项目监理投标履约率低，主要专业配置不合理。监理投标履约情况与进场履约情况相差甚远。许多项目未按规定配齐专业监理工程师，有些项目虽然配置了专业监理工程师，但其专业知识不相匹配，不能胜任本职工作。工程中标或开工后，监理技术人员频繁更换，已成监理行业通病。三是旁站监理缺位，监理资料代签、补签现象普遍。主要表现为：有些中小项目，未制定旁站监理方案；有些重要部位未按规定实施旁站监理；有些旁站记录内容不齐全，同时监理平行检验未真正开展。工程督查过程中发现，有些工程监理资料前后矛盾，存在监理资料补做、重要文件代签补签现象。

第四是监理企业和人员自身行为不规范。一是监理企业发展缺少健康的环境。目前，全省监理企业技术力量雄厚、管理手段先进、服务质量一流、社会信誉度高、市场占有率高的不多。不少监理企业还没有真正形成独立的责任主体，仍处于其他行业的副业或"三产"状态。二是监理企业相互间不正当竞争。由于监理市场竞争日益加剧，致使一些监理企业采用不正当手段压（低）价竞争，承接业务后只好采取减少人员数量、降低人员层次和随意简化监理工作程序的方式降低监理成本，以获取利益。三是部分监理人员职业道德缺失。个别监理人员接受施工企业吃请，收受施工企业钱物，讲人情关系不坚持原则，与施工单位共同串通弄虚作假等有悖职业道德的行为时有发生。部分监理从业人员缺乏事业心、责任心，过分强调雇佣关系，给多少钱干多少事，甚至拿钱也不干事或少干事。从而造成监理工作缺位、不到位，直接影响监理的效果。

由于监理企业和监理人员的地位和职责不匹配，监理人也开始对行业发展失去信心。具体反应到个人报酬上也十分明显。近年来，在安徽省从事监理工作两三年的大学毕业生，月薪只有1400元左右。同样风餐露宿，他们的收入还抵不上一个普通农民工。就连资历相同，同样从事交通建设工程的监理工程师收入与试验工程师相比也有不少差距。监理行业由于工作任务重、责任大、收入低，许多监理人员对所从事的工作失去了信心，人员无序流动日趋严重，许多现场监理从业人员考虑的是如何向建设单位、设计单位或施工单位发展，不愿把监理工作作为自己的终生事业。

不少监理企业没有树立正确的科学发展观，看重眼前利益，缺乏正确的行业发展观念，缺乏长期的发展目标，对培养人才、储备人才认识不足。因而安徽省监理队伍年龄结构呈两头大、中间小的"哑铃型"状况，30～50岁经验丰富、水平较高的监理人员少，而年老退休和刚出校门的年轻人多，加之许多临时聘用的"游击队"构成了企业主体。企业的这种短视行为促使监理行业失去了市场的内在要求，从而也加速了监理企业步入恶性循环怪圈。

问题是成功的"铺路石"

一个新兴行业的发展，不可能一帆风顺。有问题不可怕，可怕的是发现不了

问题、不敢直面问题、不想解决问题。我国交通建设监理事业由于自身发展的特殊性，大多数人员的专业背景是土木工程、水运工程等，而法律法规、工程经济、造价管理、合同管理、项目管理方面复合型人才匮乏。许多监理企业普遍缺少一整套行之有效的管理制度。在监理工作起步阶段，监理只是一般的监工，做些现场旁站、资料整理等工作，这些问题还没有暴露。进入21世纪后，全国交通建设工程管理越来越规范、技术和工艺越来越新、管理要求越来越高，监理企业还是抱着老一套不变，以致对施工现场的管理无法到位，监理服务就很难得到建设业主的满意和社会的真正认可。再加上建设业主大多也是技术人员，他们在位置上处于"卖方强势"，在水平上处于"业务优势"，所以监理企业更显得四面楚歌。

传统的监理工作内容主要是"三控制、两管理、一协调"，即质量、投资、进度三大目标控制，合同和信息管理，参建各单位之间的关系协调。现在增加了环境保护和安全生产的内容。这样就必然要求监理工程师一方面要具备一定的专业知识、较强的专业能力以及工程实践经验，另一方面还要不断学习，了解相关知识，不断总结经验，进行技术、管理、知识的更新，只有这样才能够对工程建设进行监督管理，提出指导性意见，实现项目目标。

从行业发展的角度，如果把监理行业作为一个"集体"来看，要想这个"集体"齐步向前走，需要集体中的每一个成员具有"抱团发展"的意识，就是要有行业自律的精神。为什么工程监理费用低？主要的原因在于企业间在招投标中，相互杀价、恶性竞争，有些工程监理合同价，不要说试验费用，就是高端人才的基本工资都难以支付，何谈监理的工作质量？何谈监理企业的可持续发展？安徽省公路学会下设一个公路水运工程监理与检测专业委员会（简称：专委会），专委会挂靠在省交通质监局，我担任专委会主任。几年来，专委会在宣传党和国家的方针政策，了解交通建设

何光（右一）陪同交通运输部工程质量监督局黄勇副局长（左）视察巢湖船闸工程试验室（2011年10月）

市场情况，反映监理和检测企业呼声，引导和规范监理和检测市场等方面，进行了不少有益的探索。我们定期组织技术骨干培训，适时组织企业负责人交流学习，每年两次成员单位圆桌会议互通信息，每两年开展一次"全省交通建设工程十佳监理工程师"评选活动，应该说安徽的监理行业在安徽的环境里正在稳步前进。但是，安徽交通工程监理毕竟身处社会这个大环境，不可能独善其身，迫切需要监理行业中的每个企业共同努力营造发展的好环境。

从企业发展的角度，每一个产品都有生命周期，即导入期、成长期、成熟期和衰退期。如果把工程监理这项业务作为监理企业一个"产品"来看，导入期的特点是行业内企业少，行业开始形成并初具规模；成长期的特点是市场需求急剧膨胀，行业内的企业数量迅速增加。我认为，工程监理现在已经进入了生命周期中的成熟期，成熟期的特点是产品定型，技术成熟，成本下降，利润水平不高，行业内企业之间竞争日趋激烈。这样看监理企业目前遇到的困难和问题应该是市场发展的规律所在，也就不足为奇，用不着为之大惊小怪了。

监理企业下一步如何发展？我认为从企业发展的总体战略上看，不外乎有稳定战略、发展战略和撤退战略等方向的三个选择。每个企业要基于自身的情况，研究分析不断变化的外部环境，以及社会发展可能给企业带来的机会与企业面临的挑战，进而制定企业最佳发展战略。以安徽为例，目前全省甲级监理资质企业7家，占全国总数1.8%；乙级企业5家，占全国总数2.6%。从资质等级和企业数量上看，全省监理企业与未来交通建设任务比还有发展空间。但是全省监理企业服务内容单一，企业相似度很高，发展又存在诸多困难。如果按照"做自己熟悉的业务，向与企业关联度高的方向"的发展思路，监理企业可以依靠市场手段，通过"并购重组"、"优势互补"组建大型监理企业，也可以"引进吸收"、"强强联合"，推动设计、监理、咨询及试验检测的嫁接与整合，向高级工程咨询公司方向发展。当然，发现新的产业成长机会，培育新的经济增长点也是一个很好的方向。

政府监督应该是监理的"推手"

可以肯定，如果没有监理，工程建设质量是无法想象的。目前，无论是业主、施工单位还是监理企业内部都普遍对监理工作存在着一些认识误区，一是认为监理单位是业主花钱聘请的，监理人员应该完全按照业主的意愿和要求去开展工作。这显然与国家的有关法律、法规相违背。监理单位应该是一个独立的第三方，监理人员应该以独立、客观、公正、科学的态度和方法处理各类问题，不得依附和偏袒任何一方。二是认为监理就是"监工"，应该整天呆在现场，把主要精力放在具体的施工操作上。而事实上，旁站监督和检查只是施工监理工作中的一种重要方法和手段，而不应是监理的全部工作。三是很多人认为，只要是委托监理的工程，业主就万事大吉，工程就不应该出问题。事实上，工程质量主要是施工单位干出来的，而不是监理单位管出来的。优质工程是实干与管理的结晶。

何光（中）视察黄祁高速公路服务区建设（2012年）

在现代工程管理中，如何最大限度地发挥好监理作用，充分调动建设各方的积极性，作为政府质量监督部门应该怎样定位？怎样工作？关键在于把握政府和市场的边界，更加尊重市场规律，更好发挥政府作用。在市场经济中，政府是经济管理和调控主体、涉及发展全局的重大利益协调主体，承担着创造良好环境、提供公共服务、维护社会公平的职责；市场是把政府与各类经济运营主体连接起来的桥梁，在配置各类资源中发挥基础性作用。政府行为和市场行为各司其职、各有长短。如果政府管理这只有形的手与市场那只无形的手配合得好，就会收到一加一大于二的效果。

近年来，安徽省交通质监局立足于"转变观念、转变作风"，不断提高质量安全监督效果。转变观念主要体现在项目监督上，由过去只抓施工、监理、检测单位，转变为包含建设单位在内的"四位一体"监督，充分发挥项目业主作用；在监督形式上，又将过去以省局为主，转变为省市联动，共同监督，提升全省质监队伍监督水平；在监督机制上，由过去质监机构"单打独斗"，转变为以专职质监队伍为主体，以公路管理局、地方海事局等主管部门为协助，以监理和试验检测单位为技术支持的协同监督机制，发挥参建各方的力量。转变作风就是更加注重务实，不断研究监督工作方法，加大责任追究和处罚力度，提高监督效果；更加注重调研，对影响质量安全工作的热点、难点问题开展调查研究，增强发现问题、分析问题和解决问题的能力，为领导机关决策提供依据；更加注重服务，加大新标准、新技术的宣贯，提高培训质量，为基层服务、为工程服务。我们把监理在工程建设中的地位等同于业主，把监理在工程中发挥的作用，作为质量监督的一个重要方面，提出了工程项目"四位一体的监督"以及"协同监督机制"的质量安全监督的创新理念。

我们作为监理市场的管理单位，在工程建设的监督过程中，应该在技术层面制定标准规范、在公平层面制定管理规定、在实效层面开展监督检查，而不是动不动就是检查或通报，充当业主的"打手"、监理的"杀手"，而应该是业主的"帮手"、监理的"推手"。2011年底，安徽省交通运输厅根据质监局对全省高速公路建设情况的调研结果，针对工程建设中业主、施工和监理工作出现的新情况新问题，出台了《安徽省加强高速公路建设管理若干意见》（以下简称《意见》），对监理工作在标段划分、合同价格、人员配置、监理管理等方面提出了明确意见，要求工程施工监理招标应当先于施工招标，监理收费不得擅自降低或提高收费标准，项目监理单位的总监、高级驻地投标履约率必须达到100%，专业监理工程师投标履约率不得低于70%，道路、桥梁、隧道、安全、检测、交安、机电等主要专业监理工程师持证率必须达100%。监理岗位人员数量和资格条件应根据工程复杂程度合理设置，监理单位应全面了解项目的技术特点与管理难点，认真编制项目监理计划和监理实施细则，细化工地标准化建设、关键工序旁站安全应急预案等工作的落实方案，切实提高监理工作水平。"意见"的出台，对监理单位在实际工作中，走出"权力小、责任大"的难堪窘境起到了明显的效果。

这些年来，我们安徽省交通质监局一方面把监理作为质量安全监督的重要抓手，一方面也对监理单位和人员进行严格的管理。目前，我们正在强力推行施工监理驻地（办公）环境标准化、工作规范化、手段信息化，以此提升监理自身的素质与形象；认真执行国家发改委等六部委《建设工程监理与相关服务收费管理规定》，积极推行优监优价；充分运用《安徽省公路水运工程监理信用评价办法》，将监理市场管理工作重心由资质管理的静态管理转到监理单位履约程度、执业状况、执业水平的动态管理上来。对项目监理机构、人员实行严格的岗位登记、岗位变更管理。通过信息平台公布参加安徽省交通建设的所有监理单位的监理项目、监理人员和人员变更情况以及信用评价结果，让社会了解监理企业及其从业人员的行业信用状况。将监理企业信用评价结果作为资质管理、市场监管、评先评优等活动的重要依据，促使监理企业和人员增强履约能力，在提高信誉和水平上下功夫。

世界产业发展的历史表明，只有落后的技术，没有落后的产业。在我看来，监理行业的可持续发展，首先要深化产业结构的调整，着力加强手段信息化、服务精细化和监理专业化的深度融合。第二要着力加强人才培养与支撑，打造一批信用好、业务精的领军人才，用事业留人、待遇留人和感情留人。第三要注重发展"衍生型"战略性新兴产业，通过技术突破，延长产业链，进而推进产业结构优化与产业发展。第四作为政府部门，既要简政放权，让监理企业接受市场的洗礼，又要在监理工作的机制与内容、监理的取费标准与支付形式上，加以规范和完善，朝着监理行业得到发展、工程质量得到保证、人民群众得到满意的方向不断迈进。

编后语 AFTER WORD

作为省级质监部门的领导，何光在工作中融入了自己的思考和创新。对监理的独特认识，使得他一方面把监理作为质量监督的重要抓手，一方面对监理市场进行严格的管理，并积极推动了交通建设监理在手段信息化、服务精细化和工作标准化等方面的深度融合，为交通建设工程监理的规范发展不懈努力。

陈卫中

1957年出生，1982年毕业于华东水利学院（现河海大学）水港系。1982年至1997年任职于第三航务工程局，从事港口施工技术管理工作。曾在施工项目部门、公司技术部门和局科技处管理部门任职，参与及主持大型工程项目的技术、质量和合约管理工作。

1997年调入“长江口航道建设有限公司（现名交通运输部长江口航道管理局）”，时任工程建设部综合处处长，主要从事长江口深水航道整治工程的建设管理工作，参与该项目前期工作，负责一期、二期项目的施工技术质量，如GPS管理、材料试验、工程质量和质量标准、工程档案和工程保险以及二期整治建筑物工程安全管理等工作。2002年获得交通部专业监理工程师资格。2009年获得水运检测工程师资格。

2005年公司改制为交通运输部长江口航道管理局，曾任局综合规划处处长。现任航政管理处处长。

“没有监理，就没有交通建设行业的今天和明天。监理需要关心、帮助、理解，更需要严格的监管。”

陈卫中：
“小业主大监理”创造高效率

作为一直战斗在长江口的工程技术管理人员，我亲身经历了长江口深水航道建设的全过程，见证了在长江口这个世界级的多砂、丰水、巨型河口的整治、开发、维护过程中，广大优秀工程建设者们付出的辛勤劳动和取得的丰硕成果，也见证了这一时期中国水运监理的发展历程。

我眼中的“洋监理”

我最早接触的都是外国监理，他们在工作中那种认真、负责、严格到“较真”地步的工作作风给我留下了非常深的印象。

1989年的时候，我在三航局科技处工作，在处长领导下参与分管全局质量。当时我们局正在搞宁波港北仑集装箱码头工程，这个工程是由世界银行贷款的，担任监理工作的是美国的博晨公司。这是我作为施工单位管理人员第一次有机会了解监理。

干过工程建设的人都知道，那时工地的条件都是很差的。之前在张家港搞港口建设时，我当时任工程队的项目总工，住房的地面都是土坯，冬天在工地想要洗个澡都是个难事。工地中打的井里面抽出来的水是臭的，我只好从上海买漂白粉放到水里净化一下，还有些工地连像样的厕所都没有。来到北仑港，不但有像样的厕所，而且这里的厕所实在太干净了！因为美国监理不但管工程技术和质量，连工人吃饭、卫生都管，他们要求厕所一定不能有臭味。

1990年，我负责组织全局领导去参观广东大亚湾核电站的涉水工程建设，这个工程是由交通部四航局施工，监理是一家法国公司。在这里，我看到了法国监理在管理中对工人的关心和尊重。因为大亚湾核电站的工地距离工人驻地有好几公里的距离，监理就要求派车接送工人上下班。一开始，施工单位准备用装货的敞篷卡车

陈卫中（右一）在工地检查工作（2003年1月）

接送工人，法国监理坚决不同意。他说，这是装货的，你们怎么能装人？要知道1991年的时候，我们的物质条件有限，大马路上的车都很少，更别说施工单位配大客车了。由于监理的坚持，后来工地在卡车车厢里面加装了座位，安装了车篷。这样，监理才同意了。

1991年，三航局又承担了世界银行贷款的厦门东渡港万吨级码头的建设任务，在这里我又接触到了英国的监理。在东渡港，监理对现场的管理也是全方位的。他们所提供的招标文件，对工程的各个方面都有明确的要求。他们认为，必须保证施工人员的身体健康，因为有了健康才可能把工作做好。这是他们的理念。那时，东渡港施工人员的收入相对现在来说还不高，但有这样的监理，最后工程干得很漂亮。

1992年我又随三航局参加了澳门国际机场人工岛联络桥建设，接触到来自英国、葡萄牙、菲律宾和中国香港的监理。在澳门，我对监理的认识又进了一步。特别是在工程的中后期，我调到中港总经理部工程部、合约部工作，与监理打交道多了。

客观地讲，中国水运工程的施工设计水平在当时世界上也是很高的，因此澳门机场人工岛和联络桥工程是采用中国技术规范和质量标准来设计的。外国监理不了解中国规范和标准，所以他们就要求提供详细的施工方案。比如对PHC桩施打斜桩的测量定位计算、对面层混凝土验收标准的含义等都要求在报告中详细写明。他们特别认真，不懂就问，又具备非常高的专业水平，能够通过自己的判断来确认你的工序或管理能不能达到他所要求的标准。不符合要求的，坚决按照监理处理意见来，一点不讲情面。

再如，澳门国际机场人工岛建设的承包商，按照要求自建混凝土搅拌设备。按规定混凝土的入模温度是摄氏30度以内，因此在夏天要通过加冰水的方式给混凝土降温，给砂石料还要盖棚子遮阳，在冬天气温低于零度就不再浇筑混凝土。如果监理发现混凝土的入模温度高1度，就会要求降温。混凝土的塌入度高出标准1公分，就要求倒掉。为了防止施工单位弄虚作假，监理还规定在两小时以内出现这些问题的水泥罐车不许再进现场。当时，我们的一些工人因为对监理的严格管理不习惯，经常会和现场的监理产生矛盾，这时外国监理甚至会坐在模板上，用自己的身体阻止浇筑混凝土，不按照规范施工就别想进入下道工序。

在澳门国际机场三年多的施工中，正是这些外国工程师的严格监理，不但把工程进度、质量、安全和材料等方面的管理提高到了一个新水平，还为许多年轻的施工技术管理人员管理水平的提高打下了很好的基础，带出了一批对工程质量有着高标准严要求的工程施工管理人员。作为其中的一员，我在那里学到了很多令我终生受益的东西。

正因为这些经历，监理在我的心目中的形象是非常高大的。他们非常认真、非常公正，既保护业主，也保护施工单位，还保护施工工人的利益。我当时就认为，监理应该是一个受人尊敬的高收入职业。

小业主引来大监理

规模宏伟的长江口深水航道整治工程，是在中共十四大"以上海浦东开发为龙头，进一步开放沿岸城市，尽快把上海建成国际经济、金融、贸易中心，带动长江三角洲和整个长江流域地区经济新飞跃"的重大战略决策之下展开的。工程于1998年开工，分一、二、三期实施，总投资约170亿元，是新中国成立以来最大的水运基础设施建设项目。经过建设者13年的努力，将全长92公里的航道从原来的7米浚深到12.5米，于2011年5月顺利通过交通运输部组织的竣工验收，为长江三角洲以及长江沿岸的社会经济发展起到了有力的促进作用。

我国从20世纪50年代就已经开始研究长江口泥沙的运动规律，到"九五"攻关期间已经取得一定成效。但作为世界最复杂的河口，1998年1月份正式开工的长江口深水航道治理工程一期工程在设计、科研和施工等很多方面都没有前人的经验可以借鉴，施工上还采用了大量新工艺和新设备、新材料，并专门为这个工程编制了相关的质量标准、设计标准和定额标准。因此，这是一个带有科研实验性质的工程项目。

作为长江口工程的业主，长江口航道建设有限公司从投资规模上看是大型国有企业，但从人数上看却是很"小型"的。我们全公司一期工程共有28个人，到二期结束时大概也只有30来人。直到2005年，长江口航道管理局成立以后，我们的人员才

增加到40多人。但同时也增加了规划职能和航政职能。所以，除去财务、人事、办公室等职能部门，与现场管理工作有直接关系的只有十来个人。那时我所在的长江口航道建设有限公司工程建设部综合处只有两个人，工作内容包括测量管理、质量管理、试验、甲供料（含土工部、水泥、石料）、工程保险，工程档案、交通船管理等方面。经常忙得不可开交，加班加点也是经常的事。

对于长江口这样的业主来说，现场众多工序的管理细节是否能够做到心知肚明，是一个引人关注的大问题。要想使施工企业按照批准的设计文件实施并达到相关质量标准和合同规定，必须选择负责任的监理。这样，至少可以做到大的问题能及时反馈，并能较早得到预控。如二期工程有一航局、二航局、三航局和上海航道局四家大型企业承担施工，由于工程预制构件需求量大，除在横沙基地内的预制厂以外，施工单位先后还在崇明岛、南汇等地设置了10多个小型预制厂。整治建筑物工程中，水上施工船舶（材料供应船舶除外）也有几十艘。如果没有众多的监理人员层层把关，业主本事再大也管不过来。所以，大型工程中监理的作用是毋庸置疑的。

在一期工程的招标过程中，我们邀请了11家监理单位参加投标。但由于工程本

陈卫中（右三）在工地听取工作汇报（2003年7月）

身的特点，很难根据以往的资历和经验对这些单位进行甄选。因此为了保证工程质量，我们对监理单位提出了明确的资质要求：必须是交通部水运工程监理甲级单位。同时，从实际出发，我们考虑到具有甲级资质的单位派出的总监不一定能代表单位的水平，而总监水平的高低会直接影响到监理工作的开展，因此我们对总监的工作也提出了高要求，比如要求总监每月在现场的时间不少于20天，原则上监理公司不能随意更换总监等。此外，我们还在施工过程当中对总监进行观察了解，并更换了一些不符合要求的总监和现场监理。事实证明，大多数总监是非常实干的，在工程管理中起到了很好的作用。

到了二期工程以后的监理招标，有在长江口深水航道工程监理业绩的监理单位可获得加分。中北监理、南华监理都是从一期整治建筑物工程一直干到二期结束，东华监理、京华监理、远东监理分别参与了一、二期整治建筑物工程；华申监理则一直从一期疏浚干到三期疏浚工程结束。

和小业主相比，监理的队伍就很庞大了，几家公司加起来将近百人。所以，从人员规模上看，长江口工程是典型的小业主大监理。

一期工程竣工档案有2000多卷，二期竣工档案便达到3100多卷。凭我们业主自己的力量，抽查10%都不太可能，是监理与我们一起对档案提出要求并实施，在很大程度上代替我们开展更多的监管工作。所以说，监理确实起到了很大的作用。

放权不放责的管理模式

长江口一期工程期间，公司的中层管理人员主要来自一航局、二航局、三航局和上海航道局。他们有的做过很长时间的项目经理，有的是公司的经理或副经理，我本人是三航局质量主管部门技术质量管理的主要管理人员。由于以前大都是施工单位出来的，大家对工程施工还是比较了解的，再加上公司张华麟总经理提醒我们，不要因工作性质转变为建设单位而高人一等。要继续保持施工单位具有的好品质，要与监理单位良好沟通、平等相待、公平办事，工作上要对监理予以充分信任。因此，我们许多事情沟通起来就比较顺当。我们认为，业主和监理之间最理想的关系就是精诚合作，认真完成合同赋予的职责。监理应该为业主提交满意的工程，业主也应该为监理创造更多更好的条件。因此，我们在充分放权，帮助监理树立威信，以平等尊敬的态度激发他们更为强烈的责任感的同时，自己也并没有忽视应该承担的责任，我们通过各种方式，对监理实行了严格的管理。

首先我们对监理是充分信任的，将施工管理的职权赋予了监理。

当时我们赋予监理的职责是"三控两管一协调"。"三控"即工程进度控制、工程质量控制、工程投资控制；"两管"是合同管理、安全管理；"一协调"指全面地组织协调。当时还很少有单位要求监理进行投资控制，而我们已经这样做了。监理要对业主每个月付给施工单位的费用进行复核签字，出现修改或新的费用，监理须对投资把关。以往工地例会都是由业主来主持，而我们要求工地例会由总监主持并负

责写会议纪要。

长江口是国内最大的水运工程，也是世界级治理河口的宏伟工程，使用了大量的新技术、新工艺、新材料、新设备，监理对此也有一个学习、了解、熟悉、深入的过程。监理一方面要按照设计文件图纸完成实施，另一方面还需要花时间学习新工艺、新技术、新材料、新设备和新知识，从中总结和完善监理细则。

为实验护底型式和堤身型式，我们在一期工程安排了试验段工程。试验段施工前，我们还邀请了监理参与编制质量检验标准。试验段后，我们坚持邀请监理参与编制长江口治理工程专项质量标准。在总结一期经验的基础上，为加强监理对施工工序测量的监控，二期期间我们给监理配备了GPS，监理就不再像以前那样仅旁站看别人操作仪器，配备后就能够自主进行检测，不受控于施工单位。有的监理单位还配备了自己的潜水员，比以前更能实施监控，在监理理念上有了很大的进步。为加强对材料的监管，二期工程我们花了200多万元，建设了一个交通部乙级的材料试验检测中心，专门为监理做平行试验，进行材料和试验的第三方检测。我担任了该检测中心的主任。

在一期工程中，为了鼓励施工单位加大科研和设备投入，我们还给三家施工单位各提供了1500万元的技术装备费，帮助他们研究新型的施工工艺和购买需要的施工设备。

同时，我们没有放松对监理的管理。1998年的时候，中国监理走上工程建设的舞台还不到十年，和国外监理比较起来在技术水平和认真程度上确实有一些差距。当时我们公司的总工程师范期锦很严格，对监理的要求非常高，有时他会当众批评总监，虽然会使一些人当时很没面子，但也确实促使这些总监和监理认识到长江口工程的特殊性和提出批评的必要性，也对监理管理水平的提高起到了激励作用。

为了鼓励监理做好工作，增加他们之间的业务交流，在开展上海市重大工程立功竞赛活动时，我们还专门成立了监理赛区，按照“四比、三创、一建”的要求，进行评选和表彰先进，目的是让监理感觉到自己是工程大家庭的一个成员，同时提高监理服务的水平。为此，我们设计了详细的评比项目和评分标准，在监理组织设置、工作纪律、职业道德、监理人员基本素质和监理日常工作等方面进行评分，起到了很好的监督管理作用。我在当时作为工程建设部综合处负责人，担任了监理赛区的组长工作。当然，我们对监理单位的管理并不是仅仅停留在监督层面上，当他们工作有成绩的时候，我们还会号召其他监理单位学习或给予表彰奖励。

我们在抽查中也曾经发现过监理没有如实将施工现场的问题告知业主的情况。我也在施工单位干过，知道施工单位真要想瞒过业主是有可能做到的，因为他们掌握着施工现场的第一手资料，在这方面业主是不可能与他们相比的。但监理基本能够掌握现场的情况，这就是为什么要邀请监理来监管的原因。

甲方必须有懂工程管理的人，这样才能对现场有可能发生的情况做出正确的判断，哪些环节你必须介入，哪些地方你必须到场，哪些工序你必须亲自监督，这样才能与监理较好地沟通，也能较好地督促监理。对于监理的工作，甲方必须承担管理责任。不能所有的事都依赖监理，还要通过各种渠道了解现场的情况，监理只是其中一个渠道。监理的作用是毋庸置疑的，对于业主来说，能不能管好监理，是做好工程管理的关键。

业主不能老坐办公室，要经常下去了解一线的情况，因为现场的情况是瞬息万变的，有些事情不是你在办公室能想象出来的。所以，称职的业主是不能脱离工程施工现场的。当然，这也是业主单位比较为难的地方，因为限于人手，不可能总是到现场去。如果业主干过施工，对于工序、技术都比较清楚，讲话能讲到点子上，施工单位和监理单位更愿意听。管工程的人如果不懂工程技术和施工管理，高高在上是管不好的。

在长江口航道整治工程中，监理与业主之间的合作是富有成效的。一期工程被评为当时唯一的国家金奖，还荣获第四届詹天佑土木工程大奖；二期工程也获得了国家金奖等奖项；目前三期也正在申报国家奖之中。应该说这些成绩是监理、施工单位、业主精诚合作才可能取得的。同时，长江口深水航道治理工程成绩的取得也离不开众多曾经帮助过、支持过的专家、领导、有关单位和人员，也离不开交通运输部的一贯支持、关心和帮助。在质量管理过程中，印象很深的是，当时黄勇作为部质监总站领导，长江口开工不久就下来检查质量工作，对一家施工单位预制厂预制不符合质量标准要求的联锁块，当场要求停工整改，这件事对当时质量管理部门和施工单位领导带来的震动很大，既是很深刻的教训，又成为今后质量管理水平上升的动力。

监理的责任心是宝贵品质

在当前的社会环境下，工程施工是离不开监理的，特别是大型工程的业主更是离不开监理。但是对工程，业主决不能一包了之，而要通过正常的、合理的、公平的、有针对性的方式选择优秀的监理单位，签订有约束力的合同，与监理合作搞好工程建设。我认为，认真负责的总监、公平的费用、合理的合约以及懂施工、懂管理，行事严格的业主这几个条件加在一起，才能使监理与业主之间形成良好的互动，取得共赢的结果。在长江口工程建设期间，我接触过很多总监，他们之中有许多是认真负责，热爱监理工作，忘我投入的好总监，也有个别因观念滞后而出现了质量问题的总监。他们都给我留下了深刻的印象，也让我对如何做好工程管理有了更加深刻的认识。

长江口工程是带有实验性质的，要一边做一边找规律，因此监理的观念和技术手段也要跟得上，要和设计单位一起学习和提高。监理必须善于学习、善于提高自己，尤其总监更是应该如此。

当时我们的监理中有个监理界很有名的元老级人物，由于没搞清楚长江口工程的特点，再加上观念没有更新，对于GPS开始应用中出现的信号受干扰的问题认为不是监理的事，认为没有责任和必要派人协助予以解决。事实上工程技术是在不断进步的，监理受控点的设立也应随着技术的进步作调整，否则是无法搞好监理工作的。正因为这些陈旧理念，即没有对GPS设备定位精度进行比对试验和对定位软件使用前的比对监管，导致了长江口工程唯一的质量事故，虽然通过返工没有造成对工程质量的任何影响，但令人感到非常遗憾。

发生了这件事以后，我们专门制订了测量管理办法，要求在定位软件使用前必须进行比对，先用普通设备定好坐标，再用GPS进行复核。同时要求对GPS测量设备和测深设备定时进行比对校核。

之后的陈虎宝总监、吴祥总监、张荆雷副总监等人，都很优秀。陈虎宝总监作为一个退休后返聘的老同志，曾经和我一起参与编制港口工程质量标准，非常理解长江口工程的特点，在下属中也很有威信。他对艰苦的工作从无怨言，以自己良好的工作作风和工作能力得到了大家的一致称赞，也得到了我们甲方的认可。

还有一期工程中远东监理的袁炳希总监，二期工程中东华监理的徐勇总监，工作起来都非常认真，都得到我公司和施工单位的好评。他负责分管二航局，经过一段时间与施工单位的磨合，工程质量水平提升很快成为后起之秀。南华监理的陈荣华也是一位老总监，他在长江口干了8年，一心扑在工作上，好几个春节都没回家。他对工程因地势的变化而调整所提出的合理化建议，为整个工程节约了几百万元资金，因此我们奖励了监理部几十万元奖金。还有南华监理的李金炎总监、京华监理的童旭东和李双来总监，都为工程尽心尽力，任劳任怨，赢得了业主的认可，也出色地完成了监理任务。

由于一期工程前半段中没有疏浚项目，崔湘基总监大概是1999年来到长江口的。当时他是代表华申监理来的。现在虽然换了单位，但他仍然在这里工作着。崔总监对监理工作一丝不苟，经常直率地向业主反映第一手情况，敢于说话，不逃避责任。他还通过对长江口疏浚施工船舶上报的数据的研究和对某一时段深水航道内泥沙回淤的初步分析，对施工船舶安排等方面提出自己的建议，在监理工作中与我局职能部门的配合和沟通上做得很好，他对长江口工程的理解有深度。

这些优秀的监理人，无论他们的知识和阅历有何差异，他们身上所表现出来的一个共同特征，就是具有强烈的责任感。正是因为这种强烈的责任感，他们才不怕辛苦，全身心投入工作，去做那些别人认为多余的事情；才能不断学习，充实自己，永远走在科技发展的前头。

我看监理的未来

水运监理的发展壮大是由它的历史使命决定的。25年来，交通监理行业随着交通运输业的发展而壮大。如果说交通运输业是一辆高速列车，监理就是其中的一列车厢，双方的发展是同步的。今天的中国交通建设监理就像一个身强力壮的青年，具备了一定的理论水平和实践经验，干劲正足，有着很好的发展趋势，管理也越来越规范。同时，社会对监理的要求也越来越高。

陈卫中（右一）到工地检查安全生产情况（2003年）

我认为，未来的监理行业要想获得更大的发展，最重要的是要培养监理人员的责任心，认真负责的监理才是好监理。

此外，应该建立一套科学、合理的考核、责任追究和处罚制度。在监理单位资质的评定方面，应该将拥有水平高、声誉好的总监和监理人员占监理总人数的比例作为该监理公司资质评审的最重要指标，以监理公司的业绩为基础，让好名声和高资质相得益彰。同时，要给予监理，特别是总监较高的待遇，使得他们的付出与收入能成正比。我认为现在总监的工资还是较低，而一个好的总监无论是在个人的综合素质，还是责任心、事业心方面的要求都是非常高的。只有提高他们的收入，才有利于监理队伍素质的提高，使监理人才更好地成长。

总之，在工程建设的链条上，监理是不可或缺的一环。我希望监理行业能够强者更强，也希望社会能为监理发展创造更好的外部环境。我们的实践证明："小业主大监理"的模式取得了成功，在高效率的监理协作下，创造出了有目共睹的成绩。

编后语 AFTER WORD

承担着"打开长江口"重任的长江口深水航道治理工程，创造了众多物质文明和精神文明成果。而参与这个工程的优秀建设者们那实事求是的工作态度，以及专业、敬业的精神和高度的责任感，正是这个工程获得成功的关键。陈卫中就是其中一员。正是他们凭借对监理的高度理解和认识，在协作中全心投入，动脑子、想办法、求合作，创造了业主与监理合作的新模式，共同铸就了长江口工程的辉煌。

钟宁

1969年出生，1991年毕业于重庆大学，硕士研究生学历，国务院政府特殊津贴获得者，重庆交通大学兼职教授。

先后参与了重庆市境内30多个高速公路项目的建设管理工作，主持并参与交通部西部交通建设科技项目、重庆市重大科技攻关项目和重庆交通科技项目等科研项目共30余项。在公路隧道智能联动控制技术、高速公路"联网监控、区域管理"技术、复杂地质条件下桥梁与隧道建设技术、山区高速公路沥青路面和规划选线技术和高速公路节能减排新技术研究等方面取得突出成就。先后获省部级科技进步一等奖五项，二、三等奖十余项。所取得的研究成果全部应用于重庆高速公路的建设和运营中，产生直接经济效益12.3亿元。先后在各类期刊上发表学术论文60余篇，获国家专利3项。

现任重庆高速公路集团有限公司副总经理，兼任中国科协八大代表、中国公路学会青年专家委员会委员、重庆市科技青年联合会副主席、重庆市内部审计协会副主席、重庆公路学会副秘书长、重庆市桥梁协会常务理事、交通部西部科技项目评审委员会评审专家、重庆科学技术委员会咨询专家、重庆交通科技奖评审委员会评委等。

"监理应该回归FIDIC条款的本质。在目前的交通建设体制下，监理企业的发展方向应该着眼于替业主提供增值服务。"

钟宁：
在合理的规则下才会走得更远

2008年的汶川地震，让四川成为全国人民关注的焦点。地震发生后，我奉命在最短的时间内组织好130人和27台车与设备，带领他们穿越峡谷和雪山，用最快的速度打通了一条通往灾区的道路。当然，其中的危险、痛苦、斗争和忘我是不言而喻的。这次救灾的经历，对我的人生观有很大影响，让我感到，没有什么困难是不能抗过去的，也让我懂得，遇到什么事情都应该冷静。救灾的过程也让我发现：科学的往往是简单的，但这些简单的方式需要有效地组合起来才能发挥最好的效果。这也是我在20余年的交通建设工程管理实践过程中所深深感悟到的。

成长的起点是监理

1991年，大学毕业的第二天，我背着行李来到成渝高速重庆段二期工程工地报到，成为西南地区第一条高速公路的一名监理人员。那时，我觉得监理的职业很崇高，很令人自豪。年轻的我也在这个行业中学到了很多东西，得到了很好的锻炼。

起初，由于对工地上的事情都很陌生，我感觉有点自卑。在我看来，监理是要监督别人的，可自己没两手怎么监督别人？所以刚工作的那半年时间我基本上不怎么说话，只是埋头学习，恶补过去不懂的东西，把大学时的专业教材拿出来反复地研读，最多的一本看了足足6遍。同时，我还主动向工人学习大型器材的操作。那时的施工单位都是国有企业，工人也很尊敬监理，愿意教我，就这样，3个月以后推土机、压路机、挖掘机等等我全都会用了。这个时候学东西真是学得又快，记得又牢。记得当时有一位实验室的主任问我，为什么我们检测压实度用灌沙法，不用核子密度仪来做？当时我并不知道答案，于是我马上假装上厕所，拿出随身带的教科书来

钟宁在灾区抢通（2008年）

查，回来后把为什么这样做，原因是什么向他解释得清清楚楚，让他感到很震惊。我们那个时候的高监是个老监理，每次喝完酒就会滔滔不绝地给我们讲课，所以我经常陪他喝酒，也向他学到不少东西。

当时工地的生活是半军事化的，很艰苦。每天交通车把大家送到离工地7公里的地方后，我们就得步行到工地。从工地回到驻地以后，就打球锻炼身体，吃完晚饭后再看半个小时新闻联播。每天看完新闻后到22点之间，所有人都要聚集到办公室背FIDIC条款，一直要背到熟悉才行。

就这样过了半年之后，我便开始熟练地履行现场监理的职责。在工作中，我还提出了多项合理化建议，为国家节约资金170余万元。

从1991年大学毕业到2001年，我总共做了10年监理，可以说尝尽了这个行业的苦辣酸甜，收获了许多，也为我今后的职业生涯奠定了扎实的基础。

1997年，我第一次做高级驻地监理，当时我28岁，管理的五个合同段是当时公司承接的最大的一个项目。公司给我配了几个副高监、专项工程师，他们年龄都比我大很多，最大的有65岁。为了管好这支队伍，我想了很多办法。上任一个星期以后，我发现想让大家早晨按时起床是一个难题，一开始我亲自去叫，后来干脆让后勤总管买了一口锣，起床敲锣、开会敲锣、出发敲锣，只要有人没起来锣声就不停。这是我第一次定规则。

除了敲锣，我每周二都会背着馒头，带着大家把近20公里的合同段走一遍。这段路要翻山、越岭、过河，走一趟要一天时间。我规定除了50岁以上的人员，其余所有人都必须跟我一起走。我的目的是通过每周走这一趟，不但能统一5个合同段的管理标准，还让大家锻炼好身体。每周三我要求所有的监理都集中到会议室里来签字，通过集中签字提高工作效率。就这样，我从现场监理到总监办主任，到副总监，一步步摸爬滚打过来，与监理结下了不解之缘。当年，所有的变更图纸都是监理画的，记不清我们那时一共画了多少个涵洞，多少座桥梁，有一次把梁桥变更设计为2跨50米石拱桥，描图我花了两天时间。

至今，监理在我心中的地位依然很崇高，但现在的监理却总令人觉得已经不再是我们那时的监理了。他们不再画图、不再设计，不再干监理该干的事情，甚至已经沦为旁站、监工。

正是因为我对交通建设监理的这份了解和情感，让我即使在身份转换成为业主以后，仍然深深关注着监理的未来。我希望通过自己做一些力所能及的事情，让交通建设这个大的系统产生某种良性的变化，让业主、监理、施工、设计都回归本位，去做自己应该做的事情，去获得原本属于他们的荣誉。

实事求是的工程管理哲学

2000年底我由监理转身成为业主，先后担任重庆北方高速公路有限公司工程室主任、副指挥长直至总工程师、副总经理、党支部书记。角色变了，观察和思考的角度也都跟着有了变化，也让我可以用更开阔的视角来思考工程建设管理所面临的问题和挑战。我认为，监理的"沦落"不仅仅是因为监理本身的问题，要改变监理的现状也不是一朝一夕的事情，这是一个庞大的系统工程。

事实上，在现行的工程建设管理体制下，监理和业主都得在同样的大背景之下，求生存和发展，这个大背景，从最深层次来说就是我们的文化。我们只有了解了我们的文化，探索出一种符合中国国情的，实事求是的工程管理哲学，才能最终解决各个工程建设主体所面临的问题。

为此，我曾经写过一篇文章——《中国的高速公路和中国的儒家文化》，因为我看到很多困扰交通建设管理的现象，其实是由参建各方与业主的目标不一致所造成的，而这些问题追根究底则与中国几千年的儒家文化有着千丝万缕的联系。

我们知道，市场的概念来源于西方，监理进行工程管理使用的FIDIC条款是完全的合同管理，FIDIC精神是西方文化的体现。在这种文化中，人与人之间的关系建立在契约的基础之上。而中国的儒家文化则强调的是由各种血缘关系形成的亲疏远近关系。在这种关系里，凡是陌生人，你都可以不搭理他。在这种文化语境中，要追究中国人为什么不讲诚信是没有意义的。俗话说："花别人的钱办别人的事，结果是多花钱办不好事；花别人的钱办自己的事，结果是多花钱办得好事；花自己的钱办别人的事，结果是少花钱办不好事；花自己的钱办自己的事，结果是少花钱办得好事。"目前中国的高速公路、铁路工程等建设项目，都是花国家的钱办国家的事，结果如何？大家自可去想象。

当今世界上的约束机制其实不外乎四种：第一种是等级，第二种是资本，第三种是法律，第四种是宗教和文化。第三、四种在中国目前还行不通，所以我们只能从等级约束机制走向资本约束机制。当年计划经济时代的指挥部采用的就是等级约束机制，现在则全面走向了资本约束机制。到这一步，就必须实现股权的多元化。只有这样，大家的共同利益才可以摆上桌面，而那些肮脏的潜规则才不再有存在的空间。

所以我们尝试了BOT+ETC。在新投资1000多亿的高速公路建设中，要求施工方必须成为股东，1000公里高速公路全部做成了这种股权模式。这其实就是把工程建设的各个主体变成了亲戚——施工方变成股东，好比亲兄弟，设计和监理做好自己的事情得到相应的利益。有了这层关系，各方的利益和感情都比较容易协调一致，管理起来也就不那么吃力，这就是中国式管理哲学。在这种实事求是的工程管理哲学指导下，我们才能制定出合理的游戏规则，让游戏中的每一方都在这个规则下各司其职、各负其责、各行其道。

设计合理的游戏规则

全世界都公认德国的制造业做得好，原因是什么？我认为在契约精神之外最根本的原因是他们信仰"人做的事，上帝可以看见"。而中国没有这样的文化基础，无法在信仰层面对人的行为进行约束。因此，我们必须了解每个工程建设主体的利益在哪里，才能制定出行之有效又相对公平的游戏规则。也就是说，每一个建设工程项目里面都包括业主、监理、设计、施工几个主体，要想把工程做好，就必须理顺他们之间的关系。

施工单位的利益在哪里？依照目前的游戏规则，施工单位挣钱的方式不外乎有两种：虚增工程数量或偷工减料，降低质量标准。这也是工程建设市场化发育不全造成的恶果。

设计的利益在哪里？按照现在的规则，只有设计不好的时候，设计费才会增加。因为我们的机制是工程费用越高设计费用越高，所以前面的设计工作做得越差，后面的设计费反而会越多。

监理的利益在那里？监理市场化以后，每个监理人员都归监理公司，监理公司要通过现场监理来挣钱。当低价中标的时候，公司的利益来源于盘剥现场监理，而现场监理只好靠盘剥施工单位来保证自己的利益。而为了降低成本，许多监理公司不得不聘用一些素质较差的监理人员。

还有征地这个环节。我们的征地拆迁费和全国一样是包干每亩多少钱，其中工作经费是3%。这意味着征地拆迁费越多，工作经费越多。参加征地的有设计、施工单位、监理，还有地方指挥部。有心的人可以发现，在征地这个环节上，所有参与者的利益目标都正好和业主相反。

游戏规则不改，工程质量不可能得到保障，业主的利益一定会受到损害。因此，我们尝试着设计新的规则，将工程建设的各个主体的利益关联起来，为共同的利益目标服务。

过去，一个项目按照交通部的定额，设计费如果是4000万，业主会让他打6～7折。做得不好，再追加。我们现在改成这样做：假如设计成本是2000万，先把成本付给设计单位，如果经过审计，工程费用可以控制在概算以内，再付2000万，达到交通部的定额标准。如果通过设计优化和施工监理还能将概算下浮10%，会再奖励2000万。这样做的结果会引起哪些变化呢？首先，设计负责人的规格提高了，设计院不但加强了对设计代表的管控，还开始主动对设计进行优化，以控制建设成本。

施工决定了工程质量。如何才能让工程的施工单位把质量放到最重要的位置上去呢？虽然我们实行了招投标，但现在施工单位借牌挂牌的很多，李逵中标李鬼进场的事情屡见不鲜。按常规，工程投标时一般要求施工单位的注册资金必须大于所投施工项目的5倍。而重庆高速集团对施工单位的要求更高——必须是世界500强、行业认可的企业。因为单位越大抗风险能力越强，特别是上市公司的管理也会很正规。我们还把项目进行打包，一条路就是几十个亿，这样也自然就把资格不够的

钟宁（前排左一）向中央扩大内需检查组组长徐天亮（前排左三）汇报工程情况（2010年10月）

企业拒之门外了。有资格成为施工方的企业也就有实力成为我们的股东。

事实上，在高通胀时代，今日之钱不是钱，明日之债不是债，所有有能力的施工单位都想通过施工换身份，进入资本市场。因此，有实力的施工方非常乐意有这个成为股东的机会。更何况高速公路建好以后有30年经营期可以收费，当政府想要提前回购时还可以议价，投资者几乎没有什么风险。

那么，当业主和施工方互为股东，成为"一家人"的时候，以往各自的做法会发生怎样的变化呢？我们发现，以前施工单位都希望工程投资越大越好，现在则不一样了，因为投资和自己也有关系，太大了自己也受不了；以前施工会勾兑设计，现在则没有这样做的必要了。

实践证明，这些机制的变化，确实解决了以往的许多难题，大大提高了建设效率和工程质量。

过去，几乎没有哪个工程不超过概算的。而通过采取总承包的方式，使得施工中的变更不再会影响投资，经过优化有些项目的的概算还下浮了5%~10%。以前100公里的三级高速公路，可能有20个土建合同段、3个路面合同段、10个绿化合同段、5个机电合同段，分很多监理单位，现在100公里就一个单位。以前有几十个项目经理，现在只有一个。以前有十几二十个中心实验室，现在有一个大的中心实验室。以前是二三十个项目分别在采购钢材、水泥，现在变成了集中采购。以前的模板用一次，现在不断地循环使用。以前一个拌合楼只管合同段的某一部分，现在可以系统集成。以前所有施工单位进场干的第一件事是修便道，现在他们进场的的一件事是找石料，因为以前的土建不管路面，等路面进场的时候碎石的价格会很高。现在我们协助他一进场就找石料自己办料场，节省了很多资金。承包商也可先修服务区和收费站，修好以后先给自己的人住，完工后再交给业主使用。以前各个合同段之间施工水平差别很大，有的承包商干得不好，业主也没有什么办法。现在大家都是投资人，承包商变成了集成商。这样做的结果不但极大降低了施工成本，还意味着减少了道德风险，因为施工再也不需要偷工减料了。

钟宁（左三）检查渝邻改线工程(2012年12月)

此外，按照交通部规定，高速公路的缺陷责任期为2年，保修期5年。到达缺陷责任期，施工单位退走质量保证金。但因为钱已经拿走，也没有其他约束机制，出现问题很难按规定的方式解决，最后责任全部落到业主身上。现在，我们重庆高速公司合作合同的第9条第3款规定：总承包人要对质量、进度、安全、廉政负总责。当这方面出问题的时候，会在质保金或未来的收益中扣除相应金额。重庆高速的收费由高速集团管理，收益按照股份进行分配。这实际上就相当于把缺陷责任期延长到了30年。现在，我们不用担心承包人会拿什么去铺路面，因为他知道未来的养护成本远大于当初的施工成本。这就是一个合理的游戏规则可以发挥的约束作用。

通过我们的实践可以看到，业主通过制订合理的规则，改变了施工、设计、监理的生存状态，提高了各方的工作责任心，降低了各方的资金风险和道德风险。而在这种状态下，业主也可以由建设管理转身为管理建设，做自己应该做的事情。业主是改变规则的人，同时也通过改变规则改变了自己，这种改变，让建设各方走得更远。

监理的未来是回归

在工程建设过程中，业主需要对投资、质量和进度进行有效的控制，监理正是可以帮助业主实现这些目标的人。对施工单位来说，业主和监理都是管理者。但是，普遍来说，现在的许多监理并没有发挥应有的作用，而是变成了监工，在夹缝中辛苦生存。长此以往，甚至连生存都会有问题。究其原因，除了有很多业主认识不到监理工作的重要性以外，还有监理对自身的定位不够准确的原因。也就是说，监理要搞清楚自己应该做什么。

我们知道，目前工程建设的普遍模式是：业主不信任承包人就去请监理，对监理也不信任就去请监控，对监控不相信就请监察。而在重庆公路建设的机制下，监理管不了投资。以前多增加隐蔽工程，监理可能要提成的，但现在工程资金与监理无关了。监理想要管质量，总承包人对质量的要求比监理还要高才符合未来利益。当然，在重庆这个模式之外，承包人还是有偷工减料的可能，现在的监理还是需要的。而在我们的新制度下，监理的监工作用就没有了。

那么真正的监理到底应该干什么呢？

我认为，规则是业主定的，监理在这个规则之内最能打动业主的是提供增值服务。因此，监理应该要突出增值业务，往工程顾问、咨询方向发展。什么叫顾问、咨询？咨询是点对点，顾问其实不仅仅局限于做咨询，而是在做集成，是帮客户系统地解决问题。也就是说，我的优势是知道在中国找谁能把这件事做得最好。当然，这需要拥有足够的资源，足够的人才技术实力才能做到。做不到这一点，监理就没有发展的意义。目前做出了自己的特色，能干真正监理该干的事情的监理公司并不多。

目前我们重庆高速集团号称最廉政、人数最少的业主，在重庆市区主城区到涪陵的沿江高速路建设中有82亿的投资，业主的董事长、总经理加上财务、工程部、综合部及驾驶员等全部人马一共只有26个人。我们能够用这么少的人管理好这么大的工程，监理起了非常大的作用。这个项目的设计监理，施工监理都是由西安方舟工程咨询有限责任公司来做的。他们把设计和施工监理结合起来，通过优化设计，提高了高速公路的标准，节约了投资。通过监理，这条路设计路线的改动最多达到60%~70%，82亿的投资通过设计节省了8亿。之所以取得这样的效果，是因为监理发挥了重大的作用。我们要求西安方舟的8个老专家在整个建设的过程中轮流盯在现场，因为只有他们可以帮我们判断会出哪些问题，哪些地方可以优化。在施工过程中，这些老专家天天都在工地上，非常敬业，令人感动。对这样的监理，我发自内心地尊敬。他们也非常愿意跟我们合作。因为他们觉得，只有在我们这里，他们的设计监理、他们的优化思路才能落实到位。

我希望主管部门要对监理进行深入调研，了解我国交通建设中监理的实际工作情况和业主对监理的真正需求，制定出更符合实际的交通工程监理管理办法。当然这需要一个过程，在这之前，希望监理可以回归当年京津塘、成渝高速建设时期的状态，认认真真地把FIDIC这类在发达国家经过实践检验的行之有效的管理方法复制过来，为我所用。

回归，监理才有未来。

编后语 AFTER WORD

在钟宁的眼里，职业绝不只是谋生的手段，而是被赋予了神圣的使命，从而让他拥有不断学习、实践、思考的动力。他对于交通建设管理未来的谋划和实践，有着一种发自内心的热情。这个倡导“把高速公路轻轻地放进大自然”的人，其实是一个心思细腻的豪放派。他对监理的特殊情感和他的丰富经历，让他成为一个“有思想”的人。

刘元泉 1959年生于山东莱芜，教授级高级工程师，1982年8月同济大学毕业，分配到原交通部第一公路工程局第二工程处工作。2002年享受国务院特殊津贴，2003年1月被中国公路学会评为全国百名优秀工程师，1994年11月至2001年7月任原路桥集团第一公路工程总公司科研所副所长、所长，2001年8至今任中交第一公路工程局有限公司总工程师，北京公路学会副理事长。

> “监理企业与施工企业虽说是监督与被监督的关系，但也是一种协作缔约关系，双方都是平等的，虽然各自的职责和分工有所不同，但目标是一致的。”

刘元泉：为共同的目标努力

监理是受项目法人的委托，根据国家批准的工程项目建设文件，有关工程建设的法律法规和工程建设监理合同等对工程建设实施监督管理的工程参建方之一。作为先前从事过监理工作而后又从事施工技术质量管理工作的工程技术人员，我深知监理与施工方不是对立关系，而是一种共同目标下的协作关系，因此在工程实施过程中，我们既要相互监督，又要精诚合作，为实现共同目标而努力。

监理的作用不可替代

我第一次接触监理工作，是在20世纪90年代初修建京津塘高速公路时。京津塘高速公路是我国第一条采用世界银行贷款跨省修建的项目，工程建设中首次采用了国际通用的FIDIC条款，实行监理工程师制度。当时，监理两字对我来说还是一个比较陌生的词汇，一开始对这个工作也并没有太多的了解，只是觉得可能是代表业主来进行工程管理的，接触以后才对监理的工作有了一些了解和认识。应该说，在当时的情况下，监理是一项很具挑战性的工作。之所以说监理工作具有挑战性，是因为虽然监理工作所依据的FIDIC条款明确地规定了业主、监理、承包商各方缔约人的权利和责任，使参建的三方都能按照各自的义务和权力约束自己，监督对方，从而形成有条不紊而又严密的管理体系。在这一体系中监理的作用至关重要，它必须按照合

刘元泉（右三）在曹妃甸工业区西通路高架桥面板预制场指导工作（2010年11月）

同条件，兼顾业主和承包商的利益。但是，如何能在工程实践中做到这一点，就当时来说，不管是在制度建设还是工程建设理念及工程建设从业者的知识、经验和对监理工作的认知等方面，都还处于刚刚起步的阶段，监理工作的正常开展还需要有一个适应的过程。可以说，当时监理制度的引进，完全突破了我国传统的工程建设管理模式。

监理发展的这25年，也正是我国交通基础设施建设快速发展的25年，可以说监理的发展经历了从无到有，从小到大，从弱到强，从借鉴学习国际同行的经验到逐步形成了适合中国国情的监理制度过程，为我国交通基础建设的快速发展发挥了不可替代的作用。在成长发展中，我国的监理企业苦练内功，强化自身建设，不断发展壮大，特别是在人才培养方面，培养造就了一大批高素质的监理人才。而且，在立足自身培养的同时，围绕监理工作发展的多元化，加大各类专业人才的引进力度，形成了人才多元化结构。在选人用人方式上，结合实际，改进，并加强业绩考评和绩效管理，优化人才使用环境，为持续发展提供人才支撑和智力保障。

随着建筑业改革的进一步深入，项目法人负责制及工程监理制得到了进一步的推广，交通基础设施建设项目基本上都实现了社会监理。这对于提高工程建设管理水平起到了极大的推动作用。事实证明，监理在工程建设中发挥了不可替代的作用。

监理与施工单位的目标一致

按照FIDIC条款的解释，施工企业或承包商的任务是按照合同、施工技术规范的要求按期完成工程项目的建设；而监理企业的任务是监督履约各方按照招标文件，全面地完成工程项目。因此，施工企业和监理企业应该是一种具有各自不同职责和工作内容，相互平等，且有共同目标的协作关系。监理企业与施工企业是监督与被监督的关系及协作关系，双方都是平等的，并非谁凌驾于谁之上。双方的目标都是把工程做好，出发点是一致的，只是分工不一样，是一种缔约关系。

从理论上讲，监理工程师应该是工程建设项目现场的唯一管理人员，业主委托了监理，就应由工程师去实施对工程建设项目的监理与管理，业主的意见和一些决策也应通过监理工程师去实施，而业主真正要做的，是对监理的管理，而非直接对工程建设项目进行管理。我国监理规范规定：监理应该按照监理合同约定的职责与权限，对工程质量、安全、环保、费用、进度实施监督管理。而施工单位的主要职责也是围绕着这5个方面开展工作。因此，监理工作对施工单位起到的是监督、检查和协作的作用。

在我看来，监理的地位和作用应该主要体现在以下几个方面，首先，监理是国家或行业工程建设相关法规确定的一种制度安排，这决定了它的法律地位；其次，监理工作有行业规范作依据，规范了其监理行为和工作标准，使监理工作有法可依，有章可循；第三，由于工程建设过程的复杂性，要想发挥好监理的作用，就需要有高素质的人才和强有力的管控手段及高超的协调能力。总之，我认为：监理的责任重大，作用十分突出，工作难度也很大。

不同的企业所面临的问题各有不同，作为施工企业，目前同样也面临一系列的问题，比较常见的问题和困惑主要有三个方面：一是市场竞争激烈，一个标往往有几十家企业竞争，激烈程度可见一斑；二是部分项目拖欠工程款现象较严重；三是施工环境干扰大（阻工、地材随意涨价、征地拆迁慢、材料差价大，随意收取保证金等）。

监理和施工企业尽管责任和权力不同，但共同的目标都是按期优质地完成工程项目。因此，两者之间要想形成比较理想的共赢关系，我认为应该做好这几点：一是双方要按照各自合同规定的义务和权力约束自己，监督对方，提高履约能力；二是建立正常的工作机制，加强信息交流和沟通；三是双方都要有主动服务意识，对双方各自职责范围内的工作不推诿，不扯皮，加强合作。

我们希望的监理

监理作为工程建设过程的重要参与者，已经得到社会和工程界的广泛认可并形

刘元泉（右三）在甘肃南绕城项目拌和站检查工作（2012年4月）

成制度。随着我国工程建设法规的进一步完善和工程管理水平的不断提高，监理在我国工程建设中的地位和作用必将会越来越重要，监理未来的发展前景应该是一片光明，当然这也需要广大监理人的共同努力作保证。

作为受业主委托对工程建设进行监督管理的一方，监理如何能有效承担起这一重任，是广大监理人需要进行认真思考和回答的问题。我认为，监理将来应该向管理工作更加标准化，管控手段更加专业化方向发展。所谓管理工作标准化，就是管理制度、人员配备和工作流程标准化；所谓管控手段专业化，就是更加注重测量和试验检测工作，改变重人数轻手段的做法。

监理企业和施工企业虽然在经营领域和规模等方面有所不同，但作为活跃在工程建设领域的企业来说，在许多方面还是可以互为借鉴的，如企业文化建设、合法经营、企业管理与创新、人才培养、承担社会责任等方面。

面对错综复杂的交通建设市场新形势，随着企业结构调整、转型升级工作的持续深入，对施工企业和监理企业而言，在质量管控能力和品牌建设方面都提出了更高的要求，如何有效地向价值链高端延伸，在市场竞争中保持领先态势，是我们共同需要重点解决的问题。我们要用不断创新来推进改革，以促进效益来持续提高自身的发展水平。只有这样，我们才能紧跟时代的发展，在交通建设市场中站稳脚。

编后语 AFTER WORD

经历过监理方和施工方两种身份的变迁，刘元泉对监理的看法更为透彻：监理方与施工方不是彼此不容的对立关系，而是相互促进的协作关系。二者之间的利益和诉求都是紧密关联的。他相信，监理未来的位置，应该是处于建设行业价值链的前端，为交通建设提供更高端、更全面的服务。

附录

中国交通建设监理行业25年发展大事记

中国交通建设监理行业25年发展大事记

1984年9月，国务院颁发《关于改革建筑业和基本建设管理体制若干问题的暂行规定》（国发〔1984〕123号），明确提出了“改变工程质量监督制度，在地方建立有权威的政府工程质量监督机构”；1985年12月：李鹏总理在全国建设管理体制改革会议上指出：“要使建设管理工作走上科学管理的道理，不发展专门从事管理工程建设的行业是不行的”；1986年，交通部第一个世行贷款项目西安—三原一级公路开始招标准备；1986年7月，交通部在西安举办公路项目全国第一次监理工程师培训，培训时间为30天，学员有120人。以上信息，正是我国交通建设监理行业即将拉开序幕的信号灯。

试点阶段（1987年~1992年）

1987年2月16日：西三一级公路全线施工正式展开，1989年12月建成通车。西三一级公路在施工过程中，采用了国际咨询工程师联合会制定的合同条件（FIDIC条款）进行施工监理，在全国也是第一次。这种严格的监理工程师制度，为保证工程质量、进度以及控制工程费用发挥了很好的作用，为今后的工程建设积累了实践经验；培养、锻炼了一批具有较高理论水平和实践经验的项目管理人才和监理人员；探索总结出了一套按照国际标准结合中国实际的监理工作经验，是对我国传统项目管理体制的重大改革，为以后高等级公路建设的发展打下了坚实基础。

1987年：交通部以[1987]交基字762号文印发《关于成立交通部基本建设工程质量监督总站及颁发〈交通部基本建设工程质量监督管理暂行办法〉的通知》。时任基建局局长的刘济舟兼任总站站长。

1987年3月：全国第一家监理公司——天津市道路桥梁工程监理公司（现为天津市华盾工程监理咨询有限公司）成立。

(1987–2012)

1987年9月：我国第一个水运工程监理项目——天津港新建东突堤工程开始实施监理。

1987年12月23日：我国第一条利用世界银行贷款修建的、跨省市的高速公路——京津塘高速公路正式开工，并全面施行FIDIC合同条件下的工程施工监理。参与监理的单位有京津塘高速公路工程北京监理所（1993年7月改为北京市高速公路监理公司）、天津市道路桥梁工程监理公司（现为天津市华盾工程监理咨询有限公司）和京津塘高速公路工程河北监理部。全线土木工程于1993年9月25日竣工通车；公路机电工程于1992年11月28日开工，1995年3月31日竣工。全部工程于1995年8月4日通过国家验收，国家验收委员会认定“工程总体水平达到国内领先和当代国际先进水平”。

1988年7月：李鹏总理圈阅同意城乡建设部干志坚副部长关于《建立有中国特色的建设监理制度》的报告。

1988年7月：城乡建设部以[1988]城建字第142号文印发《关于开展建设监理工作的通知》。

1988年8月1日：《人民日报》头版刊登标题为《迈向社会主义商品经济新秩序的关键一步——我国将按国际惯例建设监理制度》的文章。

1988年11月：建设部以[1988]建建字366号文印发《关于开展建设监理试点工作若干意见》，确定在八市二部（能源部、交通部）进行建设监理试点。

1988年12月：大窑湾码头主体工程开工建设，至2012年3月，大窑湾港区三期工程17#、18#集装箱泊位工程通过交通部验收，正式投入使用。大窑湾工程遵循“生态型”、“节约型”港口发展的理念，采取了诸多先进的节能减排新工艺和新技术。参与监理的单位有大连港建设指挥部、交通部水规院等。

1989年：交通部委托陕西省交通厅着手编制国内首套《世行贷款项目公路工程招标文件范本》，填补了国内空白。

1989年4月24日：交通部发布《公路工程施工监理暂行办法》，办法中确立了我国公路工程监理工作的原则为“严格监理、热情服务、秉公办事、一丝不苟”。标志着工程监理制度正式引入到我国公路建设中。

1989年6月10日：交通部以[1989]交人劳字316号文印发《关于组建交通部工程建设监理总站的通知》。

1989年6月21日：交通部发布《公路工程施工监理试点工作意见》，确定京津塘、西三、济青、南九、开封—洛阳、沈大、312国道（安徽段）高集海峡大桥等9个工程项目为监理试点项目。

1989年12月25日：交通部组建交通部工程建设监理总站，并开展工作，主要职责是负责公路、水运工程质量的监督及监理企业资质、监理人员执业资格管理等有关工作。熊哲清任交通部工程建设监理总站站长。

1989年：交通部批准第一批5家监理企业具有水运工程监理资质：天津中北港湾建设监理事务所、武汉华通港湾建设监理所、上海东华港湾工程监理事务所、南华监理所、南京港湾工程监理事务所。

1990年开始，交通部工程建设监理总站陆续委托部分大专院校代部进行公路、水运工程监理业务培训，并组织编写监理培训教材。

1990年11月13日：交通部发布了《公路水运监理单位监理资格审批暂行规定》。

1991年3月12日：交通部（91）交工字190号文件《关于批准首批公路水运工程监理工程师注册的通知》，批准杨延明等90位同志为监理工程师，并颁发证书。

1992年1月25日：交通部交工发[1992]66号《公路、水运工程监理工程师注册办法》出台，标志着我国公路、水运工程监理人员考核认定及注册制度的建立。

1992年5月16日：交通部发布交工发[1992]378号《公路工程施工监理办法》。

1992年9月18日：国家物价局、建设部联合发布[1992]价费字479号《工程建设监理费有关规定》。

稳步发展阶段（1993年~1995年）

1993年：《交通部公路工程监理培训教材（试用）》一套五册（《监理概论》《合同管理》、《工程质量监理》、《工程进度监理和工程费用监理》）正式出版。

1994年8月30日：交通部发布交基发[1994]840号《水运工程施工监理规定（试行）》。

1994年12月14日：李鹏总理在长江三峡工程开工典礼大会上讲话明确指示："要按照社会主义市场经济的原则和现代企业制度进行工程管理，实行项目法人责任制、招标投标制、工程监理制和合同管理制"。

1994年："交通部工程建设监理总站"更名为"交通部基本建设质量监督总站"。并以交人劳发[1994]1277号文明确为部机关直属事业单位，由部基建司归口管理。业务工作分别由基建司和公路司指导，对其主要职责、内设机构、人员编制等也进一步作了规定。

1995年4月：交通部发布《公路工程施工监理规范》（JTJ077—95）。

1995年5月18日：交通部以交基发[1995]448号文发布《公路水运工程监理单位资质管理规定》。

1995年7月31日：交通部以交基发[1995]670号文确定，在编制水运工程总估算和总概算时，"工程监理费"和"工程质量监督费"从"建设单位管理费"中剔出单独计列。

1995年11月15日：交通部以交基发[1995]1145号文发布《交通部先进工程质量监督站和优秀工程质量监督人员评选办法（试行）》。

全面推行阶段（1996年~2000年）

1996年1月4日：交通部以交基发[1996]29号文发布《公路、水运工程监理工程师资质管理办法》，规定交通部成立监理工程师评审委员会，负责监理工程师的资格审定工作。

原《公路、水运工程监理工程师注册办法》同时废止。

1996年：交通部发布《公路基本建设工程概算、预算编制办法》，将公路监理取费率定为1.6%。

1996年6月：交通部发布《水运工程施工监理合同范本》

1996年6月5日：交通部以交基发[1996]504号文发布《关于表彰交通系统先进监理单位及优秀监理工程师的通知》，首次有23个先进监理单位及97名监理工程师受表彰。

1996年7月1日：全国交通基本建设质量监督工程监理工作会议在吉林召开。会议在总结“八五”期间质量监督和工程监理工作的基础上，提出了“九五”期间进一步搞好质量监督、工程监理工作的目标和要求及实施措施。

1997年7月17日：交通部以公监字[1997]162号文发布《公路工程试验检测机构资质管理暂行办法》。

1997年9月15日：交通部发布《公路工程施工监理合同范本》。

1997年12月10日：交通部以交基发[1997]803号文发布《水运工程试验检测暂行规定》。

1997年12月11日：全国公路、水运工程监理经验交流会议在广西北海召开。这是交通部推行监理制十余年来召开的规模最大的一次监理专题交流会议。

1998年1月19日：交通部以基质监字[1998]16号文发布《公路、水运工程试验检测人员资质管理暂行办法》。

1998年1月27日：长江口深水航道整治工程正式开工建设。此工程是迄今为止中国最大的水运工程，也是世界上最大的河口治理工程，这项工程的实施打通了长江口通航的瓶颈，让长江航运网络与国际海运网络对接，真正实现了江海通达。参与监理的单位有：南华工程监理咨询有限公司、天津中北港湾工程建设监理事务所、上海远东水运工程建设监理咨询公司、长航监理有限公司、上海源深工程建设监理有限公司、中交水规院京华工程监理有限公司等。工程于2011年5月18日竣工。

1998年12月28日：交通部以1998年第9号令发布《公路工程施工监理招标投标管理办法》。

1999年1月5日：交通部以交水发［1999］6号文发布《水运工程施工监理招标投标管理办法（试行）》。

1999年4月：天津中北港湾工程监理事务所承担第一个国外大型水运工程项目监理——缅甸蒂洛瓦船厂一期工程的施工监理任务。

2000年2月13日：交通部以2000年3号令发布《水运工程质量监督规定》。

2000年10月：润扬长江大桥工程开工建设。润扬长江大桥是当时“中国第一，世界第三”的大跨径悬索桥，无论是设计、施工都达到了国际领先水平。参与监理的单位有中铁武汉大桥工程咨询监理有限公司、镇江润通监理公司、大桥工程建设监理公司、北京路桥通工程监理咨询有限公司等。工程于2005年4月竣工。

2000年12月：交通部发布《水运工程施工监理规范》（JTJ216—2000）。

深化发展阶段（2001年至今）

2001年1月17日：建设部令第86号发布《建设工程监理范围和规模标准规定》，明确规定了必须实行监理的建设工程项目具体范围和规范标准。

2002年开始，交通部先后组织开展了洋山深水港区一期工程、宁夏银川至古窑子段高速公路工程、贵州三穗至凯里段高速公路工程和湖南邵阳至怀化段高速公路工程环境监理试点工作，以解决施工期的环境保护问题。

2002年3月：终南山隧道工程开工建设，全长18公里。终南山隧道是世界第一座最长的双洞高速公路隧道，是第一座由我国自行设计、自行施工、自行监理、自行管理、建设规模最大的特长高速公路隧道。参与监理的单位有西安方舟工程咨询有限责任公司、山西省交通建设工程监理总公司等。工程于2007年1月竣工。

2002年4月13日：中国交通建设监理协会成立，时任交通部总工程师凤懋润当选为第一届理事会理事长。

2002年5月28日：沈大高速公路正式开始改扩建。工程特点为：标准最高、里程最长、造价最低、隧道亚洲最宽、改扩建最成功。参与监理的单位有沈阳公路工程监理有限责任公司、沈阳鑫通公路工程咨询监理公司、山东敬业建设项目管理公司等。改扩建工程于2004年8月竣工。

2002年6月：洋山港工程开工建设。此工程是对传统筑港方式的挑战，远离大陆、孤岛作业、建设物资供给十分困难。施工现场风急浪高，有效作业时间短；深水作业，大规模筑坝、吹填、造陆、工程量巨大和技术难度高；新结构、新工艺广泛采用，作业环境恶劣等。参与监理的单位有：上海国际港口工程咨询有限公司、天津中北港湾工程建设监理有限公司、中交水规院京华监理有限公司、上海远东水运工程建设监理公司、上海东华建设管理公司、广州南华工程管理有限公司等。工程于2005年12月10日开港试运行。

2002年6月19日：交通部以2002年3号令发布《水运工程施工监理招投标管理办法》。

2002年6月26日：交通部2002年4号令发布《水运工程试验检测机构资质管理办法》。

2002年7月11日：交通部以交工路发[2002]295号文发布《关于治理整顿公路监理市场秩序的意见》。

2003年：交通部在辽宁、山东、湖南、四川4省实施了公路水运工程监理工程师执业资格试点考试。

2003年2月：菜园坝大桥工程正式开工建设。重庆菜园坝长江大桥是目前国内最大的公共交通和城市轻轨两用大跨径拱桥，是集钢管拱、钢箱梁、钢桁梁各种新型桥梁结构形式和科技成果于一身的现代化桥梁。参与监理的单位有中国船级社实业公司等。工程于2007年10月竣工。

2003年3月：曹妃甸工程正式开工建设。此项工程是用围海吹沙的方式新填出来的陆地，平均填海深度达4.6米。按照规划，曹妃甸需填海建设的总面积达310平方公里，这也是我国规模最大的填海造地工程。参与监理的单位有中交水规院京华工程监理有限公司、厦门港湾咨询监理有限公司等。

2003年6月：思小高速公路工程正式开工建设。思小高速公路是中国目前唯一一条穿越热带雨林的高速公路，工程建设中生态保护是思小高速公路建设的重中之重。参与监理的单位有育才—布朗交通咨询监理有限公司、云南云路工程监理咨询有限公司等。工程于2006年4月竣工。

2003年6月：苏通大桥工程开工建设。苏通大桥是世界最大跨径斜拉桥，创造了最深桥梁桩基础、最高索塔、最大跨径、最长斜拉索等4项斜拉桥世界纪录。参与监理的单位有武汉大通公路桥梁工程咨询监理有限责任公司等。工程于2008年6月竣工。

2003年11月：杭州湾大桥工程开工建设。杭州湾跨海大桥全长36公里，地处强腐蚀海洋环境，在国内第一次明确提出了设计使用寿命大于等于100年的耐久性要求，其50米箱梁"梁上运架设"技术，刷新了世界上同类技术、同类地形地貌桥梁建设"梁上运架设"的新纪录。参与监理的单位有中咨工程建设监理公司、江苏交通工程监理公司等。工程于2007年6月竣工。

2004年5月14日：交通部以交质监发[2004]125号文发布《公路水运工程监理工程师执业资格考试管理暂行办法》。同年10月，举行全国第一次公路水运工程监理工程师执业资格考试。

2004年6月15日：交通部以交环发[2004]314号文发布《关于开展交通工程环境监理工作的通知》。根据施工环境监理试点工作经验，决定在交通建设中广泛开展施工环境监理工作，并作为工程监理的重要组成部分，纳入工程监理管理体系。

2004年6月30日：交通部以第5号令发布《公路水运工程监理企业资质管理规定》。

2004年8月：沪蓉西高速公路工程开工建设。沪蓉西高速公路地质地形特殊，号称"集地质病害之大成"，桥隧比例占整个路线总长的67%，最高桥墩达179米，最长隧道达8.7公里。参与监理的单位有金路咨询监理有限公司、铁二院工程监理咨询公司等。工程于2009年竣工。

2005年4月5日：交通部办公厅以厅质监字 [2005]131号文发布《关于完善公路水运工程监理工程师岗位登记制度并开展岗位登记工作的通知》，决定在交通行业逐步实行监理工程师岗位登记制度，并印发了《公路水运工程监理工程师岗位登记制度（试行）》。

2005年9月6日：翔安隧道工程开工建设。作为跨海工程的翔安海底隧道建设施工，采用了地质分析与宏观预报、长短期地质超前预报、施工地质灾害预警等多项新技术。参与监理的单位有重庆中宇工程咨询监理有限责任公司、厦门市路桥咨询监理有限公司（联合体）、铁四院工程监理咨询公司。工程于2010年4月竣工。

2006年5月25日：交通部以2006年第5号令发布《公路工程施工监理招标投标管理办法》。

2006年11月2日：交通部发布《公路工程施工监理规范》（JTG G10—2006）。

2007年3月30日：国家发改委、建设部联合发布《建设工程监理与相关服务收费管理规定》。新规定对施工监理服务收费系数进行了调整，其中质量控制和安全生产监督管理服务收费不低于施工监理服务收费额的70%，收费标准平均增长调整在50%～100%左右；设备监理首次纳入计费范畴。

2007年4月9日：交通部发布《关于在公路水运工程建设监理中增加施工安全监理和施工环保监理内容的通知》。

2007年6月：交通部安全生产、环境保护监理培训试点阶段工作在北京启动。

2007年11月19日：交通部决定开展公路水运工程监理企业和监理人员信用信息收录工作。

2007年11月19日：交通部下发《关于印发公路水运工程监理企业资质定期检验和复查办法的通知》。

2008年4月16～17日：中国交通建设监理20年回顾暨发展论坛在北京隆重召开，评选出10名“中国交通建设监理突出贡献人物”和50名“中国交通建设监理优秀人物”。

2009年1月7日：交通部下发（交质监发[2009]5号）《关于印发公路水运工程监理信用评价办法（试行）的通知》。

2009年3月：交通建设监理行业新风建设活动动员会议召开。

2010年1月23日：中国交通建设监理协会专家咨询委员会成立，第一批专家为27人。专家咨询委员会主任委员为凤懋润。

2011年5月11日：中国交通建设监理协会首次授予中交水规院京华工程监理有限公司等9家企业“中国交通建设优秀品牌监理企业”称号。分别是：中交水规院京华工程监理有限公司、广西八桂工程监理咨询有限公司、广州南华工程管理有限公司、西安方舟工程咨询有限责任公司、北京逸群工程咨询有限公司、山西省交通建设工程监理总公司、北京华通公路桥梁监理咨询有限公司、广东华路交通科技有限公司、江西交通咨询公司。

2011年10月10日：为加强公路水运工程监理工程师从业管理，促进监理市场有序发展，交通运输部制定印发了交质监发[2011]572号《公路水运工程监理工程师登记管理办法》。并确定自2012年3月1日起施行。

2012年5月23日：交通运输部冯正霖副部长在交通建设监理行业新风建设总结表彰会上讲话时提出，要正确认识新形势下监理的职责定位，按照责、权、利相统一的原则，明确界定监理在各种模式中的工作职责，赋予监理履行职责的有效手段，提高监理的法定地位，使监理属性逐步回归到高端技术咨询服务，加大力度、加速推进监理工作的职业化进程。业界普遍认为，冯正霖副部长的讲话，根据新形势、新任务对监理的新要求，指出了以明确监理职责定位为切入点、进一步改革完善交通建设监理制度的基本方向。

2012年6月14日：交通运输部办公厅印发了《关于实施公路水运工程监理工程师登记管理办法的意见》（厅质监字[2012]133号）

2012年12月25日：交通运输部下发《关于印发<公路水运工程监理信用评价办法>的通知》（交质监发[2012]774号）

后记

这本记述几代监理人的努力奋斗、追溯交通建设监理25年发展历程的大型历史性图书终于要和大家见面了。付梓之际，作为编者，我们在喜悦和期待中也感受到一种忐忑的压力。因为我们深知，一本书的容量是有限的，想完整地勾画出中国交通建设监理25年的发展历史，是一件非常不容易的事情。改革开放30多年来，中国交通建设监理飞速发展中的奋斗与成就、努力与坎坷、喜悦与痛苦、回顾和反思，是很难仅仅通过一本书就完全表达出来的。

但是，为了使这段珍贵的历史得以保留下来，尽可能让人能够真实了解中国交通建设监理发展的过程，也为了更好地总结过去，为交通建设监理在更高层次上、更大范围内的持续发展提供借鉴和参考，我们还是选择了知难而上。

整整历经一年半的时间，我们的编写团队在部质监局和监理协会领导的亲自指导下，针对监理的发展走访了许多人，查阅了大量文献资料，对交通建设监理在中国25年来的发展进行了剖析和总结，形成了书中的绪论；对30位亲身经历过交通建设监理发展各个阶段的代表性人物进行了深入的采访，搜集了众多珍贵的文字和图片资料，经过精心编辑整理，形成了人物回顾；对我国交通建设监理25年发展期间的重大事件和关键节点进行了详细的梳理，整理出了交通建设监理发展大事记。期间，几易其稿，终于使这本书得以成型。

在我们的采写和编辑过程中，部质监局黄勇副局长、安全处陈萍处长，中国交通建设监理协会副理事长李明华、巩德胜，副秘书长吕翠玲，高级顾问马文翰（已故），北京兴通交通工程监理有限责任公司总经理顾新民等领导对我们的工作给予了莫大的支持与帮助，对本书的总体编写思路、编写方案、采访对象等提供了许多非常有价值的意见和建议。他们甚至在繁忙的工作之余，抽出宝贵的时间，认真地对初稿进行逐字的审阅和修改，使书稿的内容趋于完善。

为了全面、准确、真实地再现这段历史，我们所选择的30位采访对象中，有已届耄耋之年的老领导、老专家；有和交通建设监理制度一起成长起来，正处于事业高峰期的监理人和企业家；也有业主和施工企业的代表。整个采访过程得到了他们的大力支持和热心帮助，特别是交通运输部原公路司司长杨盛福，在繁忙的工作之余，将自己亲历的工程监理制在我国交通建设中的应用推行情况向我们倾情讲述；原交通运输部质量监督站站长熊哲清带病接受我们的采访，并给我们提供了许多珍贵的资料；京津塘高速公路总监代表李大明、原南华监理所所长杨振寰、原辽宁省交通科学研究院副院长兼总工程师黄培元、原江苏华宁交通工程咨询监理公司总经理熊广忠等许多监理行业的老前辈更是不辞辛劳地亲手撰写了初稿。在他们的讲述中，中国交通建设监理25年来波澜壮阔的发展历程被还原为一个个生动的故事和鲜活的人物，还原为交通建设监理人砥砺奋斗、无私奉献的壮美画卷。作为编写者，我们无不为老一辈监理人既严谨、认真又亲和、质朴的人格魅力深深地打动。

回顾中国交通建设在实行工程监理制以来这25年的发展，无论是从面上看，还是就点上说，都铸就了辉煌。从面上看，通阡陌、达城乡的网络化交通格局构建成型；就点上说，一批诸如京津塘、沪蓉西、思小等高速公路，江阴长江大桥、润扬长江大桥、杭州湾大桥、苏通长江大桥之类跨江、跨海大桥工程以及洋山深水港工程、长江口深水航道等世界级水平工程亮点纷呈。遍布祖国大江南北的一条条道路、一座座桥梁、一道道隧道、一个个港口，无不闪现着监理人员忙碌的身影，倾注着一代代监理人的智慧、心血和汗水。

希望这本书在展现我国交通建设宏伟成就的同时，为交通建设监理人的奉献与付出喝彩；希望我们的努力能为交通建设监理行业留存一份史料，为帮助交通建设监理行业更好地发展尽一份绵薄之力。

在此，谨向所有为本书的编写工作提供了直接或间接帮助的人们表示最衷心的感谢！没有你们的支持与帮助，就不会有这本书的诞生。同时，特别感谢以下单位对本书的采访及出版工作给予的大力支持：中国公路工程咨询集团有限公司、北京泰克华诚技术信息咨询有限公司、中交建工程咨询（北京）有限公司、北京中交华捷工程技术咨询有限公司、北京华宏工程咨询有限公司、北京华通公路桥梁监理咨询有限公司、北京兴通交通工程监理有限责任公司、上海市政工程管理咨询有限公司、上海东华工程建设管理有限公司、西安方舟工程咨询有限责任公司、山东省交通工程监理咨询公司、山西省交通建设工程监理总公司、黑龙江省公路工程监理咨询公司、中铁武汉大桥工程咨询监理有限公司、四川正信工程监理咨询有限公司。

编者

2013年10月